Ernst Grawitz

Klinische Pathologie des Blutes

Ernst Grawitz
Klinische Pathologie des Blutes
ISBN/EAN: 9783743357877

Hergestellt in Europa, USA, Kanada, Australien, Japan

Cover: Foto ©berggeist007 / pixelio.de

Manufactured and distributed by brebook publishing software (www.brebook.com)

Ernst Grawitz

Klinische Pathologie des Blutes

Klinische

Pathologie des Blutes.

Klinische Pathologie des Blutes.

Von

Dr. Ernst Grawitz,

Stabsarzt an der Kaiser-Wilhelms-Akademie für das militärärztliche Bildungswesen,
Privatdozent und Assistent der II. medizinischen Universitätsklinik in Berlin.

Mit 3 Figuren im Text und 3 Tafeln in Farbendruck.

Berlin 1896.
Verlag von Otto Enslin.
NW 6, Karlstrasse 32.

Seinem Lehrer und Meister

Herrn

Geheimen Medizinalrat Professor Dr. C. Gerhardt

in dankbarer Verehrung

gewidmet

vom

Verfasser.

Vorrede.

Das vorliegende Werk soll eine gedrängte Übersicht über den derzeitigen Stand unserer Kenntnisse von den Veränderungen des Blutes in den verschiedenen Krankheitszuständen geben, da die grosse Zahl der an den verschiedensten Stellen deponierten Veröffentlichungen auf dem Gebiete der klinischen Hämatologie für den Fernerstehenden die Orientierung über dieses wichtige Gebiet nachgerade zu einer recht schwierigen macht.

Das Buch verdankt seine Entstehung einer bereits vor längerer Zeit von meinem hochverehrten Lehrer, Herrn Geheimrat Gerhardt, erhaltenen Anregung, die hämatologischen Beobachtungen, welche sich im Laufe der Jahre an dem reichen Krankenbestande der Klinik gewinnen liessen, in zusammenfassender Weise zu bearbeiten; es ist aus eigenen Erfahrungen am Krankenbette entstanden und berücksichtigt demgemäss in erster Linie den klinischen Standpunkt.

Die gerade in letzter Zeit zahlreich veröffentlichten Ergebnisse physiologischer und experimenteller Blutuntersuchungen sind, soweit sie für die menschliche Pathologie zu verwerten sind, naturgemäss berücksichtigt worden, dagegen ist von einer eingehenden Besprechung der Technik einzelner Untersuchungsmethoden Abstand genommen, da dieselben neuerdings in allen Lehrbüchern und Kompendien der klinischen Diagnostik ausführlich beschrieben sind.

Der hier behandelte Stoff bringt es mit sich, dass kaum in einem Kapitel über abgeschlossene Thatsachen berichtet werden kann; die Lehre vom Blute befindet sich vielmehr, trotz der fast überreichen Litteratur, in Bezug auf viele anatomische und klinische Fragen noch im Entwickelungsstadium, und ich habe mich daher bemüht, die verschiedenen Ansichten in den einzelnen Kapiteln objektiv zur Darstellung zu bringen.

Während der schon vor längerer Zeit begonnenen Niederschrift haben mir gerade die Lücken und Unsicherheiten in der Hämatologie mancher Krankheitszustände Veranlassung gegeben, durch eigene Untersuchungen, die in einer Reihe von Publikationen an verschiedenen Stellen deponiert sind, die Ausfüllung dieser Lücken zu versuchen und sollte auch auf andere die hier gegebene Übersicht mit den vielen, noch zu lösenden Problemen eine ähnliche Anregung ausüben, so wäre der Zweck dieses Buches erfüllt.

Berlin, April 1896.

Der Verfasser.

Inhaltsübersicht.

I. Kapitel.
Vorbemerkungen über Blutuntersuchungen.

                                                          Seite

- A. Allgemeines 1
- B. Spezielles. Methodik 7
  - Tabelle der Normalwerte für die einzelnen Methoden der Blutuntersuchung 15
  - Litteratur 15

II. Kapitel.
Allgemeine Vorbemerkungen zur Morphologie des Blutes.

- A. Rote Blutkörperchen, Bildung 17
  - Regeneration 20
  - Degeneration 22
  - Untergang 24
  - Verhältnis zum Blutplasma 24
  - Litteratur 26
- B. Leukocyten 28
  - Einteilung der normalen Formen 28
  - Zahlenverhältnis derselben 29
  - Verteilung im Gefässsystem 30
  - Verhältnis der verschiedenen Formen 30
  - Herkunft derselben 31
  - Chemische und physiologische Eigenschaften 33
  - Beweglichkeit 34
  - Rolle bei der Blutgerinnung 35
  - Leukocytose 36
- C. Blutplättchen 45
  - Litteratur 46

III. Kapitel.
Die anämischen Zustände.

- Definition des Krankheitsbegriffes 48
- Einteilung der Anämien 51

	Seite
A. Sekundäre Anämien	53
1. Anämien nach akuten Blutverlusten	53
2. Anämien durch chronische Blutverluste	58
3. Anämien infolge mangelhafter Ernährung, ungesunder Lebensweise, schlechter hygieinischer Verhältnisse	64
Litteratur	71
B. Primäre Anämien	74
1. Chlorose	74
Litteratur	84
2. Progressive perniciöse Anämie	85
Litteratur	110
3. Leukämie	112
Litteratur	130
4. Pseudoleukämie	133
Litteratur	141

IV. Kapitel.
Hämocytolyse.

Hämoglobinämie, Hämoglobinurie	143
Blutgifte	145
Paroxysmale Hämoglobinurie	151
Litteratur	155

V. Kapitel.
Das Blut bei Konstitutionskrankheiten.

1. Diabetes mellitus	157
Litteratur	160
2. Gicht	161
Litteratur	162
3. Fettsucht	163
Litteratur	164
4. Die hämorrhagischen Diathesen	164
Purpura haemorrhagica	164
Skorbut	165
Barlow'sche Krankheit	166
Hämophilie	166
Litteratur	168
5. Morbus Addisonii	169
Litteratur	161

VI. Kapitel.
Krankheiten des Verdauungsapparates.

1. Ösophagus	172
2. Magen	173
A. Allgemeines	173

B. Spezielles	176
Ulcus ventriculi	176
Carcinoma ventriculi	178
Gastrectasie	179
Litteratur	180
3. Darm	181
Resorption	181
Sekretion	183
Abführmittel	183
Cholera-Diarrhöen	186
Dysenterische Diarrhöen	189
Litteratur	190
4. Leber	191
A. Allgemeines	191
B. Spezielles	195
Ikterus	195
Lebercirrhose	198
Maligne Neubildungen	199
Cholelithiasis	199
Akute gelbe Leberatrophie und akute Phosphorvergiftung . .	199
Cholämie	200
Litteratur	201

VII. Kapitel.

Krankheiten des Cirkulationsapparates. 203

Litteratur	212

VIII. Kapitel.

Erkrankungen des Respirationsapparates.

A. Allgemeines	214
Sauerstoff und Kohlensäure im Blute	214
Das Blut im Höhenklima	218
Erstickungsblut	224
B. Spezielles	225
1. Pneumonie	225
2. Emphysem und Asthma	230
Litteratur	232

IX. Kapitel.

Erkrankungen der Nieren.

1. Parenchymatöse Nephritis	236
2. Schrumpfniere	239
Litteratur	241

X. Kapitel.
Infektionskrankheiten.

	Seite
A. Allgemeines	243
Bakteriologisches	243
Das Blut im Fieber	247
Litteratur	249
B. Spezielles	251
1. Typhus abdominalis	251
Litteratur	254
2. Cholera	255
Litteratur	256
3. Masern, Pocken, Scharlach	257
Litteratur	259
4. Diphtherie	260
Litteratur	261
5. Sepsis, Pyämie, Eiterungen, Osteomyelitis, Erysipelas	261
Litteratur	268
6. Tuberkulose	270
Litteratur	277
7. Syphilis	278
Litteratur	281
8. Typhus recurrens	282
Litteratur	286
9. Malaria-Erkrankungen	287
Litteratur	300

XI. Kapitel.
Tierische Parasiten.

I. Gruppe	302
1. Distomum hämatobium	302
2. Filaria sanguinis hominis	303
II. Gruppe	304
2. Anchylostomum duodenale	304
2. Anguillula stercoralis und intestinalis	307
3. Bothriocephalus latus	308
4. Ascaris lumbricoides	310
Litteratur	310

XII. Kapitel.
Carcinom und andere maligne Neubildungen. 312

Litteratur	317
Autorenregister	320
Sachregister	328

I. Kapitel.

Vorbemerkungen über Blutuntersuchungen.

A. Allgemeines.

Das Blut ist ein Gewebe des menschlichen Körpers, dessen Intercellularsubstanz, zum Unterschiede von anderen Geweben, flüssiger Natur ist, und dessen zellige Bestandteile zufolge der stetigen Strömung dieser flüssigen Substanz in fortdauernder starker Bewegung begriffen sind, gegenüber den stabilen zelligen Elementen anderer Gewebe. Diese dem Blute durch die Herzkraft mitgeteilte Bewegung ermöglicht demselben seine wichtigen Funktionen auszuüben, nämlich die zur Ernährung und zum Aufbau der Gewebe nötigen Stoffe aufzunehmen und allen Teilen des Organismus zuzuführen, auf der andern Seite die Produkte des Stoffwechsels allerorts fortzuschaffen und an die secernierenden Organe abzugeben.

Diese überaus vielseitige Funktion des Blutes, deren hohe Bedeutung für den Organismus hier nicht ausführlich behandelt zu werden braucht, bedingt ein sehr inniges Wechselverhältnis des Blutes zu allen Organen des Körpers, als dessen Folge sich für die Pathologie die wichtige Thatsache ergiebt, dass jede Erkrankung eines Organs von einer Veränderung der Blutzusammensetzung gefolgt sein muss, die bei geringeren Störungen der Zellthätigkeit sich naturgemäss unserer immerhin groben Analyse entzieht, bei stärkeren Graden jedoch deutlich nachweisbar sein kann. Auf der anderen Seite ist ebenso klar, dass eine fehlerhafte Zusammensetzung des Blutes vielseitige Störungen im Organismus zur Folge haben muss, da eben die Ernährung aller Gewebe von der Versorgung mit Blut abhängig ist.

Wenn sich somit von vornherein die hohe Wichtigkeit ergiebt, welche die Untersuchung des Blutes am Krankenbette besitzt, so kommt noch hinzu, dass es fast kein Gewebe des menschlichen Körpers giebt, von dem wir so leicht und ohne Belästigung für den Patienten Proben entnehmen und nach allen Richtungen hin physikalisch und chemisch exakt untersuchen können, wie es bei dem Blute möglich ist. Man sollte also von vornherein annehmen, dass die Kenntnis der Veränderungen des Blutes bei den verschiedenen Krankheiten zu den geklärtesten Kapiteln in der klinischen Symptomenlehre gehöre.

Dem ist jedoch keineswegs so. Vielmehr herrschen gerade auf diesem Gebiete noch zahlreiche Unklarheiten, und wenn man demgegenüber die fast übergrosse Litteratur der physiologischen und klinischen Blutuntersuchungen betrachtet, so muss man sich sagen, dass hier trotz der leichten Gewinnung des Untersuchungsmaterials und trotz der Möglichkeit, dasselbe nach jeder Richtung zu untersuchen, Schwierigkeiten obwalten müssen, die einer besseren Ausnutzung des Beobachtungsmaterials hindernd im Wege stehen.

In der That sind die Schwierigkeiten in der Deutung einzelner Blutbefunde sehr erheblich, und ich halte es für geboten, vor der speziellen Besprechung dieser Befunde in Kürze auf die wichtigsten Verhältnisse aufmerksam zu machen, welche innerhalb der physiologischen Breite zu Schwankungen im Resultate der Blutuntersuchungen führen können.

Die Schwierigkeiten in der Beurteilung der Beschaffenheit der Blutverhältnisse eines Menschen liegen darin, dass

1. zu gewissen Tageszeiten Schwankungen der Blutzusammensetzung eintreten, zum Teil bedingt durch die Nahrungsaufnahme und abhängig von dem Flüssigkeitgehalt derselben, wie im Kapitel „Digestionsapparat" näher ausgeführt wird. Auch das Zahlenverhältnis der weissen Blutkörperchen ist gewissen Tagesschwankungen unterworfen, welche zeitweise unabhängig von der Nahrungsaufnahme auftreten.

2. Die individuellen Unterschiede in der Blutzusammensetzung sind sehr beträchtlich. Die Normalzahlen der einzelnen Blutbestandteile schwanken in ziemlich weiten physiologischen Grenzen, und es ist nicht ohne weiteres aus dem gesunden Kolorit der Haut eines Individuum oder aus allgemeiner blasserer Hautfärbung auf einen vermehrten oder verminderten Gehalt des Blutes an roten Blutkörperchen oder Hämoglobin zu schliessen (s. u.).

3. Das weibliche Geschlecht zeigt in seiner Blutzusammensetzung geringere Ziffern für die Konzentrationswerte, speziell für das Hämoglobin (Leichtenstern) und die Zahl der roten Blutkörperchen, wie die übereinstimmenden Untersuchungen fast aller Autoren erwiesen haben (vgl. Reinert, Zählung der roten Blutkörperchen).

4. In den verschiedenen Lebensaltern sind Schwankungen besonders der Zellenmengen beobachtet, und zwar sind nach den Zusammenstellungen von Reinert in den ersten Tagen nach der Geburt die roten und weissen Blutkörperchen vermehrt. Die roten Blutkörperchen nehmen in den ersten Lebensjahren wieder etwas ab, um im erwachsenen Alter wieder zu steigen; die weissen Blutkörperchen zeigen in der Jugend ein Prävalieren anderer Formen als derjenigen, welche beim Erwachsenen die Hauptmenge derselben ausmachen.

5. Alle diese kurz angedeuteten Verhältnisse sind indes noch relativ leicht zu übersehen und bei der Beurteilung von Blutbefunden zu berücksichtigen. Grössere Schwierigkeiten erwachsen der Deutung mancher Beobachtungen am Blute dadurch, dass wir keine Möglichkeit besitzen, um beim lebenden Menschen die Gesamtmenge des Blutes zu messen; denn wenn diese Bestimmung schon bei Tierversuchen auf die grössten Schwierigkeiten stösst, so ist es bisher völlig unmöglich, dieselbe beim lebenden Menschen auszuführen. Man könnte fragen, ob diese Ermittelung für klinische Zwecke von Wichtigkeit ist, und in manchen Lehrbüchern der Pathologie (Lukjanow) wird sie in der That als unerheblich abgelehnt; wir werden indes sehen, dass in vielen Fällen unsere Blutanalysen am Krankenbette schwierig oder nur hypothetisch zu deuten sind, weil wir nicht die Gesamtmenge des Blutes zu beurteilen vermögen. Die von den Physiologen gelehrte Thatsache, dass der Mensch durchschnittlich ein Dreizehntel seines Körpergewichts an Blut besitzt, kann nur für gewisse mittlere Konstitutionen in gesunder Zeit gelten; bei Kranken ändert sich ohne Zweifel sehr häufig die Gesamtmenge des Blutes, ohne dass wir dies exakt zu bestimmen im stande wären.

6. Bei der Frage nach der Gesamtmenge des Blutes muss berücksichtigt werden, dass das zirkulierende Blut kein so bestimmt abzugrenzendes Gewebe bildet, wie man es an anderen Organen findet. Das Blut steht vielmehr in inniger Kommunikation mit den Lymphbahnen der Gewebe, und die Lymphbildung im allgemeinen ist zurückzuführen auf einen Übertritt von Blutplasma durch die Wände der kleinsten Gefässe in die Saftspalten der Gewebe, welche man als die ersten Anfänge des Lymphgefässsystems zu betrachten hat, wenn auch von eigentlichen Gefässen hier noch keine Rede ist. Auf diesem Übertritt von Plasma beruht die Ernährung sämtlicher Gewebe sowie die sekretorische und sonstige Thätigkeit der Organe. In dem Plasma werden den Zellen die zum Leben und Funktionieren nötigen Stoffe zugeführt.

Den Vorgang des Eintritts von Plasma in die Gewebsspalten führte man bis vor kurzem im wesentlichen auf die Gesetze der Filtration und Osmose zurück; indes hat neuerdings Heidenhain in einleuchtender Berechnung nachgewiesen, dass sich die Sekretionen der drüsigen Organe, d. h. die Produktion ihrer spezifischen Sekrete, durch diese einfachen physikalischen Vorgänge nicht wohl erklären lassen. Heidenhain berechnete, dass z. B. bei der Milchsekretion einer Kuh, deren tägliche Milchquantität ca. 42,5 gr Kalk enthält, 236,000 ccm Lymphe aus dem Blute austreten und für die Sekretion der Drüsenzellen verwandt werden müssten, um dieses Quantum an Kalk zu produzieren, während die höchste Tagesmenge von Lymphe aus dem Ductus thoracicus von Kühen ca. 42,600 ccm beträgt.

Auf Grund derartiger Berechnungen und experimenteller Ergebnisse nimmt Heidenhain an, dass es sich bei dem Übertritt von Plasma, also bei der Lymphbildung, um sekretorische Vorgänge in den Epithelzellen der Blutcapillaren handele, welche in den einzelnen Organen eine verschiedene Lymphe in die Gewebsspalten entsenden von der Zusammensetzung, wie sie für die spezifische Funktion, Sekretion etc. eines jeden Organes notwendig ist. Heidenhain wies nach, dass gewisse Stoffe, wie Zucker und Salze, bei Einverleibung in den Blutstrom eine Anziehung von Flüssigkeit aus den Geweben in den Blutstrom bedingen, wodurch Blut und Lymphe wasserreicher werden; und er fand ferner eine zweite Gruppe von Mitteln, welche einen Übertritt von Flüssigkeit aus dem Blute in den Lymphstrom veranlassen, wodurch derselbe erheblich anschwillt, das Blut konzentrierter wird. Diese Vorgänge lassen sich nach Heidenhain nicht durch Annahme von Filtration und Osmose erklären; er bezeichnet vielmehr diese Stoffe, welche einen eigentümlichen Einfluss auf die Lymphbildung ausüben, als „lymphagoge" Stoffe. In der zuletzt geschilderten Weise wirken nach Heidenhain Extrakte von Krebsmuskeln, von Köpfen und Leibern von Blutegeln, Pepton u. a. Auf anderem Wege, nämlich bei Untersuchungen über die osmotische Spannkraft des Blutplasma (s. Kap. II) wurde Hamburger ebenfalls zur Annahme einer sekretorischen Eigenschaft des Gefässendothels geführt.

Gärtner und Römer fanden bei Versuchen, welche mit geringen Modifikationen nach Art der Heidenhain'schen Experimente mit Gewinnung der Lymphe aus den grossen Lymphstämmen angestellt wurden, dass auch Tuberkulin und Extrakte des Bacillus pyocyaneus und des Pneumobacillus lymphagoge Wirkungen in derselben Weise wie die zuletzt erwähnten Stoffe ausüben; und auch Löwit konstatierte diese Wirkung bei Experimenten mit Hemialbumose, Pepton, Pepsin, Nucleïn, Harnsäure u. s. w.

Alle diese Beobachtungen zeigen aber, dass nicht nur ein Übertritt von Plasma in die Lymphbahn stattfindet, sondern auch umgekehrt die Lymphe der Gewebe direkt in das Blut zurücktritt, so dass die durch den Stoffwechsel der Zellen in die Lymphe abgeschiedenen Produkte nur zum Teil auf dem Wege der Lymphgefässe gesammelt und durch den Ductus thoracicus, sowie den Truncus lymphaticus dexter in die grossen Venenstämme ergossen werden, während ein anderer Teil direkt in die Blutbahn übertreten kann.

Der fortwährende Austausch von Blutplasma und Gewebslymphe wird aber nicht allein durch chemische Alterationen des Blutes und der Organzellen oder durch Schwankungen in der Sekretion der Drüsen beeinflusst, sondern es giebt auch mechanische Momente, welche den Flüssigkeitsstrom nach der einen oder andern Richtung hin beeinflussen können. Dieselben sind zurückzuführen auf das Verhalten des arteriellen Blutdruckes und Änderungen der Gefässinnervation, welche in gesundhaften Verhältnissen beträchtliche Schwankungen zeigen können.

Nach Ludwig bedingt jede Steigerung des arteriellen Blutdruckes durch Herbeiführung einer vermehrten Transsudation in das Parenchym der Gewebe eine Erhöhung der relativen Blutkörperchenmenge, und Landois (1) sagt in einem zusammenfassenden Artikel über die Physiologie der Gefässe, dass durch Nerveneinflüsse Verengerung des Gefässraumes unter Abgabe von Wasser durch die Sekrete stattfindet, und dass umgekehrt Lähmung der Vasomotoren eine Erweiterung der Blutbahn unter Steigerung des Körpergewichtes zur Folge habe.

Die Experimente von Cohnstein und Zuntz ergaben bei Kaninchen nach Durchschneidung des Rückenmarks oberhalb des Ursprunges der Splanchnici eine starke Verminderung der roten Blutkörperchen in der Raumeinheit des Zählapparates, mithin Verdünnung des Blutes infolge der Dilatation der Gefässe, welcher bei nachfolgender elektrischer Reizung des Rückenmarkes eine erhebliche Vermehrung der roten Blutkörperchen folgte. Bei direkter Betrachtung der Kapillaren unter dem Mikroskope wurden bei Reizungen der Vasokonstriktoren die Kapillaren zum Teil so stark kontrahiert gefunden, dass keine Blutzellen mehr hindurchtraten, sondern dieselben lediglich noch „Vasa serosa" darstellten. Auch Untersuchungen von H. Stein bei Fiebernden ergaben, dass mit dem Eintritt einer Gefässerweiterung die Blutdichte herunterging. Ich selbst habe bei einer Reihe von Versuchen gefunden, dass unter thermischen Einflüssen Veränderungen der Blutmischung eintreten derartig, dass bei Einwirkung von Kälte auf die Körperoberfläche mit der Kontraktion der Blutgefässe und der Steigerung des Blutdruckes eine Konzentration des Blutes erfolgt, d. h. ein Austritt von Flüssigkeit aus demselben stattfindet, welcher anscheinend mit der Höhe der Temperaturdifferenz wächst. Durch Erwärmung der Körperoberfläche dagegen findet mit der Dilatation der Gefässe und dem Sinken des Blutdruckes ein Übertritt von Flüssigkeit in das Blut, also eine Abnahme der Konzentration statt.

Diese soeben geschilderten Verhältnisse werden von Winternitz, welcher ebenfalls eine Vermehrung der roten Blutkörperchen nach kalten Bädern fand, in anderer Weise gedeutet. Nach Winternitz sollen unter physiologischen Verhältnissen in gewissen Organen Stauungen und Anhäufungen von weissen und roten Blutkörperchen statthaben, welche bei Änderungen der Herzaktion und des Gefässtonus in den allgemeinen Kreislauf geworfen werden, und Winternitz glaubt, dass durch diese bis dahin unbenutzten Zellen bei stärkeren Anforderungen an den Gesamtstoffwechsel die Versorgung der Zellen mit Sauerstoff eine bessere werde. Es lässt sich indes eine derartige Beeinflussung der Blutmischung durch gefässlähmende Mittel auch bei lokaler Einwirkung feststellen, und ich fand, dass bei Einatmung von Amylnitrit bei einem jungen Manne nach 8 Minuten das spezifische Gewicht des Blutes im Ohrzipfel von 1041 auf 1038,7 sank; bei einem anderen Patienten sogar schon nach 30 Sekunden von 1053,9 auf 1047,9 herunterging.

Wichtig ist schliesslich ferner, dass auch durch psychische Erregungen der vasomotorischen Zentren die Blutmischung in der geschilderten Weise verändert werden kann, wie zuerst von Lloyd Jones konstatiert worden ist. Nach eigenen Untersuchungen an Menschen und besonders auch an Tieren kann ich diese Angaben bestätigen. Ich fand dabei, dass besonders bei Kaninchen, welche man ohne Narcotica gefesselt hat, in dem nicht gestauten Venenblute unter dem Einfluss von Schmerzempfindungen ein Steigen des spezifischen Gewichts, also eine Konzentrationszunahme, in beträchtlichem Umfange zu konstatieren ist.

Alle diese hier angeführten und auch später noch in den einzelnen Kapiteln zu besprechenden Beobachtungen haben ergeben, dass die Blutmischung durch die allerverschiedensten Momente vorübergehend alteriert werden kann. Es ist daher bei jeder Blutentnahme auf diese Verhältnisse zu achten; besonders können psychische Erregungszustände zu unsicheren Ergebnissen führen, und es ist vornehmlich bei dem Experimentieren mit Tieren auf diese Punkte sehr zu achten.

Es hat sich ferner bei diesen Versuchen gezeigt, dass die Blutmischung durch alle diese vasomotorischen Beeinflussungen nur ganz vorübergehend alteriert wird, dass das Blut die

Tendenz hat, nach derartigen Änderungen seiner Zusammensetzung sehr schnell wieder in das mittlere Gleichgewicht zurückzukehren; und ich fand besonders bei den Versuchen mit thermischen Beeinflussungen, dass die Veränderungen der Blutmischung mit dem Aufhören des Reizes in kürzester Frist verschwanden.

B. Spezielles.

Wie schon oben erwähnt, liegt es nicht in dem Plane des vorliegenden Werkes, die Methoden der Blutuntersuchung ausführlich zu besprechen; indes ist es unerlässlich, gewisse prinzipielle Fragen über die Methodik zu erörtern, da über die Art und Weise der Ausführung eine grosse Verschiedenheit der Ansichten unter den einzelnen Autoren besteht, die bald mehr diese, bald mehr jene Seite der subtilen Technik der Blutuntersuchung ausgebildet und bevorzugt haben. Man muss hierbei m. E. unterscheiden zwischen dem **Bedürfnis** und dem **Zwecke**, welche bei jeder einzelnen Blutuntersuchung vorliegen, ob es sich darum handelt, mit wenigen Apparaten zu diagnostischen Zwecken in der Praxis eine Blutprobe zu untersuchen, ob man für klinische Zwecke gewisse Veränderungen demonstrieren will, oder ob man behufs feinerer Analysierung des Blutes umfangreiche Untersuchungen im Laboratorium anzustellen beabsichtigt.

Für einfache Verhältnisse genügt als Instrumentarium für Blutuntersuchungen eine spitze Lancette, ein Mikroskop mit mittelstarken Vergrösserungen, und es lässt sich in einem sorgfältig bereiteten frischen Blutpräparate schon nach der verschiedensten Richtung hin ein Urteil über die Blutzusammensetzung gewinnen:

1. **Über die Form, Lagerung, Färbung** event. **Kernhaltigkeit der roten Blutkörperchen;**

2. das **Verhalten der Leukocyten**, deren mittlere Zahlenwerte bei einer bestimmten Gesichtsfeldgrösse man bald ermittelt;

3. die **Arten der Leukocyten**, wenigstens die leicht erkennbaren;

4. etwaige **Parasiten**.

Geht man über diese einfachsten Ermittelungen hinaus, so handelt es sich häufig darum, etwas grössere Quantitäten Blut zu erlangen, und es wirft sich dabei die Frage auf, aus welchem Abschnitt des Gefässsystems das Blut zu entnehmen ist.

Ort der Blutentnahme. Die arteriellen Gefässe stehen von vornherein ausser Frage, und das Einfachste erscheint, um grössere Quantitäten aus dem Kapillarbezirk zu gewinnen, durch eine ausgiebige Incision der Haut am Finger oder besser aus dem Ohrzipfel das Blut zu entnehmen, da man bei schwieligen Arbeiterhänden sehr tief schneiden muss, um Blut zu erhalten und Verletzungen der Finger auch immer bedenklich sind. Für viele Verhältnisse ist dies auch durchaus empfehlenswert, indes tritt hierbei öfters die Schwierigkeit auf, dass die Haut blutarmer Personen ungemein spärlich Blut entleert, sodass auch gröbere Incisionen nicht zu den gewünschten Resultaten führen. Unzweckmässig ist es, durch einen Saugapparat, Schröpfkopf oder dergleichen grössere Mengen Blutes gewinnen zu wollen, da hier die Saugkraft des luftverdünnten Raumes das Blut durch eingesogenen Gewebssaft in einer unkontrollierbaren Weise verdünnt. Diese Art der Blutentnahme ist nur praktisch da, wo es sich nicht um die Ermittelung der Zusammensetzung des Blutes handelt, sondern um fremdartige Beimischungen z. B. parasitärer Natur, behufs Anlage bakterieller Kulturen, wozu man grösserer Blutmengen bedarf.

Will man dagegen noch reichlichere Quantitäten zu exakten Analysen benutzen, so empfiehlt es sich, das Blut durch Punktion einer Vene zu entnehmen, indem man nach mässiger Kompression am Oberarm die Venen des Vorderarmes zum Anschwellen bringt, sodass sie deutlich palpabel hervortreten, und nach Desinfizierung der Haut mit einer scharfen, mittelweiten metallenen Kanüle — die selbstredend am besten durch Hitze sterilisiert ist — in die Vene der Längsrichtung nach einsticht. Das Blut quillt alsdann in schneller Tropfenfolge hervor; die ersten Tropfen, welche dem gestauten Blute angehören, lässt man ausser Betracht und fängt dann die gewünschte Quantität Blutes in den bereit gehaltenen Behältern, Apparaten u. s. w. auf. Nach dem Herausziehen der Kanüle komprimiert man einen Augenblick und verschliesst die Stichöffnung mit Jodoform-Kollodium. (Bei Hunderten derartig ausgeführter Venen-Punktionen habe ich niemals ein schädliches Ereignis beobachtet.)

Die Vorzüge dieser Art der Blutentnahme liegen nach mehreren Richtungen hin. Zunächst ist der Stich mit der scharfen Nadel für den Kranken weit weniger belästigend, als die Anlegung einer ausgiebigen Incision. Sodann erhält man das Blut so schnell, dass keine Verdunstung oder vorzeitige Gerinnung eintreten kann, ferner völlig unvermischt direkt aus dem Gefässe und in jeder beliebigen Quantität. Auch für die Aussaat von Blut auf Bakterien-Nährböden empfiehlt sich diese Methode, bei welcher das Blut mit der denkbar geringsten Möglichkeit äusserlicher Verunreinigung direkt auf die Nährsubstrate tropft.

Es sei gleich hier bemerkt, dass ich bei zahlreichen vergleichenden Untersuchungen an Gesunden die Konzentration des Blutes aus Hautschnitten höher gefunden habe, als die des Venenblutes.

Zeit der Blutentnahme. Bei allen Blutuntersuchungen ist es wichtig, die Zeit der Entnahme richtig zu wählen, wobei die oben erwähnten Beobachtungen über die Veränderlichkeit der Blutmischung zu gewissen Tageszeiten in Frage kommen. So empfiehlt es sich für gewöhnliche Zwecke nicht, das Blut nach einer grösseren Mahlzeit zu untersuchen, wegen der alsdann auftretenden Leukocytose, ebenso wenig, wenn kurz zuvor grössere Mengen Flüssigkeit getrunken sind. Auf der andern Seite ist zu berücksichtigen, ob stärkere Flüssigkeitsabgaben durch Schweiss, Diarrhöen oder andere Sekretionen stattgefunden haben, da alle diese Faktoren die Blutmischung beeinflussen können; auch die erwähnten psychischen Erregungen sind hier in Betracht zu ziehen. Es empfiehlt sich am meisten, zu vergleichenden Untersuchungen stets die nämliche Tageszeit, am besten zwischen dem Frühstück und Mittagessen, zu wählen.

Berücksichtigung der pathologischen Verhältnisse. Das Studium der Litteratur der Blutuntersuchungen wird ganz besonders durch eine Eigentümlichkeit erschwert, welche einer grossen Reihe von Publikationen anhaftet. Man findet in diesen Arbeiten Zahlenresultate, welche nach einer zumeist neuen Methode bei verschieden grossen Reihen von Kranken gewonnen sind, und erhält dann summarische Angaben von Zahlenwerten bei gewissen Krankheitsgruppen, ohne dass im geringsten der Zustand des Kranken und das Stadium der Erkrankung berücksichtigt wäre. Derartige summarische Angaben sind gewiss nützlich, um die Brauchbarkeit dieser oder jener Untersuchungsmethode zu erproben; doch hat es sein Missliches, sie als Beispiele für die Blutmischung irgend einer Krankheit heranzuziehen, da solche Einzeluntersuchungen für diese Frage wenig besagen und nur wenn sie in grosser Zahl mit gleichen Resultaten gewonnen werden, als charakteristisch für eine Krankheit angesehen werden können.

Das letztere, d. h. eine solche Gleichförmigkeit der Resultate bei irgend einer Krankheit, gehört nun aber zu den grossen Seltenheiten. Die Blutmischung zeigt vielmehr bei fast allen Krankheiten in den verschiedenen Stadien gewisse Veränderungen, und es muss deshalb eine genaue Beschreibung des Allgemeinzustandes bei jedem einer Blutuntersuchung unterworfenen Kranken gefordert werden, wenn die gefundenen Zahlen irgend eine Bedeutung haben sollen. Es sei hier darauf hingewiesen, dass die seltsamen Widersprüche in den Angaben der

Autoren, wie wir sie bei verschiedenen Krankheiten kennen lernen werden, sich wohl in vielen Fällen auf diese von manchen Seiten vernachlässigten Verhältnisse zurückführen lassen.

Zweck der Blutuntersuchungen bei pathologischen Verhältnissen muss es nämlich sein, vergleichende Werte zu liefern, und ich halte es daher für wünschenswert, die Untersuchungen möglichst an einem und demselben Individuum in den verschiedenen Stadien seiner Erkrankung zu machen. Es liegt auf der Hand, dass man unter diesen Umständen eine viel richtigere Anschauung über die eingetretene Veränderung des Blutes unter dem Einflusse dieser oder jener Krankheit gewinnt, wenn man fortlaufende Blutuntersuchungen von demselben Individnum macht und somit die Veränderungen an einem in seiner Zusammensetzung bekannten Blute studiert, wogegen Vergleiche der Blutmischung verschiedener Kranker in diesem oder jenem Stadium wegen der individuellen Verschiedenheiten immer vieldeutig sind.

Für die Blutuntersuchungen selbt kommt eine grosse Anzahl von Methoden in Betracht, welche zunächst in Kürze zu erwähnen sind.

I. **Zur Untersuchung des Gesamtblutes dienen:**
1. Die Messung des spezifischen Gewichts des Blutes im Kapillar-Pyknometer (Schmaltz) oder unter Einbringung von Blutströpfchen in verschieden konzentrierte Lösungen von Chloroform-Benzol (Hammerschlag).
2. Bestimmung der Trockensubstanz des Blutes in Wiegeschälchen von bekanntem Gewicht, am besten im Vakuum über Schwefelsäure oder bei höherer Temperatur (67^0 Stintzing).
3. Bestimmung des Stickstoffgehalts abgewogener Blutproben nach Kjeldahl.
4. Bestimmung der Alkalescenz des Blutes nach der Methode von Landois (2), Schultz-Schultzenstein, Löwy-Zuntz, oder durch Bestimmung des Kohlensäuregehaltes nach Kraus.

II. **Für die Untersuchung der roten Blutkörperchen kommen in Frage:**
1. Untersuchung des frischen Blutpräparates.
2. Zählung der roten Blutkörperchen im Zählapparat von Thoma-Zeiss.
3. Färbung von Trockenpräparaten mit verschiedenen Farbstoffen zur Untersuchung auf kernhaltige rote Blutkörperchen, auf endoglobuläre Parasiten, auf Polychromatophilie.

4. **Bestimmung des Hämoglobingehaltes.** Hierbei ist zu bemerken, dass die in der Praxis viel gebrauchten Hämoglobinometer von Fleischl, Gowers, Bizzozzero u. a. nur approximative Werte liefern, während der von Hoppe-Seyler angegebene Apparat und die skeptroskopischen Untersuchungen (Leichtenstern) zuverlässigere Resultate geben.

III. Zur Untersuchung der weissen Blutkörperchen dienen:
1. **Untersuchung im frischen Präparat;** besonders bei Fällen von Leukämie oder Pseudoleukämie von grossem diagnostischen Werte.
2. **Zählungen derselben,** welche man mit denen der roten Blutkörperchen im Thoma-Zeiss'schen Apparat verbinden kann.
3. **Färbung** mit den von Ehrlich u. a. angegebenen Farbstoffgemischen zur genaueren Untersuchung des morphologischen Verhaltens.
4. **Untersuchungen am erwärmten Objekttisch** zum Studium der amöboiden Bewegungen.

IV. Zur Untersuchung des Blutserum
muss eine Blutprobe unter möglichster Vermeidung von Schütteln und Erschütterungen zum Absetzen gebracht oder unmittelbar nach der Entnahme durch Centrifugieren von den roten Blutkörperchen getrennt werden, wobei sich bei beiden Methoden gleiche Werte ergeben. — Für die Untersuchung kommen in Frage:
1. **Bestimmung des spezifischen Gewichtes**
2. **Bestimmung des Trockenrückstandes**
3. **Bestimmung des Stickstoffgehaltes**

nach den oben (I. 1—3) erwähnten Methoden.

4. Etwaige Untersuchungen der Salze nach den hierfür geeigneten Methoden.

V. Für die Untersuchung auf parasitäre Elemente kommen in Frage:
1. **Untersuchungen frischer und gefärbter Präparate** bei Malaria-Parasiten, auch bei Filariosis.
2. **Aussaat auf Nährböden** verschiedener Zusammensetzung bei Verdacht auf Bakterien.

Aus den, im Blute für N gefundenen Werten kann man durch Multiplikation mit dem Faktor 6,25 den Eiweissgehalt berechnen, wobei allerdings nach

v. Jaksch durch den N, welcher im Blute nicht an Eiweiss, sondern an Harnstoff, Harnsäure, Lecithin gebunden ist, eine — dem geringen Quantum dieses N entsprechende — geringfügige Fehlerquelle entsteht.

Wahl der Methoden. Bei einer so grossen Anzahl von einzelnen Methoden der Blutuntersuchung erscheint auf den ersten Blick die Auswahl nicht leicht. Berücksichtigt man jedoch den Zweck klinischer Blutuntersuchungen, welche einen Einblick in die Veränderungen des Blutes unter der Einwirkung krankhafter Prozesse gewähren sollen, so ergiebt sich, dass man sich füglich nicht mit der Ermittelung eines einzelnen der aufgeführten Werte begnügen darf, dass man vielmehr das Blut nach mehreren Richtungen hin gleichzeitig untersuchen muss, um einen sicheren Einblick in seine Zusammensetzung zu gewinnen. Zu diesem Zwecke ist es nötig, neben der Ermittelung der Zahlenverhältnisse der Zellen, welche sich als sehr leicht auszuführende Untersuchung allgemein eingebürgert hat, eine Bestimmung der Konzentration des Blutes und besonders auch eine solche des isolierten Serum gleichzeitig nach einer der erwähnten zuverlässigen Methoden auszuführen, da gerade durch derartige kombinierte Untersuchungen der Einblick in die Mischungsverhältnisse erheblich vertieft wird.

Wenn man nun schon aus den drei ermittelten Faktoren: Zahl der Blutzellen, Konzentration des Blutes im ganzen und der des Serum einen ziemlich klaren Überblick über die Art der vorhandenen Blutveränderung bei Krankheiten gewinnt, so hat man doch seit langem gestrebt, in noch sicherer Weise zu ermitteln, welchen Anteil im gegebenen Falle die Blutzellen einerseits und Blutflüssigkeit andererseits bei der Zusammensetzung haben, man hat also das quantitative Verhältnis dieser beiden Komponenten zu ermitteln gesucht.

In ausgedehntester Weise wurden diese Untersuchungen von Alexander Schmidt und seinen Schülern (Sommer, Arronet, v. Götschel, F. Kupffer u. a.) angewandt, und von dieser Schule wurden auf Grund einfacher methodischer Berechnungen aus einer Anzahl sicher zu ermittelnder Faktoren Schlüsse auf die quantitativen Mischungsverhältnisse des Blutes gezogen, von denen ich als wichtigste erwähne, dass aus den Trockenrückständen des Gesamtblutes, des isolierten Serum und der isolirten Blutkörperchen das prozentische Gewicht der Blutkörperchen und des Serum berechnet wurde. Zur Isolierung der Blutkörperchen wurde das Blut mit Glaubersalzlösung centrifugiert, wobei ermittelt wurde, dass bei dieser Prozedur der Hauptbestandteil der roten Blutkörperchen, das Hämoglobin, nicht in die Mischungsflüssigkeit übertrat.

In anderer Richtung haben in neuerer Zeit einige Autoren den Hämoglobingehalt durch Ermittelung des Volumens der roten

Blutkörperchen zu bestimmen gesucht, indem sie Blutproben mit geeigneten Mischungsflüssigkeiten behandelten, durch Centrifugalkraft zum Sedimentieren brachten und aus der Höhe des hierbei gewonnenen Blutkörperchen-Sedimentes das Volumen der roten Blutkörperchen prozentisch berechneten. Zu diesem Zwecke hat Hedin das Blut mit Müller'scher Flüssigkeit behandelt, und der von ihm konstruierte Centrifugierungsapparat, der sogen. Hämatokrit, von Gärtner modificiert, ist von verschiedenen Seiten (Daland, Niebergall) zu klinischen Zwecken in Gebrauch gezogen worden.

Im Gegensatze hierzu haben M. und L. Bleibtreu eine Methode angegeben, mittels welcher das Volumen der beiden Blutkomponenten auf indirektem Wege zu berechnen ist. Diese Methode beruht darauf, dass durch Vermischung einer Quantität Blut mit isotonischen Salzlösungen die Konzentration des Plasma dem Flüssigkeitszusatze entsprechend verdünnt wird. Die Verfasser haben durch Bestimmung des Stickstoffgehaltes oder des spezifischen Gewichtes die Konzentration des unverdünnten Plasma und des Plasma plus Salzlösung ermittelt, woraus sich nach einer von ihnen angegebenen Formel das Volumen des Plasma unschwer berechnen lässt.

Gegen alle diese Untersuchungsmethoden haben sich Einwände erhoben, und zwar haben Lackschewitz und Hamburger gezeigt, dass bei der letztgenannten Methode durch den Zusatz von 0,6 °/₀ $NaCl$-Lösung eine Quellung der roten Blutkörperchen eintritt, und Biernacki hat in vergleichenden Experimenten ermittelt, dass das Volumen der einfach sedimentierten roten Blutkörperchen (nach Zusatz gerinnungshemmender Substanzen) und das Sedimentvolumen im Hämatokrit grosse, unregelmässige Differenzen zeigen. Nach Biernacki beeinflusst die Centrifugalkraft und wahrscheinlich auch die Zusatzflüssigkeiten die Plasma-Ausscheidung, und man verwendet am besten unverdünntes, nicht defibriniertes Blut.

Mit Recht macht Biernacki auf die Schwierigkeiten aller derartigen Ermittelungen aufmerksam, da wir über das Verhältnis der Blutzellen zum Plasma (s. u.) im zirkulierenden Blute noch keineswegs gesicherte Vorstellungen haben, das abgesetzte Serum vielmehr wohl immer zum Teil aus den roten Blutkörperchen selbst stammt, welche dasselbe in der Zirkulation in gewissen Quantitäten gebunden enthalten.

Es handelt sich daher bei allen derartigen Bestimmungen der Volumina von Blutzellen und Plasma um keine absoluten Ziffern, sondern das Verhältnis dieser beiden Komponenten wird je nach der Untersuchungsmethode in dieser oder jener Richtung beeinflusst. Immerhin kann man bei dauernder gleichmässiger Anwendung einer und derselben Methode erwarten, brauchbare Vergleichswerte zu erhalten, welche ja bei allen klinischen Blutuntersuchungen ausreichend sind.

Eigene Methode. Von dieser Erwägung ausgehend und ferner

in der Berücksichtigung, dass für klinische Untersuchungen eine solche Methode am zweckmässigsten ist, welche unter geringen Anforderungen an die Zeit und an das Instrumentarium vergleichsfähige Werte giebt, habe ich unter Vermeidung von gerinnungshemmenden Stoffen folgende Methode erprobt, welche in kurzer Frist genaue Zahlenwerte über die Blutzusammensetzung liefert.

Nach Punktion einer Vene lässt man ca. 5—10 ccm Blut im schnellen Strome in ein Centrifugiergläschen laufen und centrifugiert das ganz unveränderte Blut eine bestimmte Zeit lang, wobei nach einer halben Stunde zumeist keine Verkleinerung des Sedimentvolumens der roten Blutkörperchen zu bemerken ist. Notwendig ist natürlich, dass die Centrifuge in [kurzer Frist zu erreichen ist.

Gleichzeitig mit der Beschickung des Centrifugiergläschens füllt man einen nicht zu kleinen Pyknometer mit Blut zur Bestimmung des spez. Gewichtes oder ermittelt letzteres durch Einbringen von Blutstropfen in die Hammerschlag'sche Chloroform-Benzol-Mischung.

Nach Vollendung der Centrifugierung bestimmt man mit einer der beiden erwähnten Methoden das spez. Gewicht des klar abgeschiedenen Serum und des Blutkörperchensedimentes und hat demnach ermittelt:

1. Das spez. Gew. des ganzen Blutes $= D_1$
2. „   „   „   „   Serum $= D_2$
3. „   „   „   „   der roten Blutkörperchen $= D_3$.

Aus diesen Werten kann man nun die quantitativen Verhältnisse der beiden Komponenten leicht berechnen und es ergiebt sich, wenn x den Prozentgehalt des Blutes an Serum bedeutet, die Formel:

$$x = \frac{100(D_3 - D_1)}{D_3 - D_2}.$$

Nehmen wir als Durchschnittswerte (s. unten) für:

D_1 : 1056
D_2 : 1030
D_3 : 1082

so ergiebt sich nach obiger Formel: $x = \frac{100 \cdot 26}{52} = 50\%$ Serum.

Auch diese Methode hat ihre Fehlerquelle, besonders in der Nichtberücksichtigung des im Serum ausgeschiedenen Fibrins, doch dürfte die hierdurch bedingte Differenz gering sein, wie schon die alten Untersuchungen von C. A. Schmidt zeigen, bei welchen man die quantitativen Verhältnisse des Blutes aus den Werten für Plasma und für Serum berechnen kann, wobei sich nur geringe Differenzen ergeben. Da bei dieser Methode ein Einfluss von zugesetzten Stoffen auf das Blut fortfällt, so glaube ich nach vielfachen Proben, dass dieselbe bei gleichmässiger Ausführung gute Vergleichswerte bietet. Jedenfalls liefert sie in kürzester Frist einen sichern Aufschluss über die Konzentration des ganzen Blutes und des Serums, welche allein schon einen guten Einblick in die Art der Blutveränderung gestatten.

Tabelle
der Normalwerte für die einzelnen Methoden der Blutuntersuchung.

I. Ganzes Blut.
1. Spezifisches Gewicht: 1055—1060;
2. Trockenrückstand: 21—22 %;
3. Stickstoffgehalt: 3,5—3,7 %;
4. Hämoglobingehalt: 13—14 %.

II. Rote Blutzellen.
Zahl derselben bei Männern 5 Millionen im ccm;
„ „ „ Frauen 4,5 „ „ „

III. Weisse Blutzellen.
Zahl derselben: 5000—10,000 im ccm.

IV. Blutserum.
1. Spezifisches Gewicht: 1028—1030;
2. Trockenrückstand: 10—10,5 %;
3. Stickstoffgehalt: 1,2—1,4 %.

V. Volumen der roten Blutkörperchen im ganzen Blute.
Nach Arronet (Alex. Schmidt): 39,9—52,9 %, im Mittel 47,8 %.
Nach Hedin (mit dem Hämatokrit): 48 % für Männer, 43,3 % für Frauen.
Nach Gärtner (mit dem modifizierten Hämatokrit): 42—48 %.
Nach Methode Bleibtreu (Th. Pfeiffer): 34,5—55,8 %, im Mittel 44,2 %.

VI. Sedimentierte feuchte rote Blutkörperchen.
1. Spezifisches Gewicht: 1080—1085;
2. N-Gehalt (v. Jaksch): 5,5 %.

Litteratur.

Die Methodik der Blutuntersuchungen und die Handhabung der einzelnen Apparate findet sich mehr oder minder ausführlich angegeben in den Lehrbüchern und Kompendien der klinischen Diagnostik von: v. Jaksch, Bizzozero, Lenhartz, Müller-Seifert, Klemperer, Wesener, Sahli.

Für Spezialstudien sind die Werke von Reinert und v. Limbeck geeignet (s. Litteratur).

Biernacki. Zeitschr. f. physiol. Chemie. Bd. 19 S. 179.
Bleibtreu, M. u. L. Eine Methode zur Bestimmung der körperlichen Elemente im Blute. Pflüg. Arch. Bd. 51. 1892. S. 151.
Bizzozero. Handbuch der klin. Mikroskopie. Erlangen 1883.
Cohnstein u. Zuntz. Pflügers Arch. Bd. 42. 1888.

v. Fleischl. Wien. med. Jahrb. 1885. S. 425.
Gärtner. Ueber eine Verbesserung des Hämatokrit. Berl. klin. Wochenschr. 1892. S. 890.
Gärtner u. Römer. Wien. klin. Wochenschr. 1892. Nr. 2.
Grawitz, E. Klinisch-experimentelle Blutuntersuchungen. Zeitschr. f. klin. Med. Bd. 21. 1893. H. 5/6.
Hammerschlag. Wien. klin. Wochenschr. 1890. S. 1018.
Hamburger. Die physiol. Kochsalzlösung und die Volumbestimmung der körperl. Elemente im Blute. Centralbl. f. Physiol. 1893 und ibidem 1894 S. 656.
Hedin. Ein neuer Apparat zur Unters. d. Blutes. Skand. Arch. f. Physiol. 1890.
Heidenhain: Versuche und Fragen zur Lehre von der Lymphbildung. Pflügers Arch. Bd. 49. 1891.
Hoppe-Seyler. Zeitschr. f. phys. Chemie. Bd. 16. S. 505.
v. Jaksch. 1. Ueber die Zusammensetzung des Blutes gesunder und kranker Menschen. Zeitschr. f. klin. Med. Bd. 23. 1893. — 2. Ueber den N-Gehalt der roten Blutzellen des gesunden und kranken Menschen. Zeitschr. f. klin. Med. Bd. 24. 1894. S. 429.
Kraus. Ueber die Alkalescenz des Blutes in Krankheiten. Zeitschr. f. Heilk. Bd. 10.
Lackschewitz. Ueber die Wasseraufnahmefähigkeit der roten Blutkörperchen. Diss. Dorpat 1892.
Landois (1). Eulenburgs Realencyklop. 2. Aufl. Bd. VII. S. 570. — (2) Lehrbuch der Physiologie. 1893.
Leichtenstern. Unters. über den Hb-Gehalt des Blutes etc. Leipzig 1878.
v. Limbeck. Grundriss einer klinischen Pathologie des Blutes. Jena 1892.
Lloyd Jones. Journ. of Physiol. T. VIII. 1887.
Löwit. Studien zur Physiologie und Pathologie des Blutes etc. Jena 1892.
Löwy. Unters. zur Alkalescenz d. Blutes. Pflüg. Arch. Bd. 58. 1895. S. 462.
Löwy-Zuntz. Ueber die Bindung der Alkalien in Serum u. Blutkörperchen. Pflüg. Arch. Bd. 58. 1895. S. 511.
Lukjanow. Grundzüge einer allgem. Pathologie d. Gefässsystems. Leipzig 1894.
Pfeiffer, Th. Ueber die Bleibtreu'sche Methode zur Bestimmung des Volumens der körperl. Elemente im Blute etc. Centralbl. f. inn. Med. 1895. Nr. 4.
Reinert. Die Zählung der rothen Blutkörperchen. Leipzig 1891.
Schmaltz. Die Untersuchung d. spez. Gew. d. menschlichen Blutes. D. Arch. f. klin. Med. Bd. 47. 1891.
Schmidt, Alex. Zur Blutlehre. Leipzig 1892.
Schultz-Schultzenstein. Centralbl. f. d. mediz. Wissensch. 1894. S. 801.
Stein, H. Centralbl. f. klin. Med. 1892. Nr. 23.
Stintzing. Zur Blutuntersuchung. Verhandl. d. XII. Congr. f. inn. Med. 1893
Winternitz. Centralbl. f. klin. Med. 1893. S. 177 u. 1017.

II. Kapitel.

Allgemeine Vorbemerkungen zur Morphologie des Blutes.

Das Verständnis der Veränderungen, welche die einzelnen Elemente des Blutes unter dem Einfluss pathologischer Prozesse erleiden, dürfte durch einen Überblick über die physiologischen Verhältnisse des Blutes wesentlich erleichtert werden. Auch um Wiederholungen bei den einzelnen Kapiteln zu vermeiden, stelle ich eine kurze Übersicht über Blutbildung und das Verhalten der zelligen Gebilde im allgemeinen der speziellen Besprechung pathologischer Zustände voran, wobei naturgemäss aus der grossen Fülle physiologischer Beobachtungen und Thatsachen nur solche berücksichtigt sind, welche bei dem heutigen Stande der Pathologie des Blutes ein direktes Interesse haben.

A. Rote Blutkörperchen.

Blutbildung. Die ersten Blutkörperchen entstehen beim Säugetier im Embryonalleben nach Kölliker in den anfangs soliden Anlagen des Herzens und in den Gefässen als kernhaltige farblose Zellen, und die farbigen Zellen entwickeln sich aus diesen. Auch in der nächsten Folgezeit findet anfänglich die Hauptbildung der roten Blutkörperchen innerhalb der Gefässe statt. Im späteren Embryonalleben tritt sodann nach Neumann die Blutbildung in der Leber auf und steht im Vordergrunde, gegenüber der Bildung in den Blutgefässen. Weiterhin (nach dem fünften Monat) nimmt sodann nach Kölliker die Milz an der Blutzellenbildung teil, während die Bedeutung der Leber hierfür successive abnimmt. Endlich tritt dann im Embryonalleben das Knochenmark als Hauptbildungsstätte der roten Blutkörperchen hervor (Bizzozero, Howel, Löwit, Hayem). Im extrauterinen Leben hat man für gesundhafte Verhältnisse die Bildungsstätte der roten Blutkörperchen vorzugsweise, wenn auch nicht ausschliesslich, im Knochenmarke zu suchen. Die grundlegenden Arbeiten über diese Frage von Neumann (1) und Bizzozero (2) erschienen fast gleichzeitig im Jahre 1868; doch musste Neumann (3) im Jahre 1876 ausdrücklich die Priorität seiner Entdeckung, welche bis dahin nicht beachtet war, verteidigen. Neumann machte im Jahre 1868 als erster auf die im Knochenmarke ausser den sogenannten Markzellen vorkommenden kernhaltigen roten Blutzellen aufmerksam, welche mit den im embryonalen Leben vorkommenden Zellen durchaus übereinstimmten, und bezeichnete sie als „embryonale Blutzellen" oder „Entwickelungsformen". Neumann wie Bizzozero nahmen an, dass diese kernhaltigen Vorstufen im Knochenmark entstehen und sich unter Verlust des Kerns in echte rote Blutkörperchen umbilden und als solche in den Kreislauf treten.

Über diese Thatsache herrscht im allgemeinen Übereinstimmung unter den Autoren. Nur über den Modus der Entstehung dieser kernhaltigen Vorstufen und die Art ihrer Umwandlung in kernlose rote Blutkörperchen bestehen erhebliche Meinungsverschiedenheiten. Während Bizzozero die Vermehrung der roten Blutkörperchen im Knochenmarke lediglich auf eine Proliferation durch indirekte Kernteilung zurückführt, macht Neumann hingegen geltend, dass sich auch postembryonal, unabhängig von dem schon bestehenden Knochenmarke unter verschiedenen teils physiologischen, teils pathologischen Verhältnissen jederzeit neues Mark mit zahlreichen kernhaltigen roten Blutkörperchen bilden könne. Für eine Beteiligung des Markgewebes spricht sich ferner Osler aus, dem zufolge die kernhaltigen roten Blutkörperchen aus Markzellen entstehen, und auch nach Obrastzow bilden sich aus blassen Zellen des Markes, entweder durch Einverleibung von Hämoglobin Hämatoblasten, oder die blassen Zellen gehen in gewöhnliche Markzellen über. In ähnlicher Weise äussert sich Howel.

In Bezug auf die Umwandlung von kernhaltigen Vorstufen der roten Blutkörperchen in erwachsene kernlose Formen stehen sich die Ansichten von Neumann und Rindfleisch gegenüber. Neumann nimmt an, dass die Kerne des Knochenmarkes die Bedeutung wahrer Zellkerne haben, und dass die Umbildung in kernlose Blutzellen dadurch zustande kommt, dass der Kern allmählich im Innern der Zellen schwindet oder aufhört, als ein von dem gefärbten Zellleibe besonders differenzierter Körper zu existieren; eine Auffassung, bei welcher Neumann früheren Angaben von Kölliker folgt.

Nach Rindfleisch dagegen werden die Kerne der roten Blutkörperchen ausgestossen und zirkulieren frei im Blute; und ebenso fasst Howel diesen Prozess auf, infolgedessen die Bikonkavität der roten Blutkörperchen durch die Ausstossung des Kernes aus der Mitte zustande kommen soll. Während Foa und Osler sich der Ansicht Neumanns anschliessen, tritt Fellner in seinen Auffassungen Rindfleisch bei.

Als spezielle Bildungsstätte der roten Blutkörperchen im Knochenmarke bezeichnet Bizzozero das Netz der Venenkapillaren, in welchem sich zahlreiche in Mitose begriffene rote Blutkörperchen finden, sodass dasselbe nach der Ansicht dieses Autors den Drüsen, welche morphologische Elemente absondern, gleichsteht.

Dass im extrauterinen Leben unter Umständen auch die Milz als hämatopöetisches Organ anzusehen ist, wird von Bizzozero und Salvioli besonders auf Grund der Thatsache behauptet, dass das Milzvenenblut reicher an roten Blutkörperchen ist als das Arterienblut, und die genannten Autoren glauben, dass besonders nach profusen Blutungen die Milz als blutbildendes Organ in Thätigkeit trete. Neumann hält diese Thätigkeit, wenn sie überhaupt vorhanden, jedenfalls für untergeordnet. Neuerdings hat Eliasberg nach Aderlässen und Zerstörung roter Blutkörperchen beim erwachsenen Rinde in den intervaskulären Pulpasträngen starke Vermehrung kernhaltiger roter Blutkörperchen konstatiert.

Durchaus verschieden von den bisher besprochenen Ansichten ist diejenige von Löwit, nach welchem sich Milz, Mark und Lymphdrüsen in fast gleicher Weise an der Neubildung von roten und weissen Blutkörperchen beteiligen, welche aus zwei völlig getrennten Entwickelungsstufen hervorgehen: Erythroblasten, welche sich durch Caryomitose teilen, und Leukoblasten, die sich durch eine direkte Teilung (divisio indirecta per granula) von den ersteren unterscheiden, ein Teilungsmodus, welcher eine einfache Form im Gegensatz zur divisio per fila (Caryomitose) darstellt. Ausserdem zeichnet sich die letztgenannte Form durch Beweglichkeit des Protoplasma aus.

Eine andere Auffassung wird von H. F. Müller gegeben und von Wertheim bestätigt, welche für die weissen und roten Blutkörperchen einen einheitlichen Ausgangspunkt im Blute der Milz, Lymphdrüsen und Knochenmark annehmen. Die roten Blutkörperchen und die polymorphkernigen Leukocyten haben dieselben Mutterzellen, aus welchen durch Mitose sich Tochterzellen entwickeln, die zum Teil unter Aufnahme von Hämoglobin und allmählichem Schwund des Kernes in rote Blutkörperchen übergehen, teils zu ruhenden, einkernigen, den Mutterzellen ähnlichen Zellen (Leukoblasten) werden, die durch Umgestaltung der Kerne und Differenzierung ihres Protoplasma in polymorphkernige Leukocyten übergehen können.

Als wiederum ganz abweichend von allen bisher angeführten Darstellungen ist endlich die Theorie von Hayem zu erwähnen, welcher die Entstehung der roten Blutkörperchen aus den

Blutplättchen (Elementarkörperchen — Zimmermann; globulins — Robin; Blutplättchen — Bizzozero; hématoblastes — Hayem) herleitet. Hayem stützt sich hierbei besonders auf die von ihm beobachtete Steigerung der Zahl der Blutplättchen bei Regenerativprozessen im Blute. Er nimmt Übergangsformen zwischen den Blutplättchen und roten Blutkörperchen an derartig, dass die Plättchen sich vervollkommnen, wachsen und färben, bis sie, oft bevor sie ihren normalen Durchmesser erhalten, die Eigenschaften der roten Blutkörperchen bekommen. Die Blutplättchen entstehen nach Hayem im Protoplasma der weissen Blutkörperchen, innerhalb der Lymphbahn, und diese Zellen stossen sie aus, bevor sie in die Blutbahn gelangen. Während Pouchet sich auf den Boden derselben Theorie stellt und auch von Recklinghausen, Gobuleff, Schklarewski in kernhaltigen Blutplättchen Vorstufen der roten Blutkörperchen sehen, hat die Theorie von Hayem im übrigen zahlreichen Widerspruch erfahren.

Regeneration der Blutkörperchen im allgemeinen.

Die Regenerativbildungen der roten Blutkörperchen bei anämischen Zuständen schliessen sich an die unter physiologischen Verhältnissen zu beobachtenden Neubildungen eng an. Die anatomischen Untersuchungen von Neumann, Bizzozero, Litten und Orth. Winogradow u. v. a. haben übereinstimmend ergeben, dass bei Menschen das Knochenmark nach akuten und chronischen Blutverlusten und nach Degeneration der roten Blutkörperchen eine eigentümliche Veränderung aufweist, darin bestehend, dass das Fettmark in grösserem oder geringerem Umfange durch rotes lymphoides Mark ersetzt wird, in welchem sich kernhaltige rote Blutkörperchen in besonders reichhaltiger Menge nachweisen lassen. Nach Neumann erfolgt diese Umwandlung des Markes in zentrifugaler Richtung von den oberen Epiphysen des Humerus und Femur aus.

In diesen Veränderungen des Knochenmarkes hat man im wesentlichen das anatomische Substrat des Blut-Regenerationsprozesses zu sehen, und Beobachtungen über Regenerationserscheinungen von roten Blutkörperchen in Milz, Lymphdrüsen, Leber und zirkulierendem Blute stehen beim Erwachsenen, soweit sie überhaupt sicher fundiert sind, entschieden den Veränderungen im Knochenmark an Wichtigkeit nach.

Die neugebildeten roten Blutkörperchen, welche bei Regenerationsprozessen in die Blutbahn eingeschwemmt werden, sind überall da, wo die Intensität dieses Prozesses nicht ein mittleres Mass überschreitet, und wo nicht durch chronische Erkrankungen eine Schwächung des ganzen Organismus eingetreten ist, von gewöhnlicher Grösse und Form, anfänglich auch von normalem Hämoglobingehalt; später indess ist der letztere verringert und die Neubildung des Hämoglobins hält demgemäss nicht gleichen Schritt mit dem numerischen Wiederersatz der roten Blutzellen (Otto und Laache).

Bei lebhafterer Regeneration treten sodann kernhaltige rote Blutkörperchen von normaler Grösse und Form in das Blut, welche die grösste Mehrzahl der Autoren für Jugend- oder Regenerationsformen der roten Blutkörperchen ansieht, die infolge der intensiven Proliferation im Knochenmark nicht bis zur völligen Reife, d. h. Kernschwund, daselbst gediehen sind, sondern vorzeitig, also gewissermassen in einem unfertigen Zustand, in die Blutbahn ausgeschwemmt sind.

Ausser diesen mittelgrossen kernhaltigen Formen (Normoblasten Ehrlichs) kommen bei schweren Formen von Blutverarmung grosse Erythrocyten meist als blasse, unregelmässig geformte Scheiben, welche das Doppelte und Dreifache der Grösse eines gewöhnlichen roten Blutkörperchens aufweisen können, mit Kernen versehen, zur Beobachtung (kernhaltige Megaloblasten Ehrlichs). Nach Ehrlich finden sich derartige Megaloblasten in den blutbildenden Organen von Embryonen, und sie bedeuten nach diesem Autor überall, wo sie beim Erwachsenen vorkommen, einen Rückschlag ins Embryonale, eine Ansicht, welche auch von H. F. Müller geteilt wird. Die ursprüngliche Ansicht von Ehrlich, dass diese kernhaltigen Megaloblasten lediglich bei den schwersten Formen der sogenannten perniciösen Anämie vorkämen, ist nach späteren Befunden anderer Autoren nicht mehr haltbar, da sich dieselben auch bei leichteren anämischen Zuständen gelegentlich finden.

Askanazy, der diese Zellen ebenfalls bei günstig verlaufenden Fällen schwerer Anämie beobachtete, fasst diese grossen Zellen als Jugendformen der kernhaltigen Normocyten auf und hält sie für ein Zeichen exzessiver Regeneration. Das Hämoglobin zeigt nach Askanazy eine polychromatophile Färbung (s. u.), die nach Askanazy ebenfalls für Jugendformen spricht. Manche dieser Zellen zeigen Kernteilungsfiguren.

Nicht ganz bestimmt ist die Rolle, welche die abnorm kleinen Formen der roten Blutkörperchen, die Mikrocyten, im Blute spielen. Schon im völlig gesundhaften Blute finden sich ziemlich grosse Differenzen zwischen den einzelnen roten Blutkörperchen, und unzweifelhaft giebt es eine grosse Menge von teils noch ganz unbekannten Einflüssen, welche auf die Dimensionen der roten Blutkörperchen einwirken. Schon im Jahre 1872 fand Mannassëin, dass Morphin, Wärme und andere Einflüsse zur Verkleinerung des Durchmessers der roten Blutkörperchen führen. Vanlair und Masius beschrieben ein massenhaftes Auftreten von Mikrocyten bei einem Falle von Cardialgie mit Milztumor, und vereinzeltes Vorkommen bei Typhus, Puerperalfieber, Gelenkrheumatismus, Lebercirrhose, konstitutioneller Lues — kurz bei sehr differenten Zuständen.

Die Mikrocyten werden von Hayem, Eichhorst, Eisenlohr als Jugendformen roter Blutkörperchen angesehen, weil sie zu Zeiten gesteigerter Neubildung auftreten, von Quincke dagegen, Masius und Vanlair als alternde, dem Untergange nahe Formen; während Litten sie für eine Folge von Veränderungen des Salzgehaltes im Blute hält. Biernacki hat neuerdings die sehr plausible Erklärung gegeben, dass die roten Blutkörperchen im zirkulierenden Blute Plasma enthalten und dass die Mikrocytose durch Abgabe von Plasma aus den Zellen zu stande komme.

Aus alledem geht hervor, dass diesen kleinen Formen schwerlich eine einheitliche pathologische Bedeutung zuzumessen ist, dass sie keinesfalls lediglich als Regenerationsformen zu betrachten sind, sondern wahrscheinlich nicht nur präformiert ins Blut gelangen, sondern sich auch in der Zirkulation unter gewissen Einflüssen aus Normocyten bilden können.

In ähnlicher Weise sind diejenigen Formen aufzufassen, welche einen gegen die Norm vergrösserten Umfang besitzen, Megalocyten, dabei aber meist ein sehr blasses Aussehen und nur eine Andeutung von Dellenbildung zeigen. Auch diese Formen finden sich in der Regenerationsperiode des Blutes, aber auch zu Zeiten stärkeren Niederganges der Blutmischung.

Bei den meisten Fällen von Regeneration des Blutes sind von den Formelementen des Blutes nicht allein die roten Blutkörperchen, sondern auch die Leukocyten beteiligt, welche häufig beträchtliche Vermehrung ihrer Zahl zeigen und in vielen Fällen der nachweisbaren Zunahme der roten Blutkörperchen sogar voraneilen, sodass eine Leukocytose nicht selten als erstes Zeichen das Einsetzen der Verbesserung der Blutmischung ankündigt. Das Verhalten der Leukocyten in den verschiedenen anämischen Zuständen wird bei den einzelnen Kapiteln näher beschrieben werden.

Degenerationserscheinungen an den roten Blutkörperchen.

Wenn man einige der soeben erwähnten Formen der roten Blutkörperchen, besonders die kernhaltigen Megalocyten, zum Teil auch die Mikro- und Makrocyten, in gewissen Fällen als krankhafte Produkte der Blutregeneration ansehen muss, so giebt es doch gewisse Veränderungen der Form und Zusammensetzung der roten Blutkörperchen, welche man als eigentliche Degenerativbildungen auffasst, deren Erscheinen im Blute somit immer auf schwere Störungen in der Blutzusammensetzung schliessen lässt.

Die äusserlichen Veränderungen dieser roten Blutkörperchen geben sich durch bizarre Gestaltungen kund, welche zuerst von Damon, später von Friedreich und Mosler erwähnt wurden und durch Quincke's Beschreibung in weiterem Masse die Aufmerksamkeit auf sich zogen. Diese Gestaltsveränderungen bestehen in einer eigentümlichen Verzerrung der Konturen, infolge deren bald eine Birn-, eine Flaschenform, eine Hammer-, Spindel- oder Sternform erscheint, während in den höchsten Graden degenerativer Veränderung äusserst kleine blasse Kügelchen von verzerrter Form und geringem Farbvermögen auftreten, die man am besten wohl als Krüppelform bezeichnet (s. Taf. I Fig. 1). Quincke hat diese Formen Poikilocyten benannt und vindizierte ihnen eine diagnostische Bedeutung für die perniciöse Anämie; doch hat man dieselben später auch bei anderen und leichteren anämischen Zuständen häufig beobachtet. Häufig zeigen die kleinen Poikilocyten Kontraktilitätserscheinungen, wodurch sie den Eindruck von Mikroparasiten hervorrufen können (s. pernic. Anämie).

Ehrlich hält diese Formen für Teilungs- resp. Abschnürungsprodukte von roten Blutkörperchen und nennt sie daher Schistocyten.

Maragliano und Castellino sehen sowohl in den Poikilocyten wie in den Maulbeerformen der roten Blutkörperchen morphologische Veränderungen, deren Ursache in regressiven Metamorphosen des Globularplasma liegt. Sie können bei hochgradiger Anämie bereits im lebenden Blute, besonders schnell aber ausserhalb der Gefässe auftreten. Die Poikilocytenformen werden nach diesen Autoren durch amöboide Bewegungen des Globularplasma hervorgerufen, welche sich infolge von Degeneration dieses Plasma einstellt. Circumscripte endoglobuläre Degeneration täuscht nach diesen Verfassern häufig eine Kernbildung vor, und sie halten daher die bei Anämien im Blute gefundenen kernhaltigen Formen der roten Blutkörperchen lediglich für Degenerationsprodukte.

Diese Auffassung geht m. E. entschieden viel zu weit. Denn es giebt Zustände von Anämien, in welchen sich fast ausschliesslich Poikilocytenformen finden, und es wäre nach dieser Theorie kaum verständlich, wodurch in derartigen Fällen die Sauerstoffversorgung der Gewebe bewirkt werden sollte, wenn das Globularplasma durchweg degeneriert oder sogar mortifiziert wäre.

Eine sichere Deutung der Genese und Formation dieser Gebilde ist zur Zeit nicht zu geben. Man muss daher einstweilen an ihrer symptomatischen Bedeutung festhalten, welche wie gesagt immer auf schwerere Störungen in der Blutbildung hinweist.

Besser bekannt sind gewisse Veränderungen des Protoplasma der roten Blutkörperchen, welche sich durch Veränderungen des

selben in tinktorieller Richtung kundgeben. Gabritschewski wies
darauf hin, dass lebende rote Blutkörperchen keine Affinität zu
Farbstoffen besitzen, sich also achromatophil verhalten, dass
gesunde fixierte rote Blutkörperchen sich bei Behandlung mit Farbmischungen nur mit einer Farbe tingieren, monochromatophil
sind; während Erythrocyten bei schweren Anämien verschiedene
Farbstoffe aufnehmen (Methylenblau und Hämatoxylin), sich also
polychromatophil verhalten.

Nach Ehrlich kommt diese Polychromatophilie durch eine
Koagulationsnekrose des Diskoplasma zustande, welches durch
Einlagerung fremder Substanzen tinktorielle Änderungen erleidet.
Er sieht diese Blutzellen für Altersformen der roten Blutkörperchen an, während Gabritschewski im Gegenteil dieselben
für Vorstufen, Jugendformen der roten Blutkörperchen hält.
Maragliano nimmt, wie Ehrlich, nekrobiotische Vorgänge in den
roten Blutkörperchen als Ursache dieser Färbung an.

Askanazy und Schaumann beobachteten Polychromatophilie
auch in Blutkörperchen, deren Kerne in Teilung begriffen waren,
und nach denselben Autoren kommen einzelne violette Körnchen
gelegentlich im sonst normalen Hämoglobin vor.

Askanazy fand im Knochenmark der frisch resecierten Rippe
fast alle kernhaltigen roten Blutkörperchen mit polychromatophiler
Färbung und hält dieselbe auf Grund dieser und der vorher erwähnten Beobachtungen ebenfalls für ein Zeichen jugendlichen
Alters der Zellen.

Der Untergang der roten Blutkörperchen, deren Lebensdauer
man auf etwa drei Wochen berechnet, findet unter physiologischen
Verhältnissen 1. in der Leber statt, wo das Hämoglobin umgeprägt wird und den Gallenfarbstoff, das Bilirubin liefert; 2. gehen
nach den Untersuchungen von Quincke die roten Blutkörperchen
in der Milz zu Grunde, wo die alten, starr gewordenen Zellen
von Phagocyten aufgenommen und vernichtet werden; 3. gehen
auch im Knochenmark rote Blutkörperchen zu Grunde.

Besonders die später zu besprechenden Beobachtungen über
pathologisch gesteigerten Zerfall von roten Blutkörperchen haben
es nach den Untersuchungen von Quincke u. a. wahrscheinlich
gemacht, dass der Blutfarbstoff vornehmlich in Milz und Knochenmark zum Wiederaufbau junger roter Blutkörperchen verwandt
wird. Er wird in der Form des sogen. Haematosiderin (Blaufärbung bei Zusatz von HCl und Ferrocyankalium) an diesen Stellen
deponiert und findet sich bei gesteigertem Blutkörperchenzerfall in
abnormen Mengen vor.

Verhältnis der roten Blutkörperchen zum Blutplasma. Überlässt man eine Portion Blut ohne irgend welche Zuthat sich selbst, so sammelt sich bekanntlich die Masse der roten Blutkörperchen als Coagulum am Boden des Gefässes an, während eine, allmählich zunehmende Quantität von Serum (Plasma minus Fibrin) abgeschieden wird.

Nach Zusatz von gerinnungshemmenden Mitteln zum ausfliessenden Blute (Natriumoxalat etc.) oder solchen, die man im Tierexperiment schon in vivo in das Blut überführen kann (Albumosen, Pepton) tritt eine einfache Sedimentierung ein, wobei sich die roten Blutkörperchen zu Boden senken und das Plasma die obere Schicht einnimmt.

Es ist nun eine, bis heute nicht entschiedene Frage, ob dieser Trennung der zelligen und flüssigen Bestandteile des Blutes ausserhalb des Gefässsystems ein ähnliches Verhältnis während der Cirkulation entspricht, d. h. 1. ob auch im kreisenden Blute Zellen und Flüssigkeit voneinander getrennt cirkulieren und 2. ob sie in demselben quantitativen Verhältnis voneinander getrennt sind wie ausserhalb des Körpers.

Die erste massgebende Anschauung hierüber war die von Prevost und Dumas, welche die Blutzelle vom umgebenden Plasma durchtränkt, mechanisch imbibiert ansahen. Im Gegensatze hierzu erklärte C. A. Schmidt, auf dessen epochemachende Blutuntersuchungen „zur Charakteristik der epidemischen Cholera" (1850) wir mehrfach zurückkommen werden, Zellen und Flüssigkeit für ganz getrennte Komponenten des Blutes, zwischen denen allerdings Diffusionserscheinungen auftreten können.

Von den späteren Untersuchern hat sich die Mehrzahl dieser letzten Anschauung angeschlossen. Es sind indes in letzter Zeit Beobachtungen gemacht worden, welche wieder mehr für die alte Anschauung von Prevost und Dumas sprechen dürften. Besonders durch die Untersuchungen von Hamburger, Lackschewitz, v. Limbeck hat sich gezeigt, dass innige Wechselbeziehungen zwischen roten Blutkörperchen und Plasma bestehen. Hamburger hat die, von H. de Vries und van t'Hoff gefundenen Gesetze der osmotischen Spannkraft in interessanten Versuchen auf physiologische und pathologische Verhältnisse beim Menschen übertragen und gefunden, dass diejenige Salzlösung, welche im Blute des Menschen, wie auch anderer Warmblüter weder eine Quellung noch eine Schrumpfung hervorruft, welche also dem menschlichen Plasma „isotonisch" ist, z. B. eine $0,9\%$ NaCl-Lösung ist. Andere Salzlösungen verhalten sich isotonisch bei einer Konzentration, deren Molekulargewicht der erwähnten NaCl-Lösung entspricht. Es ist nach diesen Versuchen irrtümlich, die $0,6\%$ NaCl-Lösung als „physiologische" zu bezeichnen, da diese Konzentration lediglich für das Froschblut annähernd isotonisch ist, die Blutkörperchen des Menschen dagegen in dieser Lösung quellen. Lösungen von stärkerer Konzentration bezeichnet Hamburger als „hyperisotonische", solche von schwächerer Konzentration als „hypisotonische". Nach Hamburger sind die roten Blutkörperchen des zirkulierenden Blutes für Salze permeabel und nach Versetzung defibrinierten Blutes mit isotonischen, hyperisotonischen und hypisotonischen Salz- und Zuckerlösungen findet eine Auswechselung von Bestandteilen in den Verhältnissen statt, dass die wasseranziehende Kraft weder der Blutkörperchen noch des Serum eine Änderung erfährt.

Blutflüssigkeit und Gewebsflüssigkeiten müssen stets isotonische Konzentration an Salzen besitzen, da sonst rote Blutkörperchen zur Auflösung gelangen würden, und nach v. Limbeck ist die Blutflüssigkeit unter normalen Verhältnissen richtiger als hyperisotonisch zu bezeichnen, da ein gewisses Plus an Salzen vorhanden sein muss, um bei stärkerer Wasserzufuhr zum Blute ein Absinken auf die niedrigsten isotonischen Grenzen zu verhindern.

Besonders gelegentlich der kritischen Prüfung einer neuen, von M. und G. Bleibtreu eingeführten Methode zur quantitativen Bestimmung der Blutflüssigkeit sind die Schwierigkeiten, welche das Blut derartigen Untersuchungen bereitet, diskutiert worden, und Biernacki kommt auf Grund eigener vergleichender Experimente zu dem Schlusse, dass die roten Blutkörperchen des Gesamtblutes in ihrem Innern Plasma enthalten, dass neben diesem an die Zellen gebundenen Plasma freies Plasma zirkuliert, und dass die Blutkörperchen das Plasma zur Ernährung der Gewebe secernieren.

Wie schon oben erwähnt, ist das Verhältnis von Flüssigkeit und Zellen im gesunden Blute ein ziemlich konstantes; es lässt sich beobachten, dass das zirkulierende Blut in kurzer Frist Verdünnungen und ebenso Wasserverluste, gleichviel auf welche Weise entstanden, wieder auszugleichen imstande ist, also ein gewisses mittleres Wasser-Gleichgewicht festzuhalten bestrebt ist. Es üben daher vorübergehende, wenn auch intensive Eingriffe in die Blutmischung nur auf kurze Frist eine Einwirkung auf das Blut aus, chronische Schädigungen jedoch vermögen den Flüssigkeitsgehalt des Blutes ebensowohl dauernd zu vermehren, wie auch dauernd zu vermindern.

Litteratur.

Afanassiew, M. Ueber den dritten Formbestandtheil des Blutes im normalen und pathol. Zustande und über die Beziehung desselben zur Regeneration des Blutes. Deutsch. Arch. f. klin. Med. XXXV. 1884. S. 217.

Askanazy. Zeitschr. f. klin. Med. 1895. Bd. 27. S. 492.

Biernacki, E. Ueber die Beziehungen des Plasmas zu den r. Bl. und über den Werth verschiedener Methoden der Blutkörperchenvolumbestimmung. Zeitschr. f. phys. Chemie. Bd. 19. 1894. S. 179.

Biernacki. Blutkörperchen und Plasma in ihren gegenseitigen Beziehungen. Wien. med. Wochenschr. 1894. Nr. 36/37.

Bizzozero, G. 1. Ueber die Bildung der roten Blutkörperchen. Virch. Arch. Bd. 95. 1884. S. 26. — 2. Sulla funzione ematopoetica del midollo delle ossa. Gaz. med. Ital.-Lomb. Novembre 1868. — 3. Ueber die Entstehung der rothen Blutkörperchen während des Extrauterinlebens. Moleschott's Untersuchungen zur Naturlehre. XIII. 1888. S. 153.

Bizzozero u. Salvioli. 1. Die Milz als Bildungsstätte rother Blutkörperchen. Centralbl. f. d. med. Wiss. 1879. Nr. 16. — 2. Experiment. Untersuchungen über die lineale Hämatopoësis. Moleschott's Unters. XII. 1881. S. 595.

Damon. Leukocythaemia. Boston. 1864.

Ehrlich. Referat im 11. Congr. f. inn. Mediz. 1892.

Eichhorst. Die perniciöse Anämie. Leipzig 1878.

Eisenlohr. Deutsch. Arch. f. klin. Med. Bd. 20. S. 495.

Eliasberg. Experiment. Unters. über die Blutbildung in der Milz der Säugethiere. Diss. Dorpat. 1893.

Friedreich. Virchow's Archiv. Bd. 12. S. 395.

Gabritschewsky. Klin.-hämatolog. Notizen. Arch. f. exper. Pathol. Bd. 28. S. 83.

Hamburger. 1. Ueber die Permeabilität der rothen Blutkörperchen im Zusammenhange mit den isotonischen Coëfficienten. Zeitschr. f. Biol. Bd. 26. S. 414. — 2. Ueber die Regelung der Blutbestandtheile bei künstlicher hydräm. Plethora, Hydrämie und Anhydrämie. Ibidem. Bd. 27. 1890. S. 259. — 3. Die osmotische Spannkraft in den medizin. Wissenschaften. Virch. Arch. Bd. 140. 1895. S. 503.

Hayem, G. 1. Du sang etc. Paris 1889. — 2. Sur l'évolution des glob. rouges dans le sang des animaux supérieurs. Compt. rend. T. 85. 1877. S. 1285. — 3. Recherches sur l'évolution des hématies dans le sang de l'homme et des vertébrés. Arch. de Phys. 1878. S. 629.

Howell, W. H. 1. The origin and regeneration of blood-corpuscles. New-York med. record. Vol. XXXIV. 1888. — 2. The life-history of the formed elements of the blood etc. Journ. of Morphol. Vol. IV. 1871. No. 1.

Kölliker, A. Ueber die Blutkörperchen eines menschlichen Embryo und die Entwickelung der Blutkörperchen bei Säugetieren. Zeitschr. f. rat. Med. Bd. IV. 1846.

Laache. Die Anämie. Christiania 1883.

Lackschewitz. Über die Wasseraufnahmefähigkeit der roten Blutkörperchen. Diss. Dorpat 1892.

v. Limbeck. Grundriss einer klin. Pathol. d. Blutes. Jena 1892.

Litten. Ueber einige Veränderungen der rothen Blutkörperchen. Berl. klin. Wochenschr. 1877. Nr. 1.

Litten u. Orth. Berl. klin. Wochenschr. 1877. Nr. 51.

Löwit, A. 1. Ueber die Bildung rother und weisser Blutkörperchen. Prager med. W. VIII. 1883. — 2. Dasselbe: Sitzungsber. d. Wien. Acad. Abth. III. Bd. 88. 1883. — 3. Ueber Blutzellenbildung unter normalen u. pathol. Verhältnissen. Prager med. Wochenschr. 1887. Nr. 21.

Manassëin. Ueber die Dimensionen der rothen Blutkörperchen unter verschiedenen Einflüssen. Tübingen 1872.

Maragliano u. Castellino. Ueber die langsame Nekrobiosis der rothen Blutkörperchen, sowohl in normalen, wie auch in pathol. Zuständen etc. Zeitschr. f. kl. Med. Bd. 21. S. 415.

Mosler. Leukämie. Berlin 1871.

Müller, H. Fr. Ueber die atypische Blutbildung bei der progr. pern. Anämie. D. Arch. f. klin. Med. 1893. Bd. 51. S. 282.

Müller, H. F. Zur Frage der Blutbildung. Sitzungsber. d. Akad. d. Wiss. in Wien. Bd. 98. Abth. III. 1889.

Neumann, E. 1. Ueber die Bedeutung des Knochenmarks für die Blutbildung. Med. Centralbl. 1868. October. S. 689. — 2. Neue Beiträge zur Kenntniss der Blutbildung. Arch. f. Heilk. XV. S. 470. 1874. — 3. Knochenmark u. Blutkörperchen. E. Berichtigung. Arch. f. mikr. Anat. XII. 1876. — 4. Ueber d. Entwickelung rother Blutkörper im neugebildeten Knochenmark. Virch. Arch. Bd. 119. 1890. — 5. Ueber Blutregeneration u. Blutbildung. Zeitschr. f. klin. Med. Bd. 3. 1881. Heft 3. — 6. Das Gesetz der Verbreitung des gelben und rothen Markes in den Extremitätenknochen. Centralbl. f. d. med. Wiss. Bd. 20. 1882. S. 321.

Obrastzow. 1. Z. Morphol. d. Blutbildg. i. Knochenmark d. Säugethiere. Centralbl. f. d. med. Wiss. 1880. No. 24. — 2. Dasselbe: Virch. Arch. Bd. 84. S. 358.

Oppel, A. Unsere Kenntnisse von der Entstehung der roten und weissen Blutkörperchen. Zusammenfassendes Referat. Centralbl. f. allg. Pathol. u. path. Anat. 1892. B. III. No. 5. (Erschöpfende Uebersicht über die wichtigsten hierüber publizirten Arbeiten.)

Osler, Note on cells containing red blood-corpuscles. Lancet 1882. S. 181.

Pouchet. La formation du sang. Revue scientif. 9. année. No. 12. 1879.

Quincke. Deutsch. Arch. f. kl. Med. Bd. 20 S. 1. u. Bd. 25 S. 567.

Rindfleisch. Ueber Knochenmark und Blutbildung. Arch. f. mikr. Anat. Bd. 17. 1879. S. 1.

Schaumann. Zur Kenntniss der sog. Bothriocephalus-Anämie. Helsingfors 1894.

Vanlair u. Masius. De la microcythémie. Bruxelles 1871. (Ref. in Virch.-Hirsch. 1872. I. 199.)

Winogradow. Centralbl. f. d. med. Wiss. 1882. Nr. 50.

B. Leukocyten.

Einteilung der normalen Leukocytenformen. Schon zu der Zeit, als man mit noch recht unvollkommenen Vergrösserungssystemen die Zellformen studierte, fielen den scharfsinnigen Beobachtern, wie Virchow, Max Schultze u. a. Verschiedenheiten im Bau der einzelnen Leukocyten auf, welche zu Klassifikationen in mehrere Gruppen führten, und durch die Färbetechnik, deren Einführung auf diesem Gebiete der Histologie ein besonderes Verdienst von Ehrlich ist, sowie durch die Anwendung stärkerer Vergrösserungen liessen sich die einzelnen Formen mit grösserer Sicherheit unterscheiden, so dass man heute für das gesunde Blut am zweckmässigsten folgende Gruppen unterscheidet:

I. Typus: einkernige runde Zellen, ein wenig kleiner als ein Erythrocyt, mit grossem, intensiv färbbaren Kern, schmalem, homogenen Protoplasma — kleine Lymphocyten, und grössere — etwa doppel so grosse — einkernige Zellen, deren Kerne relativ kleiner, deren Protoplasma relativ mächtiger ist — grosse Lymphocyten.

II. Typus: grosse Zellen, welche etwa das Dreifache des Durchmessers eines Erythrocyten haben, mit relativ reichlichem

Protoplasma. Der Kern dieser Zellen ist bei manchen ausgebuchtet, leicht hufeisenförmig — **jugendliche Formen** —, bei anderen erscheint er polymorph, kleeblatt- oder hufeisenförmig (polynukleär) — **ältere Formen**. Das Protoplasma zeigt bei den jüngeren Formen eine sehr schwache, bei den älteren sehr deutliche feine Granulation, welche bei Anwendung kombinierter Farbgemische **eine neutrophile Färbung** annimmt, d. h. für neutrale Farbstoffe eine besondere Affinität zeigt.

III. Typus: **polymorphkernige Zellen**, meist von ähnlicher Grösse, wie die vorhergehenden und einem auffällig grob granulierten Protoplasma, dessen Granula im frischen Präparate den Eindruck von Fetttröpfchen machen, nach Ehrlich aber weder fett- noch hämoglobinhaltig sind und sich im gefärbten Präparate intensiv mit sauren Farbstoffen imprägnieren — **oxyphile oder eosinophile Leukocyten**.

Ehrlich fand bei seinen farbenanalytischen Studien an Leukocyten, dass sich der Zellleib der verschiedenen Formen derselben gegen kombinierte Farbstoffgemische verschieden verhielt, dass gewisse Granulationen des Protoplasma eine Affinität zu sauren, andere zu basischen Farbstoffen zeigten, und er unterschied demgemäss nach diesen tinktoriellen Unterschieden verschiedene „spezifische" Granulationen.

Im Verein mit seinen Schülern Westphal, Schwarze, Spilling unterschied er an den Leukocyten fünf verschiedene Granulationen, von welchen diejenigen, welche eine spezifische Affinität für saure Farbstoffe (z. B. Eosin) zeigten, also **oxyphile oder eosinophile Granulationen** darstellten, als α-Granulationen, amphophile als β-, basophile als γ- und δ-, und neutrophile als ε-Granulationen bezeichnet wurden.

Für die Blutverhältnisse des Menschen sind von den Granulationen fast nur die neutrophilen und die eosinophilen von Bedeutung, während die basophilen nach Ansicht der meisten Autoren im gesunden Blute gar nicht, in pathologischen Zuständen nur sehr selten vorkommen. Die Granulationen finden sich lediglich bei den Zellen des II. und III. Typus unserer Einteilung, während der Zellleib bei dem I. Typus keine Andeutung derselben aufweist.

Zahlenverhältnisse der Leukocyten. Bei Zählungen der farblosen Blutzellen ist zunächst die Angabe von Alex. Schmidt und dessen Schülern zu berücksichtigen, dass beim Ausfliessen des Blutes aus den Gefässen ein grosser Teil der Leukocyten zerfalle, eine Ansicht, welche auch Cohnheim vertrat und durch die Angabe von Löwit gestützt wird, welcher in dem, unter erwärmtem Öl aufgefangenen Blute mehr Leukocyten als bei gewöhnlicher Untersuchungsmethode fand. Rieder, welcher sich in besonders umfangreichem Masse mit Zähl-Untersuchungen der Leukocyten beschäftigt hat, hält diese Angaben für unrichtig, zumal wenn man die Mischung des Blutes in geeigneten Flüssigkeiten vor Eintritt der Gerinnung vornimmt.

Die absoluten Zahlen der Leukocyten schwanken bei den

verschiedenen Individuen und auch bei ein und demselben Individuum in den verschiedenen Tageszeiten ziemlich beträchtlich. Demgemäss sind die mittleren Durchschnittszahlen für gesunde Verhältnisse recht verschieden, und eine, von Rieder zusammengestellte Übersicht der Untersuchungsergebnisse zahlreicher Autoren seit Welcker und Moleschott ergiebt, dass man für den Erwachsenen 5000—10000 farblose Zellen im ccm rechnen kann. Das Mittel bei Rieder's Untersuchungen betrug 7680. Das Verhältnis der farblosen zu den roten Zellen beträgt demgemäss, wenn man den Durchschnittswert der ersteren zu 7500 rechnet: 1 : 666.

Ich möchte dabei bemerken, dass diese Verhältniszahl an sich ziemlich nichtssagend ist, denn Verschiebungen nach unten sind noch nicht ohne weiteres gleichbedeutend mit Leukocytose, da die letztere nicht aus der Verhältnisziffer gegenüber den roten Blutkörperchen, sondern aus der absoluten Vermehrung der Leukocyten diagnostiziert wird.

Verteilung der Leukocyten im Gefässsystem. Bei Tierversuchen haben Schulz, sowie Goldscheider und Jacob gefunden, dass die Leukocyten in der Blutbahn ungleich verteilt sind und dass sich konstant in den peripheren Gefässen eine grössere Anzahl von Leukocyten, als in den zentralen findet. Bei Ausführung zahlreicher Venenpunktionen habe ich an Menschen vergleichende Untersuchungen über die Zahlen der Leukocyten im venösen und im Hautkapillarbezirk angestellt und fast immer deutliche Differenzen in beiden Bezirken konstatiert, ohne dass es mir aber bisher möglich wäre, eine bestimmte Regel für dieselben aufzustellen.

Verhältnis der verschiedenen Leukocytenformen zu einander. Auch unter gesundhafte Verhältnissen schwankt das Verhältnis besonders der Lymphocyten zu den polymorphkernigen Zellen ziemlich beträchtlich, doch kann man zunächst so viel mit Sicherheit festhalten, dass die grossen, neutrophilen Formen jüngeren und älteren Ursprungs das weitaus grösste Kontingent im gesunden Blute bilden, sodass die anderen Formen erheblich ihnen gegenüber zurückstehen. Dieser Thatsache hat man durch Zählungen einen ziffernmässigen Ausdruck zu geben versucht, und Ehrlich und Einhorn (vgl. Ehrlich, Lit. 2, S. 127) fanden dabei, dass die Polynukleären ca. 65—70 $^0/_0$, die Lymphocyten ca. 25 $^0/_0$ und die Übergangs- und eosinophilen Formen zusammen ca. 5—10 $^0/_0$ betrugen.

Gräber fand im Mittel 25 $^0/_0$ Lymphocyten und Rieder bei Gesunden 27—30 $^0/_0$ an mononukleären Formen. Über die Spärlichkeit der eosinophilen Zellen herrscht allgemeine Übereinstimmung. und Zappert, welcher allein dieser Zellform eine 82 Seiten umfassende Abhandlung gewidmet hat, konstatiert bei Gesunden 55—784 eosinophile Zellen im ccm, d. h. 0,67—11 %.

Im Kindesalter, speziell im ersten Lebensjahre ist die Zahl der roten Blutkörperchen im ganzen vermehrt, und die jungen Formen, Lymphocyten im Verhältnis zu den älteren reifen polynukleären Formen vermehrt, sodass erstere etwa 50—66%, die letzteren 28—40% betragen (Gundobin, Rieder).

Herkunft der Leukocyten. Seit Langem hat man sich bemüht, aus dem Bau der einzelnen Leukocytenformen Schlüsse auf ihre Herkunft aus diesem oder jenem blutbildenden Organe zu ziehen, ohne dass man jedoch bisher über das Stadium der Hypothesen dabei hinausgekommen wäre.

Die ältere Annahme von Virchow, dass die Lymphocyten aus den lymphatischen Apparaten stammen, ist im allgemeinen verlassen, und aus den Untersuchungen von Löwit geht hervor, dass die kleinen Zellformen aus allen hämatopöetischen Organen ihren Ursprung nehmen können. Auch Arnold hat neuerdings darauf hingewiesen, dass beide Formen von Lymphocyten auch im Knochenmark unter normalen Verhältnissen vorkommen, wobei er allerdings die Möglichkeit offen lässt, dass diese Zellen aus den lymphatischen Apparaten in das Knochenmark eingeschwemmt sein können.

Über die polymorphkernigen Zellen herrscht insofern im allgemeinen Übereinstimmung, als man seit Erb dieselben aus den einkernigen Lymphocyten durch Kernteilung hervorgehen lässt, wofür besonders die Befunde von Übergangsformen und die Beobachtungen über karyokinetische Vorgänge in den mononukleären Zellen sprechen. Im übrigen herrschen hier aber viele Meinungsdifferenzen, und der polymorphe Kern selbst stellt nach Löwit und Nikiforoff eine Degenerationsform, nach Denys, Ranvier, Stricker, Metschnikoff u. a. eine direkte oder amitotische Kernteilung dar, nach M. Heidenhain ist derselbe eine Folgeerscheinung der amöboiden Bewegungen und wiederum nach Einhorn, Schmidt, Ehrlich u. a. eine Folge des Wachstums der mononukleären Zellen.

Nach Arnold kommen im Knochenmark ausser Riesenzellen und „Markzellen" (s. Leukämie) zahlreiche Zwischenformen vor, sodass der Übergang von einer Form in die andere wahrscheinlich ist. Die Unterscheidung der Lymphocyten und der polymorphkernigen Leukocyten nach ihrer Provenienz ist nach Arnold zur Zeit nicht möglich.

Auch die interessanten farbenanalytischen Untersuchungen Ehrlichs und seiner Schüler haben die Erwartungen, welche man aus den färberischen Unterscheidungen für die topische Diagnostik im Anfang hegte, nicht erfüllt. Nach Ehrlich(2) treten sowohl aus der Milz, wie aus dem Knochenmark mononukleäre, körnchenfreie Zellen in das Blut, welche hier die Verwandtschaft des Protoplasma für basische Farbstoffe einbüssen und eine solche für saure gewinnen, während gleichzeitig der Kern der Zellen, entsprechend der Umbildung desselben, sich intensiver mit den kernfärbenden Mitteln tingiert. Die polynukleären Formen des normalen Blutes nach ihrer Färbung auf ihre Abstammung aus Milz oder Knochenmark zu unterscheiden, ist nach Ehrlich nicht möglich.

Die Granulationen selbst sind nach Ehrlich der sichtbare Ausdruck einer eigenartigen Aktion der Zelle, „indem diese in Form festerer Teile Produkte der Zellthätigkeit abscheidet, die bald die Funktion von Reservematerial erfüllen, bald der Elimination gewidmet sein können." Es stehen daher Granula und chemische Funktion der Zelle im engsten Konnex, und eine Zelle zeigt nur immer Granulationen derselben Gattung.

Ob diese letztere Anschauung wirklich zu Recht besteht, muss fraglich erscheinen, nachdem es Arnold gelungen ist, im Knochenmark Zellen mit verschiedenen Formen der Granula nachzuweisen, sodass nach diesem Autor eine Einteilung der Knochenmarkzellen auf Grund der Granula zur Zeit nicht möglich ist. Nach Arnold sind die Granula vielleicht ein Ausdruck nutritiver bezw. sekretorischer Vorgänge in einem Falle und im andern einer fortschreitenden Entwickelung, also einer formativen Thätigkeit.

Die eosinophilen Zellen haben besonders wegen ihrer auffallend groben und intensiv tingierbaren Granula seit Schwarze's ersten Untersuchungen die Aufmerksamkeit besonders gefesselt. Die ursprüngliche Ansicht von Ehrlich, dass eine Vermehrung der eosinophilen Zellen immer auf eine chronische Störung der blutbildenden Organe hinweist und dass dieselben bei Leukämie stets beträchtlich vermehrt seien, hat sich durch die späteren Untersuchungen als nicht mehr haltbar erwiesen, auch ihre Abstammung aus dem Knochenmark, welches im normalen Zustande grosse Mengen eosinophiler Zellen enthält, ist nicht mehr für alle im Blute zirkulierenden derartigen Formen aufrecht zu halten.

Besondere Beobachtungen über das Vorkommen vermehrter Mengen von eosinophilen Zellen bei Asthmatikern, Hautkranken, Neurasthenikern, Tripperkranken etc. — kurz ganz differenten Prozessen — haben Neusser dazu geführt, den Sympathikus als Bindeglied zwischen allen diesen Zuständen anzunehmen, dessen Reizung zu reflektorischer vermehrter Ausfuhr von eosinophilen Zellen aus dem Knochenmarke führen soll. Ausserdem nimmt Neusser an, dass auch die Haut bei chronischen Dermatosen, die Nieren bei Urämie, die Lungen bei Asthma als Bildungsstätten dieser Zellen fungieren können. Gegen diese Hypothese lassen sich die stärksten Einwände erheben, von denen ich nur hervorheben möchte, dass es ganz rätselhaft ist, weshalb bei dem supponierten innigen Konnex des Sympathikus mit dem Knochenmark gerade die eosinophilen

Zellen desselben mobil gemacht werden und die anderen Leukocytenformen nicht, zweitens müsste die Vermehrung der eosinophilen Zellen sich bei den unzähligen Möglichkeiten einer Sympathikus-Affektion sehr viel häufiger konstatieren lassen, als es in der That der Fall ist.

Neuerdings hat Barker nach der Methode von Macallum in den eosinophilen Granulationen, ebenso im Chromatin der Kerne „verstecktes Eisen" nachgewiesen, welches sich in den neutrophilen Granulis nicht fand.

Nach Sacharoff stellt die Entstehung der eosinophilen Granulation des Blutes einen Prozess der Phagocytose dar, indem aus den Erythrocyten herausfallende Elemente von Kernsubstanz durch die Leukocyten aufgenommen werden. Die Granula bestehen nach Sacharoff aus Paranukleïn (runde Granulationen) oder degeneriertem Nukleïn (stäbchenförmige Granulation). Bestätigung dieser Angaben bleibt abzuwarten.

Betreffs der Beziehungen der eosinophilen Zellen zu den Charcot-Leyden'schen Krystallen s. Respirationsapparat.

Chemische und physiologische Eigenschaften der Leukocyten.

Die chemische Zusammensetzung der Leukocyten ist in der letzten Zeit besonders von Kossel und seinen Schülern studiert worden. Als Hauptbestandteil des Lymphocytenkerns fand Lilienfeld das Nukleohiston, eine durch Magnesiumsulfat nicht aussalzbare, zu den Nukleoalbuminen gehörige Substanz, welche sich aus dem zentrifugierten und filtrierten Wasserextrakt der Lymphocyten direkt mittels verdünnter Essigsäure fällen lässt.

Das Nukleohiston zerfällt in zwei Substanzen, von welchen die eine albumosenartig ist und von Kossel als Histon bezeichnet wird, während die andere ein Paranukleïn darstellt und als Leukonukleïn von Lilienfeld benannt worden ist. Das letztere hat stark sauren Charakter, während das Histon eine Base ist.

Diese Substanzen sind von Lilienfeld und Posner in Bezug auf ihre Farbstoffaffinitäten untersucht worden, und es hat sich dabei das, für farbanalytische Studien im allgemeinen sehr interessante Ergebnis herausgestellt, dass das Nukleïn den basischen Farbstoff anzieht, sich also wie eine Säure verhält, während das Eiweiss die sauren Körper anzieht und sich demnach wie eine Base verhält. Wir haben hiermit also einen Aufschluss über den Grund der differentiellen Färbung von Kernsubstanz und Protoplasma, wobei zu bemerken ist, dass schon vorher von Ad. Schmidt auf Grund makroskopischer Färbungen verschiedene Farbstoffaffinitäten für Sputa gezeigt wurden, welche sich je nach ihrem Gehalte an Eiweiss, Mucin und Eiter verschieden färben.

Es sei hierbei kurz auf den von Horbaczewski gefundenen Zusammenhang zwischen Leukocyten und Harnsäureausscheidung hingewiesen. Nach Horbaczewski bilden die Harnsäure und Xanthinbasen die Endprodukte nicht des allgemeinen Nahrungseiweiss-Stoffwechsels, sondern des Gewebseiweissstoffwechsels und stammen aus dem Zerfall der Leukocyten im Organismus her, sodass sich nach Horbaczewski ein vollständiger Parallelismus zwischen der Leukocytenzahl und der Menge der Harnsäure und Xanthinbasen nachweisen lässt. Diese Auffassung gewinnt noch ein grösseres Interesse durch die Beobachtung Weintrauds, dass durch sehr nukleïnreiche Nahrung, wie sie Kalbsthymus darbietet, eine beträchtliche Steigerung der Harnsäurebildung und Ausscheidung beim Menschen stattfindet. Man wird also in erster Linie die zu Grunde gehende Kernsubstanz der Leukocyten als Bildungsmaterial für die genannten Substanzen ansehen dürfen.

Glykogen wurde als normaler Bestandteil der Leukocyten in den Lymphdrüsen und im Blute zuerst von G. Salomon nachgewiesen. Neuerdings hat Gabritschewski (2) Jodreaktion in Leukocyten bei manchen Krankheitszuständen in vermehrtem Masse gefunden, und ähnliche Beobachtungen sind von Livierato gemacht worden.

Von den physiologischen Eigenschaften interessieren hier besonders die Bewegungsphänomene an den weissen Blutkörperchen, welche im Ausstrecken und Einziehen von Protoplasmafortsätzen, sogenannten amöboiden Bewegungen, bestehen, mittels deren dieselben aktive Beweglichkeit besitzen, die zuerst von Wharton Jones im Jahre 1846 beobachtet wurde. Durch diese Protoplasmabewegungen sind die Leukocyten ferner imstande, Fremdkörper, wie Farbstoffpartikelchen, Fett, Bakterien etc. in sich aufzunehmen, und die Thätigkeit der Bakterienvernichtung, welche die Zellen auf diese Weise durch Aufnahme und Unschädlichmachung von Bakterien ausüben, wird von Metschnikoff als Phagocytose bezeichnet.

Ein weiteres wichtiges Phänomen der farblosen Blutzellen beruht ebenfalls auf diesen aktiven Bewegungserscheinungen, nämlich der Durchtritt der Zellen durch die Gefässwände, welcher zuerst von Dutrochet (1824) und Waller (1846) beobachtet, ganz besonders eingehend später von Cohnheim studiert ist, welcher bekanntlich auf diesem Vorgange seine Lehre von den Entzündungen aufbaute. Beim Betrachten des Kreislaufes in den Mesenterialgefässen eines Frosches sieht man unter dem Mikroskop bei Anwendung von Reizmitteln ein Anhaften der Leukocyten an der inneren Gefässwand, worauf dieselben Protoplasmafortsätze durch die Gefässwand hindurchsenden, darauf ihren ganzen Leib hindurchzwängen, bis sie ausserhalb der Gefässwand angelangt sind und sich hier eventuell weiter durch amöboide Bewegungen fortschieben.

Nicht alle Formen der Leukocyten zeigen die aktive Beweglichkeit, wie schon M. Schultze richtig erkannte. Am meisten beweglich sind die polynukleären Zellen, weniger die grossen Lymphocyten; gar nicht beweglich dagegen sind die kleinen Lymphocytenformen. Diese, am erwärmten Objekttisch gefundenen Thatsachen sind neuerdings auf die Zellen des leukämischen Blutes angewendet worden und haben hier interessante Abweichungen erkennen lassen (s. Leukämie).

Ferner zeigen die Leukocyten die Eigenschaften der Chemotaxis (Chemotropismus), welche darin besteht, dass die Zellen von gewissen differenten Stoffen angelockt werden, worauf bei Besprechung der Leukocytose des Näheren eingegangen ist.

Die Rolle der Leukocyten bei der Blutgerinnung bedarf schliesslich noch einer eingehenderen Besprechung. Nach den Untersuchungen von Alex. Schmidt und seinen Schülern hat man die, bei der Blutgerinnung eintretende Fibrinbildung vorzugsweise im Plasma zu suchen, während nach Landois zum Teil auch Fibrinbildung von den Stromata der roten Blutkörperchen ausgeht. Die Gerinnung selbst wird nach den neuesten Anschauungen durch den Untergang von Blutkörperchen und zwar besonders der farblosen ausgelöst. Gelingt es z. B. beim Pferdeblute durch Abkühlen auf 0° und vorsichtiges Filtrieren ein völlig zellenfreies Plasma zu erhalten, so gerinnt dasselbe während längerer Zeit nicht, dagegen tritt die Gerinnung sofort ein, wenn eine ganz geringe Menge eines aus weissen Blutkörperchen gewonnenen Extraktes hinzugefügt wird. Auch anderweitige Protoplasma-Extrakte vermögen die Gerinnung hervorzurufen. Verhütet man nach Freund nach dem Ausfliessen aus der Ader das Ankleben des Blutes und damit Zerfallen der farblosen Zellen an den Wänden des Glasgefässes durch Bestreichen der Wände desselben mit einer fettigen Substanz, so bleibt die Gerinnung aus, dieselbe tritt jedoch sofort ein, wenn man durch Einbringen von etwas Kohle oder Staub zum Zerfall von Blutkörperchen Veranlassung giebt.

Das Zusammentreten der „fibrinogenen" und „fibrinoplastischen" Substanz, welche beide zu den Globulinen gehören und viele Ähnlichkeit aufweisen, wird nach Alex. Schmidt durch eine zymogenartige Substanz, das sogenannte „Prothrombin" bedingt, aus welchem sich unter dem Einflusse anderer, ebenfalls in den Zellen enthaltener sogenannter „zymoplastischer Substanzen" das „Fibrinferment" oder „Thrombin" bildet.

Lilienfeld hat ausser diesem Fibrinferment noch speziell aus den Kernen der Leukocyten Substanzen dargestellt, welche die Fibrinbildung hervorzurufen vermögen und besonders das erwähnte Leukonukleïn, die eine Komponente des Nukleohiston, vermag Gerinnung hervorzurufen, vorausgesetzt, dass in der Fibrinogen enthaltenden Flüssigkeit genügend Kalksalze vorhanden sind, ohne deren Anwesenheit die Gerinnung ausbleibt. Das Histon dagegen, die andere Komponente des Nukleohiston, besitzt im Gegensatze zu der ersteren eine ausgesprochen gerinnungshemmende Wirkung.

Die Frage, weshalb unter physiologischen Verhältnissen keine Gerinnungen eintreten, da doch unzweifelhaft Leukocyten fortgesetzt zu Grunde gehen, lässt sich dahin beantworten, dass dieser Untergang der Zellen aller Wahrscheinlichkeit nach nicht im kreisenden Blute, sondern in den Geweben der Organe erfolgt; übrigens finden sich normaler Weise Spuren von Fibrinferment besonders im venösen Blute, weniger im arteriellen.

Bei gesteigertem Zerfall von Leukocyten in der Blutbahn treten aber intravaskuläre Gerinnungen, Verstopfungen der Kapillaren verschiedenster Organe, Fieberbewegungen, in schweren Fällen sogar der Tod ein, Vorgänge, welche man als **Fermentintoxikation** bezeichnet. Diese Folgeerscheinungen gesteigerten Zellzerfalls im Blute sind von Alex. Schmidt und seinen Schülern (Köhler, Sachsendahl u. a.), von Landois, Silbermann, v. Düring studiert worden, und man hat gefunden, dass besonders bei septischen, bakteriellen Infektionen und bei Einführung solcher Substanzen, welche rote Blutkörperchen aufzulösen vermögen (s. Blutgifte), derartige intravaskuläre Gerinnungen eintreten, da gelöstes Hämoglobin in der Blutbahn zur Auflösung von Leukocyten führt. Besonders die Transfusionen mit heterogenem Blute, z. B. Lammblut, welche vor einigen Jahrzehnten zu einer traurigen Berühmtheit gelangten, üben einen derartigen hämatolytischen Einfluss auf das Blut aus, wie zuerst von Landois in einwandsfreier Weise gezeigt wurde.

Leukocytose.

Man versteht unter Leukocytose eine Vermehrung der im Blute unter physiologischen Verhältnissen vorkommenden farblosen Zellformen, welche einen transitorischen Charakter hat und keine selbständige Krankheitsform darstellt. Die Leucocytose ist vielmehr lediglich eine symptomatische Erscheinung, welche zum Teil auf physiologischen Prozessen beruhen, zum Teil als Begleiterscheinung zahlreicher pathologischer Vorgänge auftreten kann. So häufig sich dieses Symptom im Blute zeigt und so zahlreiche Studien über dasselbe veröffentlicht sind, so wenig Sicherheit besteht noch bis heute in der Deutung dieses Phänomens im Blute, und es ist daher geboten, um Wiederholungen bei den einzelnen Kapiteln zu vermeiden, hier eine kurze zusammenfassende Übersicht über die wenigstens einigermassen gesicherten Thatsachen auf diesem Gebiete zu geben.

Die Diagnose einer Leukocytose wird lediglich durch die

absolute Vermehrung der Leukocyten bedingt und nicht etwa durch ihre Verhältniszahl gegenüber den roten Blutkörperchen. Man wird also alle diejenigen Zustände als Leukocytose bezeichnen, bei welchen die Zahl der farblosen Zellen **mehr als 10000 im cmm** beträgt.

Unter physiologischen Verhältnissen wird Leukocytose vornehmlich während der Verdauung, in der Schwangerschaft und in den ersten Lebenstagen beobachtet, und gerade das Studium der häufigsten Form der Leukocytose, nämlich der Verdauungs-Leukocytose, liefert einen interessanten Einblick in die Meinungsdifferenzen der einzelnen Autoren und die Schwierigkeiten der Deutung so häufig beobachteter Vorgänge.

Schon von Nasse, Virchow und Moleschott wurde in der Mitte dieses Jahrhunderts eine Vermehrung der farblosen Zellen nach aufgenommener Nahrung konstatiert, und bald darauf stellte E. Hirt den Satz auf, dass nach eiweissreicher Mahlzeit stets eine erhebliche Vermehrung der Leukocyten im Blute auftrete. Später fand Grancher meist keine Leukocytose nach Mahlzeiten und Mallassez sogar eine Abnahme der Leukocyten, sobald kein Getränk bei der Mahlzeit genommen wurde. Im selben Sinne äusserten sich später Bouchut und Dubrisay, weiter auch Hayem, Halla und Reinicke, während Sörensen, Detoma u. a. deutliche Vermehrung der Leukocyten nach der Mahlzeit konstatierten. In diese widersprechenden Ansichten schien nun eine befriedigende Klärung durch die exakten Untersuchungen gebracht zu sein, welche aus dem physiologischen Institut zu Prag durch Hoffmeister und Pohl in den Jahren 1887 bis 1889 veröffentlicht wurden.

Hoffmeister wies in seiner Arbeit „Über Assimilation und Resorption der Nährstoffe", nach, dass in der Verdauung eine lebhafte Infiltration des adenoiden Gewebes im ganzen Darm mit Lymphzellen stattfinde, welche unzweifelhaft nicht aus dem Blute stammen, sondern autochthon nicht nur in den drüsigen Apparaten des Darmes, sondern auch extrafollikulär im Zottenparenchym, im subvillären und interglandulären Gewebe durch Kernteilung entständen. Pohl ermittelte zunächst in einer grösseren Versuchszahl, dass bei Hunden eine Verdauungs-Leukocytose immer eintrat, wenn reichlich Eiweiss gefüttert wurde, dass dieselbe hingegen ausblieb bei Gaben von Kohlehydraten, Fetten, Salzen und Wasser. Die Vermehrung der Leukocyten betrug in maximo $146^0/_0$.

Bei der Frage, ob diese Zunahme der Leukocyten durch Einschwemmung von Lymphocyten aus den Chylusgefässen zustande komme, ergab sich, dass letztere im Zustande der Verdauung fast frei von zelligen Elementen waren, und dass im Blute die Lymphocyten gegenüber den polynukleären Formen an Zahl verhältnismässig vermindert waren, dass also die Leukocytose auf diese Weise sich nicht erkläre. Dagegen fand Pohl, dass das Darmvenenblut erheblich reicher an weissen Blutkörperchen sei als das Darmarterienblut, und er nahm infolgedessen an, dass durch die Verdauungs-Leukocytose das resorbierte Eiweiss als Nährstoff in lebender Zellform den Geweben zuströme, und berechnete, dass die Eiweissmenge der während der Verdauungszeit vermehrt auftretenden Leukocyten genügend sei, um den Bedarf des Körpers zu decken.

Wenn man gegen diese Auffassung schon das Bedenken geltend machen muss, dass die Entstehung der vermehrten polynukleären Leukocyten, die Pohl im Darmvenenblute fand, unaufgeklärt bleibt, da die von Hoffmeister konstatierte Zellinfiltration der Darmschleimhaut fast ausschliesslich Lymphocyten enthielt, teilte Rieder später mit, dass er eine derartige Leukocytenvermehrung im Darmvenenblute des verdauenden Hundes durchaus nicht habe konstatieren können. Rieder fand bei Untersuchungen am Menschen, dass beim gesunden eine starke Eiweisszufuhr nötig ist, um Verdauungs-Leukocytose zu erzeugen, und dass dieser Zustand überhaupt schwierig zu deuten ist, da die Leukocytenzahl auch ohne die Verdauung Schwankungen unterworfen ist. Rieder glaubt, dass abgesehen von mechanischen Momenten infolge von Füllung des Magens mit Speisebrei, das aus den verdauten Eiweissstoffen resorbierte Pepton bei seinem Eintritt in die Blutbahn chemotaktische Wirkung entfalte und die Leukocyten in vermehrter Menge anziehe.

Ähnliche Differenzen in der Deutung des Vorganges selbst und der denselben veranlassenden Momente finden sich bei der Leukocytose der Schwangeren, welche sich nach Rieder in den letzten Schwangerschaftsmonaten bei Erstgebärenden stets, bei Mehrgebärenden nicht regelmässig findet und im Puerperium stetig abnimmt. Nach demselben Autor, sowie nach Hayem u. a. finden sich bei Neugeborenen zwei- bis dreimal soviel Leukocyten als in der Norm, und darunter relativ viele eosinophile und Lymphocyten. Ich selbst habe bei zahlreichen Untersuchungen Neugeborener so starke Vermehrung nicht gefunden, das Vorwiegen der beiden genannten Zellformen aber ebenfalls konstatiert.

Unter pathologischen Verhältnissen ist die Leukocytose eine ungemein häufige Erscheinung, und es giebt m. E. überhaupt nur wenige Organerkrankungen, bei welchen nicht zeitweise eine Vermehrung der Leukocyten zu finden ist, unabhängig von den physiologischen Tagesschwankungen. Man hat sich bemüht, die zahlreichen Einzelbefunde bei verschiedenen Krankheiten in grössere Gruppen von Leukocytose zusammenzufassen, welche vornehmlich in Bezug auf die ätiologischen Momente einheitliche Verhältnisse darbieten sollen, und spricht deshalb von einer „entzündlichen", einer „posthämorrhagischen", einer „kachektischen" und „agonalen" Leukocytose (Rieder), wozu man noch eine „toxische", oder zusammenfassend „Resorptions"-Leukocytose hinzufügen kann. Wir werden auf die pathologische Leukocytose bei den einzelnen Krankheiten zurückkommen; hier sollen zunächst nur die Untersuchungen erwähnt werden, welche man zur Ermittelung der Genese der Leukocytose angestellt hat.

1. **Stoffe, welche Leukocytose bewirken.** Es hat sich bei Tierversuchen gezeigt, dass eine ungemein grosse Anzahl verschiedenartiger Stoffe bei direkter oder indirekter Einverleibung in die Säftemasse Leukocytose hervorzurufen vermag, und zwar ist dies am längsten für gewisse Arzneistoffe bekannt. Schon im Jahre 1856 wies E. Hirt nach, dass gewisse tonisierende Mittel wie Tinct. myrrhae, Tinct. chinae, Tinct. amara u. a. eine Vermehrung der Leukocyten hervorrufen, und von H. Meyer, einem Schüler von Binz, wurde dieselbe Wirkung bei Einnahme mancher ätherischen Öle bestätigt. Nach Pohl bewirken die intensiveren Riechstoffe der Früchte und Gewürze in kurzer Zeit Leukocytose, während z. B. Alkohol und Alkalisalze garnicht, Bismutum subnitricum, Eisenoxyd unsicher, anorganische Verbindungen im allgemeinen garnicht, Coffeïn und Chinin ebenso wenig wirken. Nach Pohl befördern die obigen Mittel die Zellneubildung im Darme und bringen disponibles Nährmaterial aus Reservestoffbehältern in den Kreislauf, in Übereinstimmung mit seiner oben erwähnten Theorie über die Bedeutung der Verdauungs-Leukocytose.

Von Buchner und Römer, sowie von v. Limbeck wurden zuerst Bakterien-Proteïne als Erreger von Leukocytose ermittelt. Löwit beobachtete Leukocytose nach Injektion verschiedenartigster Stoffe, wie Harnsäure, Harnstoff, Nukleïn und Bakterien-Proteïnen. Rieder fand beim Einführen von Blutgiften, wie Pyrodin und Natron chloricum Leukocytose, desgleichen bei Injektionen von Bakterienkulturen und im höheren Grade von Bakterien-Proteïnen, weniger bei Anwendung von Pflanzen-Proteïnen.

Horbaczewski konstatierte, dass die Leukocytose in einem bestimmten Verhältnis zur Ausscheidung von Harnsäure und Xanthinbasen stehe, dass Vermehrung der Zahl der Leukocyten mit Vermehrung der Harnsäureausscheidung und umgekehrt Verminderung bei Herabsetzung der Leukocytenzahlen bestehe. Horbaczewski fand ferner, dass Chinin und Atropin Herabsetzung der Leukocytenzahl und der Harnsäureausscheidung, Pilocarpin, Antipyrin und Antifebrin dagegen Vermehrung hervorriefen. Nach

Horbaczewski bewirken relativ kleine Mengen von Nukleïn Leukocytose, infolgedessen immer Leukocytose entstehen soll, wenn nukleïnhaltiges Gewebe zerfällt und Nukleïn frei wird. Goldscheider und Jacob beobachteten Leukocytose nach Injektion verschiedener Organ-Extrakte, Richter und Spiro bei Injektion von Zimmetsäure in die Venen. Zuntz und Schumburg fanden nach starken Marschleistungen Leukocytose. Endlich sei der Wärme als Leukocytose erregenden Momentes gedacht, da Joas dieselbe bei Fröschen unter Wärmeeinwirkung beobachtete.

2. Über die Entstehung der Leukocytose bestehen die grössten Meinungsdifferenzen unter den Autoren. Die ältere Anschauung von Virchow, dass es sich hierbei um Reizungen der Lymphdrüsen handele, welche mit einem Zustande der Schwellung und vermehrtem Übertritt von Lymphocyten in die Zirkulation einhergehen, wird von Löwit durchaus bestätigt, von Rieder dagegen als unhaltbar bezeichnet, indem er sich auf die unter Ehrlich's Leitung ausgeführten Blutkörperchenzählungen von Einhorn beruft, welcher gerade bei solchen Prozessen, die wie die Pneumonie nach Virchow mit starker Drüsenreizung einhergehen sollen, nur $5-7°/_0$ Lymphocyten im Blute fand.

Seit der Entdeckung Pfeffer's, dass verschiedene niedere pflanzliche Organismen, Schwärmsporen von Farnen etc. sich mehr oder minder schnell nach Orten begeben und dort ansammeln, wo anlockende chemische Stoffe vorhanden sind (Chemotaxis), hat man auch nach dem Vorgange von Leber, Massart und Bordet, sowie Gabritschewski (1) chemotaktische Beeinflussung der Leukocyten angenommen. Bei subkutaner Einführung verschiedener differenter Lösungen, die in Glasröhrchen sich befanden, sowie auch von Hollundermarkstückchen fanden sich eingewanderte grössere Mengen von Leukocyten, und man schloss hieraus, dass differente Stoffe, in die Blutbahn eingeführt, chemotaktisch eine anlockende Wirkung auf die weissen Blutkörperchen ausüben, welche infolgedessen in vermehrter Anzahl aus den blutbildenden Organen in die Säftemasse eingeschwemmt würden. Ehrlich nimmt an, dass bei Leukocytose sich im Knochenmark aus den massenhaft vorhandenen mononukleären Vorstufen polynukleäre Leukocyten bilden und durch Chemotaxis in die Blutbahn gelangen. Horbaczewski nimmt eine Proliferation der lymphoiden Zellen infolge von Reizwirkung, besonders durch frei gewordene Nukleïne und andere Toxine auf die lymphoiden Gewebe, Milz und Knochenmark, an.

Löwit beobachtete nach Einführung verschiedener Eiweissstoffe (s. o.) zunächst eine Verarmung des Blutes durch den Zerfall von neutrophilen Zellen, dem sich unmittelbar eine starke Vermehrung anschliesst, hervorgerufen durch eine bedeutende Neubildung vorwiegend einkerniger Formen in den blutbereitenden Organen. Löwit erklärt hiernach die Leukocytose nach Aderlässen durch den dabei bedingten Verlust an weissen Blutkörperchen, die Verdauungs-Leukocytose durch Leukolyse infolge der resorbierten Peptone, und die entzündliche Leukocytose durch die Leukolyse infolge der eingeführten Bakterien-Proteïne. Über das eigentliche Agens, welches die Leukocytose als Folgeerscheinung der Leukolyse hervorruft, giebt Löwit keine Erklärung.

Werigo nimmt an, dass die Leukocyten nach Injektion reizender Stoffe zunächst in den inneren Organen, Leber, Lunge, Milz angehäuft werden, wo eine Vernichtung der fremdartigen Stoffe stattfinde.

Goldscheider und Jakob entnehmen aus ihren Versuchen eine Modifikation dieser Anschauung derart, dass die Leukocyten infolge intravenöser Injektion differenter Stoffe nicht zerstört, sondern in den Capillaren centraler Organe (Lunge) festgehalten werden und dass durch die in die Lymphbahn hierbei übertretenden Stoffe besonders aus dem Knochenmark vorrätige Leukocyten in die Blutbahn gezogen würden. Zu ähnlichen Befunden gelangte Ewing, welcher ebenfalls nach Injektion bakterieller Produkte zuerst Hypoleukocytose und dabei Anhäufung in Lunge und Leber fand.

Römers Ansicht ist, dass bei entzündlichen exsudativen Prozessen sowohl Bakterien als auch Zellen als Organismen derartig geschädigt werden, dass sie absterben und zerfallen. Hierbei gehen als wirksame Stoffe die Proteïne in die Lymphe und das Blut über und üben einen formativen Reiz auf die Leukocyten, welche proliferieren und sich im venösen Blute durch Amitose vermehren. von Limbeck beobachtete entzündliche Leukocytose nur bei Exsudationen in die Gewebe, und zwar um so stärker, je zellenreicher das Exsudat war. Bemerkenswert ist ferner, dass nach von Limbeck die Leukocytose der Exsudatbildung vorangeht. Auch dieser Autor nimmt chemotaktische Einflüsse der Stoffwechselprodukte der Bakterien an. Gegenüber allen diesen Ansichten hat Rieder keine bestimmten Anhaltspunkte für eine vermehrte Ausfuhr von Leukocyten aus den blutbildenden Organen gefunden, noch weniger für eine Vermehrung derselben im Blute oder eine abnorme Ansammlung von Wanderzellen; er glaubt vielmehr, dass bei der Leukocytose nur eine unbedeutende Vermehrung der Gesamtzahl eintrete, dass aber eine abnorme Verteilung in den Gefässen zu Gunsten der Peripherie stattfinde, welche das Bild der Leukocytenvermehrung hervorrufe. Auch G. Schulz nimmt abnorme Verteilung in den Gefässprovinzen unter stärkerer Füllung der peripherischen Gefässe mit Leukocyten als eigentliches Wesen der Leukocytose an.

Fassen wir diese kurz skizzierten wichtigsten Untersuchungsergebnisse zusammen, so zeigt sich, dass grosse Übereinstimmung in der Auffassung herrscht, dass verschiedenartige heterogene Stoffe, wie Pepton, Albumosen, Bakterien-Proteïne, Harnsäure u. s. w. bei ihrer Einführung in die Blutbahn Leukocytose im Gefolge haben. Ebenso grosse Differenzen dagegen herrschen über die treibenden Kräfte, welche diese Vermehrung hervorrufen, indem die einen dieselbe in chemotaktischer Wirkung sehen, andere eine abnorme Verteilung der Leukocyten in den Gefässprovinzen zu Gunsten der peripherischen annehmen, und wiederum andere eine Zellvermehrung als Folgeerscheinung von Zellenuntergang annehmen.

Nicht minder verschiedenartig sind die Ansichten über die Ursprungsstätten der vermehrt auftretenden Leukocyten, welche einerseits auf eine Vermehrung im cirkulierenden Blute selbst, andererseits auf vermehrte Zufuhr aus den blutbildenden Organen bezogen werden, während wieder andere auch hier eine abnorme Verteilung der Leukocyten in den einzelnen Gefässprovinzen annehmen. Auch die Bedeutung des ganzen Vorganges der Leukocytose wird verschieden aufgefasst, indem dieselbe von vielen als eine Schutzmassregel des Organismus gegen eingedrungene Schädlichkeiten angesehen wird (Metschnikoff), während z. B. von Pohl die Leukocytose in der Verdauung und nach Einführung von Arzneistoffen als nutritiver Prozess gedeutet wird.

Aus dieser Mannigfaltigkeit der Auffassungen über das Wesen der Leukocytose geht wohl am deutlichsten hervor, dass hier noch ein dunkles Gebiet vorliegt; und wenn man noch dazu berücksichtigt, dass viele der soeben erwähnten Untersuchungen an Kaninchen, andere an Hunden gemacht sind, und dass es keineswegs entschieden ist, ob sich die hier gewonnenen Resultate ohne weiteres auf die menschliche Pathologie übertragen lassen, so ergiebt sich, dass in dieser schwierigen Frage das letzte Wort noch nicht gesprochen ist.

Die Hauptschwierigkeit liegt meines Erachtens hierbei in unserer bisherigen ungenügenden Kenntnis über die Bildungsstätten der farblosen Blutzellen; und selbst die umfangreiche Bearbeitung dieser Frage durch Rieder schliesst damit, dass die Vermehrung der Leukocyten als unaufgeklärt bezeichnet wird, während die meisten, wie gesagt, eine vermehrte Ausfuhr aus den blutbildenden Organen annehmen, eine Vermehrung durch Proliferation der Zellen im Blute selbst dagegen nur von wenigen zur Erklärung herangezogen wird. Ich möchte glauben, dass der Entstehung der weissen Blutkörperchen im allgemeinen viel zu enge Grenzen gezogen werden, wenn man sie auf die Milz, das Knochenmark und die lymphatischen Apparate beschränkt. Ich erinnere zunächst an die oben erwähnten

Beobachtungen von Hoffmeister, welcher am verdauenden Darme Leukocyten-Infiltration nicht nur der glandulären Apparate, sondern daneben eine überaus lebhafte Zellbildung durch mitotische Vorgänge im interglandulären Gewebe konstatierte, welche durch den Reiz der Resorptionsthätigkeit entstanden waren. Es ist ferner bei dieser Frage die Aufmerksamkeit auf die in neuerer Zeit von P. Grawitz und seinen Schülern veröffentlichten Beobachtungen über Zellbildungen aus der Intercellularsubstanz der Gewebe zu lenken. Es ist bekanntlich von dieser Seite gezeigt worden, dass bei Reizungen, besonders entzündlicher Art, die verschiedenen Gewebe des Körpers in einen zelligen Zustand umgewandelt werden, welcher weder durch Emigration farbloser Blutkörperchen, noch durch Vermehrung der fixen Gewebszellen, noch durch Immigration von Wanderzellen zu erklären ist, vielmehr eine Umwandlung der Grundsubstanz in den embryonalen zellenreichen Zustand darstellt, wobei sich Zellen bilden können, die durchaus den gewöhnlichen polynukleären Leukocyten gleichen. Man müsste demgemäss als Bildungsstätte der farblosen Zellen die verschiedensten entzündeten Gewebe ansehen, und bei den weitgehenden Meinungsdifferenzen über die lokale Genese der im Blute vermehrt kreisenden weissen Blutkörperchen ist es meines Erachtens nötig, auf diese Verhältnisse hinzuweisen, die vielleicht manches Rätselhafte in den Erscheinungen der Leukocyten zu erklären imstande sind.

Besonders das Verhalten der eosinophilen Zellen bei gewissen Krankheiten, wie Asthma bronchiale (s. d.), hat verschiedene Autoren, wie Leyden, Ad. Schmidt, dazu geführt, eine lokale Entstehung dieser Zellen in gewissen Geweben und unter Umständen vermehrten Uebertritt derselben in das Blut anzunehmen.

Ganz besonders eingehend vertritt Weiss die Ansicht, dass die Leukocyten bei den verschiedensten Entzündungszuständen in den Geweben gebildet werden und von hier aus in das Blut übertreten, und er ist daher der Meinung, dass die leukocytotischen Zustände bei einzelnen Krankheiten niemals schematisch gleich sind, sondern sich nach der speziell vorliegenden Gewebsveränderung richten. Das Blut bildet demnach zufolge dieser Auffassung „eine direkte Vertretung sämtlicher Organe".

Verschiedene Formen der Leukocytose.

1. Am häufigsten findet man bei Leukocytose eine Zunahme der polynucleären neutrophilen Zellen, welche schon im normalen Blute die Hauptmasse der farblosen Zellen bilden. Diese Thatsache ist von Wichtigkeit, da sie in vielen Fällen, wo Zweifel auftauchen, ob es sich um leichte leukämische Zustände handeln

könne, mit Sicherheit dagegen spricht, da kein Fall der letzteren bekannt ist, bei welchem lediglich die normalen neutrophilen Leukocytenformen vermehrt gewesen wären.

2. Die Lymphocyten können vorwiegend vermehrt sein, und man bezeichnet diesen Zustand demnach als Lymphocytose. Eine besondere klinische Bedeutung kommt dieser Form der Leukocytose bisher nicht zu. Sie ist gelegentlich bei ganz verschiedenartigen Zuständen, schwerer Rhachitis (Rieder), schwerer Anämie (Ehrlich), Lues (Bieganski), nach Tuberkulininjektion (Botkin) etc. beobachtet worden, auch grosszellige Lymphocytose hat man bei denselben und andern Krankheiten gefunden (Klein).

3. Die eosinophilen Zellen können den Hauptanteil an der Leukocytenvermehrung tragen (Eosinophilie). Die ursprüngliche Ansicht von Ehrlich, dass eine Vermehrung dieser Zellen für das Bestehen einer Leukämie spräche, hat er selbst später aufgegeben, und man hat bei ganz verschiedenartigen Krankheiten transitorische Vermehrung dieser Zellen gefunden, ohne jedoch in der Mehrzahl der Fälle einen Anhaltepunkt für die Bedeutung dieses Vorkommnisses zu haben.

Nach Zappert beobachtet man Vermehrung dieser Zellen bei Kindern unter normalen Verhältnissen, ferner bei Nephritis, manchen Leberaffektionen, nach v. Noorden bei Asthma bronchiale, nach eigenen Untersuchungen bei chronischer Malaria und gelegentlich nach Tuberkulininjektionen, nach Botkin ebenfalls infolge dieser Injektionen. Auf die Vermehrung bei funktionellen Neurosen und auf die Theorie Neussers bezüglich der Wirkung der Sympathikus-Affektionen auf das Knochenmark ist oben bereits hingewiesen.

In Bezug auf die Bedeutung, welche die Diagnose einer Leukocytose heutzutage für klinische Zwecke hat, muss ich im Gegensatz zu manchen anderen konstatieren, dass der Wert zunächst nur ein beschränkter ist. Für differentialdiagnostische Zwecke liegt die aus dem Besprochenen ersichtliche grosse Schwierigkeit vor, dass abgesehen von physiologischen Schwankungen der Leukocytenzahl die pathologischen Bedingungen zur Entstehung einer Leukocytose ungemein zahlreich sind, und dass wir über die Herkunft der vorhandenen Leukocyten nur unvollständige Kenntnis haben. Es sind daher nur wenig Krankheiten, bei denen unsere Diagnose durch die Konstatierung einer Leukocytose oder des Fehlens derselben gestützt ist, und ebenso sind es nur einige wenige Fälle, in welchen wir die Leukocytose prognostisch verwerten können.

Zustände von Verminderung der Leukocyten spielen in der menschlichen Pathologie bisher nur eine geringe Rolle, am wichtigsten dürfte das Vorkommen derselben bei den schweren Formen von Anämie sein, wo sie in gewissem Sinne prognostisch verwertet werden können.

C. Blutplättchen.

Die Blutplättchen stellen kleine kontraktile farblose Elemente im Blute dar, von der Grösse von ca. 3 μ im Durchmesser; sie nehmen basische Farbstoffe an und zeigen keine Chromatinsubstanz. Im frischen Präparate ordnen sie sich häufig in Konglomeraten an und erscheinen als kleine traubenförmige Häufchen zusammengeballt.

Die Zählungen derselben haben sehr verschiedene Resultate ergeben. Afanassiew fand 2—300,000, Fusari 180—250,000, Pruss 500,000 im cmm, doch sind derartige Zählungen wegen der Neigung zur Konglutination und wegen schneller Schwankungen der normalen Zahlen nur mit Vorbehalt zu betrachten.

Diese Körperchen sind zuerst von Max Schulze genauer beschrieben, später von Bizzozero als „dritter Formbestandteil des Blutes", von Hayem als „Hämatoblasten" bezeichnet. Die Herkunft dieser Plättchen ist noch durchaus dunkel, und ebenso sind die Ansichten über ihre Bedeutung durchaus geteilt. Ein Teil der Untersucher hält diese Elemente für präformierte Gebilde, und nach Bizzozero liefern sie das Material für die Fibrinbildung bei der Gerinnung. Nach Eberth und Schimmelbusch bilden indes die Plättchen bei lädierten Gefässwänden und Stromverlangsamung des Blutes kein Fibrin, sondern lediglich eine Konglutination.

Eine besondere Wichtigkeit wird diesen Elementen von Hayem und nach ihm von den meisten französischen Forschern beigelegt. Hayem hält, wie schon erwähnt, die Plättchen für Jugendformen, aus denen sich die roten Blutkörperchen entwickeln, doch hat diese Lehre, wie oben bemerkt, keine allgemeine Gültigkeit erlangt (vergl. S. 20).

Von anderer Seite werden diese Gebilde als Abscheidungsprodukte gewisser Bestandteile des Blutes angesprochen.

Nach Löwit sind dieselben nicht im Blute präformiert, treten aber bei verschiedenartigen Störungen der normalen Cirkulationsbedingungen und im entleerten Blute sofort auf und stellen sich ihrer chemischen Beschaffenheit nach als ein aus dem Blutplasma ausgefällter, oder aus den Leukocyten entstandener, in seinen Reaktionen etwas modifizierter Globulinkörper dar. Nach Lilienfeld (2) dagegen bestehen sie aus Nukleïnen zerfallener Kernsubstanz.

Eine bestimmte Rolle in der Pathologie des Blutes spielen

diese Körperchen bisher nicht, auf ihr vermehrtes Vorkommen bei gewissen Anämien, Leukämie etc. ist in den bezüglichen Kapiteln hingewiesen.

Litteratur.

Afanassiew. Ueber den dritten Formbestandtheil des Blutes etc. D. Arch. f. klin. Med. Bd 35. 1884. S. 217.
Arnold. Zur Morphologie und Biologie der Zellen des Knochenmarks. Virch. Arch. Bd. 140. 1895. S. 411.
Barker, L. J. On the presence of iron in the granules of the eosinophile leucocytes. Bull. of the John Hopkins Hosp. Baltimore 1894. Oct.
Bizzozero. Virch. Arch. Bd. 90.
Botkin, S. S. Deutsche med. Wochenschr. 1892. Nr. 15.
Botkin, Eugen. Leukocytolyse. Virch. Arch. Bd. 141. 1895. S. 238.
Buchner. Berl. klin. Wochenschr. 1890. Nr. 47.
Eberth u. Schimmelbusch. Die Thrombose nach Versuchen und Leichenbefunden. Stuttgart 1888.
Ehrlich. 1. Ueber die spezifischen Granulationen des Blutes. Verhandl. d. physiol. Gesellsch. zu Berlin. 1878—1879. — 2. Farbenanalytische Unters. zur Histologie u. Klinik des Blutes. Th. I. 1891. Berlin.
Ewing. Toxic. hypoleucocytosis. New-York med. Journ. 1895. 2. März.
Freund. Ein Beitrag zur Kenntnis der Blutgerinnung. Mediz. Jahrbücher 1886. S. 46.
Fusari. Ref. i. Centralbl. f. inn. Med. 1887. S. 45.
Gabritschewski (1). Annal. de l'inst. Pasteur. 1890.
Gabritschewski (2). Mikroskopische Unters. über Glykogenreaktionen im Blute. Arch. f. exper. Path. u. Pharm. Bd. 28. 1891. S. 272.
Goldscheider u. Jacob. Ueber die Variationen der Leukocytose. Zeitschr. f. klin. Med. Bd. 25. H. 5 6.
Grawitz, Paul. Atlas der patholog. Gewebelehre. Berlin 1893.
Gundobin. Ueber die Morphologie und Pathologie des Blutes bei Kindern. Jahrb. f. Kinderheilk. Bd. 35. 1893. S. 187.
Hayem. Du sang etc. Paris 1889.
Heidenhain, M. Neue Unters. über die Centralkörper. Arch. f. mikr. Anatom. Bd. 43. 1894.
Hirt. Müllers Arch. 1856. S. 174.
Hoffmeister. Ueber Resorption und Assimilation der Nährstoffe. Arch. f. exp. Path. Bd. 22. 1887.
Horbaczewski. Beiträge zur Kenntnis der Bildung der Harnsäure und Xanthinbasen, sowie der Leukocytosen im Thierorganismus. Sitzungsber. d. Kais. Akad. d. Wiss. Wien. Bd. 100. 1890. Abth. III.
Klein. Die diagnost. Verwerthung der Leukocytose. Volkmanns Samml. klin. Vortr. Nr. 87. 1893.
Kossel. Dtch. med. Wochenschrift. 1894. S. 146.
Landois. Lehrbuch der Physiologie des Menschen. Wien 1893.
Leber. Fortschr. d. Medizin. 1888. S. 460.
Lilienfeld, L. (1). Zeitschr. f. physiolog. Chemie. Bd. 20. 1895. S. 155. — Derselbe (2). Verhandl. d. physiolog. Gesellsch. in Berlin. 23. 10. 1891.
v. Limbeck. Klinisches und Experimentelles über die entzündl. Leukocytose. Zeitschr. f. Heilk. Bd. X.
Livierato. Unters. über die Schwankungen des Glykogengehaltes im Blute gesunder und kranker Individuen. D. Arch. f. klin. Med. Bd. 53. 1894. S. 303.

Löwit. Ueber Neubildung und Zerfall weisser Blutkörperchen. Sitzungs-ber. d.
   Kaiserl. Akad. d. Wiss. Wien. Bd. 92. 1885. Abth. III.
Löwit. Studien zur Physiol. u. Pathol. d. Blutes. Jena 1892.
Massart u. Bordet. Extrait du journal publ. Bruxelles 1890. Febr.
Massart. Annales de l'inst. Pasteur. 1893. S. 165.
Metschnikoff. Pathologie comparée de l'inflammation. 1892.
Moleschott. Wien. med. Wochenschr. 1854. Nr. 8.
Neusser. Klinisch-hämatologische Mittheilungen. I. Wien. klin. Wochenschr.
   1893. Nr. 3/4.
Nikiforoff. Zieglers Beiträge. Bd. 8. 1890. S. 400.
Pohl. Einfluss von Arzneistoffen auf die Zahl der kreisenden weissen Blut-
   körperchen. Arch. f. exp. Path. Bd. 25. 1889. S. 51.
Posner, C. Farbenanalytische Untersuchungen. Verhandl. d. Congr. f. inn.
   Med. 1893. S. 292.
Pruss. Ref. im Centralbl. f. inn. Med. 1887. S. 469.
Rieder. Beiträge zur Kenntniss der Leukocytose etc. Leipzig 1892.
Roemer. Die chemische Reizbarkeit thierischer Zellen. Virch. Arch. Bd. 128.
   1892. S. 98.
Sacharoff. Ueber die Entstehung der eosinophilen Granulationen des Blutes.
   Arch. f. mikr. Anat. Bd. 45. 1895. S. 370.
Salomon, G. Unters. betreffend das Vorkommen von Glykogen im Eiter und
   Blut. Deutsche med. Wochenschr. 1877. Nr. 8.
Schmidt, Ad. Färbung des Sputums mit den Ehrlich'schen Farben. Verhandl.
   d. Vereins f. inn. Med. 1893. S. 263.
Schmidt, Alexander. Zur Blutlehre. Leipzig 1892. Zusammenstellung auch
   der Arbeiten seiner Schüler.
Schultze, Max. Arch. f. mikr. Anatomie. Bd. I. 1865. S. 38.
Schulz, Georg. D. Arch. f. klin. Med. Bd. 51. 1893. S. 234.
Schwarze, Spilling u. Westphal. Dissertat. Zusammen publiziert bei
   Ehrlich (2).
Virchow. 1. Gesammelte Abhandl. zur wissensch. Med. 1856. — 2. Cellular-
   pathologie. Berlin 1871. — 3. Virchows Arch. Bd. 5.
Weintraud. Ueber die Ausscheidung von Harnsäure u. Xanthinbasen durch
   die Fäces. Centralbl. f. inn. Med. 1895. Nr. 18.
Weiss, Julius. Die Wechselbeziehungen des Blutes zu den Organen, unters.
   an histol. Blutbefunden im frühesten Kindesalter. Jahrb. f. Kinderheilk.
   N. F. Bd. 35. 1893. S. 146.
Werigo. Les globules blancs comme protecteurs du sang. Annal. de l'inst.
   Pasteur. 1892. S. 478.
Wharton Jones. The blood corpuscles considered in its different phases of
   development. Philos. Transact. 1846. S. 64.
Woolridge. Die intravaskulären Gerinnungen. Du Bois' Arch. 1886. S. 397.
Zappert. Ueber das Vorkommen der eosinophilen Zellen im menschlichen
   Blute. Zeitschr. f. klin. Med. Bd. 23. H. 3/4.
Zenoni. Zieglers Beitr. Bd. 16. 1894. S. 537.
Zuntz u. Schumburg. Wissenschaftl. Versuche über die zulässige Belastung
   des Soldaten auf Märschen. Deutsche militärärztl. Zeitschr. 1895. —
   Specielles über die Blutbefunde hierbei s. Diss. von Fr. Tornow: Blut-
   veränderungen durch Märsche. Berlin 1895.

III. Kapitel.
Die anämischen Zustände.

Definition des Krankheitsbegriffes.

Unter Anämie (a privativum und $α\tilde{ι}μα$ das Blut) verstand man ursprünglich einen Zustand von Blutleere; nach den heutigen Anschauungen dürfte dieses Wort am zweckmässigsten durch „Blutarmut" zu übersetzen sein, eine Bezeichnung, welche ganz im allgemeinen eine Verarmung des Blutes an einem oder mehreren seiner für die Erhaltung des Organismus wichtigsten Elemente ausdrückt. Es bezeichnet also „Anämie" eine Verschlechterung der Blutmischung ganz im allgemeinen. Wie gleich gezeigt werden wird, kann diese Alteration der Blutzusammensetzung in manchen Fällen nach einzelnen Richtungen hin und in anderen Fällen wiederum gleichzeitig kombiniert nach mehreren erfolgen. Es handelt sich demgemäss bei den verschiedenen Formen von Anämien um recht verschiedenartige Veränderungen der Blutmischung, welche im wesentlichen auf Herabsetzungen der Gesamtmenge, auf Veränderung des quantitativen Verhältnisses zwischen Blutzellen und Flüssigkeit und auf chemische Änderungen dieser beiden Komponenten hinauslaufen.

In den Arbeiten der älteren Ärzte finden sich diese Unterscheidungen durch die verschiedenen Nomenklaturen, wie Oligämie, Oligocythämie etc. deutlich ausgesprochen. In neuerer Zeit glauben manche, dass diese Unterschiede lediglich auf Schematisierung und einseitiger Auffassung beruhen und gehen so weit, alle anämischen Zustände zusammenzufassen mit der Behauptung, dass die Merkmale der Anämie in Wasserzunahme des Blutes einerseits und Abnahme des Eiweissgehaltes andererseits bestehen. Diese Ansicht[*] beruht auf der durchaus falschen Voraussetzung, dass

---

[*] Vergl. die Zusammenstellung von Th. Dunin: Ueber anämische Zustände (s. Lit.).

die Zusammensetzung des Serum bis auf geringe Ausnahmen eine völlige Beständigkeit zeige. Die Blutflüssigkeit wird demgemäss bei dieser Auffassung nicht näher berücksichtigt und die ganze Pathologie des Blutes lediglich in Veränderungen der zelligen Elemente gesucht.

Ich halte es für notwendig, diese Anschauung gleich hier zu erwähnen. Dieselbe führt meines Erachtens unbedingt zu einem Rückschritt in der Erkenntnis; denn wenn man sich damit begnügt, die Zunahme des Wassergehaltes im Blute oder die Abnahme des Eiweissgehaltes zu konstatieren, so vereinfacht man ja gewiss die sonst so komplizierten Blutuntersuchungen, man verschliesst sich aber auch damit völlig die Möglichkeit, tiefer in die pathologischen Verhältnisse des Blutes zu dringen, und ich hoffe in den einzelnen Kapiteln zu zeigen, dass lediglich durch eine exakte gesonderte Untersuchung der einzelnen Komponenten des Blutes unsere Einsicht in die Genese und Bedeutung der Anämien, sowie in ihre Beziehungen zu Organerkrankungen vertieft werden kann.

Es dürfte daher zweckmässig sein, um sich einen Überblick über die verschiedenen Richtungen zu verschaffen, in welchen sich anämische Veränderungen des Blutes abspielen können, eine kurze schematische Übersicht über die Möglichkeiten vorauszuschicken, welche hier in Frage kommen.

1. Das Blut kann ärmer an roten Blutkörperchen werden, ohne dass die vorhandenen roten Blutkörperchen oder das Plasma in ihrer Zusammensetzung verändert sind. Das Volumen des Blutes ist in der Regel durch eine Zunahme der Plasma-Menge wiederhergestellt. Man bezeichnet diesen Zustand als Oligocythämie. Verarmung an roten Blutkörperchen, und findet denselben sehr häufig und unter den verschiedensten Bedingungen. Diese Form der Anämie ist daran zu erkennen, dass die Zahl der roten Blutkörperchen im cmm vermindert ist, dass der Hb-Gehalt oder das spezifische Gewicht oder der Trockenrückstand des Blutes in einer dieser Zahlverminderung entsprechenden Weise herabgesetzt sind, während das Serum die normale Zusammensetzung aufweist.

2. Die Zahl der roten Blutkörperchen kann innerhalb der physiologischen Breite liegen und das Serum die normale Konzentration zeigen, während der **Hämoglobingehalt des Blutes herabgesetzt ist**. Diese Form, welche demnach eine Inkongruenz zwischen Zahl und Färbekraft der roten Blutkörperchen aufweist, bezeichnet man demgemäss als **Oligochromämie**.

3. **Die Blutflüssigkeit kann eine Verminderung des Eiweissgehaltes und Vermehrung des Wassergehaltes zeigen**, und zwar kann die Gesamtmenge derselben vermehrt oder vermindert sein. Hammerschlag schlägt vor, für diejenigen Formen der Anämie,

bei welchen die Herabsetzung des Eiweissgehaltes des Serum besonders hervorstechend ist, den Ausdruck „Hydrämie" zu reservieren, eine Auffassung, der ich ebenfalls beitreten möchte.

4. Es können **Kombinationen** dieser unter 1—3 aufgeführten Blutveränderungen eintreten, ganz besonders häufig derartig, dass der Gehalt an Blutkörperchen und der Eiweissgehalt des Serum gleichzeitig herabgesetzt sind, ferner dass gleichzeitig die Zahl der roten Blutkörperchen und ihre Färbekraft verringert sind, während auch das Umgekehrte vorkommt, dass die Zahl vermindert und der relative Hb-Gehalt erhöht ist.

5. **Eine Verminderung der Gesamtquantität des Blutes**, die man als **Oligämie** (im engeren Sinne) bezeichnet, kann unter verschiedenen Verhältnissen eintreten, und zwar unterscheidet man hier Zustände, in welchen das in seiner Gesamtmenge reduzierte Blut eine verdünnte Beschaffenheit hat — Oligaemia serosa — und andere, bei welchen die Zusammensetzung des einzelnen Tröpfchens dem Normalen entspricht — Oligaemia sicca. Diese Zustände sind, wie gleich hier bemerkt sei, am Krankenbette schwierig zu diagnostizieren; wir werden jedoch in einzelnen Kapiteln zeigen, welche Momente uns im gegebenen Falle auf die Annahme einer derartigen Verringerung des Gesamtblutes führen können.

Anämie im oben angegebenen allgemeinen Sinne kann, wie schon Immermann bemerkt, bei jeder mit Konsumption einhergehenden Krankheit eintreten, denn es ist klar, dass das Blut infolge seines innigen Zusammenhanges mit allen Geweben des Körpers durch Störungen in der Ernährung oder im Zellenleben dieses oder jenes Gewebes mehr oder minder in Mitleidenschaft gezogen werden muss. Wie schon oben erwähnt, können die Veränderungen der Blutmischung bei manchen Krankheitszuständen ungemein gering sein, sodass sie mit unseren Untersuchungsmethoden kaum sicher zu ermitteln sind; in anderen Fällen können sie durch gewisse Allgemeinzustände, wie z. B. Stauungsvorgänge verdeckt sein. Auf der anderen Seite giebt es gewisse Erkrankungen, bei welchen die Anämie in ganz besonders markanter Weise hervorzutreten pflegt.

Hierbei ist von vornherein zu betonen, dass die äusseren Zeichen der Anämie, d. h. die blasse Färbung der äusseren Haut und Schleimhäute, in manchen Fällen nicht ohne weiteres aus der Beschaffenheit des Blutes zu erklären sind. Es giebt zunächst Individuen, welche von Jugend an stets ein blasses Kolorit der Haut haben, welche sich aber vollkommen gesund und leistungsfähig fühlen und in ihrer Blutmischung keinerlei Abweichungen aufweisen. Für diese Verhältnisse muss man berücksichtigen, dass erstens die Durchsichtigkeit der Haut infolge verschiedenartiger Beschaffenheit der Epidermis und besonders infolge verschieden starker Pigmentation bei den einzelnen Menschen starke Differenzen zeigt, so dass wir bei jugendlichen Individuen mit „zartem Teint" zumeist ein viel frischeres Rot der Haut und Schleimhäute wahrnehmen. Ausserdem kann es sich um angeborene und vielleicht auch anerzogene geringe Gefässentwickelung in der Haut handeln, wie man besonders bei Menschen beobachten kann, deren Thätigkeit von Jugend an sie vorzugsweise auf die Stube anwies, gegenüber solchen, denen der Aufenthalt in freier Luft durch den fortwährenden Reiz auf die äussere Haut ein viel frischeres Kolorit verleiht.

Abgesehen aber von diesen physiologischen Verhältnissen können schwerere anämische Zustände durch Blässe der Haut vorgetäuscht werden, während die Blutuntersuchung normale Verhältnisse aufweist. Diese scheinbaren Anämien werden von Sahli darauf zurückgeführt, dass durch eine Herabsetzung des Blutdruckes die peripherischen Gefässbezirke weniger durchblutet werden. Oppenheimer nimmt an, dass eine Reizung des Nervus depressor, welcher nach Untersuchungen von Dastre und Morat Erweiterung der Gefässe der Baucheingeweide und dabei Verengerung der Hautgefässe hervorruft, zu derartigem pseudoanämischen Äusseren führen kann. Es würde sich demnach also um eine vasomotorische Beeinflussung der Hautgefässe handeln, welche man vorübergehend in der stärksten Weise bei gewissen Formen von Ohnmachten ausgeprägt sehen kann. Ob aber derartige Nerveneinflüsse dauernde Zustände von Anämie vortäuschen können, dürfte doch fraglich sein.

Von Hösslin macht darauf aufmerksam, dass bei schlecht genährten Individuen die Wärmebildung im Körper herabgesetzt sein kann, und die äussere Haut daher ebenso dauernd ein blasses Aussehen zeigt wie bei gut genährten unter der Einwirkung von Kälte, wobei dann noch vielleicht eine dauernde Gewöhnung der Hautkapillaren an den Zustand der Verengerung hinzukommt.

Einteilung der Anämien.

Der Versuch, eine Einteilung der anämischen Zustände vorzunehmen, stösst auf beträchtliche Schwierigkeiten, da bei der grossen Mannigfaltigkeit der Blutveränderungen von vornherein jeder Schematismus zu Unnatürlichkeiten führen muss. Wenn trotzdem eine solche Einteilung hier versucht wird, so geschieht dies lediglich, um eine Uebersicht über das grosse Material zu bringen, und ich bin mir wohl bewusst, dass Einwände gegen diese wie gegen jede andere Gruppierung des Materials mit Recht erhoben werden können. Man könnte eine derartige Einteilung nach verschiedenen Gesichtspunkten vornehmen, z. B., wie es meist geschehen ist, alle diejenigen Zustände gemeinsam besprechen, welche etwa zu einer Verringerung des Hb-Gehalts oder zu Leukocytose, oder zu gewissen chemischen Veränderungen führen. Indes glaube ich, dass dieses Vorgehen nicht gerade die Übersichtlichkeit fördert, zumal wir wenig Krankheiten kennen, bei welchen sich die Änderungen der Blutmischung in einer einheitlichen Weise vollziehen. Ich habe deshalb geglaubt, diese Einteilung nach der Ätiologie der Blutverschlechterung vornehmen zu sollen; denn wenn hier auch noch vieles in Dunkel gehüllt ist, so lässt sich doch ohne Zwang die Beschaffenheit der Blutmischung in vielen Fällen aus der Art des schädigenden Princips ableiten, oder man kann wenigstens versuchen, in diese Wechselbeziehungen einzudringen.

Hält man an diesem ätiologischen Princip der Einteilung fest, so ergeben sich als natürliche Trennungen zwei grosse Gruppen von anämischen Zuständen, deren erste alle diejenigen krankhaften Verhältnisse umfasst, welche in mehr oder minder klarer Weise zu einer Verschlechterung der Blutmischung führen. Man bezeichnet die unter bekannten Bedingungen entstandenen Formen als sekundäre oder symptomatische Anämien. Unter der Bezeichnung als primäre oder idiopathische Anämien fasst man diejenigen Formen zusammen, bei welchen die Blutveränderung derartig im Vordergrund der klinischen und anatomischen Erscheinungen steht, dass man an ein primäres Ergriffensein des hämatopoetischen Apparates oder des Blutes selbst denken muss; und wenn auch bei dieser Gruppe für die Zukunft eine Aufklärung über die ätiologischen Bedingungen ihres Auftretens zu hoffen ist, so hat man bei dem augenblicklichen Stande der Kenntnisse dieselben zunächst gesondert zu betrachten, aus Gründen, welche bei den einzelnen Formen näher auseinandergesetzt werden. Es werden demnach zu besprechen sein:

A. Anämien, welche sich als Folgeerscheinungen irgend einer Schädigung des Organismus entwickeln, sogenannte „sekundäre" Anämien.
   1. Anämien nach Blutverlusten.
   2. Anämien infolge mangelhafter Ernährung, ungesunder Lebensweise, schlechter hygienischer Verhältnisse.
   3. Anämien infolge von Organerkrankungen, Vergiftungen, Anwesenheit von Parasiten (alle diese verschiedenen Formen werden bei den einzelnen Organen abgehandelt werden).

B. Anämien, deren Ätiologie z. Z. noch unbekannt ist, sogenannte „primäre", „idiopathische", „essentielle" Anämien.
  1. Chlorose.
  2. Die progressive perniciöse Anämie.
  3. Leukämie.
  4. Pseudo-Leukämie.

A. Sekundäre Anämien.

Die Besprechung derjenigen sekundären Anämien, welche sich infolge einfacher Eingriffe in die Zusammensetzung des Blutes, nämlich durch einmalige oder wiederholte Blutentziehungen entwickeln, ist hier aus dem Grunde vorangestellt, weil das Verständnis der Blutveränderungen, welche in diesen oder jenen Krankheiten zur Beobachtung kommen, wesentlich dadurch erleichtert wird, dass zunächst der Effekt einfacher, leicht zu übersehender Schädigungen besprochen wird. Die Formen der Anämie, welche sich gerade infolge von Blutverlusten entwickeln, stellen gewissermassen Typen dar, welche bei vielen Krankheitszuständen wiederkehren, und es wird deshalb nötig sein, bei späteren Kapiteln auf diese Verhältnisse zurückzuverweisen.

1. Anämien nach akuten Blutverlusten.

Die Anämien durch akute Blutverluste spielen auf allen Gebieten der Medizin eine wichtige Rolle. In der Chirurgie sind sie häufige Folgeerscheinungen von Verletzungen, in der Geburtshilfe ist jede Entbindung von einem, manchmal sehr beträchtlichen Blutverluste begleitet und in der inneren Medizin bedingen die schweren Lungen-, Magen- und Darmblutungen hohe Grade von Anämie und führen in nicht wenig Fällen direkt zum Tode.

Über die Quantitäten Blut, welche ein Mensch in kurzer Frist verlieren kann, ohne dass es zum tödlichen Ausgang kommt, herrschen sehr verschiedene Ansichten. Sicher scheint zu sein, dass ein schneller Verlust der Hälfte des Gesamtblutes und darüber zum Tode führt, mit der Verlängerung der Zeit, welche während des Ausfliessens des Blutes verstreicht, wächst die Chance für die Erhaltung des Lebens. Individuelle Einflüsse spielen eine besondere Rolle hierbei, und zwar scheinen Frauen eine grössere Toleranz gegenüber Blutverlusten zu haben, als Männer. Kinder dagegen ertragen Blutverluste viel schlechter als Erwachsene und können schon nach mässigen Blutentziehungen sterben. (O. Weber. Wagner. Vierordt. Laache.)

Die Veränderungen, welche das Blut erleidet, wenn in akuter Weise ein einigermassen erhebliches Quantum aus irgend einem Teile des Gefässsystems ausgeflossen ist, verrät sich bekanntlich neben sonstigen Erscheinungen am Herzen, Centralnervensystem (Ohnmacht, Kopfschmerz etc.) schon bei der Betrachtung des Äusseren dieser Kranken in der mehr oder minder stark ausgeprägten Blässe der Haut, welche die Herabsetzung der Färbekraft des Blutes anzeigt, wobei freilich zu berücksichtigen ist, dass vasomotorische Reizerscheinungen, besonders im Gesicht, bei der Genese dieser Blässe im Spiele sein können.

Im Blute selbst lassen sich folgende Vorgänge durch Messungen nachweisen, welche schon in früheren Jahren, als die Aderlässe für derartige Untersuchungen willkommenes und reichliches Material boten, zu durchaus sicheren Resultaten geführt haben (vgl. die Lehrbücher der allg. Pathologie von Wagner, Samuel, Cohnheim); auch heute noch bietet ein Aderlass die bequemste Gelegenheit, um diese Verhältnisse zu studieren.

Schon nach dem Ausfliessen einer mässigen Quantität Blutes (etwa 50—70 ccm nach eigenen Untersuchungen) lässt sich eine deutliche Zunahme des Wassergehaltes des Blutes nachweisen, welche progressiv mit der Zunahme des Blutverlustes steigt. Untersucht man neben dem ganzen Blute noch isoliert das Serum, so zeigt dieses ebenfalls eine Zunahme des Wassergehaltes proportional der entzogenen Blutmenge.

Die Zahl der roten Blutkörperchen sinkt in der Raumeinheit und dementsprechend auch der Hb-Gehalt.

Morphologisch sind zunächst keine wesentlichen Veränderungen an den roten Blutkörperchen wahrzunehmen.

Diese Beobachtung zeigt, dass die Fortnahme einer gewissen Quantität Blut von der Gesamtmasse desselben in keiner Weise in Parallele zu setzen ist mit der Entfernung eines Gewebsstückes aus irgend einem Körperteil. Das Blut ist nicht etwa um so und so viel ccm ärmer an Flüssigkeiten und Zellen geworden, sondern das einzelne Blutströpfchen ist dünner, d. h. wasserreicher und zellenarmer geworden, und zwar dadurch, dass Flüssigkeit aus den Gewebsspalten, welche in innigen Wechselbeziehungen zu den Blutkapillaren stehen, in die letzteren eingetreten ist. Da diese Gewebssäfte (Lymphe) ein niedrigeres spezifisches Gewicht als das Blut besitzen, so erklärt sich, dass nicht allein das Gesamtblut durch dieses Nachströmen derselben verdünnt wird, sondern auch die, von den roten Blutkörperchen gesonderte Blutflüssigkeit, das Serum, wasserreicher geworden ist. Diese Anämie also, welche sich nach einem akuten Blutverluste entwickelt, ist dadurch charakterisiert, dass der Wassergehalt des Blutes und des Serum zunimmt, im entsprechenden Masse die Zahl der roten Blutkörperchen und das Hb abnimmt und dürfte somit am richtigsten als **hydrämische Form von Anämie** zu bezeichnen sein.

In welchem Umfange das Volumen des Gesamtblutes nach Blutverlusten durch die Transsudation von Lymphe ersetzt wird, lässt sich nicht genau bestimmen, nach Vierordt, Buntzen u. a. soll der Ersatz in wenig Stunden vollendet sein, indes muss man diese Berechnungen mit Vorsicht aufnehmen, da die in die Blutbahn nach dem Aderlass eingetretene Flüssigkeit wasserreicher als das Blutserum ist, mithin eine direkte Berechnung des Verdünnungsgrades wegen der unbekannten Zusammensetzung des transsudierten Medium nicht möglich ist.

Ebensowenig lässt sich mit den gewöhnlichen hämoglobinometrischen Methoden ein sicherer Anhaltepunkt für das Verhältnis zwischen roten Blutkörperchen und Hb im Blute nach dem Eintritte eines Blutverlustes gewinnen. Otto gab an, dass das Hb verhältnismässig stärker dabei abnehme, als die Zahl der roten Blutkörperchen, während Laache im Gegensatz hierzu eine Abnahme des Hb-Wertes für das einzelne rote Blutkörperchen nach Blutverlusten bei gesunden Menschen nicht konstatieren konnte. Da bei den gebräuchlichen Hämoglobinometern, wie Biernacki gezeigt hat, die Werte für das Hb beträchtlich höher ausfallen, wenn dasselbe in einer eiweissreichen Flüssigkeit suspendiert ist, gegenüber solchen in wässeriger Lösung, so ergiebt sich, dass die Hb-Untersuchungen infolge dieser Fehlerquelle der Apparate im posthämorrhagischen Stadium relativ niedrigere Werte aufweisen müssen infolge der Verwässerung des Serum.

Als unhaltbar muss die Ansicht von Koeppe bezeichnet werden, welcher aus einer leichten Inkongruenz der Zahl der roten Blutkörperchen und des Hb-Gehaltes nach stärkerer Blutentziehung den gewagten Schluss zieht, dass die relative Vermehrung der Zahl der roten Blutkörperchen durch Abschnürungen der roten Blutkörperchen in zwei oder mehrere kleinere (Schistocyten) zustande komme. Anatomische Prozesse von derartig einschneidender Bedeutung, wie sie in diesem Vorgange vorhanden wären, kann man nicht auf Grund so schwach fundamentierter Berechnungen deduzieren.

Zu erwähnen ist noch, dass nach wiederholten Blutverlusten die Gerinnungsfähigkeit des Blutes zunimmt, und dass die letzten, bei einer Verblutung ausfliessenden Partien fast unmittelbar nach der Entleerung gerinnen (Brücke).

Die therapeutische Wirkungsweise des Aderlasses macht sich nicht allein in einer Entlastung des Gefässsystems durch Verminderung der Widerstände im venösen Gebiete bemerkbar, sondern die Blutentziehung trägt durch Beschleunigung der Herzaktion und Verminderung der Eindickung des Blutes z. B. bei Stauungszuständen infolge von Herzfehlern zur Hebung des gesamten Blutumlaufes bei und vermag bei Ödem der Lunge durch die Wasseranziehung ins Blut deplethorisch zu wirken.

Chemie des Blutes. Nach akuten Blutverlusten sinkt die Alkalescenz des Blutes nach den Angaben von Zuntz. Nach Cl. Bernard, v. Mering und Schenk steigt der Zuckergehalt des Blutes nach Blutentziehungen. Diese Vermehrung des Zuckers tritt nach Schenk nicht ein, wenn man die kontrollierende zweite Blutentziehung unmittelbar nach der ersten macht, ferner wenn man die Leber durch Abbinden der Gefässe aus dem Kreislauf ausschaltet. Hier tritt eher Verminderung auf, und Schenk glaubt, dass das Plus an Zucker aus dem Glykogen der Leber stammt.

Regeneration nach einmaligen stärkeren Blutverlusten.

Während unmittelbar nach dem Ausfliessen einer grösseren Menge Blutes aus den Gefässen die Zahl der roten Blutkörperchen und der Hb-Gehalt infolge des Einströmens von Gewebsflüssigkeit in die Gefässe progressiv herabgesetzt wird, also eine Verdünnung des Blutes eintritt, welche nach Hünerfauth nach starken Blutverlusten erst am neunten Tage an der untersten Grenze anlangen kann, machen sich die Zeichen der einsetzenden Regeneration schon sehr bald an den morphologischen Veränderungen der roten Blutkörperchen bemerkbar.

Es treten schon kurze Zeit nach dem Blutverluste — sofern derselbe einigermassen intensiv gewesen — die beschriebenen Jugendformen der roten Blutkörperchen, Mikro- und Makrocyten, sowie auch kernhaltige rote Blutkörperchen von normaler Grösse auf, welche anfänglich nach den Untersuchungen von Laache und Otto einen der Norm entsprechenden Hb-Gehalt aufweisen. Sobald der Verdünnungsprozess des Blutes abgelaufen ist, lassen sich sodann die Zahlenvermehrung und die Zunahme des Hb von Tag zu Tag in deutlicher Weise verfolgen, und zwar verläuft dieser Regenerationsprozess im Blute bei sonst gesunden Menschen in so rapider Weise, dass man nach diesen Erfahrungen einen einmaligen Blutverlust für einen der kräftigsten Reize auf das hämatopoetische System halten muss.

Vielleicht erklären sich hieraus manche günstige therapeutischen Erfolge nach Anwendung des Aderlasses, z. B. die in neuerer Zeit empfohlene Behandlung der Chlorose mittels desselben.

Ist die Blutneubildung im vollen Gange, so treten weiterhin junge rote Blutkörperchen in die Cirkulation, welche nicht den normalen Hb-Gehalt aufweisen, und es tritt demgemäss (Laache, Otto) eine Inkongruenz zwischen Zahl und Hb-Gehalt auf, wobei letzterer augenscheinlich langsamer wiederersetzt wird, als die Zahl der roten Blutkörperchen.

Gleichzeitig mit dem Ersatz des sauerstofftragenden Materials nimmt auch der Eiweissgehalt des Plasma (eigene Beobachtungen) zu, ohne dass jedoch in allen Fällen ein gleichartiges Verhältnis zwischen Serum-Eiweiss und Hämoglobin zu erkennen wäre.

Schliesslich zeigen bei diesen regenerativen Vorgängen **die Leukocyten** eine besonders lebhafte Teilnahme. Schon kurze Frist nach dem Ausfliessen des Blutes, wenn die erwähnte Blutverdünnung noch im vollen Gange ist, macht sich eine starke Vermehrung der Leukocyten im Blute sehr auffällig bemerkbar und bietet in unkomplizierten Fällen eine so konstante Erscheinung, dass man hieraus eine eigene Gruppe der Leukocytenvermehrung — die **posthämorrhagische Leukocytose** — konstruiert hat.

Nach Rieder ist diese Leukocytose schon von Nasse, Remak, Henle, Moleschott und Virchow beobachtet und von letzterem auf die schwierige Entleerung der klebrigen weissen Zellen aus den Gefässen zurückgeführt worden. Auch die Mehrzahl der späteren Untersucher, wie Zimmermann, Erb, Hünerfauth, Lyon, Rieder u. a. konstatieren das Auftreten reichlich vermehrter Leukocyten nach Aderlässen und anderen Blutverlusten, wobei nach Rieder die polynukleären, neutrophilen Formen vorwiegend von der Vermehrung betroffen sind und die mononukleären sich vorwiegend als kleine Lymphocyten erweisen.

Nach Ehrlich ist diese Leukocytose als ein Effekt der Reizung des Knochenmarkes aufzufassen, wo sich aus den mononukleären Vorstufen massenhafte polynukleäre farblose Blutzellen bilden und durch chemotaktische Einwirkungen in die Blutbahn gelangen.

Rieder schreibt der hydrämischen Beschaffenheit des Blutes und der dabei verstärkten Strömung der Lymphe einen wichtigen Einfluss auf die Entstehung der Leukocyten nach Aderlässen zu, da hierdurch besonders aus den Lymphdrüsen junge Formen von Leukocyten dem Blute zugeführt werden sollen.

Die Zeitdauer, welche das Blut nach akuten Hämorrhagien zu seiner völligen Wiederherstellung gebraucht, ist ungemein verschieden. Sie wird beeinflusst 1. durch die Grösse des Blutverlustes, und zwar berechnet Lyon aus eigenen Beobachtungen, mit welchen auch die von Laache, Buntzen u. a. übereinstimmen, dass die Restitution bei geringen Blutverlusten nach 2—5 Tagen, bei Verlusten von $1-3\%$ des Körpergewichts nach 5—14 Tagen und bei schweren Verlusten von $3-4\%$ etwa nach 14—30 Tagen vollendet zu sein pflegt. Individuelle Verhältnisse spielen unzweifelhaft bei diesen variablen Ziffern eine grosse Rolle.

2. Die Dauer der Regenerationsperiode hängt von dem Alter, Ernährungszustande, sowie von der medikamentösen und diätetischen Beeinflussung des anämischen Zustandes ab, da

kräftige Personen im jugendlichen Alter unter geeigneter, reichlicher Nahrungszufuhr den Blutverlust schneller ausgleichen, als schwächliche Individuen mit ungenügenden Ernährungsverhältnissen.

3. Der Wiederersatz des Blutes tritt später, oft überhaupt in unvollkommener Weise nach Mikulicz beim Bestehen komplizierender Krankheitszustände (Tuberkulose) auf.

Für die Prognose und Therapie haben sich aus diesen Beobachtungen über die Regenerationsfähigkeit des Blutes gewisse Konsequenzen ergeben, welche für die praktischen Zwecke des Chirurgen von Mikulicz in der Weise präzisiert sind, dass er aus dem Minimum an Blut, welches ein Mensch ertragen kann und dem voraussichtlich bei einer Operation zu erwartenden Blutverluste berechnet, ob die Operation bei einem schon geschwächten Menschen, dessen Hb-Gehalt zuvor bestimmt ist, noch ausführbar ist. Er stellt für diese Berechnungen nach dem Vorgange von Laker als Minimalwert 30% Hb (Fleischl) fest, unter welchen die Blutzusammensetzung nicht sinken darf, wenn der operative Eingriff Aussicht auf Erfolg haben soll.

2. Anämien durch chronische Blutverluste.

Gegenüber den zumeist vorübergehenden Zuständen von Blutarmut nach einmaligen stärkeren Blutverlusten nehmen die Anämien nach kleineren wiederholten oder längere Zeit hindurch kontinuierlich fortgesetzten Blutungen eine wesentlich verschiedene Stellung ein.

Solche Blutungen können nach aussen zu Tage treten bei recidivierendem Nasenbluten, Haemoptöe, bei Haut- und Schleimhautblutungen infolge von Haemophilie oder hämorrhagischer Diathese, bei verschiedenen Uterinleiden, bei Hämorrhoiden u. s. w., oder sie können an der Oberfläche der Schleimhaut der grossen serösen Höhlen und aus ulcerativen oder neoplastischen Veränderungen an irgend einem Teile des Intestinaltractus stammen und daher lange Zeit hindurch unerkannt bleiben. Einen ähnlichen Einfluss können aber auch wiederholte operative Eingriffe, die mit Blutverlust verbunden sind, ausüben, und auch bei den fortgesetzten Blutentziehungen, welche eine grössere Zahl von Anchylostomen durch Ansaugen in der Duodenalschleimhaut bewirken, beruht der anämisierende Einfluss wenigstens zum Teil auf diesen protrahierten Blutverlusten.

Das Hauptmoment bei diesen ätiologischen Faktoren liegt in der Dauer ihrer Einwirkung. Kleine Blutverluste werden, wie wir sahen, von sonst gesunden Individuen schnell wieder ausgeglichen; wiederholen sich dieselben aber in kurzen Zwischenräumen eine gewisse Zeit hindurch, so wird die Blutneubildung insufficient, und es entwickelt sich ein Zustand chronischer Anämie.

Über das Mass, bis zu welchem kleinere Blutverluste vom gesunden Menschen ertragen werden, ohne dass die Blutmischung jenseits der physiologischen Grenze absinkt, lassen sich keine irgendwie sicheren Zahlenangaben machen. Denn erstens dürfte man selten in der Lage sein, auch nur annähernd die Quantität des ergossenen Blutes bei den erwähnten Individuen zu bestimmen; zweitens fehlt häufig genug ein sicherer Anhalt für den Beginn der Blutungen, und endlich kommt noch der im Spezialfall zumeist unkontrollierbare Einfluss der Grundkrankheit auf die Zusammensetzung des Blutes hinzu. Denn selbst bei dem protrahierten Aderlass, welchen eine grössere Menge von Dochmien ihrem sonst gesunden Wirte bereitet, spielen wahrscheinlich noch andere schädigende Wirkungen neben dem Blutverluste eine Rolle.

Ganz unkontrollierbar ist natürlich der Einfluss der Blutungen aus den Verdauungsorganen, welche in dieser Gruppe der Anämien der Frequenz nach einen breiten Raum einnehmen, und bei welchen weder der Beginn der Blutungen noch die Quantität des ergossenen Blutes irgendwie sicher zu bestimmen ist.

Dass bei gesunden Individuen der Hämatopoësis eine erhebliche Kraft zuzusprechen ist, darf wohl aus den Tierversuchen Quincke's geschlossen werden, welcher Hunden im Verlaufe von 4—5 Monaten durch successive Blutentnahmen das Doppelte der gesamten Blutmenge entzog, die von den Tieren vollständig ersetzt wurde.

Die Veränderungen der Blutmischung bei dieser Gruppe der Anämie prägen sich in leicht verständlicher Weise nach drei Richtungen hin aus.

1. Der Eiweissgehalt des Blutes nimmt in beträchtlichem Masse ab, nicht allein infolge von Verminderung der Zahl der roten Blutkörperchen, sondern auch das Serum wird erheblich wasserreicher und trägt dadurch zur Verminderung des Gesamt-Eiweissgehaltes bei. Man findet also bei der Untersuchung eines derartig anämischen Blutes Herabsetzungen des spezifischen Gewichtes oder der Trockensubstanz des Blutes sowie des isolierten Serum.

2. Die Zahl der roten Blutkörperchen ist in verschieden starkem Masse herabgesetzt, je nach der Dauer und der Schwere der Erkrankung. Der Hb-Gehalt der einzelnen roten Blutkörperchen kann dabei in leichteren Fällen ganz oder annähernd normal sein, in schwereren Fällen ist derselbe nicht nur im ganzen, sondern auch relativ herabgesetzt.

3. Bei den meisten einigermassen ausgesprochenen Formen

derartiger Anämie treten morphologische Veränderungen der roten Blutkörperchen auf, bestehend in Poikilocytose, Mikro- und Makrocytose. Auch zeigt sich in derartigen Fällen eine pathologische Färbbarkeit — Polychromatophilie — des Globularplasma, und vereinzelte kernhaltige rote Blutkörperchen treten häufig auf.

Diese Form der Anämie repräsentiert diejenige Blutmischung, welche man am häufigsten unter dem Einfluss irgend einer schädigenden Einwirkung entstehen sieht, und wir werden ihr daher auch bei den verschiedensten Kapiteln bei der Besprechung solcher Krankheiten, welche zu Blutarmut führen, wieder begegnen. Ihre Entstehung ist bei chronischen Blutungen der Hauptsache nach auf den Eiweissverlust zurückzuführen, welchen das Blut durch die wiederholten Verluste an seinem Bestande erleidet. Der Ersatz der roten Blutkörperchen kann bei längerer Dauer dieser Verluste nicht mehr durch Regeneration normaler Blutzellen gedeckt werden; dieselben erleiden morphologische Veränderungen und sind von subnormalem Hb-Gehalt, die Blutflüssigkeit aber, welche als Ersatz des verlorenen den Gefässen zuströmt, ist wasserreicher als das Blutplasma und vermag somit bei fortwährend erneuten Blutverlusten nur in ungenügender Konzentration das Blutvolumen wieder herzustellen. Ganz sicher dürfte endlich die mangelhafte Blutmischung auch zu einer ungenügenden Ernährung der blutbildenden Organe führen und die Produktion neuer roter Blutkörperchen an Zahl und Qualität beeinträchtigen.

Diese Anämien nun können längere Zeit hindurch in mittlerer Schwere bestehen und nach Beseitigung der kausalen Schädigung, also nach dem Aufhören der Blutverluste, in Heilung übergehen. In manchen Fällen jedoch entwickelt sich aus derartigen chronischen Blutungen ein schwereres Krankheitsbild. Es scheint, als ob durch die fortgesetzte quantitativ und qualitativ ungenügende Blutneubildung die Fähigkeit für normale Regeneration desselben verloren gehen kann, und man sieht daher im Anschluss an protrahierte Blutungen jene Formen schwerster Anämien auftreten, welche in meist sehr chronischem Verlaufe wohl temporäre Besserungen, aber im allgemeinen doch fortschreitende Degeneration des Blutes zeigen, zu schwersten Schädigungen des ganzen Organismus und zum exitus letalis führen können.

Man muss bei dem Versagen aller diätetischen und medikamentösen Therapie in solchen Fällen annehmen, dass die unvollkommene Neubildung, in welcher die blutbildenden Organe durch längere Zeit hindurch beharrt haben, zu einer krankhaften Richtung in dieser Thätigkeit geführt haben, welche später trotz aller Therapie persistiert, ähnlich wie wir es von anderen fehlerhaften Richtungen des Stoffwechsels (Fettsucht, Diabetes etc.) annehmen.

Leukocyten. Das Verhalten der Leukocyten ist in den verschiedenen Stadien wechselnd. Man findet bei Kranken, deren Anämie infolge wiederholter Blutungen erst jüngeren Datums ist, häufig Vermehrung der Leukocyten, und zwar der neutrophilen Formen, meist in geringer Stärke. In den späteren Stadien schwerer Anämien, wenn sich die Zeichen hochgradiger Degeneration im Blute bemerkbar machen, sind die Leukocyten zumeist spärlich, in subnormalen Zahlen vorhanden. Remissionen im ganzen Krankheitsbilde bringen hier Schwankungen hervor, auf welche beim Kapitel der schweren primären Anämien näher eingegangen ist.

Regeneration. Wenn sich infolge wiederholter Blutungen ein einigermassen schwerer Zustand von Anämie entwickelt hat, so erfolgt die Regeneration des Blutes stets beträchtlich langsamer als nach einmaligem, wenn auch schwerem Blutverlust. Auch hier ist die Regeneration an die allgemeinen konstitutionellen Verhältnisse gebunden. Eine wichtige Rolle spielt die Nahrungsaufnahme und Assimilationsfähigkeit für die Nährstoffe, und in letzter Instanz hängt die Möglichkeit der Regeneration und die Zeitdauer bis zum Eintritt der Wiederherstellung naturgemäss von dem die Blutungen veranlassenden Grundleiden ab.

Im allgemeinen lässt sich bezüglich der völligen Wiederherstellung der Blutmischung soviel sagen, dass die Chancen für dieselbe um so ungünstiger werden, je länger der anämische Zustand besteht; und auch die Zeit, welche bis zum Eintritt dieser Ausgleichung nötig ist, verlängert sich mit der Dauer der Erkrankung.

Einige Beispiele eigener Beobachtung, welche gleichzeitig die Beschaffenheit des Blutes auf der Höhe der Erkrankung deutlich illustrieren, zeigen die Verhältnisse desselben während der Regenerationsperiode.

1. Ein 25 Jahre altes Dienstmädchen K. von kräftiger Statur, reichlichem Fettpolster, litt seit längerer Zeit an Magenblutungen infolge von ulcus ventriculi. Irgend eine Komplikation lag nicht vor; die Behandlung wurde wesentlich mit Eisenchlorid und Milchdiät geführt. Die im Anfang bestehenden deutlichen Zeichen von Anämie, Blässe, Herz- und Gefässgeräusche u. s. w. besserten sich im Laufe der Behandlung. Die Untersuchung ergab:

Datum	Körpergewicht Kilo	Rote Blutkörperchen Millionen	Weisse Blutkörperchen	Trockensubstanz des Blutes	Trockensubstanz des Serum
18. 11. 93:	56,5	2,075	4000	12,70 %	8,70 %
23. 11. 93:	57,0	—	—	13,67 %	8,92 %
1. 12. 93:	57,75	3,775	4350	14,62 %	9,44 %
8. 12. 93:	59,25	—	—	14,88 %	9,58 %
12. 12. 93:	59,50	3,8	5000	15,59 %	9,81 %

Die Patientin verliess hier aus äusseren Gründen die Klinik. Sie hatte im Zeitraum von etwas über drei Wochen drei Kilo an Körpergewicht, 1,725 Millionen rote Blutkörperchen und fast 3 % an Trockensubstanz des Blutes zugenommen, und zwar ergab die Untersuchung des Serum, dass der Eiweissgehalt desselben um 1 % gestiegen war, mithin einen beträchtlichen Anteil an der Gesamtzunahme an fester Substanz hatte. Gleichzeitig liess sich hieraus durch approximative Schätzung entnehmen, dass mit den so zahlreich neu gebildeten roten Blutkörperchen der Hb-Gehalt des Blutes anscheinend nicht völlig Schritt gehalten hatte.

2. Das 17 Jahre alte Dienstmädchen D. litt an schwerer Anämie infolge von ulcus ventriculi.

	Körpergewicht Kilo	Rote Blutkörperchen Millionen	Trockensubstanz des Blutes	Trockensubstanz des Serum
Am 19. 1. 94 zeigte sie:	51,13	3,85	13,6 %	8,34 %
„ 25. 1. 94 „ „	52,4	3,7	14,75 %	9,23 %
„ 30. 1. 94 „ „	53,2	3,5	14,07 %	8,83 %
„ 6. 2. 94 „ „	53,9	4,2	15,27 %	8,45 %
„ 14. 2. 94 „ „	54,2	4,3	16,8 %	9,76 %
„ 21. 2. 94 „ „	55,2	4,7	18,15 %	9,73 %

Diese Kranke zeigte also im Beginne eine sehr erhebliche Verminderung des Gesamteiweissgehaltes bei relativ nicht so starker Verminderung der Zahl der roten Blutkörperchen, und das Serum war in seiner Koncentration um 2 % herabgesetzt. Bei dem sehr schnell und günstig verlaufenden Falle stieg mit der Verbesserung der allgemeinen Ernährungsverhältnisse, die sich in dem stetig zunehmenden Körpergewichte ausdrückte, der Eiweissgehalt des Gesamtblutes mit einer kurzen Unterbrechung stetig an, und zwar in stärkerem Grade, als man nach dem Anwachsen der Zahl der roten Blutkörperchen hätte vermuten sollen. Gleichzeitig nahm das Serum zwar nicht ganz stetig, aber doch im ganzen um 1,4 % an festen Bestandteilen zu.

3. Die 30 Jahre alte Frau B. litt seit einigen Wochen an Magenschmerzen mit wiederholtem Blutbrechen; sie war sehr blass und wies die Symptome eines Ulcus ventriculi, ohne bemerkenswerte Komplikationen auf. Sie zeigte:

	Körpergewicht Kilo	Rote Blutkörperchen Millionen	Trockensubstanz des Blutes	Trockensubstanz des Serum
am 9. 5. 94:	64,5	2,7	16,37 %	8,29 %
„ 12. 5. 94:	—	3,9	—	—
„ 15. 5. 94:	67,7	4,6	—	—
„ 18. 5. 94:	—	4,8	—	—
„ 22. 5. 94:	—	4,2	—	—
„ 24. 5. 94:	70,5	4,9	19,0 %	10,08 %

Auch bei dieser Frau bestand eine hochgradige Herabsetzung des Eiweissgehalts des Blutes und des Serum mit starker Oligocythämie; es fanden sich reichlich Poikilocyten und Mikrocyten. Die Regeneration erfolgte hier in einer verhältnismässig schnellen Weise derart, dass nach zwei Wochen die Zahl der roten Blutkörperchen um mehr als 2 Millionen zugenommen hatte und der Trockenrückstand des Blutes um 2,6 % gestiegen war. Auch hier zeigte sich eine besonders starke Zunahme des Serum-Trockenrückstandes um 1,7 %; und auch aus den procentischen Zahlen dieses Beispiels geht hervor, dass der Hb-Gehalt nicht proportional mit der Zahl der roten Blutkörperchen angestiegen war. Jedenfalls steht bei dieser Kranken die beträchtliche Zunahme des Körpergewichts (12 Pfund) mit der Verbesserung der Blutmischung in engem Zusammenhange, da sie in der sichersten Weise eine mehr als reichliche Resorption und Assimilation der Nährstoffe anzeigt.

Allerdings liefert die Zunahme des Körpergewichts, wie aus späteren Beispielen ersichtlich, durchaus keinen sicheren Anhaltspunkt für die Aufbesserung der Blutmischung, denn erstens kann es sich bei der Gewichtszunahme lediglich um Aufspeicherung von Fett handeln, und zweitens wird auch bei nachweisbar reichlicher Stickstoffretention im Körper das Blut keineswegs immer des neu gewonnenen Eiweisses teilhaftig. Man kann daher keinesfalls aus der Zunahme des Körpergewichtes an und für sich bei derartigen Zuständen ohne weiteres Rückschlüsse auf die Verbesserung der Blutbeschaffenheit ziehen.

Der Stoffwechsel selbst wird durch wiederholte Blutverluste in einer eigentümlichen Weise beeinflusst, welche den Tierzüchtern schon seit langem bekannt ist und von Tolmatscheff an Tierexperimenten eingehend studiert ist. Es findet nämlich infolge von wiederholten kleineren Blutentziehungen eine beträchtliche Steigerung des Fettansatzes im Körper statt, sodass man hierin ein Mittel hat, Fettmästung zu bewirken. Nach Leube erklärt sich dieser Fettansatz bei Anämie, abgesehen von etwaiger reichlicher Zufuhr von Fett- und Kohlehydraten aus den Experimenten von J. Bauer, nach welchen infolge künstlicher Blutentziehung eine Steigerung des Eiweisszerfalles eintritt. Nach Leube findet bei schweren Anämien eine auffallend hohe Stickstoff- und Harnstoffausscheidung im Urin statt, und Leube nimmt an, dass die in grösserer Menge frei werdenden kohlenstoffreichen Spaltungsprodukte der Eiweissstoffe leichter verbrannt werden als das Nahrungsfett, sodass von letzterem, wenn es in genügender Quantität der Nahrung zugefügt wird, gespart werden und Fett zum Ansatz kommen kann.

Chemie des Blutes. Die am leichtesten zu erkennende chemische Veränderung ist bei diesen, wie den meisten Formen der Anämie, falls nicht Komplikationen vorliegen, die Verminderung des Eiweissgehaltes und Erhöhung des Wassergehaltes im Blute. Diese Zunahme des Wassergehaltes kann beruhen: 1. auf einer Vermehrung des Plasma, 2. auf einer Wasserzunahme im Plasma und 3. einer Wasserzunahme der roten Blutkörperchen. In den meisten Fällen dürften mehrere dieser Faktoren gleichzeitig vorhanden sein. Die unten folgenden Angaben bei den einzelnen Formen der Anämie werden zeigen, dass über die Beteiligung der beiden wesentlichen Bestandteile — der roten Blutkörperchen und des Plasma — an dem Eiweissverluste zum Teil noch keine völlige Klarheit herrscht.

Nach v. Limbeck und Pick bringen Eiweissverluste des Blutes durch Austritt von Flüssigkeit Herabsetzungen zumeist des Albumin, dann auch des Globulin hervor.

Die Alkalescenz des Blutes ist bei schwereren Formen von Anämie herabgesetzt, bei leichteren Formen unverändert, dagegen bei Chlorose (s. u.) nach Gräber sogar erhöht. (v. Jaksch, Peiper, de Renzi, Kraus u. A.)

Der Eisengehalt des gesunden Blutes beträgt:

nach Nasse $0{,}0582\%$
nach Becquerel und Rodier $0{,}0565\%$
nach C. A. Schmidt $0{,}0512\%$
bei Frauen $0{,}0485\%$

Der Eisengehalt ist seit Becquerel und Rodier von verschiedenen Untersuchern bei anämischen Zuständen herabgesetzt gefunden worden, doch giebt Biernacki, der neuerdings diese Thatsache im allgemeinen bestätigt, an, dass die Verminderung oft nur gering ist, und dass der Fe-Gehalt, auf die Trockensubstanz berechnet, in 12 unter 29 Fällen höher als normal war. Eine isolierte Verarmung des Blutes an Eisen existiert nach Biernacki nicht.

Nach desselben Autors Untersuchungen verarmt das anämische Blut am konstantesten an Kalium.

Dagegen ist der Natriumgehalt vermehrt infolge der Zunahme des Plasmavolumen im Blute, doch ist die Natriummenge eine sehr wechselnde und nur die durch Chlor gebundene Quantität ziemlich konstant, während derjenige Teil, welcher an Kohlensäure und andere Säuren gebunden ist, ziemlich starken Schwankungen unterworfen ist.

Der Chlorgehalt schwankt nach Biernacki im allgemeinen wenig, bei hydrämischen Zuständen ist derselbe infolge der Plasmazunahme etwas vermehrt.

Im Gegensatz zu Freund fand Biernacki den Phosphorgehalt herabgesetzt.

3. Anämie infolge mangelhafter Ernährung, ungesunder Lebensweise, schlechter hygienischer Verhältnisse.

So alltäglich die Beobachtung ist, dass Menschen, welche sich in ungenügender oder unzweckmässiger Weise ernähren, welche in ungesunden Wohnräumen leben oder in schlecht ventilierten Arbeitsräumen ihrem Berufe nachgehen — kurz, solche Menschen, welche unter dem Einflusse schlechter hygienischer Verhältnisse stehen, zumeist ein blasses Kolorit der Haut und Schleimhäute, häufig auch eine Verschlechterung der Blutmischung zeigen, so wenig sicher sind bisher unsere Kenntnisse über das Zustandekommen gerade dieser anämischen Zustände.

Die Schwierigkeiten, welche sich hier einem Einblick in die Wechselbeziehungen zwischen Ursache und Wirkung entgegenstellen, werden im Einzelfalle meist dadurch noch verstärkt, dass selten eine einzelne derartige Schädigung in unkomplizierter Weise die Blutmischung beeinflusst, dass vielmehr in der Mehrzahl der Fälle mehrere der erwähnten hygienischen Schädlichkeiten gleichzeitig einwirken. Am wichtigsten sind dabei ohne Zweifel Mängel in der Ernährung, welche wohl bei den meisten dieser auf sozialen Missständen beruhenden Anämien eine wichtige Rolle spielen.

Einfluss ungenügender Ernährung. Wir sind bei der Frage nach der Einwirkung von Nahrungsmangel auf die Zusammensetzung des Blutes vorwiegend auf die Resultate von Beobachtungen an verschiedenartigen Tieren angewiesen, deren Ergebnisse hier wie auf anderen Gebieten nur mit Vorsicht auf die menschliche Pathologie übertragen werden dürfen.

Die hauptsächliche Aufmerksamkeit der Untersucher hat sich seit langer Zeit auf die Veränderungen konzentriert, welche das Blut bei absolutem Nahrungsmangel mit oder ohne Aufnahme von Wasser erleidet. Von den früheren Untersuchern fanden Thakrah, Davy, Collard de Martigny bei hungernden Tieren eine Wasserabnahme des Blutes, und Magendie konstatierte mit zuverlässigen Methoden bei einer zu Tode hungernden, rotzkranken Stute, der alle 24 Stunden 6 Liter Wasser gereicht wurden, auf 1000 Teile Blut:

nach 6tägigem Hungern 178 Teile Trockensubstanz,
„   8   „   „   191   „   „
„   15   „   „   197   „   „
„   17   „   „   244   „   „

Ebenso fand Simon eine Zunahme der Blutdichte beim Hungern, und H. Nasse konstatierte in den ersten Hungertagen beim Hunde eine leichte Abnahme, später aber eine Zunahme der Cruor-Menge des Blutes, auch wenn die Wasseraufnahme nicht behindert war. Wurde das Wasser jedoch entzogen, so trat schon nach 3—4 Tagen eine Zunahme der Trockenrückstände des Serum ein.

In klarster Weise sind die Verhältnisse des Blutes bei totaler Nahrungsentziehung von Panum in seiner klassischen Arbeit über die Veränderungen des Blutes infolge von Inanition auseinandergesetzt worden. Von Valentin war der wichtige Satz aufgestellt, dass die Natur eine gewisse unveränderliche Blutmenge festgesetzt habe, und dass sie ihre Menge auch in den Zehrkrankheiten, wo fast keine Nahrung genossen werde, durch Aufnahme aus den Geweben behaupte. Diese Anschauung wurde von Panum, in Übereinstimmung mit Heidenhain, dahin modifiziert, dass ein **konstantes Verhältnis zwischen der Menge des Blutes und dem Körpergewicht** bestehe, welches sich bei vollständiger Nahrungsentziehung nicht ändere.

Auch das relative Verhältnis der einzelnen Bestandteile des Blutes ändert sich nach Panum bei kompleter Inanition nicht auffällig, selbst wenn reichlich Wasser getrunken wird, **das Blut nimmt vielmehr parallel dem Heruntergehen des Körpergewichtes allmählich an Menge ab, und nur das Serum zeigt eine erheblichere Abnahme der Trockensubstanz.** Nach Panum hat man daher das Blut nicht als selbständiges Nährmaterial für die Organe, sondern nur als Transportmittel desselben aufzufassen, und nur ein gewisser Teil der im Serum enthaltenen Eiweissstoffe kann als eigentliches Ernährungsmaterial für die Organe betrachtet werden. Die anämische Blutbeschaffenheit tritt daher erst ein, wenn die Inanition beendet ist und die Regeneration des Blutes nicht gleichen Schritt mit der Zunahme der anderen Organe hält.

Auch Buntzen kommt zu dem Schlusse, dass bei Inanition infolge von Nahrungsentziehung **das Plasma des Blutes schneller zerstört wird, als die roten Blutkörperchen.**

Diese Anschauungen Panums über die Veränderungen des Blutes bei Tieren unter dem Einflusse absoluten Nahrungsmangels fanden ihre volle Bestätigung durch die exakten Bestimmungen, welche Voit an den einzelnen Organen eines hungernden Tieres im Vergleich mit einem gesunden, von vornherein mit dem Hungertiere möglichst gleichartigen Tiere ausführte. Im Jahre 1866 berichtete Voit (1) über eine derartige Untersuchungsreihe an einer Katze und vor kurzem (2) an einem Hunde, welcher nach 22 tägigem Hungern im Vergleich mit dem gesunden 32 % seines Blutgewichtes eingebüsst hatte, wobei jedoch die festen Bestandteile des Blutes von 18,11 % auf 21,75 % zugenommen hatten, und das Verhältnis des Blutgewichtes zu dem der Eingeweide und Muskeln annähernd das gleiche geblieben war.

Die späteren Untersuchungen von Herrmann und Groll ergaben bei Katzen und Hunden unter totaler Nahrungsentziehung eine Eindickung des Blutes und zwar ein verhältnismässig stärkeres Steigen des Hb-Gehaltes (nach Fleischl), als der Trockenrückstände und zeigen somit ebenfalls, dass die andern festen Bestandteile des Blutes bei Inanition eher aufgezehrt werden, als das Hämoglobin. Ebenso fand Polétaew bei kompleter Inanition Vermehrung der roten Blutkörperchen bis zum Tode.

Es geht mithin aus allen diesen Tierversuchen hervor, dass bei kompleter Inanition die Gesamtmenge des Blutes proportional der Körpergewichtsabnahme sinkt, das Blut mithin ebenfalls atrophisch wird, und dass das Serum eine Abnahme des Eiweissgehaltes bei Zunahme des Salzgehaltes (Nasse) zeigt. Dass bei gleichzeitiger Wasserentziehung das Blut eingedickt wird, ist dabei leicht verständlich.

Lediglich die vielcitierte Mitteilung von Vierordt, nach welcher bei einem Murmeltier im Verlaufe des Winterschlafes die Zahl der roten Blutkörperchen von 7,748 Mill. auf 2,355 Mill. herunterging, steht, sofern man dieselbe überhaupt mit den anderweitigen Beobachtungen vergleichen kann, mit denselben im Widerspruche.

Die Blutuntersuchungen, welche an hungernden, sonst aber gesunden Menschen ausgeführt sind, betreffen vornehmlich die in den letzten Jahren von mehreren Seiten beobachteten Hungerkünstler und sind lediglich auf die Zahl der korpuskulären Elemente und des Hämoglobingehaltes (letzteres mittels colorimetrischer Apparate) ausgeführt.

Schon vorher beobachtete Senator (1) bei einer schlafsüchtigen Patientin, welche zeitweise unter fast vollständiger Nahrungsenthaltung lebte, ein leichtes Ansteigen der Zahl der roten Blutkörperchen und des Hämoglobingehaltes.

Zu ähnlichen Resultaten kamen Senator und Fr. Müller bei ihren Untersuchungen an den Hungerkünstlern Cetti und Breithaupt, und zwar fanden sie bei letzterem

    vor dem Hungerversuch 4,953 200 r. Bl., 107 % Hb.
      am 2. Tage nach Beginn
            des Versuches 5,154 000 „   „   114 % „
  am 6. Hunger-(Schluss-)tage 4,801 000 „   „   130 % „
  am 2. Esstage . . . . . 4,812 000 „   „   114 % „

Luciani beobachtete bei Succi während des Hungerns im allgemeinen ein leichtes Ansteigen der Zahl der roten Zellen mit ziemlich erheblichen täglichen Schwankungen, die auf die jeweilige Wasseraufnahme und dadurch bedingte Blutverdünnung zurückgeführt wurden. Das Hämoglobin (Fleischl) schloss sich im allgemeinen dem Verhalten dieser Zahlen an, doch glaubt Luciani, dass zeitweise ein gewisser Verlust von Hämoglobin ohne erhebliche Verminderung der Zahl eintrat. Auf das Verhalten der Leukocyten, welche nach den genannten Autoren während des Hungerns abzunehmen schienen, soll hier nicht näher eingegangen werden.

Wie man sieht, stimmen die am Menschen in der absoluten

Abstinenz von Nahrung erhaltenen Zahlen für gewisse Blutwerte gut mit denen im Tierexperiment gewonnenen überein.

Viel strittiger aber und dabei m. E. weit wichtiger ist die Frage, wie sich die Verhältnisse des Blutes gestalten, wenn entweder eine der Quantität nach ungenügende Nahrung während einer gewissen Zeit von gesunden Menschen aufgenommen wird, oder wenn zwar die Quantität, d. h. der Brennwert der Nahrung ausreichend, aber die Qualität nach irgend einer Richtung hin ungenügend ist.

Der Einfluss verschiedenartiger Nahrung auf das Blut ist wiederum ganz besonders in Tierversuchen studiert worden, und zwar fand Nasse ein leichtes Heruntergehen des spezifischen Gewichtes des Blutes bei Brotfütterung im Gegensatz zur Fleischfütterung, ebenso fanden Verdeil und Subbotin den Hämoglobingehalt des Blutes grösser bei Fleischfütterung, als bei Brotfütterung, und Bischoff und Voit beobachteten nach Brotfütterung bei Fleischfressern eine Zunahme des Blutes an Wasser.

Interessant ist eine Beobachtung von Leichtenstern, welcher bei sich selbst unter dem Einflusse einer reichlichen Ernährung ein beträchtliches Steigen des Hämoglobingehaltes beobachtete. Leichtenstern kommt auf Grund der älteren Litteraturangaben zu dem Schlusse, „dass die Zusammensetzung des Blutes durch unvollständige, mangelhafte Ernährung Veränderungen erleidet, das Blut wasserreicher und besonders an Blutkörperchen ärmer wird."

In bemerkenswertem Gegensatze zu dieser Anschauung stehen Untersuchungen, welche H. v. Hösslin mit zuverlässigen Methoden an Hunden ausführte, die unter verschiedenen Ernährungsbedingungen gehalten wurden. v. Hösslin beobachtete bei zwei jungen Hunden gleichen Wurfes und gleichen Anfangsgewichtes, von welchen der eine nur ein Drittel der Nahrung des anderen erhielt und daher beträchtlich im Körpergewicht gegen den anderen zurückblieb, im Verlaufe von Monaten bis zu $1^1/_2$ Jahren keine nennenswerten Verschiedenheiten in der Zusammensetzung des Blutes, zeitweise zeigte sich sogar der Gehalt an roten Blutkörperchen und Hämoglobin bei dem schlechtgenährten Hunde vermehrt. Auch die Trockensubstanz des Serum war nur in mässigem Grade bei demselben herabgesetzt.

Auch den Einfluss eiweissreicher Nahrung gegenüber eiweissarmer studierte v. Hösslin bei zwei Hunden, von welchen der eine reines Eiweissfutter, der andere das Minimum des unbedingt nötigen Eiweisses mit Kohlehydraten und Fett erhielt, wobei nach 7 Monaten der letztere nur um ein Geringes niedrigere Ziffern der roten Blutkörperchen und des Hämoglobin aufwies, während der

Trockenrückstand des Serum bemerkenswerter Weise sogar etwas höher war, als bei dem mit Eiweiss gefütterten Hunde. v. Hösslin citiert dabei Nasse, welcher die Trockensubstanz des Serum ebenfalls bei Kartoffelfütterung höher fand, als bei Fleischfütterung und überhaupt unabhängig vom Eiweissgehalt der Nahrung. Nach v. Hösslin ist der Einfluss mangelhafter Nahrung auf das Blut lediglich darin zu suchen, dass das Blut an der allgemeinen Atrophie des Körpers Anteil nimmt, relativ jedoch unverändert bleibt. Finden sich deutliche anämische Zustände, so beruhen dieselben entweder darauf, dass durch krankhafte Vorgänge, Fieber etc. rote Blutkörperchen zerstört werden und in der Periode schlechter Ernährung die Regeneration sehr verlangsamt ist, oder dass beim Übergange in bessere Ernährungsbedingungen die Blutmenge mit dem Körpergewicht schneller wächst, als die Zahl der neugebildeten roten Blutkörperchen, sodass eine Verdünnung des Blutes eintritt.

Dieser Ansicht schliesst sich auch v. Noorden an, welcher im Gegensatze zu der früheren Anschauung von Leichtenstern annimmt, dass chronische Unterernährung die Gesamtblutmenge beeinträchtigt, jedoch keine wässerige, hämoglobinarme Mischung desselben bedingt.

Da fast alle diese erwähnten Ansichten über die Einwirkung qualitativ ungenügender Nahrungszufuhr auf Erfahrungen an Tierexperimenten beruhen, welche nach den Untersuchungen von Fr. Müller und J. Munk (1) gerade in Bezug auf den Stoffwechsel im Hungerzustande wesentliche Verschiedenheiten gegenüber den Verhältnissen beim Menschen darbieten, da ferner das Heranziehen junger, im Wachsen begriffener Hunde bedenklich ist, weil im sich entwickelnden Körper möglicherweise Anpassungen der Organe und des Blutes an geringe Nahrungsmengen auftreten können, habe ich (s. Litt.) eine Anzahl von Versuchen über diese Frage bei Menschen angestellt.

Es ergab sich dabei, dass bei eiweissarmer und dabei an Brennwerten unzureichender Nahrung eine Wasseraufnahme im Blute eintritt, welche besonders deutlich bei gleichzeitiger starker körperlicher Thätigkeit in die Erscheinung trat.

Diese Wasserzunahme betraf in allen vier Versuchen vorzugsweise das Blutserum, welches einen mehr oder weniger erheblichen Eiweissverlust in den zwischen 4 und 8 Tagen schwankenden Versuchsperioden erlitt. Diese Wasserzunahme kann vielleicht als Teilerscheinung einer allgemeinen Wasserzunahme des Körpers, wie sie nach J. Munk (2) bei ungenügender Ernährung auftritt, aufzufassen sein. Zum Teil aber ist sie sicher als Folge einer Verringerung des Eiweissbestandes im Plasma zu betrachten, welche ihrerseits lediglich als Teilerscheinung der allgemeinen Verarmung des Körpers an Eiweiss anzusehen ist.

Ich glaube deshalb, im Anschluss an die Anschauung der älteren Autoren, schliessen zu dürfen, dass eine in ihrer Zusammensetzung ungenügende Nahrung beim Menschen, und zwar am stärksten bei schwerer körperlicher Arbeit zu Anämie führt, welche sich im Beginne in Herabsetzung des Eiweissgehaltes des Serum dokumentiert, in späteren Stadien aber wohl unzweifelhaft auch zu Schädigungen der roten Blutkörperchen führt, da eine völlige Integrität dieser Zellen bei hydrämischer Beschaffenheit des Serum auf die Dauer nicht wohl denkbar ist. Dass besonders nach völliger Abstinenz bei dem Übergange zu reichlicher Ernährung eine Verdünnung des Blutes eintritt, halte ich in Übereinstimmung mit den oben erwähnten Autoren ebenfalls für sicher.

Die Leukocyten zeigen bei Inanition, wie die Untersuchungen an Cetti und Succi ergaben, eine beträchtliche Verringerung der Zahl und insofern morphologische Veränderungen, als nach Okintschitz die relative Menge der Lymphocyten und polymorphkernigen Leukocyten abnimmt, die eosinophilen Zellen dagegen zunehmen, während bei der Auffütterung (es handelt sich um Kaninchen) das umgekehrte Verhältnis eintritt. Poletaew fand, ebenfalls in Tierexperimenten, bei Inanition im Beginn eine Verminderung, später eine Vermehrung der Leukocyten.

Veränderungen der Salze des Blutes. Unter dem Einflusse verschiedenartiger Nahrungsmittel sollen nach Verdeil die Salze des Blutes wechseln und zwar sollen durch fortgesetzten Genuss von Gemüse, Kartoffeln etc. an Stelle der phosphorsauren Alkalien die kohlensauren Salze prävalieren, eine Ansicht, welcher sich auch Gorup-Besanez anschliesst.

Auch nach Bunge verdrängt das mit der Nahrung in vermehrtem Masse aufgenommene Kali das Natron aus den Blutkörperchen und ersetzt dasselbe; dem Plasma entzieht dasselbe zum Teil das Na, ersetzt jedoch dasselbe nicht.

Nach den Untersuchungen von Landsteiner dagegen entscheidet nicht die Zufuhr von mineralischen Stoffen über ihre Einverleibung im Organismus, sondern der Körper nimmt dieselben nach Bedarf auf und scheidet sie ebenso aus. Nach Landsteiner können höchstens langdauernde Anomalien der Nahrung die Salze des Blutes dauernd beeinflussen.

Einfluss schlechter hygienischer Verhältnisse. Wie schon im Beginne dieses Abschnittes ausgeführt, findet man bei Individuen, welche an Luft, Licht, Bewegung im Freien Mangel gelitten haben, anämische Erscheinungen an verschiedenen Organen, speziell auch in der Blutzusammensetzung, doch ist es bisher nicht sicher zu erklären, durch welches Agens und auf welchem Wege die Verschlechterung der Blutmischung unter diesen Bedingungen zustande kommt.

Es liegt am nächsten, daran zu denken, dass irgend welche chemischen Schädlichkeiten in der verdorbenen Luft dumpfiger Wohnungen und staubiger Fabrikräume einen deletären Einfluss auf die Blutbildung ausüben. Man könnte aber auch annehmen, dass Licht und Luft auf die Hämoglobinbildung einen anregenden Einfluss ausüben, ebenso wie die Bildung des Chlorophylls der Pflanzen von der Einwirkung des Lichtes abhängt; haben doch die neueren Untersuchungen nahe chemische Beziehungen zwischen diesen beiden, für das Leben der Tier- und Pflanzenwelt so wichtigen Stoffe ergeben.

Nach Labadie-Lagrave ist es der Mangel an Sauerstoff und die Überladung der Luft mit Kohlensäure, welche bei den in Städten gedrängt zusammen wohnenden Menschen die Anämie bewirkt. Die O-Spannung sinkt in schlecht ventilierten Räumen und die Dekarbonisation des Blutes wird infolge dessen gestört, sodass man nach diesem Autor unter den gewöhnlichen Verhältnissen der Grossstadt nicht nötig hat, noch besondere, in der Luft enthaltene Gifte zur Erklärung der anämischen Blutbeschaffenheit zu suchen.

Wir werden auf die Beziehungen der Respiration zum Blute im Kapitel „Respirationsapparat" zurückkommen, hier sei noch der Beobachtung von Stierlin gedacht, welcher bei Kindern einer Ferienkolonie vor und nach dem Aufenthalt in reiner Höhenluft das Blut untersuchte. Er fand dabei nach Beendigung des Ferienaufenthaltes unter 22 Kindern eine Zunahme der roten Blutkörperchen bei 15, eine Abnahme dagegen bei 7 und den Hämoglobingehalt zum Teil gleich geblieben, zum Teil abgenommen. Diese Beobachtung dürfte am wahrscheinlichsten dadurch zu erklären sein, dass bei der Regeneration des Blutes unter diesen äusseren Verhältnissen das Plasma schneller regeneriert wird, als das Hämoglobin der roten Zellen.

Litteratur.

Becquerel u. Rodier. Unters. über die Zusammensetzung d. Blutes. Deutsch von Eisenmann. Erlangen 1845.
Biernacki. Unters. über die chemische Blutbeschaffenheit bei pathol., insbes. anäm. Zuständen. Zeitschr. f. klin. Med. Bd. 24. 1894.
Brücke. Lehrb. d. Physiologie.
Bernard, Cl. Cit. bei Schenk.
Bunge. Zur quantitativen Analyse d. Blutes. Zeitschr. f. Biolog. Bd. 12. S. 191.
Buntzen. Ref. in Virchow-Hirsch's Jahresber. 1879. I. S. 125.

Collard de Martigny. Cit. bei Panum (l. c.).
Dastre u. Morat. Cit. bei Oppenheimer (l. c.).
Dunin. Ueber anämische Zustände. Samml. klin. Vorträge. No. 135. 1895.
Ehrlich. Farbenanalyt. Unters. zur Histologie u. Klinik d. Blutes. Berlin. 1891.
Freund. Wien. med. Wochenschr. 1887.
Gorup-Besanez. Lehrb. d. physiol. Chemie. Braunschweig. 1874. S. 361.
Grawitz, E. Untersuchungen über den Einfluss ungenügender Ernährung auf die Zusammensetzung des menschlichen Blutes. Berl. klin. Wochenschr. 1895. No. 48.
Hammerschlag. Ueber Hydrämie. Zeitschr. f. klin. Med. Bd. 21. 1892. S. 472.
Heidenhain. Disquisit. criticae et experimental. Diss. Halis. 1857.
Herrmann und Groll. Untersuchungen über den Hb-Gehalt des Blutes bei vollständiger Inanition. Pflügers Arch. Bd. 43. 1888. S. 239.
v. Hösslin, H. Ueber den Einfluss ungenügender Ernährung auf die Beschaffenheit des Blutes. Münch. med. Wochenschr. 1890. No. 38/39.
Hünerfauth. Einige Versuche über traumatische Anämie. Dirch. Arch. Bd. 76. 1879. S. 310.
Immermann. Anaemie. In Ziemssens Handb. d. spez. Pathol. u. Therapie. Bd. 13, I. S. 275.
v. Jaksch. Ueber die Alkalescenz des Blutes bei Krankheiten. Zeitschr. f. kl. Med. Bd. 13. 1888. S. 350.
Klemensiewicz. Ueber die Wirkung der Blutung auf das mikrosk. Bild des Kreislaufes. Wien. Sitzungsber. Bd. 96. 1881.
Koeppe. Münch. med. Wochenschr. 1895. S. 39.
Kraus. Zeitschr. f. Heilk. Bd. 10.
Laache. Die Anämie. Christiania. 1883.
Labadie-Lagrave. Traité des maladies du sang. Paris. S. 100.
Landsteiner. Ueber den Einfluss der Nahrung auf die Zusammens. d. Blutasche. Zeitschr. f. phys. Chemie. Bd. 16. 1892. S. 13.
Laker. Die Bestimmung des Hb-Gehaltes im Blute mittelst des v. Fleischl'schen Hämometers. Wien. med. Wochenschr. 1886. No. 18.
Leichtenstern. Unters. über den Hb-Gehalt des Blutes. Leipzig. 1878.
Leube. Spez. Diagnose d. inneren Krankheiten. Leipzig. 1893. Bd. II. S. 296.
v. Lesser. Ueber die Vertheilung der r. Blutscheiben im Blute. Du Bois' Arch. f. Phys. 1878.
v. Limbeck und Pick. Zur Kenntniss der Eiweisskörper im Blutserum bei Kranken. Prag. med. Wochenschr. 1893. No. 3.
Luciani. Das Hungern. Deutsch von Fränkel. 1890.
Lyon. Blutkörperchenzählungen bei traumatischer Anämie. Virch. Arch. Bd. 84. 1881. S. 207.
Magendie. Cit. bei Panum (l. c.).
v. Mering. Cit. bei Schenk.
Mikulicz. Ueber den Hb-Gehalt des Blutes bei chirurg. Erkrankungen mit besonderer Berücksichtigung des Ersatzes von Blutverlusten. 19. Congr. f. Chirurg. 1890.
Müller, Fr., Munk (1), Senator, Zuntz, Lehmann. Unters. an 2 hungernden Menschen. Virch. Arch. Suppl. Bd. 131. 1893.
Munk, J. (2) in Munk-Ewald. Ernährung des gesunden und kranken Menschen. Wien 1895. S. 80.
Munk, J. Ueber die Folgen lange fortgesetzter eiweissarmer Nahrung. Arch. f. Phys. 1891. S. 338.
Nasse. Einfluss der Nahrung auf das Blut. Marburg 1850.
v. Noorden, C. Lehrbuch der Pathologie des Stoffwechsels. Berlin 1893. S. 164.

Okintschitz. Ueber die Zahlenverhältnisse verschiedener Arten weisser Blutkörperchen bei vollständ. Inanition und nachträglicher Auffütterung. Arch. f. exp. Path. Bd. 31. 1891. S. 383.
Oppenheimer. Ueber die prakt. Bedeutung der Blutuntersuchung mittels Blutkörperchenzähler und Hb-Meter. Deutsche. med. Wochenschr. 1889. Nr. 42—44.
Otto. Unters. über die Blutk.-Zahl und Hb-Gehalt d. Blutes. Pflüg. Arch. Bd. 36. 1885. S. 12.
Panum. Experimentelle Untersuchungen über die Veränderungen der Mengenverhältnisse des Blutes und seiner Bestandtheile durch die Inanition. Virch. Arch. Bd. 29. 1864. S. 241.
Peiper. Virch. Arch. Bd. 116. S. 337.
Polétaew. Sur la composition morphol. du sang dans l'inanition par abstinence complète et incomplète. Arch. d. scienc. biolog. St. Petersb. T. II. 1893. S. 795.
Quincke. Zur Physiol. u. Pathol. d. Blutes. D. Arch. f. klin. Med. B. 30. 1883.
Rieder. Leukocytose. 1892.
Sahli. Zur Diagnose und Therapie der Anämie u. Chlorose. Corresp.-Bl. f. Schweiz. Aerzte. 1886. S. 518.
Samuel. Blutanomalien in Eulenburgs Realencyklopädie. II. Aufl. Bd. III. 1885.
Schenk. Ueber den Zuckergehalt des Blutes nach Blutentziehung. Pflüg. Arch. Bd. 57. S. 553.
Schmidt, C. A. Zur Charakteristik der epidem. Cholera. Leipzig 1850.
Senator (1). Ein Fall von sog. Schlafsucht mit Inanition. Charité Annal. 1885. XII. S. 317. — (2) Untersuchungen an zwei hungernden Menschen. Virch. Arch. Suppl. Bd. 131. 1893.
Simon. Cit. bei Panum (l. c.).
Stierlin. Blutkörperchen-Zählungen und Hb-Bestimmungen bei Kindern. D. Arch. f. klin. Med. Bd. 45. 1889. S. 303.
Subbotin. Mittheil. über den Einfluss der Nahrung auf den Hb-Gehalt des Blutes. Zeitschr. f. Biologie. Bd. 7. 1871. S. 185.
Thackrah. Cit. bei Leichtenstern (l. c.).
Tolmatscheff. Cit. bei Samuel (l. c.).
Uhle u. Wagner. Handbuch d. allg. Pathologie. Leipzig 1865. S. 230.
Weber, O. Cit. bei Uhle u. Wagner.
Verdeil. Liebig's Annal. d. Chem. u. Pharm. Bd. 69. 1849. S. 89.
Vierordt. Beiträge zur Physiologie des Blutes. Arch. f. phys. Heilk. 1854. S. 409.
Voit (1). Ueber die Verschiedenheit der Eiweisszersetzung beim Hungern. Zeitschrift f. Biolog. Bd. 2. 1866. S. 307. — Derselbe (2). Gewicht der Organe eines wohlgenährten und eines hungernden Hundes. Ibidem. Bd. 30. 1894. S. 511.
Weber, O. Handb. d. allgem. u. spec. Chir. I. S. 119.
Zuntz. Zur Kenntnis des Stoffwechsels im Blute. Centralbl. f. d. med. Wiss. 1867.

B. Primäre Anämien.

Es giebt wenig Krankheitszustände, welche in Bezug auf die Symptomatologie in so umfangreichem Masse studiert sind, wie die Chlorose, die perniciöse Anämie, Leukämie und Pseudoleukämie. Speziell die Veränderungen des Blutes sind bei diesen Krankheiten naturgemäss nach verschiedenen Richtungen, ganz besonders aber nach der morphologischen Seite hin erforscht worden, ohne dass jedoch bisher eine einheitliche Auffassung in den wichtigsten Punkten erzielt wäre. Gerade bei diesem Abschnitte stossen wir allenthalben auf Unsicherheiten, die sich sowohl auf die Deutung der Blutbefunde und -Veränderungen selbst, als auf die Art ihres Zustandekommens und nicht zum wenigsten auf die veranlassenden Ursachen beziehen.

Es ist deshalb hier auf die ätiologischen Momente besonders Rücksicht genommen worden, denn wenn es sich dabei auch zumeist um mehr oder minder wahrscheinliche Hypothesen handelt, so finden sich andererseits manche wertvolle Angaben darunter, auf welchen ein weiterer Ausbau dieser sehr wichtigen Fragen mit guter Aussicht auf Erfolg basiert werden kann.

1. Chlorose.

Unter Chlorose versteht man jene Formen von Blutarmut, welche in hervorstechender Weise durch einen starken Mangel an Hämoglobin im Blute charakterisiert sind und sich vorzugsweise bei Personen weiblichen Geschlechts zumeist während der Pubertätsentwickelung vorfinden, seltener Kinder unter 10 Jahren und Erwachsene betreffen. Diese Anämie zeichnet sich durch eine hochgradige, ins Gelbliche oder Grünliche spielende Blässe der Haut und Schleimhäute aus, die Blutarmut prägt sich besonders durch Erscheinungen von Hirnanämie, Schwindel, Ohnmachten etc., ferner durch Herz- und Gefässgeräusche aus, sowie durch vielgestaltige andere Symptome, auf welche hier nicht näher eingegangen werden soll.

Das scharf ausgeprägte Krankheitsbild der Chlorose ist den Ärzten seit Hippokrates bekannt, und man kennt zahllose prädisponierende Momente, welche den Ausbruch der Krankheit häufig in sehr deutlicher Weise begünstigen oder hervorrufen. Besonders sind es hygienische Schädlichkeiten im weitesten Sinne des Wortes, welche zur Entwickelung von Chlorose bei den heranwachsenden Mädchen disponieren, sei es, dass in den niederen Ständen Mangel an Luft, Licht und Nahrung, frühzeitige körperliche Arbeit oder in den höheren Ständen fehlerhafte Ernährung, unzweckmässige Kleidung, geistige Überbürdung, psychische Erregungen u. v. a.

in deutlich hervortretender Weise den Ausbruch der Bleichsucht begünstigen, wobei eine gewisse Anlage, häufig hereditären Ursprungs, für diese Erkrankungen wohl eine wichtige Rolle spielt.

So klar nun diese Schädlichkeiten auch in vielen Fällen hervortreten und ihre wichtige Rolle bei der Entstehung der Krankheit dadurch dokumentieren, dass oft nur die Beseitigung dieser schädigenden Momente nötig ist, um das Krankheitsbild zum Schwinden zu bringen, so dunkel ist auch heute noch trotz zahlloser, gerade dieser Krankheit gewidmeten Untersuchungen, die Entstehung dieser eigentümlichen Form von Blutarmut, welche sich — wie wir gleich sehen werden — in ganz bestimmter Weise von allen Formen leichter und schwerer Anämie unterscheidet.

Keine einzige der genannten hygienischen Schädlichkeiten erklärt uns ohne weiteres die Verarmung des Blutes an Hämoglobin, denn wenn z. B. eine fehlerhafte Zusammensetzung der Nahrung sehr wohl im stande ist, eine Herabsetzung des Eiweissgehalts des Blutes (vergl. S. 70) zu bewirken, so ist doch der Hämoglobingehalt der einzelnen roten Blutkörperchen dadurch anscheinend gar nicht tangiert, es wird also ohne weiteres nimmermehr durch eine einfache Unterernährung eine Chlorose entstehen, wenn nicht noch ein anderes Agens hinzutritt. Ist also eine solche einfache Verschlechterung der Blutmischung bei der Entstehung der Chlorose von vornherein ganz zurückzuweisen, so steht einer derartigen Erklärung ausserdem die Thatsache gegenüber, dass sich die Bleichsucht auch bei durchaus guter Ernährung, ja, in nicht wenig Fällen bei vollständig richtig erzogenen und ernährten Mädchen entwickelt, sodass hier vollends jeder Anhaltspunkt für die Ätiologie und Genese der Krankheit fehlen.

Ätiologisches. Naturgemäss hat es an Erklärungsversuchen über die Grundlagen dieser Krankheit nicht gefehlt, und es seien aus der grossen Zahl derselben folgende hier kurz erwähnt.

Als anatomische Grundlage der Chlorose bezeichnete Virchow eine Hypoplasie des Gefässsystems, besonders der Arterien und des Herzens, an welche sich in manchen Fällen eine Hypoplasie des Genitalapparates anschliesse. Die Arterien zeichnen sich nach Virchow durch eine abnorme Enge, Dünnwandigkeit und Elasticität aus, während gleichzeitig Unregelmässigkeiten der Abgangsstellen der Gefässäste und eine Neigung zu fettiger Degeneration der Intima, seltener der Media und des Endocard bestehen.

Eine Erklärung des Blutbefundes ist durch diese Anomalien des Gefässsystems natürlich nicht gegeben, und die Ansicht der meisten Kliniker geht heute dahin, diese anatomischen Veränderungen eher als sekundäre Erscheinungen einer länger bestehenden Chlorose anzusehen, zumal mancherlei Sektionsbefunde (Fränkel) dafür sprechen, dass diese Anomalien sich keineswegs bei allen Fällen von Chlorose finden. Bei schwerer, habitueller Chlorose dürfte man am ehesten an das Bestehen derartiger anatomischer Veränderungen denken, bei den leichteren transitorischen, in volle Genesung übergehenden Formen wäre die Annahme derselben kaum zu erklären.

Auf nervöse Einflüsse wurde die Entstehung der Chlorose schon in früherer Zeit zurückgeführt, und neuerdings ist diese Hypothese in verschiedener Form präciser formuliert worden. Durch krankhafte Erregungen des vasomotorischen Nervensystems sollen nach Murri Veränderungen in der Geschwindigkeit des strömenden Blutes und dadurch Veränderungen im Chemismus desselben mit einem die roten Blutkörperchen zerstörenden Einflusse entstehen, und zwar sollen die Vasomotoren durch den sich entwickelnden Genitalapparat gereizt werden, mithin eine reflektorische Beeinflussung und Verschlechterung der Blutmischung von der Genitalsphäre her bestehen. Auch Hoffmann nimmt an, dass die Entwickelung des Geschlechtsapparates die Entstehung der Chlorose begünstigt.

Eine Einwirkung des sich entwickelnden Genitalsystems wurde übrigens schon von den alten Ärzten bei der Genese der Chlorose angeschuldigt.

Eine gesteigerte Reflexerregbarkeit des Bauchsympathicus nimmt Meinert an, welcher dieselbe auf eine bei Chlorose angeblich immer vorhandene Gastroptose zurückführt, und auch F. Krüger führt die Entstehung der Chlorose auf eine Reizung des Sympathicus zurück, wobei er in präciserer Weise, als Meinert, den deletären Einfluss dieser Reizung auf das Blut dadurch erklärt, dass in der Milz normalerweise Hämoglobin aufgebaut und zerstört wird, und dass durch die Reizung des Sympathicus eine Veränderung in der Thätigkeit der Milz im Sinne einer Hb-Zerstörung bewirkt werde. (Veränderungen im Umfange der Milz sind in der That bei Chlorose häufig zu beobachten, und zwar fanden sich auf der Klinik des Herrn Geheimrat Gerhardt in der Mehrzahl der Fälle Vergrösserungen dieses Organs, die indess wohl noch andere Deutungen zulassen.)

Auf eine Veränderung des Bluteisens selbst führt Zander die Entstehung der Chlorose zurück, und zwar nimmt er an, dass bei dieser Krankheit unassimilierbares Eisen im Blutkreise, welches infolge von Verarmung des Organismus an Salzsäure auftrete.

Autointoxikationen vom Darmkanal her nehmen Bouchard, Duclos, Andrew Clark, Nothnagel u. a. an, und zwar wesentlich auf Grund theoretischer Erwägungen. Sie stützen sich dabei auf die häufigen Beobachtungen von Stuhlverstopfung, Koprostase, und sonstigen Veränderungen in der Magen-Darmthätigkeit Chlorotischer, sowie auch auf die guten Erfolge abführender Mittel, doch sprechen neuere Untersuchungen von Rethers und Lipman-Wulf (unter v. Noordens Leitung) gegen die Annahme abnormer Darmfäulnis und Eiweisszersetzung bei Chlorotischen, mithin gegen die toxogene Entstehung der Chlorose.

In anderer Weise fasst Forchheimer das Abhängigkeitsverhältnis der Blutbeschaffenheit vom Intestinaltraktus auf, indem er annimmt, dass im Darmkanal die Hauptbildungsstätte des Hämoglobins zu suchen sei, dass mithin die Störungen der Darmthätigkeit bei Chlorotischen zur Verarmung an Hb führen.

Schliesslich sei erwähnt, dass eine hydrämische Beschaffenheit des Blutes bei Chlorotischen als das eigentliche Wesen der Krankheit von Georgi und Schubert hingestellt und zum Ausgangspunkt der Behandlung mit Aderlässen genommen ist, und auch Rubinstein glaubt, dass eine Plethora des Gefässsystems bei Chlorose bestehe, und dass die abnorme Flüssigkeitsmenge eine zu grosse Arbeitsleistung von dem schlecht genährten Herzen fordere.

Wie weit diese Annahmen zutreffen, dürfte aus der nachfolgenden Schilderung des Blutbefundes hervorgehen.

Das Blut als Ganzes. Die Konzentration des Gesamtblutes ist bei ausgesprochenen Fällen herabgesetzt, und die Messungen des spezifischen Gewichts von Hammerschlag, Scholkoff u. a. haben Zahlen ergeben, welche in ziemlich weiten Grenzen zwischen 1040 und 1050 schwanken. Auch die Untersuchungen der Trockenrückstände des Blutes von Stintzing und Gumprecht ergaben zum Teil sehr beträchtliche Herabsetzungen bis zu 11,7 % herunter, und ähnliche Verhältnisse zeigen die von mir weiter unten mitgeteilten Beobachtungen.

Rote Blutkörperchen. 1. Die Zahl derselben ist nach den übereinstimmenden Angaben der meisten Autoren nicht beträchtlich vermindert, ja man ist so weit gegangen, diejenigen Fälle, welche stärkere Herabsetzungen der Zahlen zeigten, nicht als eigentliche Chlorosen, sondern als einfache Anämien aufzufassen, welche sich zu ersterer als Komplikationen hinzugesellten. Ich glaube jedoch ebenso wie v. Jaksch (1), v. Limbeck u. a., dass solche Differenzierungen auf Künsteleien hinauslaufen, dass vielmehr auch echte Chlorosen gelegentlich unter stärkerer Herabsetzung der Zahl an roten Blutkörperchen verlaufen können. Auffällig hohe Zahlen fand Graeber, dem wir eine besonders sorgfältige Bearbeitung dieses Gebietes verdanken, und zwar ermittelte derselbe als Durchschnittszahl unter 28 Untersuchungen chlorotischen Blutes 4,482000, in maximo 5,700000, in minimo 3,805000 roter Blutkörperchen im Kubikmillimeter. Stärkere Schwankungen mit Minimalwerten von 2,500000 hat Hayem, ferner Sörensen mit 2,880000—5,340000, Toenissen z. B. mit 2,370000 roter Blutkörperchen im Kubikmillimeter beobachtet.

Zahlen eigener Beobachtung folgen weiter unten.

Aus Reinert's umfassender Zusammenstellung der einschlägigen Litteratur geht eine Verminderung der Zahl der roten Blutkörperchen für die grössere Mehrzahl der Chlorosen deutlich hervor.

Laache unterscheidet zwischen solchen Fällen, welche klinisch das deutliche Bild der Chlorose darbieten, im Blute aber weder eine besondere Abnahme der Zahl noch des Hb-Gehaltes in der Raumeinheit darbieten, und zweitens solchen Fällen, in welchen sich deutliche Herabsetzungen dieser Werte nachweisen lassen, und nennt die ersteren Pseudochlorosen, die letzteren eigentliche Chlorosen. Ob diese Unterscheidung gerechtfertigt ist, muss dahingestellt bleiben. Da sich bei Chlorotischen sehr häufig eine starke Irritabilität des vasomotorischen Nervensystems findet, so müssen einzelne Untersuchungsresultate vom Blute aus kleinen Hautschnitten immer mit Vorsicht gedeutet werden, bei meinen eigenen, fast nur am Venenblute gewonnenen Zahlen habe ich bei deutlich ausgeprägten chlorotischen Erscheinungen selten normale Zahlen der roten Blutkörperchen erhalten. Dieselben betrugen vor Einleitung der Therapie im Mittel etwa 4 Millionen.

Grösse und Form der roten Blutkörperchen. Die Grössenverhältnisse der roten Blutkörperchen lassen schon bei blosser Betrachtung der Zellen unter dem Mikroskope mannigfache Abweichungen von der Norm erkennen, und genaue Messungen besonders von Laache und Graeber haben ergeben, dass starke Unterschiede im Durchmesser der Zellen zu konstatieren sind, welche z. B. nach Graeber zwischen 11,5 μ und 5,2 μ schwanken, im Durchschnitt aber etwa normale Dimensionen von 7,5 μ zeigen.

Besonders häufig trifft man grosse und dabei auffällig blasse Blutscheiben mit nur eben angedeuteter Delle an, welche Hayem treffend als „chlorotische" rote Blutkörperchen bezeichnet. Daneben finden sich in der Mehrzahl Normocyten und weniger zahlreich Mikrocyten.

Weitere Veränderungen der Form — Poikilocytose — pflegen in ausgesprochenen Zuständen von Chlorose nicht zu fehlen, wenn sie auch nie so hochgradig ausgebildet sind, wie bei schweren Formen primärer oder sekundärer Anämie. Es pflegen vielmehr nur leichtere keulen- oder birnförmige Deformitäten der roten Zellen aufzutreten. Das Erscheinen von kernhaltigen roten Blutkörperchen dürfte bei Chlorose zu den Seltenheiten gehören.

Hb-Gehalt. Die Verringerung des Hb-Gehaltes bildet nach dem übereinstimmenden Urteil der meisten Autoren das Charakteristische des Blutbefundes bei Chlorotischen. Seitdem von Duncan auf diese Verhältnisse aufmerksam gemacht wurde, hat man mit spektrophotometrischen Apparaten (Leichtenstern, Graeber) mit der Preyer'schen Titriermethode (Subbotin, Quincke) mit chromometrischen Apparaten (Laache, Hayem u. v. a.) mittels Messung des spezifischen Gewichts, der Trockenrückstände etc. immer wieder die Thatsache bestätigt gefunden, dass der Hb-Gehalt des Blutes bei Chlorose verhältnismässig erheblich stärker herabgesetzt ist als die Zahl der roten Blutkörperchen.

(Eine abweichende Ansicht vertritt lediglich Biernacki, auf dessen Anschauungen wir bei Besprechung der Veränderungen im Chemismus des Blutes zurückkommen werden.)

Man kann deshalb die Blutbeschaffenheit bei Chlorose passend als Oligochromämie bezeichnen.

Schon makroskopisch fällt die äusserst geringe Färbekraft des chlorotischen Blutes beim Vergleich mit einem gesunden Blutstropfen auf, und unter dem Mikroskop erscheinen die roten Blutzellen beträchtlich blasser als solche in gesundem Blute, nehmen auch in Trockenpräparaten den Farbstoff viel weniger auf, sodass man auch bei längerer Einwirkung der Ehrlich'schen Farbgemische an den meisten Zellen nur eine schwache Färbung erzielt.

Leukocyten. Über das Verhalten der Leukocyten liegen nicht viele Beobachtungen vor, und es ergiebt sich aus der sorgsamen Zusammenstellung von Graeber, dass die farblosen Zellen sowohl in ihrer Gesamtmenge, wie auch im Verhältnis der einzelnen Formen untereinander keine wesentlichen Abweichungen von der Norm zeigen. Dieses normale Verhältnis der Leukocyten bei Chlorose kann ich ebenfalls bestätigen; Vermehrung derselben dürfte auf komplizierende Zustände hinweisen.

Das Blutserum habe ich bei einer grossen Anzahl Chlorotischer untersucht. Dasselbe ist bei leichten Fällen wenig oder gar nicht verändert, in schweren Fällen stets eiweissärmer als in der Norm, jedoch nur in besonders schweren Fällen, wenn gleichzeitig auch die Zahl der roten Blutkörperchen stark herabgesetzt ist, beträchtlich an Eiweiss verarmt.

Im allgemeinen habe ich gefunden, dass die Verwässerung des Serum bei Chlorose verhältnismässig weit geringer ist, als bei einfachen, z. B. posthämorrhagischen Anämien. Einige Beispiele, welche weiter unten folgen, erläutern diese Verhältnisse. Auch Ll. Jones und Hammerschlag fanden verhältnismässig geringfügige Herabsetzung der Dichte des Serum.

Die Farbe des Serum ist häufig auffällig gelb, jedenfalls als Teilerscheinung der zumeist vorhandenen allgemeinen ikterischen Färbung der Chlorotischen.

Blutplättchen. Graeber und v. Limbeck geben an, bei Chlorose häufig eine Vermehrung der Blutplättchen gefunden zu haben, und aus eigener Erfahrung kann ich das bestätigen. Ich kann dem hinzufügen, dass, soweit man nach Schätzungen urteilen darf, bei wenig Krankheiten eine so starke Vermehrung dieser Elemente im Blute zu sehen ist, wie gerade bei Chlorose.

Die Gerinnungsfähigkeit des chlorotischen Blutes ist im Gegensatze zu solchem von schweren (sog. perniciösen) Anämien und Leukämie nicht vermindert, sondern eher gesteigert.

Chemisches. Die Alkalescenz des Blutes wurde zuerst von Graeber nach der Methode von Landois untersucht, wobei sich ein vermehrter Alkalescenzgrad bei den meisten Fällen ergab, welchen Graeber für so bedeutungsvoll hielt, dass er die übernormale Alkalescenz des chlorotischen Blutes geradezu für etwas Spezifisches dieser Bluterkrankung hielt und aus derselben „eine chemische Störung des Plasma" folgerte, „welche mit Alterationen der Form, Grösse und Färbekraft der roten Blutkörperchen einhergeht". Auch Peiper, Kraus und Rumpf fanden die Alkalescenz des Blutes bei Chlorose teils in normalen Grenzen, teils gesteigert, v. Jaksch dagegen konstatierte eine Herabsetzung derselben.

Der Stickstoffgehalt der roten Blutkörperchen ist nach v. Jaksch (2) bei Chlorose herabgesetzt, und auch Biernacki fand wenigstens bei einem Teile seiner Fälle das Gleiche. Dagegen ist nach diesem Autor die seit Becquerel und Rodier angenommene starke Herabsetzung des Eisengehaltes im Blute Chlorotischer teils gar nicht, teils nur in geringem Masse nachweisbar, Biernacki legt vielmehr das Hauptgewicht auf die Eiweissverarmung — eine Anschauung, die wegen ihrer Bedeutung dringend zu Nachuntersuchungen auffordert.

Der Kaligehalt ist nach Biernacki hier, wie bei anderen Anämien vermindert, der Na-Gehalt erhöht und der Chlorgehalt ebenfalls meist gesteigert.

Die Regeneration des Blutes bei Chlorose bringt neben der Vermehrung der Zahl der roten Blutkörperchen, neben dem Schwinden der Poikilocyten und sonstigen abnormen Formen besonders eine Zunahme des Hb-Gehaltes der einzelnen roten Blutkörperchen mit sich. Diese Regeneration geht zeitlich ungemein verschiedenartig vor sich und zwar entsprechend der Schwere der Erkrankung, ferner der eingeschlagenen Therapie und der individuellen Verhältnisse. Auf die Wirkungen der Arzneimittel, speziell des Eisens, soll hier nicht näher eingegangen werden, eine ausführliche Darstellung der therapeutischen Wirkungen auf das Blut muss vielmehr einer besonderen Bearbeitung vorbehalten bleiben.

Bei einer sorgfältigen Beobachtung des Verhaltens des Blutes Chlorotischer während einer zweckmässig eingeschlagenen Therapie ergeben sich mit grosser Deutlichkeit zwei verschiedene Formen der Erkrankung, von welchen man die eine als transitorische, die andere als habituelle zu bezeichnen pflegt.

Beobachtungen hierüber finden sich besonders bei Laache und Graeber, aus eigener Erfahrung seien hier einige Beispiele angeführt, welche gleichzeitig die Blutzusammensetzung auf der Höhe der Erkrankung deutlich illustrieren:

1. Das 18jährige Dienstmädchen B. litt an Chlorose, zeigte stark ins Gelbliche spielende Blässe der Haut, anämische Geräusche am Herzen und Gefässsystem; im Blute fanden sich zahlreiche Poikilocyten und Blutplättchen. Es fanden sich:

	Körpergewicht Kilo	Rote Blutkörperchen Millionen	Trockensubstanz des Blutes	Trockensubstanz des Serum
am 2. 1. 94:	47,35	2,7	13,28 %	7,28 %
„ 8. 1. 94:	49,—	2,6	13,25	8,1
„ 13. 1. 94:	51,09	2,5	15,09	9,53
„ 20. 1. 94:	50,52	3,5	16,99	10,02
„ 25. 1. 94:	52,—	3,5	17,40	10,02
„ 30. 1. 94:	52,75	4,1	16,63	10,05
„ 9. 2. 94:	51,75	3,5	17,27	10,04
„ 22. 2. 94:	53,6	4,3	19,46	9,34
„ 3. 3. 94:	—	3,9	18,62	8,98
„ 17. 3. 94:	56,25	4,8	18,46	9,68
„ 12. 4. 94:	52,15	4,3	18,19	10,09

2. Ein 19 Jahre altes Mädchen Sch., Tochter eines Landschullehrers, hatte starke, ins Gelbliche spielende Blässe der Haut, anämische starke Herz- und Gefässgeräusche, Stuhlverstopfung, Appetitlosigkeit und bot im allgemeinen das Bild einer ausgesprochenen Chlorose dar. Die Blutuntersuchung ergab:

	Rote Blutkörperchen		Trockensubstanz des Blutes	Trockensubstanz des Serum
am 21. 2. 94:	4,600000	spärliche Leukoc.	16,32 %	9,47 %
(die roten Blutkörperchen zeigten zahlreiche Poikilocyten-Formen)
am 21. 3. 94:	5,010000	spärliche Leukoc.	17,77 %	9,28 %
am 19. 4. 94:	4,900000	spärliche Leukoc.	19,2	9,68

Die subjektiven Beschwerden und besonders die Leistungsfähigkeit dieser, wie der ersterwähnten Kranken hatten sich während der Beobachtung beträchtlich gebessert, die sonstigen objektiven Zeichen waren ebenfalls erheblich zurückgegangen. Die Therapie wurde in diesen Fällen, wie auch in den folgenden mit zweckmässigen Eisen- resp. Arsenpräparaten, Milchdiät, allgemeiner Regelung der Lebensweise durchgeführt, die letzte Patientin lebte währenddessen auf dem Lande.

3. Eine ebenso schnelle Besserung zeigte das mit Ferratin behandelte Mädchen N., das allerdings vorzeitig die Klinik verliess:

	Rote Blutkörperchen	Trockensubstanz des Blutes	Trockensubstanz des Serum
am 22. 3. 94:	2,900000	14,34 %	9,02 %
„ 13. 4. 94:	3,954000	16,19	9,69

In allen diesen Fällen ist die Zunahme des Eiweissgehaltes des Gesamtblutes besonders hervorstechend, während das Serum nur im ersten Falle eine stärkere Zunahme seines prozentischen Trockengehaltes aufwies. Es zeigt sich also, dass vorzugsweise die Substanz der roten Blutkörperchen von der Eiweissvermehrung betroffen ist und dass bei Chlorose, wie aus den ersten beiden Beispielen hervorgeht, weniger die Zahl als der Eiweissgehalt resp. Hb-Gehalt derselben vermindert ist.

4. Das 17 Jahre alte Dienstmädchen M. wurde am 23. 4. 94 mit den Zeichen deutlicher Chlorose aufgenommen, im Blute fanden sich einzelne Mikro- und Poikilocyten, die meisten roten Blutkörperchen zeigten normale Formen.

Bei dieser Kranken wurde ein Stoffwechselversuch eingeleitet, besonders zur Bestimmung des N-Stoffwechsels, die Kranke zeigte in der 6 Tage dauernden Untersuchungsperiode bei reichlichem Genuss von Milch einen täglichen N-Ansatz von 2—4 gr, die Blutmischung zeigte während dessen folgende Änderungen:

	Körpergewicht Kilo	Rote Blutkörperchen Millionen	Weisse Blutkörperchen	Trockensubstanz des Blutes	Trockensubstanz des Serum
am 23. 4. 94:	46,75	3,9	5000	16,74 %	7,60 %
„ 28. 4. 94:	47,25	4,5	10000	18,82	8,84
„ 8. 5. 94:	47,5	4,7	3000	18,68	8,09

Die Patientin fühlte sich so gesund, dass sie die Klinik verliess.

5. Im Gegensatze zu derartigen, bei geeigneter Behandlung in schnelle Besserung und Heilung übergehenden Fällen von Chlorose, giebt es nun bekanntlich eine kleinere Anzahl von Chlorotischen, bei welchen trotz der sorgfältigsten Behandlung und Pflege die Zeichen der Blutarmut nicht weichen. Ich führe im folgenden einen derartigen Fall an, bei welchem unter Eisen- und Arsengebrauch, reichlicher Milchdiät und guter Pflege die tägliche Einnahme an Nährmaterial nach ihrem Brennwerte und besonders dem N-Gehalte genau analysiert wurde, ebenso die tägliche N-Ausscheidung im Urin und Kot und damit die N-Bilanz bestimmt wurde, während gleichzeitig in gewissen Zwischenräumen das Blut aus der Vene sorgfältig gemessen wurde. Die Beobachtung erstreckte sich auf die Zeit vom 16. Januar bis 11. Februar 1894, also auf 27 volle Tage, die Nahrung enthielt in Milch, Eiern, Rindfleisch, Weissbrot, Butter u. s. w. täglich 3000—3500 Cal. mit einem N-Gehalt von 19,5—22,8 gr pro die, die Ausscheidung von N in Urin und Fäces ergab, dass täglich ein Ansatz von 3—5 gr statthatte, so dass das Resultat der Gesamtbilanz des ganzen Versuches, dessen tägliche Einzelzahlen ich hier nicht anführe, + 107,25 gr N = einem Eiweissansatz von 670 gr betrug. Die Zahlen des Körpergewichtes und des Blutes waren währenddessen folgende:

	Körpergewicht Kilo	Rote Blutkörperchen Millionen	Weisse Blutkörperchen	Trockensubstanz des Blutes	Trockensubstanz des Serum
am 16. 1. 94:	45,71	3,15	4000	16,20 %	8,78 %
„ 20. 1. 94:	47,21	4,2	3000	15,88	9,80
„ 24. 1. 94:	47,65	4,3	3000	16,10	9,92
„ 29. 1. 94:	48,35	3,9	2000	15,78	10,00
„ 1. 2. 94:	48,75	3,75	8000	16,59	10,30
„ 6. 2. 94:	50,15	4,30	5000	16,84	9,63
„ 11. 2. 94:	51,7	3,90	3000	16,63	9,40

Die Zahlen zeigen in sehr auffälliger Weise, 1. dass trotz der erheblichen Zunahme des Körpergewichtes von 6 Kilo, welche ausweislich der Resultate der Stoffwechseluntersuchungen fast zur Hälfte auf dem Ansatze von eiweisshaltigen Stoffen beruhte, eine nennenswerte Vermehrung von festen Bestandteilen der roten Blutkörperchen, also besonders von Hämoglobin in der Raumeinheit nicht eingetreten war.

2. Lediglich das Serum zeigte besonders im Beginne des Versuches eine deutliche Zunahme an fester Substanz, und diese Beobachtung bietet somit ein Gegenstück zu den (S. 69) erwähnten Untersuchungen über das Verhalten des Serum bei ungenügender Ernährung, insofern sich bei diesem Versuche die allgemeine Steigerung des Eiweissgehaltes im Körper in der Koncentrationszunahme des Serum ebenso deutlich ausdrückt, wie bei dem obigen Versuche die Verarmung des Körpers an Eiweiss in der Verwässerung des Serum.

3. Die Vermehrung der Zahl der roten Blutkörperchen besonders im Anfange der Beobachtung, während deren der Hb-Gehalt eher etwas niedriger wurde, dürfte darauf schliessen lassen, dass zwar durch die eingeschlagene Therapie ein kräftiger Reiz auf die hämatopöetischen Organe ausgeübt wurde, dass aber die neugebildeten roten Blutkörperchen abnorm arm an Hb gewesen sein dürften. Die auffälligen Schwankungen in den Zahlen der roten Blutkörperchen, die sich — wie z. B. Fall 1 zeigt — in gutartigen Fällen progressiv und fast stetig, wie bei posthämorrhagischen Anämien vermehrten, deuten ebenfalls auf eine Insufficienz in den blutbildenden Organen hin.

Derartige Beobachtungen zeigen meines Erachtens mit grosser Deutlichkeit, dass Störungen in der Verdauungsthätigkeit — wie von manchen Seiten angenommen wird — nicht das eigentliche Agens der Chlorose darstellen, dass weder Störungen der Magen- oder Darmfunktion, noch solche der Assimilation dieselbe verschulden, denn in dem vorliegenden Falle waren alle diese Funktionen augenscheinlich in ausgezeichneter Verfassung; man wird sich füglich einstweilen mit der Annahme begnügen müssen, dass die Chlorose auf einer Insufficienz der blutbildenden Organe beruht und zwar weniger auf einer numerischen Unterproduktion als auf einer mangelhaften Versorgung der gebildeten Blutkörperchen mit Hämoglobin. Diese Insufficienz der Blutbildung scheint gerade bei jungen Mädchen zur Zeit der Pubertäts-Entwickelung ungemein leicht einzutreten und kann jedenfalls durch die allerverschiedensten Momente begünstigt werden, die nicht nur in somatischen, sondern wohl auch in psychischen Störungen zu suchen sind.

Litteratur.

Becquerel u. Rodier. Ueber die Zusammens. d. Blutes. Erlangen 1845.
Benczúr. Studien über den Hb-Gehalt des menschl. Blutes bei Chlorose etc. Deutsch. Arch. f. klin. Med. Bd. 36. 1885. S. 335.
Biernacki. Unters. über die chemische Blutbeschaffenheit bei pathol., insbes. anämischen Zuständen. Zeitschr. f. klin. Med. Bd. 24. 1894.
Bouchard. Leçons sur les autointoxications dans les maladies. Paris 1887.
Clark. Lancet. 1887. II. S. 1003.
Dowd. The conditions of the blood in chlorosis. Amer. journ. of the med. sciences. 1890. Juni.
Duclos. De l'origine intestinale de la chlorose. Rév. génér. de clinique et thér. 1887.
Duncan. Sitzungsberichte der Wiener Akademie. 1867.
Foedisch. De morbosa sanguinis temperatione. Dissert. 1832.
Forchheimer. The intestinal origin of chlorosis. The american journ. of med. sciences. 1893. S. 255.
Graeber, Ernst. Zur klinischen Diagnostik der Blutkrankheiten. Arbeiten aus d. med.-klin. Institute zu München. Leipzig 1890. S. 289. (Hier ausführliche historische Darstellung u. zahlreiche eigene Beobachtungen.)
Gram. Centralbl. f. klin. Med. 1882.
Hammerschlag. Ueber Hydrämie. Zeitschr. f. klin. Med. Bd. XXI. 1892. S. 475.
Hayem. Du sang. Paris 1889.
Hoffmann, A. Lehrbuch der Konstitutionskrankheiten. 1893.
v. Jaksch (1). Prag. med. Wochenschr. 1890. Nr. 31—33.
v. Jaksch (2). Zeitschr. f. klin. Med. Bd. 24. 1894.
Krüger, F. Ueber die Ursachen der primären und essent. Anämie. St. Petersb. med. Wochenschr. 1892. Nr. 50.
Kraus. Zeitschr. f. Heilk. Bd. 11.
Laache. Die Anämie. 1883. S. 81.
Leichtenstern. Unters. über den Hb-Gehalt d. Blutes. Leipzig 1878.
v. Limbeck. Grundr. einer klin. Pathol. des Blutes. Jena 1892.
Lipman-Wulf. Ueber Eiweisszersetzung bei Chlorose. In v. Noordens Beitr. z. Lehre vom Stoffwechsel. Heft I. 1892.
Lloyd Jones. Preliminary report on the causes of chlorosis. Brit med. Journ. 1893. II. 670.
Malassez. Arch. de physiologie. 1877.
Meinert. Zur Ätiologie der Chlorose. Verhandl. d. X. Versamml. d. Gesellsch. f. Kinderheilk. Nürnberg 1893. — Volkmanns Samml. klin. Vortr. 1895.
Moricz. Thèse de Paris. 1880.
Murri. L'azione del freddo nelle clorotiche e la fisio-pathologia della clorosi. Policlinico. Mai 1894.
von Noorden. 1) Lehrbuch der Pathol. d. Stoffwechsels. — 2) Neueres und Aelteres über Chlorose. Berl. klin. Wochenschr. 1895. Nr. 9.
Nothnagel. Die Chlorose. Wien. med. Presse. 1891. Nr. 51.
Quincke. Virchow's Arch. Bd. 54. 1872.
Reinert. Blutzählungen. 1891.
Scholkoff. Spez. Gewicht des Blutes. Dissert. Bern 1892.
Stintzing u. Gumprecht. Deutsch. Arch. f. klin. Med. Bd. 53. 1894. S. 265.
Subbotin. Zeitschr. f. Biolog. 1871. Bd. VII.
Toenissen. Dissert. 1881.
Virchow. Ueber die Chlorose etc. Berlin 1872.
Welcker. Prager Vierteljahrsschrift. 1854. Bd. 3.
Zander. Virchow's Arch. Bd. 84. 1881.

2. Progressive perniciöse Anämie, essentielle Anämie, schwere primäre Anämie.

Die im vorliegenden Kapitel abzuhandelnde Krankheitsform wurde im Jahre 1868 von Biermer anatomisch und klinisch zuerst genauer präzisiert und damit der Pathologie einverleibt.

Indes war darum diese Krankheit den älteren Ärzten keineswegs unbekannt und besonders in Lebert's „Grundzügen der ärztlichen Praxis", Tübingen 1868, finden sich Beobachtungen über idiopathische Anämie mit tötlichem Ausgang unter der Bezeichnung als „essentielle Anämie" erwähnt, desgleichen in den Werken über spezielle Pathologie und Therapie von Schönlein, Canstatt, Wunderlich u. a.

Schon im Jahre 1843 finden wir einen sicheren Fall von perniciöser Anämie von Marshall Hall, im Jahre 1852 zwei derartige von Barclay beschrieben. In der nächsten Zeit wurden von Lauth und sodann von Lebert eine Anzahl derartiger Fälle veröffentlicht, welche während der Gravidität entstanden waren und von Lebert als „Puerperalchlorose" bezeichnet wurden. Eine kurze, aber sehr treffende Schilderung gab sodann im Jahre 1855 von dieser Krankheit Addison bei Gelegenheit der Besprechung der Bronzekrankheit, spätere Beobachtungen rühren von Wilks, Zenker, Chalot, Trousseau, Cazenave, ferner von Grohé, Perroud und wiederum von Lebert her.

Der Ruhm aber, das ganze eigenartige klinische Bild dieser Erkrankungen in vollem Umfange und mit grösster Schärfe erfasst und der ärztlichen Welt bekannt gegeben zu haben, gebührt Biermer, welcher in kurzer Form im Jahre 1868 auf dem Naturforscher-Kongress zu Dresden, ausführlicher aber im Jahre 1871 in der ärztlichen Gesellschaft des Kanton Zürich seine Beobachtungen über 15 derartige Fälle vortrug. In diesem hochbedeutsamen Vortrage schilderte Biermer mit grösster Klarheit das klinische Bild derartiger Anämien so erschöpfend, dass die Symptomatologie derselben bis heute in den grossen Zügen kaum nennenswert bereichert worden ist.

Nach Biermer bestehen die Symptome in einem anämisch-hydrämischen Aussehen, grosser Blässe und magerer Ernährung, aber ohne starke Atrophie des Fettpolsters, gelblicher Gesichtsfarbe, später leichten Oedemen und Ascites. Von Seiten des Nervensystems bestehen Schwindel, Schwäche etc., am Verdauungsapparate konsequente, fatale Appetitlosigkeit, schwache Verdauung u. s. w. Am Zirkulationsapparate sind systolische, selten auch diastolische Geräusche am Herzen, Geräusche an den Venen, frequente Herzaktion, Verbreiterung der Herzdämpfung und bei der Sektion

Verfettungen des Herzmuskels zu konstatieren. Geringes Fieber ist fast in allen Fällen vorübergehend zu beobachten. Besonders interessant sind die Retinalapoplexien, welche fast immer vorkommen und teils ohne jede subjektive Sehstörung bleiben, teils zu schweren Beeinträchtigungen des Sehvermögens führen können. Seltener sind Hautblutungen und Hämaturie, ebenso Albuminurie beobachtet.

Die Biermer'schen Fälle endeten unter Verschlimmerung der allgemeinen hydrämisch-kachektischen Körperbeschaffenheit alle — bis auf einen gebesserten Fall — tötlich.

Der hervorstechendste Befund bei der Sektion war die fettige Entartung der Herzmuskulatur.

Biermer schlug für diese eigenartigen Krankheitszustände, bei denen die Verschlechterung der Blutmischung im Mittelpunkte der Erscheinungen stand, den Namen „progressive perniciöse Anämie" vor. Er beobachtete, dass die Krankheit bei Frauen häufiger als bei Männern vorkomme, dass besonders mehrfach überstandene Puerperien, schlechte Wohnungs- und Ernährungsverhältnisse, Säfteverluste, chronische Diarrhöen und Blutungen die Entstehung dieser Erkrankungen begünstigten.

Diese Form der Blutarmut nun zeitigte, nachdem die Aufmerksamkeit durch Biermer auf dieselbe gelenkt war, eine ganz gewaltige Litteratur, welche besonders in Bezug auf die anatomischen Veränderungen am Herzmuskel und Knochenmark zu interessanten Resultaten führte, und auf die Physiologie und Pathologie der Blutbildung manches Licht geworfen hat.

Erwähnenswert sind zunächst aus der älteren Litteratur besonders die anatomischen Untersuchungen von Ponfick „über das Fettherz", von Pepper, Scheby-Buch, Bradbury, Cohnheim, Osler und Gardner, E. Neumann, Litten und Orth, P. Grawitz über die Veränderungen des Knochenmarkes bei der progressiven perniciösen Anämie.

Die Symptomatologie ist im grossen und ganzen später verhältnismässig wenig ausgebaut worden, eine Reihe klinisch wichtiger Thatsachen verdanken wir aus der ersten Zeit nach dem Bekanntwerden der Arbeit Biermers zunächst Immermann, Gusserow, Manz, Pye-Smith, Quincke, Lépine, H. Müller und besonders Eichhorst, welcher im Jahre 1878 die ganze bisherige Kasuistik zusammenfassend bearbeitete und auf Grund einer grossen Zahl eigener Beobachtungen eine anatomisch und klinisch erschöpfende Darstellung aller hier in Frage kommenden Verhältnisse gab. Besonders wertvoll ist die hier gegebene ausführliche Zusammenstellung der gesamten Litteratur, auf welche für die Zwecke eines speziellen Studiums hiermit verwiesen wird.

Die Beschaffenheit des Blutes bei diesen Krankheiten ist besonders vom Beginn der 80er Jahre an, seitdem durch die Ehrlich'schen Methoden und die zahlreich erfundenen Messapparate das Interesse an derartigen Untersuchungen rege wurde, eifrig studiert worden, und zwar sind es ausser Eichhorst, Müller, Immermann und anderen schon erwähnten Autoren besonders **Quincke, Laache, Ehrlich, Fr. Müller, Litten, Hayem, W. Hunter, Stockman, v. Noorden, Silbermann, Askanazy, H. F. Müller, v. Jaksch** u. v. a., welche sich um die Erforschung der Blutveränderungen bei diesen Krankheitszuständen verdient gemacht haben.

Nomenklatur. Von Lebert ist diese Krankheit als „essentielle Anämie", von Pepper als „Anaematosis", von Quincke als „perniciöse Anämie", von Lépine als „progressive Anämie" und neuerdings von vielen als „schwere primäre Anämie" bezeichnet worden.

Definition des Krankheitsbegriffs. Schon in der ersten Zeit nach dem Erscheinen der Biermer'schen Publikationen traten Meinungsverschiedenheiten über die Begrenzung des hier vorliegenden Krankheitsbildes auf, welche besonders aus der Beobachtung heraus entstanden, dass manche unserer bestgekannten Krankheiten einen ganz ähnlichen Zustand von Anämie hervorzurufen vermögen, wie ihn die Biermer'sche Beschreibung bietet. Schon bald nach dem Bekanntwerden derselben wurde von Immermann eine grosse Zahl von okkasionellen Momenten aufgeführt, welche den Ausbruch einer progressiven perniciösen Anämie begünstigen könnten, und es ist nach meiner Auffassung ein besonderes Verdienst von Eichhorst, mit Schärfe darauf hingewiesen zu haben, dass zum Begriffe der progressiven perniciösen Anämie das Fehlen nachweisbarer Organerkrankungen zu postulieren sei, wenn auch in der Biermer'schen Definition dieses Postulat nicht mit voller Schärfe hervortrat.

Im weiteren Verlaufe hat sich fast jeder Autor, der über diese Krankheit geschrieben, seine eigene Einteilung gebildet, in welcher bald mehr eine strenge Trennung der ätiologisch dunklen, sogen. essentiellen oder idiopathischen schweren Anämien von den symptomatischen vertreten wird, bald die ganze Schar der schweren anämischen Zustände in eine Gruppe zusammengefasst wird, und für diese letztere Einteilung schien besonders die hochwichtige Entdeckung zu sprechen, welche man bei der perniciösen Anämie der Gotthard-Tunnel-Arbeiter machte, indem man die parasitäre Ätiologie dieser Anämien in dem Schmarotzertum der Anchylostomen bei diesen Kranken erkannte. Gerade diese Tunnel- und in späteren Beobachtungen Ziegeleiarbeiter zeigten den ausgesprochenen Symptomenkomplex der perniciösen Anämie, und der ätiologische Zusammenhang wurde in evidenter Weise durch den Heilerfolg nach der Abtreibung der Darm-Parasiten erwiesen.

In präziser Weise hat Birch-Hirschfeld die Zusammenfassung aller schweren anämischen Zustände, gleichgiltig welchen ätiologischen Ursprunges, unter Hervorhebung gewisser gemeinsamer pathologischer und anatomischer Merkmale in einem Referat gelegentlich des XI. Kongresses für innere Medizin (1892) vertreten. Birch-Hirschfeld fasst unter diesem Begriffe — im Gegensatze zu leichten sekundären Anämien — alle Zustände zusammen, welche mit Degeneration und Verminderung der roten Blutkörperchen, mit daraus hervorgehendem Eiweisszerfall und Fettdegeneration verschiedener Organe, namentlich des Herzens einhergehen, wobei wahrscheinlich ein erhöhter Zerfall von roten Blutkörperchen bei ungenügender Regeneration das Hauptmoment bildet. Er fasst deshalb alle Anämien zusammen, welche durch wiederholte Hämorrhagien, Störungen des Magen-Darmkanals, Darmparasiten, Schwangerschaft und Puerperium, infektiöse Prozesse, Syphilis, Malaria, idiopathische oder kryptogenetische Infektion oder Autointoxikation entstanden sind. Nach Birch-Hirschfeld liegt keine Veranlassung vor, auf Grund ätiologischer Momente hiervon als „wahre" perniciöse Anämien diejenigen auszusondern, bei denen keine nachweisbaren Ursachen vorhanden sind, da bei diesem negativen Kriterium die Diagnose immer erst post mortem zu stellen ist.

Eine derartige Zusammenfassung der schweren anämischen Zustände ist vom anatomischen Standpunkte gewiss gerechtfertigt, für klinische Zwecke dagegen ist eine Trennung gewisser schwerer sekundärer Anämien von denjenigen, welche wir als eigentliche primäre bezeichnen, aus folgenden Gründen geboten:

Es ist nämlich gegen die Birch-Hirschfeld'sche Begriffsbestimmung einzuwenden, dass auch nach dieser die Diagnose zumeist erst post mortem zu stellen ist, da ein Blutkörperchenzerfall bei sehr vielen krankhaften Prozessen zu beobachten ist, welche mit unserer Krankheit nichts gemein haben, da die Fettdegeneration des Herzens mit Sicherheit immer erst bei der Sektion zu konstatieren ist, und da das dritte Kriterium, nämlich der gesteigerte Eiweisszerfall bei schweren Anämien nach den neueren Arbeiten von v. Noorden und Strümpell keineswegs ein konstantes Vorkommnis bei denselben bildet. Wir werden im Gegenteil bei Besprechung der diagnostischen Schwierigkeiten in derartigen Krankheitsfällen sehen, dass sich gewisse schwere sekundäre Anämien gerade durch den gesteigerten Eiweisszerfall von den eigentlichen primären Anämien unterscheiden.

Ganz besonders aber ist gegen die erwähnte Begriffsbestimmung geltend zu machen, dass dabei die verschiedenartigsten Krankheitszustände zusammengeworfen werden, welche ihrem ganzen Wesen nach untereinander in stärkstem Masse differieren, denn es ist ohne weiteres klar, dass eine schwere Anämie infolge eines Magenkrebses, eine solche nach dem Überstehen einer septischen Erkrankung, nach chronischer Malaria und endlich wiederum eine andere infolge der Ansiedelung von Dochmien im Darme eine vollständig andere Bedeutung haben.

Diese Bedeutung ist aber nicht etwa lediglich verschieden in Bezug auf die Prognose und Therapie, Gesichtspunkte, die ja sehr nahe liegen, vielmehr finden sich auch Unterschiede in Bezug auf den Befund im Blute selbst, und es dürfte sich daher zunächst aus all diesen angedeuteten Gründen empfehlen, eine Unterscheidung nach der ätiologischen Richtung unter den einzelnen Gruppen festzuhalten und den Namen der progressiven perniciösen Anämie, oder der schweren primären Anämie-Form für alle diejenigen — keineswegs seltenen — Fälle festzuhalten, bei welchen intra vitam die genaueste Krankenuntersuchung keinen objektiv nachweisbaren primären Krankheitsherd liefert und auch bei der etwaigen Obduktion keine schwere Organveränderung gefunden wird, welche ohne weiteres die hochgradige Blutdegeneration zu erklären geeignet wäre. Dabei möchte ich ganz besonders betonen, dass geringfügige Schädigungen, wie z. B. gestörte Verdauung, ungünstige hygienische Zustände etc. unmöglich als ein ausreichender primärer Grund für die Entstehung des Leidens angesehen werden können, da dieselben von unzähligen anderen Menschen, ohne dass eine derartig schwere kachektische Erkrankung daraus entsteht, ertragen werden.

Wenn ich diese Begriffsbestimmung zunächst festhalten möchte, so will ich damit sagen, dass ich es für sehr wahrscheinlich halte, dass nach dem Ausscheiden der Anchylostomiasis-Anämie auch noch andere Gruppen derartiger schwerer Anämien in ihrer Ätiologie erkannt und ausgeschieden werden; vorläufig thut man gut, an dem Begriffe der primären Anämie schweren und schwersten Grades festzuhalten, schon um sich der Unkenntnis über das Zustandekommen dieser Formen bewusst zu bleiben, denn dieser Begriff des „primären" oder „idiopathischen" sagt hier wie anderwärts eben nichts weiter, als dass wir die Genese derartiger Fälle zur Zeit noch nicht klar zu erkennen vermögen.

Bei den sekundären Formen schwerer Anämie dürfte man immer gut thun, das Primärleiden voranzustellen und demgemäss von Carcinose mit schwerer Anämie, von Anchylostomiasis mit schwerer Anämie etc. zu sprechen, wodurch das wahre Verhältniss dieser Zustände von vornherein am richtigsten ausgedrückt sein dürfte.

Anatomische Befunde. Hält man an der gegebenen Definition der „primären" Anämie fest, so fehlen bisher durchaus sichere anatomische Grundlagen, welche die Entstehung dieser schweren Blutveränderungen zu erklären im stande wären. Die wichtigsten pathologischen Veränderungen, welche die Organe darbieten, sind am Knochenmarke, Herzmuskel und den Gefässen vorhanden, doch kann man von keiner dieser Erkrankungen behaupten, dass sie die Entstehung der schweren Blutarmut hervorzurufen vermöchte. Am wichtigsten sind zweifellos die Veränderungen an den langen Röhrenknochen, welche auf der Höhe der Erkrankung einen Schwund des Fettmarkes und an dessen Stelle rotes, sogenanntes lymphoides Mark aufweisen, welches einen starken Zellenreichtum besitzt.

Über die Ansichten, welche betreffs dieser Umwandlung des Fettmarkes in lymphoides Mark herrschen, ist bereits auf S. 20 berichtet. In Bezug auf die speziellen Verhältnisse bei diesen Formen schwerster Anämie, ist die Auffassung von Rindfleisch zu erwähnen, welcher eine auffallend geringe Zahl farbloser Zellen im Knochenmarke fand; fast alle Zellen waren kernhaltige rote Blutkörperchen, Hämatoblasten, mit der typischen excentrischen Lage des Kernes. Die meisten waren von unregelmässiger, teils sehr grosser Form. Nach Rindfleisch bleibt bei der perniciösen Anämie das hämoglobinhaltige Protoplasma, anstatt in kernlose rote Blutkörperchen umgewandelt zu werden, in Vorstufen desselben stehen, bei denen die Hämatopoëse halt macht. Diese Vorstufen gelangen in geringer Menge in die Cirkulation und bleiben im übrigen als „für die Ernährung wertlose Zellriesen" im Knochenmarke liegen, während das Blut an roten Blutkörperchen verarmt.

Ehrlich weist darauf hin, dass die kernhaltigen Megaloblasten des Knochenmarkes derartiger Anämischer ihre Prototypen in den normalen Zellen der blutbildenden Organe des Embryo haben und hält daher das Auftreten derselben beim Erwachsenen für einen Rückschlag der Blutbildung ins Embryonale.

Mag man nun den Veränderungen im Knochenmarke eine Deutung geben, welche man wolle, so ist jedenfalls soviel sicher, dass dieselben nichts für die perniciöse Anämie Charakteristisches oder Pathognomonisches sind. Denn erstens finden sich diese Erscheinungen im Knochenmarke auch bei schweren symptomatischen Anämien, z. B. nach protrahierten Blutungen (E. Neumann), bei bestehender Tuberkulose (Litten), bei Magencarcinom (Eisenlohr), zweitens brauchen diese Knochenmarksveränderungen nicht in allen Fällen von perniciöser Anämie ausgesprochen vorhanden zu sein, wie Eichhorst von den Fällen seiner Beobachtung berichtet.

Auf anderweitige Veränderungen am Skelette, welche vielleicht in manchen Fällen schwerer Anämie als primäre Ursache anzusehen sind, werden wir weiter unten zurückkommen.

Von den anderen blutbildenden Organen spielt zunächst die Milz nach Ansicht mancher Autoren keine Rolle bei der Neubildung des Blutes unter den hier vorliegenden pathologischen Verhältnissen, dieselbe zeigt vielmehr nach Immermann, Eichhorst, Müller, Neumann u. a. eher atrophische Verhältnisse, als eine Hyperplasie, die der vermehrten Zellbildung entsprechen würde. Andere Autoren dagegen, wie Mosler und Gast berichten über Erscheinungen kompensatorischer Hypertrophie der Milz. Eine wichtige Rolle spielt die Milz bei dieser Krankheit nach Krüger, welcher aus Untersuchungen des Milzarterien- und -Venenblutes schliesst, dass in der Milz unter physiologischen Verhältnissen Hb aufgebaut und zerstört werde. Nach Picard und Malassez tritt bei Reizung der Milznerven eine Hemmung der Hb-Bildung ein. Krüger hält nun eine Reizung des Sympathicus für die primäre Ursache dieser schweren Anämie, die aber auch bei Magencarcinom, Bothriocephalus- und Anchylostomen-Anwesenheit die Anämie hervorrufen soll.

Verschiedenartig sind auch die Ansichten über die Funktion der Lymphdrüsen in derartigen Fällen, welche sich in einem Falle von Weigert in grosser Verbreitung gerötet und in ihren Lymphbahnen, ebenso wie die Lymphgefässe selbst, mit einer blutkörperchenreichen Lymphe erfüllt zeigten. Der von Weigert vermutete Zusammenhang dieses Befundes mit einer hämatopoëtischen Thätigkeit der Lymphdrüsen wird von Neumann, welcher bei einer schweren Blutungsanämie den gleichen mikroskopischen Befund an den Drüsen erhob, nicht acceptiert, derselbe hält es für wahrscheinlicher, dass hier eine krankhafte Durchlässigkeit der Blutgefässwandungen und Übergang von Blutzellen in die Lymphgefässwurzeln vorliegt.

Noch sicherer sind sekundärer Natur die fettigen Degenerationen des Myocard, ebenso wie die selteneren der Nieren, Leber, während über dieselbe Entartung an den Drüsen des Intestinaltraktus die Ansichten geteilt sind. Als sekundäre Veränderungen sind ferner die häufig zu beobachtenden Hämorrhagien an der Retina, der äusseren Haut und den Schleimhäuten anzusehen, welche auf abnormer Durchlässigkeit der feinsten Gefässwände beruhen. Als Sekundärerscheinungen der Blutdegeneration sind besonders bemerkenswert die von Quincke u. a. gefundenen Eisenablagerungen in Leber, Niere, Milz und Knochenmark, über welche neuerdings wieder unter Quincke's Leitung durch Stühlen umfangreiche Untersuchungen gemacht sind.

Die Eisenablagerungen in den verschiedenen Organen sind als Residuen untergegangener roter Blutkörperchen zu betrachten, und ihr besonders reichliches Vorkommen bei den schweren primären Anämien bildet daher einen gewissen Massstab für die stattgefundene Degeneration der roten Blutkörperchen im Organismus. Ja, sie können bei besonders starker Anhäufung des Eisens in einem bestimmten Organe, z. B. der Leber, einen Hinweis auf den Ort der Blutzerstörung liefern, den wir in diesem Falle in der Leber selbst oder der Pfortader (s. unten) zu suchen haben.

Im Gegensatze zu diesen Zuständen finden sich bei schweren Anämien infolge von wiederholten Blut- und Säfteverlusten gar keine oder nur geringfügige Eisenablagerungen in den Organen.

Ätiologie. Schon im Beginn dieses Artikels wurde hervorgehoben, dass die Ätiologie dieser Krankheitsgruppe noch unbekannt ist, und dass wir dieselbe daher als „primäre" oder „idiopathische" im Gegensatze zu der. „sekundären" oder „symptomatischen" bezeichnen.

Es haben sich indes aus den Krankengeschichten derartig schwer Anämischer gewisse anamnestische Daten und aus den Obduktionsprotokollen einige, zuerst als Nebenbefunde gedeutete Erscheinungen ergeben, welche vielleicht zu einer Klärung der ätiologischen Verhältnisse bei manchen derartigen Fällen führen können. Ganz besonders haben aber therapeutische Beobachtungen die Aufmerksamkeit erregt, und auch einige der unten angeführten Beobachtungen liefern interessante Beiträge für diese Fragen.

Über die geographische Verbreitung dieser Krankheiten ist wenig zu sagen, nach Hoffmann sollen gewisse Orte, wie Basel, Wien, München auffallend wenig solcher Erkrankungen aufweisen. Von den Lebensaltern ist keines verschont, am stärksten partizipiert das dritte Dezennium an den Erkrankungen, Kinder werden selten befallen; nach Baginski existieren etwa 16 Fälle von perniciöser Anämie bei Kindern in der Litteratur.

Wichtiger ist schon die von den meisten Autoren konstatierte, auffällig häufigere Erkrankung des weiblichen Geschlechtes. Meist werden Schwangerschaften und mehrfache Entbindungen als prädisponierende Momente angegeben, ohne dass jedoch irgend welche gröberen pathologischen Verhältnisse, besonders Blutungen dabei eine Rolle zu spielen brauchen.

Theorie des intestinalen Ursprungs. Berechtigtes Interesse haben in den letzten Jahren Beobachtungen erregt, welche auf einen intestinalen oder gastro-intestinalen Ursprung dieser schweren Anämien hinweisen. Die Thatsachen bestehen darin, dass 1. anatomische Veränderungen der Magen- und Darmschleimhaut verhältnismässig häufig bei den Obduktionen solcher Kranker gefunden sind, obwohl es noch ungewiss ist, ob diese Atrophien nicht Sekundärerscheinungen der Anämie waren; 2. dass manche Beobachtungen auf Autointoxikation vom Intestinaltraktus hinweisen, 3. hat man sich ganz besonders auf die günstigen Heilerfolge einer zweckmässigen, die Verdauung befördernden Therapie bei derartigen Kranken berufen.

1. Die anatomischen Veränderungen des Magens und Darmkanals sind nach den Untersuchungen von Nothnagel, Fenwick, Lewy, Nolle, Eisenlohr, Osler, Ewald u. a. vorwiegend in atrophischen Veränderungen zu suchen, welche sich besonders als Folgezustände chronischer Gastritis oder Enteritis entwickeln, wobei zuerst eine Verfettung der Drüsenzellen und später eine Atrophie der Schleimhaut mit Bindegewebsneubildung und eventuell auch cirrhotischer Schrumpfung (Nothnagel) eintritt. Ewald (2) schlägt für das Endstadium dieses Prozesses den Namen „Anadenie" vor.

Eine „neurotische Atrophie" des Darmes mit parenchymatöser Degeneration des Auerbach'schen und Meissner'schen Plexus fand Sasaki bei perniciöser Anämie und allgemeiner Atrophie.

Dass atrophische Veränderungen im Magendarmkanal jedoch auch bei diesen Erkrankungen fehlen können, geht aus den Angaben von Immermann und Quincke hervor, während Ewald bei allen Fällen, welche zur Sektion kamen, Anadenia ventriculi und Atrophia mucosae intestinalis konstatieren konnte.

2. Für die Einwirkung resorbierter Giftstoffe aus dem Verdauungstraktus als Ursache der primären Anämien tritt namentlich W. Hunter auf Grund klinischer und experimenteller Beobachtungen ein. Nach Hunter tritt bei perniciösen Anämien ein Zerfall von roten Blutkörperchen im Wurzelgebiet der Pfortader ein, wahrscheinlich bedingt durch Zuführung toxischer Körper vom Magen und Darm, möglicherweise infolge von Bakterienwirkung. Hiermit stimmt nach seiner Ansicht die Beobachtung überein, dass in manchen Fällen die Eisenablagerung, also die Residuen der zerstörten roten Blutkörperchen sich nur auf die Leber beschränken. Im Urin wies Hunter (3) giftige Körper nach — Diamine — und zwar Tetramethylendiamin und Pentamethylendiamin (Putrescin und Cadaverin), ausserdem pathologisch reichlich Urobilin. Ewald dagegen vermisste in einem Falle Giftkörper im Urin. Eine ganz besondere Stütze erhielt die Lehre vom intestinalen Ursprung dieser Anämien durch Autointoxi-

kation, seitdem für eine der bekanntesten Formen schwerer sekundärer Anämie, nämlich der Bothriocephalus-Anämie, durch Untersuchungen von Wiltschur, Dehio u. a. gezeigt wurde, dass mit grosser Wahrscheinlichkeit die anämisierende Wirkung dieses Wurmes durch das häufige Absterben desselben und Faulen im Darmkanal zustande komme, wobei die resorbierten Fäulnisprodukte als blutzerstörende Stoffe anzusehen sind.

Auf gesteigerte Eiweissfäulnis im Darme unserer Kranken deuten die Beobachtungen von Senator, Brieger, Hennige hin, welche bei schweren Anämien zwar nicht ausnahmslos, aber doch sehr häufig auffallend grosse Mengen von Indikan und anderen Produkten der Eiweissfäulnis im Harne nachweisen konnten (vgl. v. Noorden, Pathologie des Stoffwechsels, S. 347). Auch meine eigenen Untersuchungen an derartigen Kranken haben hohe Indikan-Werte im Urin ergeben, und bei den unten (Fall 4 u. 5) erwähnten Kranken konnte durch tägliche Untersuchung nachgewiesen werden, dass der anfangs sehr starke Indikangehalt mit zunehmender Besserung allmählich zurückging und verschwand.

3. Sprechen für einen intestinalen Ursprung mancher derartiger schwerer Anämien die Erfolge der Therapie, seitdem Sandoz gezeigt hat, dass es gelingen kann, durch Magenausspülungen und Regelung der Stuhlentleerung die Symptome der perniciösen Anämie zu beseitigen. Sandoz, welcher schon vor den Untersuchungen von Hunter (1887) seine Beobachtungen mitteilte, glaubt auf Grund der heilenden Wirkung von Magenausspülungen eventuell auch Enteroklysen, dass es sich bei gewissen perniciösen Anämien um Anaemia dyspeptica handele, bedingt durch Zersetzung und Gährung der Ingesta im Magen und Darm mit Resorption der Produkte. Die günstigen Erfolge seiner auf die Magen-Darmthätigkeit gerichteten Therapie durch Ausspülungen, Antiseptica, Laxantia und Stomachica ist später von vielen Seiten bestätigt worden.

Auch die Erfolge von Bluttransfusionen bei perniciöser Anämie sprechen nach James, Russel für das Kreisen toxischer Substanzen im Blute, demgegenüber das injicierte Blut eine antitoxische Wirkung entfaltet.

Die Möglichkeit eines intestinalen Ursprunges mancher schwerster Anämien ist nach dem Gesagten sehr naheliegend, und zwar kann man sich m. E. die Entstehung der Anämie auf folgende Weise denken: 1. kann infolge von Atrophie der Magen- und Darmdrüsen die Resorption solcher Stoffe gestört sein, welche unter gesundhaften Verhältnissen als Reize auf die blutbildenden Organe einwirken, sodass eine Unterproduktion von Blutzellen die Folge ist; 2. kann die Resorption der Nährstoffe im allgemeinen chronisch beschränkt sein und damit eine schleichende Kachexie mit besonders starker Störung der Hämatopoësis entstehen; 3. kann es sich um Stagnation des Darminhaltes handeln, welche besonders bei Frauen lediglich infolge chronischer Stuhlretardation aus schlechter Angewohnheit, bei Multiparis infolge von Schlaffheit des Abdomens und Atonie der Darmwände häufig genug eintritt.

Nimmt man diese schädigenden Faktoren zusammen, so ist es sehr wohl möglich, dass bei längerem Bestehen derselben eine kombinierte Wirkung eintritt, welche darin besteht, dass zunächst infolge von Stagnation und Resorption giftiger Stoffe die Blutmischung alteriert wird, dass hierdurch die Ernährung der Magen-Darmschleimhaut leidet, welche ihrerseits wieder zu einer mangelhaften Verdauung und Resorption führt, sodass schliesslich durch diesen circulus vitiosus eine kumulierende Schädigung der Blutzusammensetzung resultiert.

Theorie des myelogenen Ursprungs. Ein weiteres wichtiges Moment in der Ätiologie dieser Erkrankungen bildet das Überstehen von Infektionskrankheiten, wobei besonders Typhus, Syphilis und Eiterungen eine hervorstechende Rolle spielen. Besonders haben Fälle, welche bei der Sektion die Zeichen ausgeheilter Lues darboten, die Aufmerksamkeit erregt, und in der Litteratur finden sich von Fr. Müller u. a. zahlreiche Beobachtungen hierüber. Dass die Syphilis an und für sich zum Auftreten von Blutarmut, häufig schon im Stadium der Primärerscheinungen führt, ist in dem betreffenden Kapitel erwähnt, die in der Litteratur deponierten Fälle betrafen aber völlig ausgeheilte, lediglich mit Narben der überstandenen Krankheit behaftete Individuen, sodass man wohl schwerlich das Auftreten der perniciösen Anämie ohne weiteres aus dem anämisierenden Einflusse des Syphilis herleiten kann.

Für den Einfluss einer überstandenen und völlig ausgeheilten Eiterung auf den Ausbruch der Anämie bietet die Patientin unserer Beobachtung ein gutes Beispiel, welche ein Streptococcen-Empyem ohne Operation resorbiert hatte und 18 Monate nach ihrer in bester Genesung erfolgten Entlassung wieder in die Klinik eintrat unter den ausgeprägten Erscheinungen schwerster Anämie.

Im Gegensatze zu der Hypothese der Autointoxikation, welche für enterogene Formen der schweren Anämie viel Wahrscheinlichkeit haben, liegt es m. E. bei diesen Formen, welche sich nach überstandenen Infektionskrankheiten entwickeln, sehr nahe, an eine myelogene Entstehung zu denken.

Dass sich besonders im Anschlusse an Abdominaltyphus nicht selten osteomyelitische Prozesse entwickeln, ist schon von Litten und Orth, P. Grawitz und neuerdings durch die Arbeiten von

Dmochowski und Janowski an zahlreichen Beispielen gezeigt worden. Die Arbeiten von Quincke und Rosenstein enthalten Fälle, bei welchen der Übergang von einer einfachen Typhus-Kachexie in das Bild der perniciösen Anämie deutlich ersichtlich ist, und in besonders deutlicher Weise zeigen die Beobachtungen von P. Grawitz, dass nach dem Überstehen eines Typhus sich die Erscheinungen schwerster Anämie auf der Grundlage einer malignen Osteomyelitis mit generalisierter Sarkomatose des Knochenmarkes entwickeln können. Auch von Litten (1) und Lazarus werden Fälle von Sarkomatose des Knochenmarkes berichtet, welche unter dem Bilde der progressiven perniciösen Anämie verliefen.

Wie weit bei der Anämie solcher Individuen, welche vor Jahren Syphilis und antisyphilitische Kuren überstanden haben, das Knochenmark als Krankheitsherd anzusprechen ist, geht aus der Litteratur nicht hervor, doch ist bei dem häufigen und schweren Befallensein gerade dieser Organe durch gummöse Prozesse der Gedanke an chronische Veränderungen, Narbenbildungen etc. als Grundursache der schweren Blutveränderungen sehr naheliegend.

Ähnlich unsicher sind bisher die Kenntnisse über die Veränderungen des Knochenmarkes nach septischen Prozessen, soweit sie hier in Frage kommen, doch möchte ich dabei auf eine Arbeit von Ponfick (2) verweisen, welcher ein starkes Ergriffensein des Skelettes als Folgeerscheinung von schweren Infektionen schildert. Diese Beobachtungen beziehen sich zwar nur auf Veränderungen am Periost und der kompakten Substanz, doch geben sie immerhin einen Fingerzeig für die Mitbeteiligung des Knochensystems an derartigen infektiösen Erkrankungen.

Theorie des hämorrhagischen Ursprungs. Eine ganz andere Ansicht über die Entstehung der meisten Fälle von perniciöser Anämie hat neuerdings Stockman in folgender Weise entwickelt. Nach Stockman unterliegen die Patienten primär mancherlei schädigenden Einflüssen, welche zunächst eine „einfache" Anämie, oder „chlorotische" Anämie hervorrufen. In einer kleinen Zahl von Fällen treten nun degenerative Veränderungen der feinsten Gefässe besonders an den inneren Organen auf, welche zu persistierenden kapillären Hämorrhagien führen, welche Stockman für das eigentliche Agens des ganzen Symptomenkomplexes der perniciösen Formen hält. Warum die Mehrzahl der Menschen die anämisierenden Einflüsse ohne weiteres ausheilt und ein kleiner Prozentsatz der Gefässerkrankung unterliegt, ist nach Stockman ebensowenig sicher zu sagen, wie man die Gründe auch nicht sicher kennt, weshalb nur eine kleine Anzahl Menschen dem Ansturm nervenzerrüttender Einflüsse oder tuberkulöser Infektion erliegt.

Ursachen und Begleiterscheinungen des Zerfalls der roten Blutzellen. Das Charakteristische dieser schweren primären Anämien besteht, wie man annehmen muss, in einem gesteigerten Zerfall von roten Blutkörperchen bei ungenügender Regeneration dieser Elemente und für die späteren Stadien der Krankheit kann man wohl hinzufügen, dass der Modus der Regeneration selbst krankhaft gestört ist und daher zur Produktion wertloser oder mangelhafter Blutzellen führt. Auf ungenügende oder pathologische Regeneration allein bei nicht gesteigertem Zerfall von roten Blutkörperchen dürften die Fälle myelogenen Ursprungs zurückzuführen sein.

Nach Silbermann tritt hierbei durch den gesteigerten Zerfall von roten und weissen Blutzellen ein Zustand von Hämoglobinämie ein, während gleichzeitig das Blut äusserst fermentreich wird. Durch diese Fermentintoxikation erklärt Silbermann die klinischen Erscheinungen, besonders das anämische Fieber und die kapillären Hämorrhagien, welche durch kapilläre Embolien und kapilläre Stase enstehen sollen, wobei er sich auf die Experimente der Schüler Alex. Schmidt's (Rauschenbach, Sachsendahl und Köhler) über Fermentbildung und Wirkung im Blute, sowie auf eigene Versuche stützt, in welchen er durch Injektion geringer Mengen lackfarbenen Blutes und blutauflösender Agentien ebenfalls Zeichen der progressiven Anämie hervorrufen konnte.

So interessant diese Beobachtungen sind, so muss doch betont werden, dass manche Fälle schwerster Anämie ohne die Zeichen der Fermentintoxikation verlaufen, und dass auch durch diese Versuche kein Aufschluss über die Agentien gewonnen ist, welche zur Blutdissolution führen. Dass bei denjenigen Fällen, welche durch Autointoxikation mit chemischen Giften entstehen, derartige Fermentwirkungen im Spiele sein können, ist sehr wahrscheinlich.

Nach Maragliano besitzt das Blutserum derartiger Anämischer eine deletäre Wirkung auf die roten Blutkörperchen, welche nicht abhängig ist von der Dichte und dem Eiweissgehalt, sondern von dem NaCl-Gehalt. Die roten Blutkörperchen sollen in vitro nicht nur aufgelöst werden, sondern in dem pathologischen Serum soll auch eine Umwandlung des Hb in Hämatoidin und Urobilin stattfinden. Diese deletäre Eigenschaft des Serum, die Maragliano auch bei anderen Zuständen, wie Carcinose, Leukämie, Lebercirrhose, Nephritis, Pneumonie, Malaria, Typhus und Tuberkulose fand, soll durch Zufuhr von NaCl aufgehoben werden.

Der Stoffzerfall im Organismus bei schweren Anämien kann nach den Untersuchungen von Eichhorst und Bohland gesteigert sein, doch haben v. Noorden und seine Schüler gezeigt, dass diese Steigerung keineswegs eine Eigentümlichkeit der Anämie als solcher ist, sondern wahrscheinlich auf die blutzerstörende Wirkung protoplasmatischer Gifte zurückzuführen ist. Neuerliche Untersuchungen meines Kollegen Brandenburg über die Ausscheidung der Alloxurbasen im Urin bei einer derartigen Kranken haben im Gegensatz zu anderen mit Konsumption einhergehenden Krankheitszuständen keine Steigerung der Alloxurbasen-Werte gegeben, woraus man schliessen darf, dass kein pathologischer Zerfall kernhaltigen Materials im Körper statthatte.

Das Blut als Ganzes zeigt bei diesen schweren Anämien eine auffällig blasse Farbe und dünnflüssige Beschaffenheit. Entzieht man einem derartigen Kranken einige ccm Blut durch Punktion einer Vene, welche durch Kompression angestaut ist, so spritzt das dünne helle Blut fast wie aus einer Arterie hervor. Die Gerinnungsfähigkeit ist zumeist herabgesetzt, und es bluten daher derartige Kranke aus kleinen Incisionen unverhältnismässig stark.

Die Gesamtblutmenge dürfte bei diesen Kranken meist vermindert sein, denn die peripherischen Gefässe sind stets in ihrem Volumen stark reduziert, die äussere Haut ist zumeist kühl, und es scheint daher nicht nur ein wasserreicheres, sondern auch im ganzen verringertes Quantum Blut durch die Gefässe zu strömen.

Der Wassergehalt des Gesamtblutes ist immer in beträchtlicher Weise gesteigert, die Trockensubstanz des Blutes kann bis auf $9{,}07\,^0/_0$ (eigene Beobachtung) herabgesetzt sein und der Wassergehalt demgemäss über $90\,^0/_0$ betragen.

Der Eiweissgehalt des Blutes ist dementsprechend stark vermindert und kann bis etwa auf ein Drittel des Normalen (cf. Beispiele weiter unten) zurückgehen, man findet bei N-Bestimmungen Werte bis $1{,}03\,^0/_0$ herunter. Das spezifische Gewicht des Blutes kann dementsprechend unter 1030 sinken. Es zeigen sich somit in den Endstadien dieser Krankheit so enorme Eiweissverluste im Blute, dass das ganze Blut unter die Konzentrationswerte des normalen Serum heruntersinkt.

Rote Blutkörperchen. Die Zahl der roten Blutkörperchen ist nach den übereinstimmenden Befunden aller Autoren bei diesen schweren anämischen Zuständen in hohem Grade verringert. Wenn der oben erwähnte Biermer'sche Symptomenkomplex deutlich ausgeprägt ist, findet sich stets im Blute eine Verminderung der Zahl der roten Blutkörperchen auf etwa den fünften Teil des Normalen, d. h. die Zahlen halten sich in der Höhe von durchschnittlich einer Million im cmm, sie können aber beträchtlich weiter auf den zehnten Teil des Normalen, ja sogar noch weiter unter diesen Wert heruntersinken, und die niedrigste in der Litteratur deponierte Zahl dürfte wohl die von Quincke bei einem Falle gefundene sein, welche 143 000 rote Blutkörperchen im cmm betrug.

Die Zählungen der roten Blutkörperchen haben gerade bei diesen schweren Anämien eine hohe Bedeutung, denn hier spricht sich der Grad der Blutarmut nicht, wie bei der Chlorose, in einer Herabsetzung des Hb-Gehaltes, nicht wie bei hydrämisch-kachektischen Zuständen in einer Verwässerung des Plasma aus, sondern hier handelt es sich ganz vorzugsweise um eine numerische und — wie wir gleich sehen werden — morphologische Veränderung der roten Blutkörperchen, welche dem Blutbefunde das charakteristische Gepräge verleiht.

Es können daher gerade bei diesen Krankheitszuständen die Zählresultate der roten Blutkörperchen einen wertvollen Massstab für die Beurteilung der Schwere des Falles, ganz besonders auch für die Besserung und Verschlechterung des Allgemeinzustandes liefern, vorausgesetzt natürlich, dass nicht komplizierende Symptome, wie Diarrhöen etc., die Konzentration des Blutes nach dieser oder jener Richtung hin beeinflussen.

Eine Zunahme der Zahl der roten Blutkörperchen in den letzten Tagen vor dem Tode beobachtete Laache in einem Falle, ohne dass Momente vorlagen, die eine Eindickung des Blutes bedingt hätten.

Die morphologischen Veränderungen der roten Blutkörperchen sind auf der Höhe der Erkrankung stets sehr intensiv ausgeprägt. Schon im frischen Blutströpfchen sieht man eine auffällige Differenz in der Grösse der einzelnen Blutscheiben, die zum Teil fast den doppelten Durchmesser eines normalen Erythrocyten, zum Teil ungemein kleine Dimensionen aufweisen können. Genaue Messungen besonders von Laache und Schaumann haben ergeben, dass die Durchmesser der roten Blutkörperchen zwischen 13 und 4 μ schwanken, es giebt aber nicht selten auch noch grössere und andererseits wieder völlig zwerghafte Körperchen.

Die grossen Formen — Makrocyten — zeigen zumeist einen verhältnismässig blassen Leib; die Delle und damit die physiologische Bisquitform ist an diesen Körperchen wenig ausgeprägt. Die Mikrocyten zeigen diese normale Konfiguration dagegen sehr deutlich (Taf. I Nr. 1).

Neben diesen Veränderungen der Form fällt sodann die zumeist sehr stark ausgesprochene Poikilocytose zahlreicher roter Blutkörperchen auf, welche indes — wie schon oben ausgeführt — durchaus nichts Charakteristisches für diese Krankheitsgruppe bildet. Allerdings muss hervorgehoben werden, dass die Verzerrungen der roten Blutkörperchen gerade hier in den stärksten Graden vorkommen, wie sie z. B. bei unkomplizierter Chlorose nie zu sehen sind; es finden sich nicht nur die verzogenen Birn- und Keulenformen, sondern eigentümliche längliche, schmale Spindelformen, ganz kleine kommaförmige oder hakenartige Gebilde, welche man am bezeichnendsten wohl Krüppelformen nennen kann. Dass diese Gebilde hämoglobinhaltig, also den roten Blutkörperchen zuzurechnen sind, sieht man an gefärbten Präparaten, in welchen dieselben, wenn auch nur schwach, die Färbung der roten Blutkörperchen zeigen.

Gleichzeitig mit dem Auftreten einer stärker ausgesprochenen Poikilocytose finden sich auch zumeist kernhaltige rote Blutkörperchen, und zwar trifft man die Kerne vorzugsweise in den roten Blutkörperchen von mittlerer Grösse, weniger in den kleinen und grossen Formen. Ob ihr Auftreten bei diesen Formen der Anämie ein Zeichen lebhafter Regenerationsthätigkeit in den blutbildenden Organen oder nur der Ausdruck mangelhafter Reifung der roten Blutkörperchen in diesen Organen ist, lässt sich hier schwer entscheiden.

Nach Ehrlich bedeuten die kernhaltigen Normoblasten Regenerationstypen, sie stellen die jungen Formen dar, welche nach Rindfleisch (s. o.) ihren Kern im cirkulierenden Blute ausstossen und zu roten Blutkörperchen werden. Kernhaltige Megaloblasten finden sich nach Ehrlich bei den schweren Formen in geringer Anzahl und zeigen besonders da, wo sie ausschliesslich, wenn auch nur spärlich vorkommen, die schwersten perniciösen Anämien an.

Askanazy, Troje, Luzet beobachteten Mitosen der roten Blutkörperchen in verschiedenen Phasen der Erkrankung, ich selbst habe häufig in den grossen Erythrocyten zwei symmetrisch nebeneinander gestellte Kerne gefunden.

Im gefärbten Präparate von schweren Fällen dieser Gruppe tritt zunächst eine Schwerfärbbarkeit der roten Blutkörperchen hervor, welche sich darin äussert, dass die Zellen trotz gleicher Fixierung z. B. durch Erwärmung auf $100-120^0$ C und trotz gleich langer Einwirkung eines bestimmten Farbgemisches eine sehr viel schwächere Färbung ihrer Substanz aufweisen, als Zellen aus gesundem Blute. Sehr häufig erscheint trotz ausreichend langer Einwirkung des Farbstoffes nur eine peripherische Randzone an den roten Blutkörperchen gefärbt, während das Centrum ungefärbt bleibt.

Ferner findet sich gerade bei diesen Kranken jene Eigentümlichkeit der roten Blutkörperchen im gefärbten Präparate, welche darin besteht, dass die Zellen verschiedene Farbstoffe, wie saures Hämatoxylin und Methylenblau annehmen und daher Färbungen zeigen, welche bei gesunden roten Blutkörperchen nicht vorkommen. Ob diese Polychromatophilie auf Altersveränderungen der roten

Blutkörperchen beruht, wie Ehrlich und Maragliano annehmen, oder ob sie im Gegenteil auf Jugendformen hindeutet, wie Gabritschewski und Askanazy annehmen, steht dahin (s. S. 24).

v. Jaksch hat bei seinen Bestimmungen des N-Gehaltes im Blute gefunden, dass bei perniciöser Anämie in den Endstadien der N-Gehalt in 100 gr. nassen roten Blutkörperchen (centrifugiert mit oxalsaurem Natron) von dem Normalen (5,5 gr) auf 6,48 gr = 40,5 gr Eiweiss erhöht ist — Hyperalbuminaemia rubra, wonach also die roten Blutkörperchen verhältnismässig eiweissreicher geworden wären. Eigene Beobachtungen (s. u.) haben diese Angabe nicht bestätigt.

Leukocyten. Die Leukocyten sind in schweren Fällen perniciöser Anämie auf der Höhe der Erkrankung stets vermindert, falls keine Komplikationen vorhanden sind. Dies Verhalten wird von den meisten Autoren bestätigt und beansprucht ein besonderes Interesse. Es hat sich nämlich gezeigt, dass gerade bei diesen anämischen Zuständen die weissen Blutkörperchen bei regenerativen Prozessen in der Blutbildung eine besonders hervorstechende Rolle spielen, insofern eine Vermehrung der farblosen Zellen der Vermehrung der roten in der Regel vorauszugehen pflegt. Ja, es kann hierbei zu plötzlich auftretenden Zuständen hochgradiger Leukocytose kommen, welche durch v. Noorden zu Beginn der Verbesserung im Blutbefunde bei einer derartigen Kranken gefunden und als „Blutkrise" bezeichnet wurde.

In einer Reihe von Fällen habe ich beobachtet, dass mit der Abnahme der Zahl der roten Blutkörperchen auch die weissen Blutkörperchen immer spärlicher wurden, und dass sie sich in den schwersten Zuständen von Anämie bei genauer Durchmusterung frischer und gefärbter Präparate auf ein Minimum an Zahl reduziert fanden. Das Auftreten von Leukocytose, meist übrigens verbunden mit dem Auftreten reichlicher kernhaltiger Normocyten, lässt — wenn Komplikationen durch Entzündungen etc. ausgeschlossen sind — aus dem Blutbefunde einen günstigen prognostischen Schluss ziehen.

Die Formen der Leukocyten zeigen dabei keine besonderen Abweichungen, vielmehr handelt es sich bei den spärlichen Zellen in vorgeschrittenen Fällen, ebenso bei der Leukocytose in regenerativen Zuständen um die gewöhnlichen polynukleären neutrophilen Leukocyten, gegenüber welchen einzelne Lymphocyten an Zahl bei weitem zurückstehen.

Aus einer besonders starken Verminderung der eosinophilen Zellen glaubt Neusser bei schweren Anämien eine schlechtere Prognose herleiten zu können, und thatsächlich sind gerade diese Zellen bei den schweren, primären Anämien sehr reduziert, wie aus Beobachtungen von v. Noorden, Canon, Baginski und eigenen Erfahrungen hervorgeht, indes finden sich auch schwere Fälle ohne Verminderung der eosinophilen Zellen, und andererseits sind nach Zappert auch bei gutartigen Anämien diese Zellen häufig vermindert.

Anderweitige morphologische Elemente. Es finden sich im Blute dieser Kranken, besonders in der Zeit schwerster Kachexie, zahlreiche kleine unregelmässig geformte Gebilde, welche schon im Jahre 1877 von Klebs gesehen und als „Monaden" angesprochen wurden. Er fand besonders im Lebervenenblute kugelige Gebilde mit Geisseln. Bakterien und zwar Leptothrixformen, welche angeblich aus der Mundhöhle stammen und durch Verschlucken zur Resorption über den Weg der Leber in das Blut gelangen sollten, beschrieb Frankenhäuser. Ähnliche Notizen über Bakterienbefunde im Blute finden sich bei Petrone, Bernheim, Henrot, doch ist es keinem gelungen, diese Bakterien zu züchten, sodass diese Angaben, welche zum Teil auch septisch-anämische Zustände mit perniciöser primärer Anämie zusammenwerfen, auf Gültigkeit keinen Anspruch erheben können und z. B. auch von Hayem abgewiesen werden, welcher Bewegungserscheinungen an Mikrocyten beobachtete, die infolge dessen den Eindruck von Parasiten hervorzurufen vermochten.

Obschon nun ausserdem von Browicz durch Färbungen die kleinen beweglichen, Parasiten ähnlichen Gebilde im Blute derartiger Kranker mit grösster Sicherheit als verkrüppelte rote Blutkörperchen, zum Teil als kernartige Gebilde demonstriert waren, wies Perles später noch einmal auf stäbchenartige Gebilde hin, welche im frischen Blutströpfchen lebhafte Bewegung zeigten, sich aber weder färben noch kultivieren liessen, weswegen er eine parasitäre Natur dieser Gebilde nur mit Vorbehalt annahm. Auch Senator hat kleine bewegliche Körperchen bei perniciösen Anämien im Blute gefunden, doch äussert er sich nicht über ihre Konstitution und Bedeutung.

Da ich die Präparate von Perles, welche zum Teil von einem Kranken der Gerhardt'schen Klinik stammten, mit Perles zusammen genau besichtigt habe, so glaube ich nicht darin zu irren, dass es sich bei jenen Präparaten um dieselben lebhaft beweglichen Gebilde handelte, welche sich — wie auch Hayem und Browicz angeben — bei vielen Formen von schwerer Anämie finden. Um sie zu färben, muss man die Präparate nicht erhitzen, da diese zarten Gebilde dabei zerfallen, fixiert man sie in absolutem Alkohol, so gelingt es meist leicht, diese kleinen Körper mit konzentrierten alkalischen Farblösungen (Löfflers Methylenblau) zu färben, infolgedessen ihre Herkunft von Kernsubstanzen der Blutzellen als sehr wahrscheinlich anzunehmen ist. Ob es sich hierbei um Teile freigewordener Kerne von neugebildeten roten Blutkörperchen, oder von untergegangenen Leukocyten handelt, lässt sich natürlich nicht entscheiden.

Auf die Häufigkeit, mit welcher derartige Gebilde im gefärbten Blutpräparate für bakterielle Beimischungen gehalten worden sind, habe ich an späterer Stelle (Infektionskrankheiten) aufmerksam gemacht.

Als Thatsache darf hingestellt werden, dass weder durch einwandsfreie Färbung, noch durch Züchtung oder Übertragung auf Tiere die Anwesenheit von Mikroorganismen pflanzlicher oder tierischer Natur im Blute bei der schweren primären Anämie bisher hat nachgewiesen werden können.

Blutserum. Das Verhalten der Blutflüssigkeit ist bei diesen Krankheitszuständen wenig untersucht worden.

Hammerschlag erwähnt eine Erniedrigung des spezifischen Gewichts des Serum. Auf Grund eigener Erfahrungen, die sich grösstenteils in den unten angeführten Untersuchungsresultaten zahlenmässig wiedergegeben finden, beansprucht die Untersuchung des Blutserum bei diesen Formen der schweren Anämie ein besonderes Interesse, weil es 1. gemäss der starken Verminderung der roten Blutkörperchen die überwiegende Hauptmasse des Blutes ausmacht, sodass ich z. B. bei einem derartigen Falle die Quantität des Serum auf $82,5\%$ gegenüber $17,5\%$ an Blutkörperchen-Substanz berechnen konnte; weil 2. sich die eigentümliche Erscheinung zeigt, dass das Serum in sehr viel geringerem Grade an Eiweissgehalt einbüsst, als der gesamten Verdünnung des Blutes entsprechen würde. Wenn beispielsweise in derartigen Fällen (s. u.) die Gesamttrockensubstanz des Blutes auf etwa 11%, also die Hälfte des Normalen verringert ist, so ist im Gegensatze dazu der Rückstand des Serum auf etwa $8,0\%$ gesunken, d. h. nur um etwa $1/5$ des Normalen verringert, und es zeigt sich aus diesem eigentümlichen Verhältnis schon ohne eine spezificierte Berechnung, dass das Serum den weitaus grössten Teil der Blutmasse bilden muss.

Dieses Verhalten steht ferner besonders im Gegensatze zu Anämien, welche sich nach Blutungen, ungenügender Ernährung etc. entwickeln und bei denen die Wasserzunahme in erster Linie das Serum betrifft.

Ganz besonders wichtig aber und für die Diagnose solcher schweren Anämien differentialdiagnostisch verwertbar ist dieses Verhalten des Serum gegenüber denjenigen Krankheitszuständen, welche durch starke Eiweissverluste und Säfteströmungen zu schwerster Anämie führen können. Es handelt sich in praxi am häufigsten darum, ob die Erscheinungen progressiver schwerster Anämie sich auf der Basis eines häufig okkulten malignen Neoplasma, oder einer septischen, septikopyämischen Infektion, die ja ebenfalls häufig kryptogenetisch auftreten kann, entwickelt haben oder ob es sich um die hier besprochene ätiologisch unbekannte Form, um eine idiopathische, vielleicht durch Autointoxikation entstandene schwere Anämie handelt. Für diese differentielle, wichtige Unterscheidung liefert die Beschaffenheit des Serum einen gewissen Anhaltepunkt, insofern — wie gesagt — bei der letzteren Form das Serum relativ eiweissreich befunden wird, während gerade bei Carcinose und Sepsis das Blut eine ausgesprochen hydrämische Beschaffenheit, d. h. eine starke Wasserzunahme im ganzen und speziell im Serum darbietet.

Dieser Befund zeigt, dass es sich bei unsern primären Anämien um eine ganz vorzugsweise die roten Blutkörperchen schädigende Affektion handelt, welche in dem relativ eiweissreichen Serum zu einer immer geringfügigeren Masse zusammenschmelzen.

Eigene Beobachtungen.

1. Die Wirtschafterin Pauline M., 34 Jahre alt, aus gesunder Familie stammend, hatte als Kind Masern, Scharlach, später zeitweise rheumatische Schmerzen überstanden und seit längerer Zeit Anfälle von Schmerzen im Unterleibe gehabt, welche als Gallensteinkoliken gedeutet wurden, in Übelsein, Kopfschmerzen, Erbrechen von gelbem Schleim, besonders starkem Schmerz in der Lebergegend bestanden, häufig 24 Stunden dauerten. Seit 2 Jahren hatte sie ferner viel an Magenbeschwerden gelitten, Krämpfe und Schmerzen gehabt, dabei sehr geringen Appetit. Infolgedessen war sie schon seit längerer Zeit blutarm geworden, zeitweise auch gelbsüchtig gewesen, und kam am 5. Mai 1894 wegen allgemeiner Schwäche, Appetitlosigkeit, sowie Schmerzen im Unterleibe zur Klinik.

Hier zeigte die kräftig gebaute Person nur geringfügige Abmagerung, ziemlich starke Muskulatur, dabei graugelbliche Farbe des Gesichts, leicht gelbe Färbung der Konjunktiven und hochgradige allgemeine Schwäche. Von Seiten des Respirationsapparates leichten Bronchialkatarrh, am Cirkulationsapparate systolische Geräusche an allen Ostien des Herzens, ferner Venensausen. Der Urin war eiweissfrei, an den Beinen schwache Ödeme, im Augenhintergrunde keine Blutungen.

Die Blutuntersuchung bei der Aufnahme ergab

1,7 Mill. rote Blutk., 6000 weisse Blutk.

Die Kranke wurde späterhin stärker ikterisch; der allgemeine Kräfteverfall ging unaufhaltsam vorwärts. Es traten später noch ein diastolisches Geräusch an der Aorta auf, ferner leichte Fieberanfälle, und trotz zweckmässiger Ernährung und Anwendung von Solutio arsenicalis Fowleri starb die Kranke am 3. Juni.

Die Obduktion ergab ein Fibromyom der Magenwand, eine alte Narbe von Ulcus rotundum in der Pylorusgegend, ferner perimetritische und peripankreatitische Adhäsionen, Induration des Pankreas, fettige Entartung des Myocards, doppelseitige hypostatische Pneumonie und eine circumscripte ulceröse Dickdarmdiphtherie. Die mikroskopische Untersuchung der Magenschleimhaut ergab starke Atrophie der Drüsenschläuche.

Die Blutuntersuchungen hatten intra vitam folgende Verhältnisse ergeben:

	Rote Blutkörperchen	Weisse Blutkörperchen	Trockensubstanz des Blutes	Trockensubstanz des Serum
am 5. Mai:	1,7 Mill.	6000	13,73 %	8,62 %
„ 17. „	1,0 „	nicht vermehrt	11,86	8,10
„ 23. „	800000	6000	11,90	8,05
„ 2. Juni:	550000	spärlich	9,20	8,00

Morphologisch zahlreiche Mikrocyten, Makrocyten, Poikilocyten, kernhaltige grosse und kleine Formen.

2. Die Obersteuerkontrolleursfrau Christiane D., 41 Jahre alt, war in früherer Zeit gesund gewesen und litt seit 6 Jahren, angeblich als herzkrank, an Schwäche, Schwindel und Herzklopfen. Sie wurde am 15. Dezember 1894 in die Klinik aufgenommen.

Es ergaben sich hier ausser hochgradiger äusserer Blässe, Hämorrhagien der Retina, Verdauungsstörungen und Albuminurie. Im Blute fanden sich 200000 rote Blutkörperchen, 2000 weisse Blutkörperchen; stark ausgesprochene Poikilocytose und Grössenunterschiede der roten Blutkörperchen. Schon am 29. Dezember erfolgte der Exitus letalis, nachdem Delirien und Coma aufgetreten waren.

Auch hier hatte die eingehende Untersuchung der inneren Organe intra vitam keine wesentlichen Veränderungen konstatieren können, und die Sektion ergab multiple chronische interstitielle Herde in den Nieren, chronische Hypertrophie des Herzens, Fettmetamorphose des Myocards und leichte Veränderungen am Genitalapparate.

Eine genaue Untersuchung der Magendarmschleimhaut fand hier nicht statt.

3. Die Eisendreherfrau N., 41 Jahre alt, wurde am 4. Januar in die Klinik aufgenommen. Sie gab an, seit ihrer Verheiratung, d. h. seit 20 Jahren immer kränklich gewesen zu sein und seit November des vorigen Jahres so schwach geworden zu sein, dass sie bald nicht mehr gehen konnte, Kribbeln und Taubsein in den Fingern bekam, wozu sich dann heftige Magenschmerzen hinzugesellten. Die Patientin hatte stets in auskömmlichen Verhältnissen gelebt.

Bei ihrer Aufnahme zeigte die im Ganzen schwächliche Patientin eine auffällig blasse Hautfarbe mit einem Stich ins Gelbliche, geringem Pannikulus, schlaffe Muskulatur.

An den inneren Organen fanden sich Rasselgeräusche über den hinteren unteren Partien der Lunge, am Herzen systolische Geräusche an allen Ostien, 120 Pulsschläge in der Minute. Am Abdomen zeigte sich die Milz ziemlich stark verbreitet, sonst keine Abweichungen.

Gleich bei der Aufnahme fanden sich reichliche büschelförmige Hämorrhagien im Augenhintergrunde, bald trat auch Nasenbluten und ein hartnäckiger Bluthusten auf, ohne dass Tuberkelbacillen im Sputum zu finden waren.

Das Blut zeigte bei der Aufnahme 0,6 Millionen rote Blutkörperchen, mit exquisiter Poikilocytose, kernhaltige rote Blutkörperchen, keine Leukocytose. (Im übrigen s. u.)

Von dem weiteren Verlaufe sei nur kurz erwähnt, dass anfänglich eine leichte Besserung vorübergehend auftrat, dass die Patientin dann allmählich verfiel und besonders fortgesetzte Blutungen aus Nase und Lunge in die Erscheinung traten. Da die Patientin viel über Magenbeschwerden klagte, im Mageninhalt Salzsäure fehlte und Milchsäure*) vorhanden war, so tauchte zeitweilig, obwohl ein Tumor nicht zu fühlen war, der Verdacht auf ein Carcinoma ventriculi mit sekundärer schwerer Anämie auf. Hierin wurde ich bestärkt durch das Herabsinken des Eiweissgehaltes des Serum ohne stärkere Veränderung der roten Blutkörperchen, welches — wie oben erwähnt — für gewöhnlich bei den primären schweren Anämien nicht eintritt. Es ergaben nämlich die Blutuntersuchungen:

	Rote Blutkörperchen Millionen	Weisse Blutkörperchen	Trockens. im Blute	Stickstoff im Blute	Trockens. im Serum	Stickstoff im Serum
am 5. Jan.:	0,6	spärlich	11,19 %	1,495 %	7,78 %	1,015 %
„ 12. „	0,85	„	—	—	—	—
„ 23. „	0,88	6000	11,45	1,579	7,08	0,965
„ 15. Febr.:	0,534	3500	9,07	1,031	6,83	0,894

Die Kranke starb am 3. März, und die Obduktion ergab lediglich ausser allgemeiner schwerer Anämie eine starke Fettdegeneration des Myocard, Amyloidentartung in den Nieren und der Darmschleimhaut. Mikroskopisch zeigte die Magenschleimhaut eine mässige Atrophie der Schleimhaut und Drüsen.

Zu den in der Tabelle mitgeteilten Zahlen ist noch zu bemerken, dass am 23. Januar ausser den obigen Werten noch das spezifische Gewicht des Blutes, sowie in einer centrifugierten Probe das des Serum und des Blutkörperchen-Sedimentes bestimmt wurde, wobei sich ergab

spezifisches Gewicht des Blutes . . 1036
„ „ „ Serum . . 1024
„ „ der roten Blutk. 1065

woraus sich nach der auf S. 14 erörterten Gleichung für die Gesamtmenge des Serum etwa 70,7 % ermitteln liess.

Das starke Absinken des Eiweissgehaltes im Serum dieser Frau trotz anfänglicher Zunahme der roten Blutkörperchen konnte, wie gesagt, an die Einwirkung einer protoplasmazerstörenden Ursache, also am wahrscheinlichsten an ein okkultes Carcinom denken lassen. Dasselbe fand sich jedoch nicht, dagegen lag bei dieser Patientin eine Komplikation vor, welche dauernd einwirkte und geeignet war, die Blutzusammensetzung in einer besonderen Richtung zu alterieren — nämlich die protrahierten Hämorrhagien, welche mit ihrem starken Eiweissverluste nach dem auf S. 59 Ausgeführten in erster Linie die Konstitution des Blutserum herabzusetzen geeignet sind. Man muss deshalb annehmen, dass bei dieser Patientin das Blut in doppelter Weise geschädigt wurde, 1. durch die Degeneration der Zellen, 2. durch die fortgesetzten Substanzverluste.

4. Bertha K., eine 31 Jahre alte Näherin, war früher nicht wesentlich krank gewesen; sie hatte von ihrer Kindheit eine Atrophie des einen Beines, musste sehr viel arbeiten und litt seit einiger Zeit an Herzklopfen, allgemeinem Schwächegefühl sowie Appetitlosigkeit. Aufnahme am 5. März 1895.

Status: Mittelgrosse, schwächliche Person, ziemlich stark abgemagert, mit äusserst bleicher, wachsgelber Farbe, leicht ikterischer Konjunktiven, ohne Ödeme. Es bestanden starke systolische Geräusche am Herzen,

---

*) Ein positiver Befund an Milchsäure im Mageninhalte derartiger Kranker ist nach Ewald nicht selten zu beobachten, auch nach dieser Beobachtung spricht derselbe bei so schweren Anämien nicht für das Bestehen eines Carcinoms.

Venensausen, Druckempfindlichkeit der Magengegend, sonst keine objektiv nachweisbaren Krankheitszeichen. Später traten **Blutungen im Augenhintergrunde** auf, auch Ödeme und etwas **Ascites** stellten sich ein, dazu leichte **Fieberbewegungen**, sodass sich bis Ende März das ganze Krankheitsbild beträchtlich verschlechterte. Die Untersuchung des Mageninhalts ergab keine freie Salzsäure. Die Kranke wurde vorzugsweise mit Magenausspülungen, Pepsinwein, Acid. hydrochlor. Tinct. amara, Milchdiät behandelt, späterhin mit Arsenik. Unter der im Anfang lediglich auf die Verdauung gerichteten Therapie besserte sich nun das Befinden der Kranken, welche bereits einen fast moribunden Eindruck machte, in der auffälligsten Weise.

Die Zahl der roten Blutkörperchen war, wie die folgende Tabelle erweist, von 1,2 Millionen am 5. März auf 800000 am 29. März gesunken, nahm von hier ab jedoch dauernd zu; die ganzen Krankheitserscheinungen gingen allmählich zurück, die **Hämorrhagien im Augenhintergrunde wurden resorbiert***) und die Patientin ging, noch etwas blass aussehend, indessen ohne irgend nennenswerte Beschwerden, am 15. Mai als **geheilt** in eine Rekonvalescenten-Anstalt.

Die Blutuntersuchungen ergaben:

	Rote Blutkörperchen	Weisse Blutkörperchen
am 5. März:	1,2 Mill.	spärlich
„ 16. „	1 „	2000
„ 29. „	800000	spärlich
„ 31. „	1 Mill.	5000
„ 2. April:	1,2 „	5000
„ 8. „	2,8 „	spärlich
„ 17. „	2,8 „	„
„ 29. „	2,8 „	6000
„ 15. Mai:	3,2 „	5000

Dieselbe Kranke trat am 24. Februar 1896 wieder in die Klinik ein. Sie hatte sich nach ihrer Entlassung zunächst völlig wohl befunden und war ihrem Berufe als Näherin nachgegangen. Allmählich war sie dann wieder blasser und schwächer geworden, ihre Nahrung war zeitweilig für ihre Verhältnisse schwer verdaulich gewesen, und es traten, allmählich zunehmend, wieder die früheren Beschwerden: Schwindel, Mattigkeit, Herzklopfen etc. ein.

Auch bei ihrer diesmaligen Aufnahme sah die Patientin wieder stark anämisch aus, doch nicht in so hohem Grade, wie bei der ersten Aufnahme, die Geräusche am Cirkulationsapparate waren wie früher, im Mageninhalte keine freie Salzsäure, im Urin während der ganzen ersten Zeit starker **Indikangehalt**. Blutungen im Augenhintergrunde traten diesmal nicht auf.

Die Therapie bestand auch diesmal wieder zunächst in Unterstützung der Verdauung durch Magenausspülungen, Pepsin- und Salzsäuregaben, gelegentlich Abführmitteln, später in Arsenikgaben in steigender Dosis und dabei vorwiegender Milchdiät.

Die Kranke befindet sich zur Zeit noch in Behandlung, nach einer anfänglichen Verschlechterung des Befindens ist auch diesmal wieder ein Umschlag zum Besseren eingetreten, die Gesichtsfarbe zeigt jetzt ein gutes Rot; Schwindel, Ohrensausen etc. sind geschwunden, die Patientin fühlt sich wohl und geht spazieren.

---

*) Die Resorption dieser retinalen Blutungen kann auch bei ungünstigem Ausgange eintreten, da ich bei der vorher (Nr. 3) erwähnten Patientin das Schwinden derselben trotz Fortschreitens der Krankheit beobachten konnte.

Die Blutuntersuchungen ergaben:

	am 25. Februar	am 16. März	am 4. April
	1,36 Mill. r. Blutk.	0,91 Mill. r. Blutk.	3,72 Mill. r. Blutk.
	spärlich w. „	spärlich w. „	6000 w. „
spez. Gew. d. Blutes	1037	1033	1050
„ „ d. Serum	1027,5	1026	1026
„ „ d. r. Blutk.	1070	1065	1078
berechnetes Vol. d. Serum:	77,8 %	82,5 %	53,8 %

5. Die 62jährige Arbeiterfrau Luise J., welche 12 Partus und 2 Abortus durchgemacht hatte, war angeblich stets kräftig und gesund gewesen. Seit Mai 1895 fühlte sich die Patientin, angeblich nach einem „Verheben", unwohl, klagte über Appetitlosigkeit und Mattigkeit, sodass sie schliesslich nicht mehr gehen konnte, und kam am 3. Dezember 1895 zur Klinik.

Die kleine, ziemlich magere Frau zeigte eine auffällige, wachsbleiche Farbe des Gesichts und der ganzen Haut; im Augenhintergrunde büschelförmige und rundliche Blutungen der Retina; Ödem der unteren Extremitäten, systolische Geräusche am Herzen. Am Digestionsapparat defekte Zähne, sehr dünne Bauchdecken mit starkem Meteorismus; Diastase der Musculi recti; allgemeine Druckempfindlichkeit am ganzen Abdomen. Im ausgeheberten Mageninhalt fehlten Salzsäure und Milchsäure. Irgend welche sonstigen Organerkrankungen nicht nachweisbar. Im Blute 0,8 Millionen rote Blutkörperchen. Starke Poikilocytose, kernhaltige kleine und grosse rote Blutkörperchen. Im Urin war starker Indikangehalt nachweissbar.

Die Diagnose wurde auch hier auf eine intestinale Form der perniciösen Anämie gestellt und die Kranke demgemäss mit Abführmitteln, Magenausspülungen, Pepsinwein und Salzsäure, bei leicht verdaulicher Diät behandelt; später auch mit Arsenik. Unter dieser Therapie hob sich allmählich das allgemeine Befinden, und im speciellen besserte sich der Blutbefund in auffälligster Weise. Die Kranke war bei ihrer Entlassung am 13. Februar 1896, nachdem sie wochenlang sich ausser Bett befunden und leichtere Arbeiten verrichtet hatte, zwar noch blass, aber bei so gutem Allgemeinbefinden, dass sie als geheilt entlassen werden konnte.

Die Beobachtungen am Blute ergaben hier folgendes:

	Rote Blutkörperchen Millionen	Weisse Blutkörperchen	Trockensubstanz des Blutes	Trockensubstanz des Serum
am 4. Dez. 95:	1	spärlich	—	—
„ 8. „ 95:	0,8	„	11,40	7,8
„ 14. „ 95:	0,9	„	—	—
„ 6. Jan. 96:	2,1	3000	15,1	7,78
„ 23. „ 96:	2,4	spärlich	—	—
„ 13. Febr. 96:	3,9	„	18,20	9,65

6. Das Dienstmädchen Wilhelmine M., 27 Jahre alt, war früher gesund gewesen und hatte vom Dezember 1891 bis März 1892 auf der zweiten medizinischen Klinik ein linksseitiges Empyem mit Streptokokken überstanden, welches, da die Patientin die Operation verweigerte, spontan durch Resorption heilte. Sie war hiernach ein Jahr lang angeblich gesund gewesen, darauf hatte sich Mattigkeit mit Anschwellung der Füsse eingestellt, später Kopfschmerzen und allgemeine Blässe.

Die Patientin zeigte bei ihrer Aufnahme am 24. November 1894 hochgradige allgemeine Blässe, leichte Ödeme der Beine, Geräusche am Herzen, kein Eiweiss im Urin. An den inneren Organen liessen sich keine deutlichen Veränderungen nachweisen. Das Blut zeigte 2,35 Millionen rote Blutkörperchen, 4000 weisse Blutkörperchen, sah äusserst blass aus und enthielt fast nur Poikilocyten, Mikrocyten und eine grosse Menge Blutplättchen. Ophthalmoskopisch fanden sich keine Retinalblutungen.

Die hochgradige Anämie ging unter Eisenarsenbehandlung allmählich zurück, und am 3. Januar 1895 konnte die Patientin, nachdem ihre subjektiven Beschwerden sich vollständig gehoben hatten und nachdem die Zahl der roten Blutkörperchen auf 4,1 Millionen gestiegen war, als geheilt entlassen werden.

Diese im Vorstehenden kurz skizzierten 6 Fälle eigener Beobachtung kamen auf der Klinik des Herrn Geheimrat Gerhardt in den letzten 2 Jahren zur Beobachtung und zeigen demnach im Verein mit den früheren, durch Fr. Müller und v. Noorden aus derselben Klinik publizierten Fällen, dass diese schweren anämischen Zustände hier in Berlin nicht gerade selten sind.

Alle diese Erkrankungen betrafen Frauen und Mädchen, dagegen kam auf den Männerabteilungen der Klinik in den letzten Jahren kein derartiger Fall zur Beobachtung.

Die Differentialdiagnose mancher dieser Fälle, besonders gegenüber der Carcinose, kann manchmal grosse Schwierigkeiten bereiten.

Für die Entstehung der Erkrankung auf der Basis intestinaler Störungen sprachen besonders die Beobachtungen bei Fall 1, 4 und 5, wobei besonders bei Fall 4 auch die lokalen Erscheinungen am Unterleibe — Diastase infolge vieler Partus, Schlaffheit und Druckempfindlichkeit — auf den Intestinaltraktus als Ursache der Erkrankung hinwiesen.

Die Prognose ist, wie unsere Beobachtungen zeigen, keineswegs eine so schlechte, wie es von manchen Seiten angegeben wird und gerade die Fälle, welche auf eine intestinale Entstehung der Krankheit hindeuten, bieten der Therapie manche Angriffspunkte, welche besonders auf die Beseitigung der veranlassenden Schädigungen gerichtet sein muss, d. h. neben Desinfektion und regelmässiger Entleerung des Magendarmkanals die Verdauung und Resorption zu unterstützen suchen muss, worauf die weitere Behandlung vorzugsweise mit Arsenik zu führen ist.

Bemerkenswert ist besonders, dass selbst bei einem Alter von 62 Jahren (Fall 5) die schweren Erscheinungen der Anämie unter einer derartigen Behandlung rückgängig werden können.

Bei den Heilerfolgen ist aber naturgemäss ein Punkt zu berücksichtigen, welcher in den anatomischen Veränderungen begründet ist. Es ist nämlich von vornherein unwahrscheinlich, dass nach längerem Bestehen derartiger schwerer anämischer Zustände die Verdauungsthätigkeit wieder vollständig zur Norm zurückkehrt, vielmehr muss man erwarten, dass degenerative Veränderungen der Schleimhaut des Intestinaltraktus als dauernde Residuen in gewissem Umfange zurückbleiben werden, sodass die Resorptionsfähigkeit wohl immer bei solchen geheilten oder gebesserten Personen geschädigt sein dürfte. Es wird deshalb wohl stets nötig sein, die Ernährung solcher Kranken nach ihrer mehr oder minder vollständigen Wiederherstellung dauernd zu überwachen, denn wenn z. B. eine derartige Person, wie die Näherin in Fall 4, sich nach ihrer Entlassung aus dem Krankenhause vorwiegend mit Kaffee und Brot ernährt, so ist es nicht weiter verwunderlich, wenn unter solchen Verhältnissen die Verdauungsthätigkeit wieder insufficient wird und die früheren anämischen Erscheinungen sich wieder einstellen.

Litteratur.

Askanazy. Zeitschr. f. klin. Med. Bd. 23. 1893. S. 80.
Baginski. Sitzungsber. d. Berl. med. Ges. 1894. 7. Febr.
Bartels. Ein Fall von pernic. Anämie mit Icterus. Berl. klin. Wochenschr. 1888. Nr. 3.
Bernheim. Revue méd. de l'Est. 1879. S. 687.
Biermer, A. 1. Tagebl. der 42. Vers. deutscher Naturf. u. Aerzte. Dresden 1868. Nr. 8. IX. Sect. S. 173. — Correspondenzbl. f. schweiz. Aerzte. Jahrg. II. 1872. Nr. 1.
Browicz. Demonstration von Bewegungsphänomenen an roten Blutkörperchen in schweren anäm. Zuständen. IX. Congr. f. inn. Med. 1890.
De Castro, José Maria. Die progr. pernic. Anämie. Diss. Greifswald 1879.
Davidson. Acute anaemic dropsy, an epidemic disease recently observed in Mauritius and India. Edinb. med. Journ. 1880. Aug. Schon Wernich 1877 beobachtete epidemische Ausbreitung in Indien.
Dmochowski u. Janowski. Ziegler's Beitr. Bd. 17. 1895. S. 221.
Ehrlich. Verhandl. d. Congr. f. inn. Med. Leipzig 1892.
Eichhorst. Die progr. pernic. Anämie. Leipzig 1876.
Eisenlohr. 1. Blut und Knochenmark bei progr. pernic. Anämie. Deutsches Arch. f. klin. Med. Bd. 20. 1877. — 2. Ueber primäre Atrophie der Magen- u. Darmschleimhaut. Deutsche med. Wochenschr. 1892. Nr. 49.
Erb. Virch. Arch. Bd. 34. 1865. S. 138.
Ewald, C. A. 1. Ueber eine unmittelbar lebensrettende Transfusion bei schwerster chron. Anämie. Berl. klin. Wochenschr. 1895. Nr. 45. — 2. Klinik der Verdauungskrankheiten. 1893. II. S. 194.
Fenwick. Lancet. 1877. II. p. 1.
Fränkel. Charité-Annalen. III. 1878.
Frankenhäuser. Centralbl. f. d. med. Wiss. 1883. Nr. 4.
Grawitz, P. Maligne Osteomyelitis und sarkomatöse Erkrankungen des Knochensystems als Befunde bei Fällen von pernic. Anämie. Virch. Arch. Bd. 76. 1879.
Gusserow. Arch. f. Gynäkol. Bd. 2. 1871.
Hampeln. St. Petersb. med. Wochenschr. 1880. Nr. 21.
Hayem. Du sang etc. 1889. S. 808.
Henrot. Assoc. française pour l'avancement des sciences. Nancy 1886. II. S. 755.
Hindenlang. Virch. Arch. Bd. 79. 1880.
Hoffmann. Lehrb. d. Constitutionskrankheiten. 1893.
Hunter, W. 1. An investigation into the pathology of pernicious anaemia. Lancet. 1888. Sept. — 2. Is pernicious anaemia a special disease? The practitioner. Vol. XII. 1888. p. 81. — 3. Observations on the urine in pernicious anaemia. Ibidem. Vol. XIII. 1889.
v. Jaksch. Ueber den N-Gehalt der roten Blutk. des gesunden und kranken Menschen. Zeitschr. f. klin. Med. 1894. Bd. 24.
Immermann. Progr. pern. Anämie in v. Ziemssen's Handb. d. spec. Path. u. Therap. 1875. Bd. 13.
Kahler. Prag. med. Wochenschr. Nr. 38—45. 1880.
Krukenberg. Beiträge zur Kenntniss der progr. pernic. Anämie. Dissert. Halle 1879.
Krüger. Ueber die Ursachen der primären oder essentiellen Anämie. St. Petersb. med. Wochenschr. 1892. Nr. 20.
Laache. Die Anämie. Christiania 1883.
Lazarus, G. Multiple Sarcome mit perniciöser Anämie und gleichzeitiger Leukämie. Dissert. Berlin 1890.

Lebert. Handb. d. allg. Path. u. Therap. Tübingen 1876.
Lépine. Sur les anémies progressives. Rév. d. méd. 1877.
Leube, W. O. Berlin. klin. Wochenschr. 1879. Nr. 44.
Lewy. Chronische Gastritis mit Atrophie der Mucosa. Ziegler's Beitr. 1886. Heft I.
Litten, M. 1. Ueber einen in medulläre Leukämie übergehenden Fall von pernic. Anämie, nebst Bemerkungen über die letztere Krankheit. Berliner klin. Wochenschr. 1877. Nr. 1. — 2. Ibidem. 1877. Nr. 19 20. — 3. Verhandl. d. VI. Congr. f. inn. Med. 1887.
Litten, M. u. Orth. Ueber Veränderungen des Markes in Röhrenknochen. Berl. klin. Wochenschr. 1877.
Maragliano. Beiträge zur Pathologie d. Blutes. Congr. f. inn. Med. 1892. S. 152.
Müller, Fr. Zur Ätiologie der pernic. Anämie. Charité-Annal. 1889. S. 253.
Müller, H. Die progress. pernic. Anämie. Zürich 1877.
Müller, H. F. Deutsches Arch. f. klin. Med. Bd. 48 u. 50.
Mosler u. Gast. Deutsche med. Wochenschr. 1885. S. 447.
v. Noorden. Unters. über schwere Anämien. Charité-Annalen. Bd. 16. 1891. S. 217.
Nothnagel. Deutsches Arch. f. klin. Med. Bd. 24. 1879.
Neumannn, E. 1. Ueber das Verhalten des Knochenmarks bei progressiver pernic. Anämie. Berl. klin. Wochensch. 1877. Nr. 47. — 2. Ueber Blutregeneration und Blutbildung. Zeitschr. f. klin. Med. III. 1881. Heft 3.
Oppel. Zusammenfassendes Referat über Blutbildung. Centralbl. f. allg. Pathol. Bd. 3. 1894. Nr. 5 u. 6.
Osler. 1. Ueber die Entwickelung von Blutkörperchen im Knochenmark bei pernic. Anämie. Centralbl. f. d. med. Wiss. 1878. Nr. 26. — 2. Atrophy of the stomach with the clinical features of progressiv pernic. anaemia. Amer. journ. of med. scienc. 1886. No. 4.
Perles. Beobachtungen über pernic. Anämie. Verhandl. d. Berl. med. Gesellsch. 1894. II. 190.
Petrone. Lo sperimentale. Bd. 53. 1884. 239.
Pfannkuch. Deutsche med. Wochenschr. 1879. Nr. 48.
Ponfick. 1. Ueber Fettherz. Berl. klin. Wochenschr. 1873. Nr. 1. — 2. Ueber die sympathischen Erkrankungen des Knochenmarks bei inneren Krankheiten. Virch. Arch. Bd. 56.
Pye-Smith. Virch. Arch. 1875.
Quincke. 1. Ueber pernic. Anämie. Centralbl. f. d. med. Wiss. 1877. Nr. 47. — 2. Weitere Beobachtungen über progr. pernic. Anämie. Deutsches Arch. f. klin. Med. XX. — 3. Zur Pathologie des Blutes. Ibidem. Bd. 25 u. 27.
Quinquaud. Les lésions hématiques dans la chlorose, l'anémie grave, dite progressive. Compt. rend. 1879. T. 88. 23.
Rindfleisch. 1. Ueber den Fehler der Blutkörperchenbildung bei der pernic. Anämie. Virch. Arch. Bd. 121. Heft 1. — 2. Arch. f. mikr. Anat. Bd. 17. 1880.
Sandoz. Beitrag zur Pathol. u. Therap. d. pernic. Anämie. Korrespondenzbl. f. schweiz. Aerzte. 1887. 15. Sept.
Sasaki. Ueber Veränderungen in den nervösen Apparaten der Darmwand bei pernic. Anämie u. bei allgemeiner Atrophie. Virch. Arch. Bd. 96. 1884. S. 287.
Scheby-Buch. Deutsches Arch. f. klin. Med. Bd. 17. 1876.
Schollenbruch. Ueber progr. pernic. Anämie. Aerztl. Intelligenzbl. 1882. Nr. 35.
Schubert. Beitr. zur Casuistik der progr. pernic. Anämie. Diss. Breslau 1881.
Senator. Berl. klin. Wochensch. 1895. S. 418.

Silbermann, O. Zur Pathogenese der essentiellen Anämie. Berl. klin.
  Wochenschr. 1886. S. 473.
Stockman, Ralph. Remarks on the nature and treatment of pernic. anaemia.
  Brit. med. Journ. 1895. S. 1029 u. 1083.
Stählen. Ueber den Eisengehalt verschiedener Organe bei anäm. Zuständen.
  Deutsches Arch. f. klin. Med. Bd. 54. 1895. S. 248.
Uhthoff. Ueber die pathol.-anat. Retinalveränderungen bei progr. Anämie.
  Klin. Monatsbl. f. Augenheilk. 1880. Nr. 12.
Waldstein, L. Ein Fall von progr. Anämie und darauf folgender Leuko-
  cythämie mit Knochenmarkerkrankungen und einem sogen. Chlorom. Virch.
  Arch. Bd. 91.
Weigert. Virch. Arch. Bd. 79. S. 387.
Worm-Müller. Norsk Magazin for Lägevid. Bd. 9. 1880.

3. Leukämie.

Die Leukämie stellt im Gegensatz zur Leukocytose einen
dauernden Zustand dar, bei welchem die Vermehrung der
weissen Blutkörperchen als der eigentliche Krankheitsprozess anzusehen ist. Die Krankheit hat ihren Namen „weisses Blut" von
Virchow (1) erhalten, welcher sie im Jahre 1845 zuerst beschrieb,
und als Grund der Farbenänderung des Blutes eine enorme Vermehrung der weissen Blutkörperchen entdeckte. Die französischen
und englischen Autoren bezeichnen die Krankheit als „Leukocythämie."

Wenig Krankheitszustände haben das Interesse der Untersucher
so stark gefesselt wie die leukämischen, und die Litteratur hierüber
ist zu einem fast unübersehbaren Umfange angeschwollen. Trotz
dieser überaus reichhaltigen Bearbeitung muss man jedoch zu-
gestehen, dass auch heute noch weder die Genese noch das Wesen
der Erkrankung irgendwie sichergestellt ist.

Eine scharfe Grenze zwischen transitorischer Leukocytose und Leukämie lässt sich aus der absoluten Zahl der
weissen Blutkörperchen in der Raumeinheit nur in vorgeschrittenen
Fällen ziehen, und noch weniger aus der Verhältniszahl gegenüber
den roten Blutkörperchen; denn man findet bei Leukocytose im
Verlaufe schwerer Anämien so starke relative Vermehrungen der
Leukocyten, dass die Zahlen derselben solchen von frischeren Leu-
kämiefällen durchaus gleichkommen. In solchen Fällen, bei welchen
das ganze Gesichtsfeld im mikroskopischen Bilde von Leukocyten
überschwemmt ist, ist die Diagnose häufig auf den ersten Blick mit
Sicherheit zu stellen; bei zweifelhaften Fällen indes entscheidet die
Untersuchung der morphologischen Verhältnisse der Leukocyten,
worauf wir weiter unten zurückkommen werden.

Ätiologie. Die Leukämie ist eine zumeist chronische, seltener
akut verlaufende Erkrankung und tritt vorwiegend im erwachsenen
Alter, zwischen 25 und 45 Jahren auf; indes sind auch im

Kindesalter zahlreiche Fälle von Leukämie beobachtet worden, und selbst im Greisenalter kann die Entwickelung der Krankheit einsetzen. Nach den Angaben der meisten Autoren werden Männer häufiger befallen als Frauen; doch berichtet z. B. V. Mayer aus der Tübinger Klinik über 11 Fälle bei Männern und 10 bei Frauen; und von 7 in den letzten Jahren auf der Klinik des Herrn Geh.-Rat Gerhardt beobachteten Kranken waren 4 Männer und 3 Frauen.

Über Heredität ist bei dieser Krankheit wenig bekannt. Zu erwähnen ist hier eine Beobachtung von Greene bei drei Schwestern, von welchen zwei während der Gravidität an akuter lienaler Leukämie erkrankten, von denen die eine starb, während die andere nach Einleitung des Abortes genas. Die dritte Schwester erkrankte bei Eintritt der Periode im dreizehnten Jahre an Leukämie und starb.

Als disponierende Momente sind bekannt nach Mosler ärmliche Verhältnisse, schlechte Nahrung, übermässige geistige und körperliche Anstrengung, Kummer und Sorge. Ferner spielen konstitutionelle Lues, Intermittens, bei Frauen gewisse sexuelle Vorgänge, chronischer Darmkatarrh eine Rolle, während in vielen Fällen keine Ursache nachzuweisen ist. Nach Orth kann im Anschluss an Rachendiphterie, nach Hinterberger und Fränkel im Anschluss an Influenza, nach Senator infolge von Blutungen Leukämie auftreten. Steinbrügge hält die Lues, besonders bei den myelogenen und Malaria-Erkrankungen bei den lienalen Formen für ätiologisch wichtig.

Als unmittelbar veranlassende Momente für das Auftreten der Krankheit sind schon von Mosler und besonders in der letzten Zeit von Ebstein, Westphal, Graciani u. v. a. Traumen angeführt worden, welche teils auf die Milzgegend wirkten, teils Erschütterungen des ganzen Körpers, in manchen Fällen auch der Knochen betrafen. Mit Recht weist Ebstein auf die grosse Bedeutung hin, welche der Zusammenhang zwischen Trauma und Entstehung der Leukämie in Rücksicht auf die modernen Unfallversicherungsgesetze besitzt. Über das „Wie" dieses Zusammenhanges fehlt uns freilich noch jede Kenntnis. Bei der Wichtigkeit dieser Frage seien zwei Beobachtungen unter den sieben erwähnten Patienten der zweiten medizinischen Klinik angeführt, bei welchen Verletzungen in unmittelbarem Zusammenhange mit der Entstehung der Leukämie standen.

Ein 35jähriger Arbeiter, von grosser, kräftiger Statur, war bis vor einem Jahre stets gesund gewesen; zu dieser Zeit fiel er von einer Leiter, mit der linken Seite auf einen spitzen Ast. Es entstand nach einigen Tagen an dieser Stelle ein walnussgrosser harter Knoten, über welchem die Haut blau gefärbt war. Der Knoten schwand allmählich, und es entwickelte sich nach und nach eine beträchtliche Anschwellung des Leibes. Auch die Beine schwollen an. Der Patient magerte seitdem stark ab, litt an Atemnot und Herzklopfen.

Bei seiner Aufnahme in die Klinik wies er einen enormen Milztumor auf und eine vorwiegende lienale Leukämie.

Eine 57 Jahre alte Frau stiess, in vollem Wohlsein befindlich, im finstern Keller mit dem Kopfe gegen eine Eisenstange, wobei sie heftig erschrak. Von dieser Zeit an fühlte sie sich matt, konnte zunächst noch ihrer Beschäftigung nachgehen. Später merkte sie, dass sich in ihrer linken Seite eine Anschwellung vorfand. Auch bei dieser Patientin bestand eine vorwiegend lienale Leukämie.

Die Verschlimmerung einer schon bestehenden Leukämie durch ein Trauma mit rasch zum Tode führendem Verlaufe beschreibt Greiwe.

Das eigentliche Agens der Krankheit ist noch völlig unbekannt, und in Anbetracht der verschiedenartigen ätiologischen Verhältnisse ist es wohl möglich, dass verschiedenartige Noxen die Krankheit bedingen können. Besonders die in letzter Zeit sich mehrenden Berichte über akutes Auftreten und schnellen Verlauf der Leukämie haben an eine infektiöse Ursache dieser Krankheit denken lassen (Ebstein).

Es ist hier zunächst eine Beobachtung von Obrastzow anzuführen, welcher einen 17 jährigen Schüler an Leukämie behandelte, die in vier Wochen lethal endete. Ein Feldscheer, der den Kranken zu pflegen hatte, erkrankte kurze Zeit darauf ebenfalls an Leukämie und starb in drei Wochen.

Dem infektiösen Agens glaubte man näher zu kommen, als Klebs im Jahre 1880 zuerst Gebilde im Blute Leukämischer beschrieb, welche er als Monadinen auffasste. Mac Gillavry konstatierte später Mikrokokken in den Leukocyten bei Leukämie. Osterwald fand im Blute grössere anscheinend parasitäre Elemente, welche in ihrem Aussehen an amöboide Körperchen erinnerten. Bonardi stellte Kokken im Plasma bei Leukämie fest, und Hinterberger Staphylokokken in Halsdrüsen und Leber eines Leukämischen, ohne jedoch denselben eine ätiologische Bedeutung beizumessen. Auch Roux sowie Camillo Verdelli züchteten Kokken aus dem Blute Leukämischer. Kelsch und Veillard sowie Fermi und Pawlowsky fanden stäbchenförmige Mikroorganismen. Alle diese Befunde aber haben keinerlei ätiologische Bedeutung, da es keinem einzigen der erwähnten Autoren gelungen ist, mit dem von ihm gefundenen Parasiten in einwandsfreier Weise leukämische Erkrankungen zu erzeugen. Es stehen diesen Versuchen vielmehr sehr gewichtige gegenteilige Beobachtungen gegenüber, von denen ich zuerst erwähne, dass Mosler Hunden leukämisches Blut injicierte und Bollinger Hunden Saft von frischen leukämischen Milzknoten einspritzte, ohne Leukämie hervorzurufen. Ähnliche negative Resultate hatten Eikenbusch und Nette, welch letzterer neuerdings leukämisches Blut subkutan, intraperitoneal, in die Ohrvenen und Blutbahn von Tieren einführte, ferner Stückchen von leukämischer Milz bei einem Affen und zwei Schweinen intraperitoneal einnähte, ohne jedoch irgendwelche positiven Erfolge zu erzielen. Sodann muss hervorgehoben werden, dass eine grosse Anzahl von Autoren mit allen möglichen Kulturverfahren keinerlei Bakterien aus dem Blute zu züchten im stande war, z. B. Salander und Hoffsten, ferner Ebstein, H. Müller, Eikenbusch und Laubenburg, Litten, Triconi, welch letztere ausser dem Blute auch Milzpulpa, Knochen und Saft aus Lymphdrüsen zur Aussaat benutzten.

Bei der Durchsicht der einschlägigen Litteratur gewinnt man die Überzeugung, dass nicht alle Fälle von Leukämie, bei welchen Bakterien im Blute gefunden wurden, wirklich leukämische Erkrankungen waren, dass vielmehr septische Zustände durch die Verringerung der Zahl der Erythrocyten und gleichzeitig bestehende Leukocytose eine leukämische Beschaffenheit des Blutes vorgetäuscht haben, und das Gleiche gilt von Beobachtungen leukämischer Blutmischung bei Tieren nach Infektion mit verschiedenen Bakterien.

Von den Ansichten, welche sonst noch für die Genese dieser Erkrankung in Frage kommen, sei die von Horbaczewski erwähnt, der gelegentlich seiner Untersuchungen über Leukocytose auf die Wirkung hinweist, welche das aus zerfallendem nukleïnhaltigen Gewebe frei werdende Nukleïn auf die Proliferation der Leukocyten in den blutbildenden Organen ausübt. Horbaczewski glaubt, dass auch Leukämie in manchen Fällen durch ein ähnliches Toxin bedingt sei, wozu dann noch das aus den zerfallenden Leukocyten frei werdende Nukleïn als weiterer Reiz für die Vermehrung der Leukocyten sich hinzusummiere. Vehsemeier (2) hält eine Autointoxikation bei der Entstehung der Leukämie für möglich. Die Theorie von Köttnitz, dass durch Peptonüberflutung fortwährende Neubildung von Leukocyten hervorgerufen werde, ist von keiner Seite bestätigt worden.

Anatomische Befunde.[*] Wie schon bei Besprechung der physiologischen Verhältnisse der Leukocyten, sowie der Leukocytose erwähnt wurde, ist die Frage nach der Entstehung der weissen Blutkörperchen noch weit entfernt von einer einheitlichen Deutung und Auffassung, und diese Verschiedenartigkeit der Meinungen zeigt sich ganz besonders hier, wo es sich um eine pathologische Bildung von Leukocyten handelt. Man kann ohne Übertreibung behaupten, dass es kaum zwei Autoren giebt, die sich mit der Morphologie des Blutes bei der Leukämie beschäftigt haben und dabei zu völlig übereinstimmenden Resultaten gekommen sind, sodass man aus der übergrossen Litteratur dieser Krankheit fast

---

[*] Es ist hier vielfach das umfassende Referat von H. F. Müller (Lit. 2) benutzt worden, auf welches für Spezialstudien verwiesen wird.

ebenso viele Ansichten über die Herkunft der Leukocyten und das Wesen des Krankheitsprozesses bei der Leukämie rubrizieren kann, wie es selbständige Untersucher auf diesem Gebiete gegeben hat. Für die Zwecke dieses Buches muss es genügen, hier die wesentlichsten Anschauungen anzuführen, um so mehr als es sich bei diesen Studien eben um eine keineswegs abgeschlossene, sondern durchaus in der Entwickelung und im Fortschreiten begriffene Frage handelt.

Die grundlegenden Untersuchungen über den Bildungsprozess und die Herkunft der farblosen Zellen des leukämischen Blutes verdanken wir Virchow, (2) welcher mit grosser Schärfe die charakteristischen Eigentümlichkeiten dieser Zellen beschrieben hat und sich folgendermassen dabei ausspricht:

„Das Blut als ein in steter Entwickelung begriffenes transitorisches Gewebe mit flüssiger Intercellularsubstanz, enthält fortwährend junge Gewebselemente, Zellen. Unter normalen Verhältnissen bildet sich die übergrosse Mehrzahl derselben zu den spezifischen Blutzellen, den Hämatin führenden roten Blutkörperchen, aus. Unter abnormen Bedingungen tritt eine Entwickelungsstörung ein, welche die Bildung der spezifischen Gewebselemente hindert, dagegen die Fortentwickelung der jungen Zellen als nicht spezifischer, einfacher Zellen begünstigt. Letztere sind die sogenannten farblosen Blutkörperchen oder Lymphkörperchen."

Die Ursache dieser Entwickelungsstörung suchte Virchow in primärer leukämischer Erkrankung der Milz und der Lymphdrüsen, von welchen Veränderungen des Blutes in doppelter Richtung ausgehen sollen, indem gewisse chemische Stoffe, die sonst in diesen Organen als Parenchymsäfte vorkommen, in reichlicher Menge im Blute sich finden, teils in die zelligen Elemente des Blutes übertreten, wozu dann noch in dritter Linie eine heteroplastische Erkrankung anderer Organe, Metastasenbildung, eintritt. Diese Beobachtungen Virchows über den lienalen und lymphatischen Ursprung der Leukämie wurde im Jahre 1870 durch E. Neumann's (2) Befunde am Knochenmark vervollständigt, indem dieser Forscher konstatierte, dass das Knochenmark bei Leukämie, wenn auch nicht konstant, so doch häufig eine Umwandlung in grünlich-gelbe eiterähnliche Beschaffenheit zeigte. Nach E. Neumann (3) werden aus den veränderten Kapillarnetzen der Markhöhle des Knochenmarkes zellige Elemente durch den Blutstrom in die abführenden Gefässbahnen hineingeschleudert, und es werden dabei nicht allein die farblosen Zellen, sondern auch andere morphotische Bestandteile des Knochenmarkes, besonders die kernhaltigen roten Blutkörperchen desselben — wie E. Neumann bei Leukämie zuerst am Lebenden nachwies — in die Blutbahn eingeschwemmt.

Nach Neumann bedeutet das Auftreten der kernhaltigen roten Blutkörperchen im cirkulierenden Blute keine Behinderung der Umbildung der weissen in rote (im Sinne der Lehre Virchows), sondern lediglich eine Einschwemmung derselben in das leukämische Blut. Diese Thatsachen aus den Beobachtungen von Virchow und Neumann bilden für die Mehrzahl der Untersucher das Fundament der Anschauungen über die Entstehung des leukämischen Prozesses, welche demnach in einer Erkrankung der drei wichtigsten blutbildenden Organe: Milz, lymphatischer Apparat und Knochenmark, zu suchen ist; und man bezeichnet danach kurz diese Anschauung als die Virchow-Neumann'sche.

Ein besonderes Verdienst um die Lehre von der Leukämie hat sich Fr. Mosler erworben, welcher auf dem Boden der Virchow-Neumann'schen Lehre stehend, in zahlreichen Einzel-Abhandlungen und einer zusammenfassenden Monographie vom Jahre 1872, durch viele klinische, anatomische und experimentelle Beobachtungen die Kenntnisse über diese Krankheit vertiefte. Besonders hervorzuheben ist hier die exakte Beschreibung der verschiedenen Leukocytenformen, z. B. der grobgekörnten, später von Ehrlich als eosinophile bezeichneten Formen; und ganz besonders ist es ein Verdienst von Mosler, eine bestimmte Zellform in leukämischen Blute auf ihre Provenienz aufs genaueste erforscht zu haben. Es finden sich nämlich besonders bei Fällen medullärer Leukämie Leukocytenformen, welche im normalen Blute nicht vorkommen, verhältnismässig gross, mit einem grossen Kern versehen sind und eine feine Körnung des Protoplasma aufweisen. Von diesen Zellen, auf welche wir später noch zurückkommen werden, zeigte Mosler, dass sie aus dem Knochenmarke in die Blutbahn eingeschwemmt und daher für die medulläre Form der Leukämie charakteristisch sind; und zwar konnte er den Beweis hierfür dadurch liefern, dass er bei einem lebenden Leukämischen durch Punktion des Sternum dieselben „Markzellen" erhielt, wie er sie im Blute fand. Die Identität dieser leukämischen Blutzellen ist später von Ehrlich noch klarer durch das färberische Verhalten derselben nachgewiesen worden, da er bei beiden Zellformen feine neutrophile Granulationen des Protoplasma nachweisen konnte. Ehrlich's Schüler Uthemann bezeichnet diese Zellen als „Myelocyten", und H. F. Müller, welcher bei seinen Untersuchungen ebenfalls die Identität beider Zellformen konstatierte, giebt an, dass diese Zellformen den von Cornil sogenannten „Cellules médullaires" entsprechen. Auch H. F. Müller nimmt an, dass dieselben aus den hyperplastischen Blutbildungsstätten ausgeschwemmt werden. — Auch andere Autoren, wie von Limbeck, Rieder, Troje, treten für die Identität beider Zellformen ein.

Die Auffassung von Wertheim steht ebenfalls im wesentlichen auf dem Boden der Virchow-Neumann'schen Ansicht. Wertheim nimmt an, dass es sich um gesteigerte Neubildung der farblosen Mutterzellen (der teilungsreifen, ruhenden Zellen im Sinne H. F. Müller's) in den blutbildenden Organen handelt. Die Umbildung derselben zu weissen und roten Blutkörperchen findet jedoch nicht in dem normalen Verhältnisse statt, sondern hat eine Störung in dem Sinne erfahren, dass ungleich viel mehr weisse Blutkörperchen gebildet werden. Dabei können die roten Blutkörperchen in normaler Quantität gebildet werden; es braucht also nicht ohne weiteres durch eine Verarmung an diesen Elementen eine Anämie einzutreten.

Nach Ehrlich deutet eine Vermehrung der eosinophilen Zellen stets auf chronische Veränderungen der blutbereitenden Organe hin und weist im Verein mit den erwähnten neutrophilen einkernigen Elementen und kernhaltigen roten Blutkörperchen auf den Sitz der Erkrankung im Knochenmarke hin.

Nach Flemming vermehrt sich im leukämischen Blute nur ein verhältnismässig äusserst geringer Teil der Leukocyten durch Mitose. Die Hauptvermehrungsstätten derselben durch indirekte Kernteilung sind vielmehr nach Bizzozero, H. F. Müller, Wertheim u. a. die Milz und das Knochenmark, und es ist daher nach der Ansicht vieler Autoren, welche eine amitotische Vermehrung der Leukocyten im Blute nicht zulassen, auch durch diese Untersuchungen wahrscheinlich gemacht, dass die blutbildenden Organe und nicht das Blut selbst der Ausgangspunkt der leukämischen Blutveränderung ist.

Im Gegensatz zu dieser Anschauung über die Entstehung der leukämischen Blutveränderung durch Erkrankung der blutbildenden Organe vertritt eine andere Richtung die Theorie, dass die Leukämie eine primäre Erkrankung des Blutes selbst darstelle. Die Zahl der Vertreter dieser Richtung ist nicht gering und dieselben basieren ihre Auffassung auf verschiedenartigen Ansichten über die Entstehung der Blutzellen. Als erste Vertreter dieser Anschauung sind Velpeau, Bennet, Griesinger zu nennen. Von den neueren hält Bisiadecki an der Ansicht Virchow's fest, dass das Blut ein Organ mit zelligem Parenchym und flüssiger Intercellularsubstanz sei, und sieht in der Leukämie eine parenchymatöse Bluterkrankung, in welcher bei normaler Neubildung der farblosen Zellen eine Metamorphose derselben eintrete, infolge deren die Umwandlung derselben in farbige Blutzellen gehindert sei, dass also eine Art gehemmter Blutentwickelung stattfindet. Diese von den meisten verworfene Anschauung wird in etwas anderer und, wie mir scheint, recht beachtenswerter Form von Mayet dahin modificiert, dass die

Leukämie durch eine übermässige Bildung von embryonalen Blutkörperchen entstehe, die nur zum Teil sich zur Reife entwickeln. Im Gegensatz zu Bisiadecki jedoch geschieht nach Mayet diese Überproduktion embryonaler Zellen in den blutbereitenden Organen, und einen Übergang von weissen in rote Blutkörperchen nimmt dieser Autor nicht an. Auch Pawlowsky nimmt einen Übertritt unreifer Leukocyten in das Blut an, indem durch chemotaktische Einflüsse (Bakterien), eine Hyperplasie der Leukocyten in den blutbildenden Organen eintritt, infolge deren dieselben in das Blut übertreten, ehe sie ganz reif sind. Eine Reifung der Zellen kann, wie die karyokinetischen Figuren zeigen, im Blutstrome eintreten. Das Blut selbst ist nach Pawlowsky das primär erkrankte, und zwar infolge von Bakterieninvasion (s. o.). Auch Kottmann, Bard, Rénaut und Biondi stehen auf dem Standpunkte, dass bei Leukämie das Blut selbst primär erkrankt, und besonders von Löwit wird dieser Standpunkt in eingehendster Weise auf Grund seiner Studien über die normale Blutbildung verteidigt. Nach Löwit verdanken die roten Blutkörperchen und die farblosen Blutzellen durchaus gesonderten Zellformen, den Erythroblasten und Leukoblasten, ihren Ursprung. Die eine Form geht nie in die andere über. Während nun bei der Leukocytose die mehrkernigen Leukocyten etwa in demselben Verhältnis über die einkernigen prävalieren wie im normalen Blute, finden sich nach Löwit im leukämischen Blute vorwiegend einkernige Zellen, ein Zeichen, dass bei der letzteren eine Verminderung der Umwandlung einkerniger Formen in mehrkernige stattfindet. Diese Vermehrung findet nach Löwit ausschliesslich durch Amitose (divisio indirecta per granula) statt, während Flemming und die meisten neueren Autoren daneben auch mitotische Vermehrung der Leukocyten beobachtet haben. Wenn alle diese vermehrt vorhandenen Leukocyten aus den blutbildenden Organen stammen sollten, so müsste man nach Löwit in den letzteren die Zeichen der Zellteilung der Leukoblasten in gesteigertem Masse wahrnehmen, was jedoch nicht der Fall ist.

Löwit erklärt infolgedessen die Vermehrung der weissen Blutkörperchen im leukämischen Blute durch eine **verminderte Umwandlung der einkernigen in mehrkernige Leukocyten**, d. h. durch einen behinderten Zerfall derselben, und führt dies Ereignis auf eine Veränderung der Beschaffenheit des Blutplasma oder der weissen Blutkörperchen selbst zurück. Die Vergrösserung der blutbildenden Organe lässt sich nach Löwit durch Zurückhalten der Leukocyten erklären. Die kernhaltigen roten Blutkörperchen im cirkulierenden Blute können durch Reizung der abgelagerten Leukocyten aus dem Knochenmark in die Blutbahn gelangen.

Ob eine der hauptsächlichsten hier kurz skizzierten Theorien über die lokale Entstehung der leukämischen Blutbeschaffenheit in ihrer Ausschliesslichkeit sich dauernde Berechtigung erwerben wird, oder ob nicht vielmehr beiden Faktoren, d. h. den blutbildenden Organen einerseits und den cirkulierenden Blutkörperchen andererseits, ein je nach der Eigentümlichkeit des speziellen Falles verschieden grosser Anteil an der Vermehrung der Zellen zuzumessen ist, wird die Zukunft zu entscheiden haben. In sehr beachtenswerter Weise wird eine derartige vermittelnde Stellung von Leube eingenommen, demzufolge die Leukämie in einer Reduktion der Verwendung der weissen Blutzellen im Körper besteht, mit der in der Regel eine vermehrte Bildung und Ausfuhr von weissen Blutzellen aus den hyperplastischen blutbildenden Organen verbunden ist.

Auch bei diesem Kapitel wie bei der Leucocytose ist die Entscheidung dieser wichtigen Fragen, wie Löwit richtig bemerkt, nur durch ein genaues Studium der normalen Blutbildungsverhältnisse anzustreben, und ich möchte auch hier die Bemerkung hinzufügen, dass wir wohl noch keineswegs im vollen Umfange über die Stätten der Bildung der Leukocyten unterrichtet sind. Zum Beweise hierfür sei an die interessanten Untersuchungen von M. B. Schmidt über Blutzellenbildung in Leber und Milz erinnert, wonach für die Leukämie auch die Möglichkeit einer Blutzellenbildung innerhalb der Leberacini besteht. Dieselbe geht direkt von den Endotelien aus, und da Heuck in einem Falle lienaler Leukämie im Lebersafte zahlreiche kernhaltige rote Blutkörperchen fand, so bedeutet nach Schmidt diese Thätigkeit der Blutzellenbildung der Leber bei Leukämie eine Rückkehr dieses Organes zu seinen embryonalen Funktionen.

Einteilung der Leukämieformen.

Trotz der mannigfachen Differenzen über die Genese des leukämischen Prozesses hält man im allgemeinen daran fest, die einzelnen Fälle von Leukämie als **lymphatische, lienale und medulläre**, sowie **gemischte** Formen zu unterscheiden, wobei der allgemeine klinische Befund von Erkrankungszeichen an diesen Organen das Massgebende ist.

Das Blut als Ganzes. Die Farbe desselben erscheint bei vorgeschrittenen Fällen von Leukämie auffällig blass, manchmal lehmfarben, ähnelt in anderen Fällen einem Schokoladengemisch mit Rahm und hat in den stärksten Fällen fast milchartiges Aussehen.

Beim Gerinnen im Glase setzt sich am Boden eine mehr oder weniger hohe Schicht von roten Blutkörperchen ab, über diesen eine so beträchtliche grauweisse, aus Leukocyten und Fibrin bestehende Schicht, dass die Diagnose häufig schon makroskopisch zu stellen ist, und zu oberst das zumeist sehr helle Serum. In der

Leiche scheiden sich beim Gerinnen des Blutes ebenfalls die roten Coagula der Erythrocyten und die eiterähnlichen Gerinnsel der Leukocyten besonders in der Vena pulmonalis und anderen grösseren Venen voneinander ab, sodass man beim Öffnen eines mit derartigen Gerinnseln gefüllten Gefässes zunächst den Eindruck eines Abscesses haben kann.

Die Gerinnung des Blutes erfolgt bei Leukämie beträchtlich langsamer als in der Norm, und gerade aus diesem Grunde tritt die Scheidung der Leukocyten von den Erythrocyten hierbei in der erwähnten charakteristischen Weise ein. In sehr vorgeschrittenen Fällen kann die Gerinnbarkeit des Blutes fast aufgehoben sein, und man findet alsdann wenig konsistente Coagulationen, welche an Himbeergelee erinnern.

Das Blut hat beim Befühlen eine eigentümlich klebrige Beschaffenheit infolge der Vermehrung der Leukocyten.

Das spezifische Gewicht ist in ausgesprochenen Fällen herabgesetzt und kann sehr niedrige Werte bis 1036 zeigen.

Der Wassergehalt des Blutes ist vermehrt und schwankt nach Mosler zwischen 815,8 und 881,0 $^0/_{00}$.

Rote Blutkörperchen. Die Zahl derselben ist in geringerem oder stärkerem Grade, falls keine zur Blutendickung führenden Komplikationen vorliegen, stets herabgesetzt — derartig, dass mit der Zunahme der Zahl der Leukocyten eine Abnahme der roten eintritt und umgekehrt, doch giebt es auch Ausnahmen hiervon, und in manchen Fällen schnell fortschreitender Leukocytenvermehrung können die Zahlen der roten Blutkörperchen sich lange Zeit hindurch auf leicht herabgesetzten Werten halten.

Der Hb-Gehalt ist entsprechend der Zahl der roten Blutkörperchen vermindert, doch müssen die bezüglichen Angaben in der Litteratur mit Vorsicht aufgenommen werden, da die kolorimetrischen Untersuchungen beim leukämischen Blute auf grosse Schwierigkeiten stossen wegen der durch die massenhaften Leukocyten getrübten Beschaffenheit der Blutlösungen.

Wichtiger sind die morphologischen Veränderungen der roten Blutkörperchen und zwar in erster Linie das Auftreten der kernhaltigen Formen, welche im Leichenblut zuerst von Klebs, Erb, Böttcher, v. Recklinghausen, im lebenden Blute zuerst von E. Neumann gesehen wurden, und deren Erkennung besonders durch die Ehrlich'schen Färbemethoden erleichtert worden ist. Auch hier, wie bei den perniciösen Anämien, kommen kernhaltige rote Blutkörperchen in zwei Formen als mittelgrosse Normocyten und sehr grosse Megalocyten vor, letztere auch hier als Zeichen schwerer Alteration des Knochenmarkes.

Bemerkenswert ist dabei, dass die sonstigen morphologischen

Veränderungen der roten Blutkörperchen, wie Mikro- und Makrocytose, sowie besonders das Auftreten von Poikilocyten keineswegs zu den gewöhnlichen Befunden gehören und auch da, wo sie beobachtet werden, wohl nur selten zu so ausgeprägten Zuständen führen, wie man sie bei der perniciösen Anämie beobachtet. Es giebt zahlreiche Fälle, in welchen reichlich kernhaltige rote Blutkörperchen zu beobachten sind, ohne dass sich sonst nennenswerte morphologische Veränderungen an den roten Blutkörperchen fänden.

Über ein schubweises Auftreten von Mikrocyten bei gleichzeitiger Besserung der leukämischen Erscheinungen berichtet Heuck.

Befunde von Karyokinesen an roten Blutkörperchen (Troje) stehen bis jetzt vereinzelt da.

Die geldrollenartige Anordnung der roten Blutkörperchen ist im frischen Präparate nicht gestört.

Leukocyten. Die verschiedenen Ansichten über die Genese der einzelnen Leukocytenformen sind oben skizziert.

Es kommen im leukämischen Blute ausser den auf S. 28 beschriebenen normalen Formen noch folgende vor, welche man zweckmässig als „atypische" bezeichnet, wobei jedoch nicht gesagt sein soll, dass sie ohne weiteres für die Leukämie charakteristisch sind.

1. Grosse, protoplasmareiche, mononukleäre Formen mit feiner, neutrophile Färbung zeigender Granulation. Markzellen (Mosler, H. F. Müller), cellules médullaires (Cornil) Myelocyten (Ehrlich-Uthemann).

Diese viel diskutierten Zellen sind neuerdings auch in Bezug auf ihr Verhalten am erwärmten Objekttisch geprüft worden. Zuerst fand Biesiadecki hierbei an den grossen Zellen eines Falles von Myelämie mangelnde Beweglichkeit. Durch weitere Untersuchungen besonders von E. Neumann, Rénaut, Löwit, H. F. Müller, Mayet, Gilbert, Rieder u. a. hat sich diese Beobachtung bestätigt, und es zeigten sich die erwähnten Markzellen gänzlich, oder bis auf schwache Bewegungsäusserungen der amöboiden Beweglichkeit beraubt, während die ausgebildeten polynukleären Formen auch im leukämischen Blute deutliche amöboide Bewegung erkennen lassen. H. F. Müller konstatierte dieselbe Unbeweglichkeit auch an den Markzellen aus dem Knochenmark von Meerschweinchen und sieht demgemäss auch in diesem gemeinsamen Verhalten einen weiteren Beweis für die Identität dieser Gebilde im Knochenmark und leukämischen Blute.

Nach eigenen Untersuchungen kann ich mich nicht zu der Annahme bekennen, dass diese vorstehend charakterisierten Zellformen einen feststehenden, abgeschlossenen Typus repräsentieren. Man beobachtet vielmehr im Blute bei gemischter Leukämie grosse blasse Zellen, deren Protoplasma eben erst eine ganz feine, den Farbstoff kaum annehmende Granulation zeigt und deren chromatinarmer Kern keine Andeutung von Abschnürung oder sonstigen Teilungsvorgängen zeigt. Daneben aber sieht man ganz gleich geformte Zellen, deren Protoplasma eine viel deutlichere neutrophile Körnung und deren Kern Einbuchtungen und stärkere Chromatinanhäufungen zeigt, sodass man aus diesem gleichmässigen Entwickelungsverhältnis zwischen Kern und Zellleib zu der Annahme gedrängt wird, dass diese Zellformen verschiedene Stufen der Reifung darbieten.

Ich glaube demnach, dass die als Markzellen bezeichneten Formen in verschiedenen Entwickelungsstadien im Blute kreisen.

2. Kommt im Blute mancher Leukämischer eine Form farbloser Zellen von verschiedener Grösse, zumeist den grossen Lymphocyten ähnlich vor, deren Protoplasma nur einen schmalen Saum bildet, keine Spur einer Granulation und weder eine Affinität zu neutralen noch zu sauren Farbstoffen zeigt. Das überaus zarte Protoplasma dieser Zellen zeigte in einem Falle eigener Beobachtung an den meisten Zellen Protuberanzen ähnliche Vorsprünge in der Peripherie und ging bei einigermassen starker Erhitzung der Präparate sehr leicht zu Grunde. Der grosse, runde Kern dieser Zellen ist sehr chromatinarm und zeigt bei geeigneten Untersuchungsmethoden keine Andeutung von Teilungsvorgängen.

Diese Zellen dürfte man am besten als „unreife Formen" bezeichnen, und auf Grund von gleich zu erwähnenden Beobachtungen halte ich es für unwahrscheinlich, dass sie in grösserem Massstabe im Blute zur Reifung kommen, die Hauptmasse geht jedenfalls unverändert zu Grunde.

Diese Formen hat neuerdings A. Fränkel, welcher dieselben für Lymphocyten anspricht, bei einer Anzahl von Fällen „akuter" Leukämie so regelmässig und so beträchtlich der Zahl nach vor allen anderen Formen prävalierend gefunden, dass er der Ansicht ist, schon aus diesem Blutbefunde allein mit Sicherheit die Diagnose auf eine akut verlaufende Leukämie stellen zu können, indem er annimmt, dass durch eine akut wirkende Noxe ein Übermass jugendlicher Formen aus den blutbildenden Organen, besonders den Lymphdrüsen in die Cirkulation übertritt.

Die Ansicht Fränkel's über die diagnostische Bedeutung dieser Zellformen ist unhaltbar.

Bereits seit fast 4 Jahren befindet sich ein zur Zeit 52 Jahre alter Arbeiter auf der Klinik des Herrn Geheimrat Gerhardt, welcher mit geringen Schwankungen vom Beginn bis jetzt dieselben relativen Verhältnisse seiner Leukocyten aufweist. Ich führe weiter unten die Kurve an, welche seinen Bestand an Blutkörperchen im Verlaufe dieser Jahre registriert, und besitze gefärbte Präparate aus allen Stadien seiner Krankheit.

Diese eminent chronisch verlaufende Leukämie zeigte in der ganzen Beobachtungszeit die erwähnten „unreifen" Zellen so massenhaft vermehrt, dass der geringste Gehalt derselben etwa 95 % der gesamten Leukocyten betrug, sodass die spärlichen polynukleären neutrophilen und eosinophilen Zellen zusammen in maximo höchstens 5 % betragen. Eine nach dem frischen Präparate gezeichnete Abbildung dieses Blutes bietet Taf. I Nr. 2 und nach dem gefärbten Präparate Taf. II Nr. 1. Auch hier sind während der ganzen Untersuchungszeit niemals die erwähnten Markzellen im Blute aufgetreten, wie dies auch A. Fränkel für seine Fälle angiebt.

Dieser Kranke zeigt fast gar keine Schwellungen der Lymphdrüsen, auch keine deutlichen Knochenschmerzen, dagegen einen enormen Milztumor.

Wo diese unreifen Formen gebildet werden, wage ich nicht zu entscheiden, am wahrscheinlichsten dürften sie bei abnormer Richtung der Blutbildung in allen Organen entstehen, welche Leukocyten liefern. Dabei will ich erwähnen, dass zeitweise in manchen dieser Zellen deutlich kleine Hämoglobinklümpchen durch Färbung nachweisbar waren.

Dass die überwiegende Mehrzahl dieser Zellen bei unserm Kranken nicht zur Reifung gelangten, sondern im unreifen Zustande zu Grunde gingen, bewies 1. das absolute Fehlen von Kerntheilungs-Erscheinungen in Präparaten, welche in Flemming'scher Lösung fixiert und geeignet gefärbt waren, 2. die dauernde, absolute und relative Herabsetzung mehrkerniger Zellen.

Schliesslich zeigt dieser Fall, dass sehr chronische Fälle von Leukämie ohne das Auftreten von sog. Markzellen verlaufen können.

3. Kommen im leukämischen Blute abnorm grosse und abnorm kleine Formen eosinophiler Zellen vor.

Bezüglich der Beobachtungen von Kerntheilungsfiguren und Leukocyten des leukämischen Blutes ist auf das Vorhergehende (S. 118—119) zu verweisen.

Bei der Untersuchung des leukämischen Blutes ergeben sich besonders zwei Fragen:

    1. Kann aus dem mikroskopischen Präparate mit Sicherheit die Diagnose auf Leukämie gestellt werden?

    2. Kann aus den vorhandenen Zellformen mit Sicherheit die Form d. h. eine lienale, lymphatische, medulläre oder gemischte Leukämie diagnostiziert werden?

1. Die Diagnose der Leukämie ist bei ausgesprochenen Fällen — und solche kommen wohl zumeist in die ärztliche Beobachtung — ohne weiteres im frischen Präparate aus der enormen Vermehrung der Leukocyten zu stellen, denen gegenüber die zu Geldrollen angeordneten roten Blutkörperchen noch viel spärlicher erscheinen, als sie in Wirklichkeit sind. Bei den selteneren zweifelhaften Fällen genügen Zählungen allein nicht, mit Sicherheit die Diagnose zu stellen, man muss vielmehr die Form der Zellen beachten und hierbei berücksichtigen, dass manchmal (cf. Leukocytose) beträchtliche einseitige Vermehrung der normalen Lymphocyten und eosinophilen Zellen auch als transitorische Leukocytose auftritt, dass also das Hauptgewicht auf den Befund an atypischen Leukocytenformen und kernhaltigen roten Blutkörperchen (ohne sonstige morphologische Veränderungen der roten Blutkörperchen) zu legen ist. Wenn auch in letzter Zeit mit Recht von Loos, Schlesinger und Hammerschlag auf das Vorkommen von Markzellen im Blute Gesunder aufmerksam gemacht wird, so handelt es sich hier doch nur um spärliche Exemplare, während gerade die starke Vermehrung dieser Zellen ebenso wie die der anderen atypischen Formen mit voller Sicherheit die Diagnose einer Leukämie erhärtet.

2. **Die Bestimmung des Sitzes des leukämischen Prozesses**
ist nach allem, was oben auseinandergesetzt ist, nur in seltenen
Fällen mit einiger Wahrscheinlichkeit aus dem Blutbefunde
allein möglich.

Es sprechen weder die Befunde von Lymphocyten ohne weiteres
für eine Herkunft aus den lymphatischen Apparaten, noch eine
abnorme Vermehrung der eosinophilen Zellen ohne weiteres für
eine Beteiligung des Knochenmarkes. Das Befallensein dieses
Systems wird am ehesten wahrscheinlich, wenn gleichzeitig grosse
Mengen von eosinophilen Leukocyten, von Markzellen und kernhaltigen roten Blutkörperchen beobachtet wird.

Alle Erwartungen, welche man in dieser Richtung an die
modernen Methoden der Blutuntersuchung geknüpft hat, sind durch
die fortschreitenden histologischen Forschungen und die überaus
grosse Mannigfaltigkeit der klinischen Blutbefunde getäuscht
worden. Jeder Fall von Leukämie hat seine Eigenarten, jeder bietet
besondere Schwierigkeiten in der Deutung des Blutbefundes, und es
kann daher nicht dringend genug vor verallgemeinernden Schlüssen
selbst aus einer grösseren Beobachtungsreihe gewarnt werden.

Für die Diagnose des Sitzes der Erkrankung muss in erster
Linie die gesamte körperliche Untersuchung in Betracht kommen,
die Blutbefunde können lediglich die hiernach gestellte Diagnose
erhärten oder erweitern.

Eine besondere Wichtigkeit für die Auffassung des ganzen
Krankheitsbildes in Rücksicht auf Prognose und Therapie, auf
akuten oder chronischen Verlauf besitzt die Blutuntersuchung
bei der Leukämie bisher nicht.

Blutserum. Dasselbe ist nach den Angaben von Labadie-Lagrave verhältnismässig gegenüber der Konzentrationsabnahme
des ganzen Blutes wenig verändert.

Das spez. Gewicht des Serum beträgt 1029—1023 in minimo.

Chemisches. Die Alkalescenz des leukämischen Blutes ist nach
v. Jaksch, Peiper u. a. meist beträchtlich herabgesetzt. Diese
Verminderung beruht nach v. Noorden auf gesteigertem Protoplasmazerfall und vermehrter Säurebildung im Blute. Schon Scherer
fand Milchsäure, Ameisensäure und Essigsäure, Mosler und Körner
Ameisensäure und Milchsäure, Bockendahl und Landwehr Milchsäure und Bernsteinsäure, Salkowski Ameisensäure und Milchsäure
im Blute.

Die früheren Berichte über „Pepton"-Befunde im Blute von
Bockendahl und Landwehr, E. Ludwig u. a. sind nach der
heutigen Auffassung dahin zu modifizieren, dass es sich um Albumosen handelte, und Mathes hat neuerdings in sorgfältigen Analysen nachgewiesen, dass im leukämischen Blute echtes Pepton im

Sinne Kühne's nicht vorhanden war, dagegen ein Körper, welchen er als Deuteroalbumose ansprach.

Xanthinkörper als Abkömmlinge zerfallenen Nukleïns finden sich nach Kossel im leukämischen Blute reichlicher und leichter nachzuweisen, als im gesunden Blute. Nukleoalbumin, wahrscheinlich aus zerfallenen Blutkörperchen hervorgegangen, fand Mathes im Serum eines Leukämischen.

Der Eisengehalt des Blutes ist nach Strecker und Scherer, sowie Freund und Obermayer stark herabgesetzt.

Über Befunde von Glutin berichten Scherer, Salomon, Salkowski, vermehrten Glykogengehalt fanden Salomon und Gabritschewski.

Schliesslich verdient ein besonderes Interesse das Auftreten der sogen. **Charcot-Leyden-Robinschen Kristalle** im Blute und den Gewebssäften Leukämischer.

Diese Kristalle, auf deren nahe Beziehungen zu den eosinophilen Zellen besonders Leyden, Fr. Müller, Gollasch, Ad. Schmidt (s. Respirationsapparat) aufmerksam gemacht haben, sind jedenfalls identisch mit den von Leyden im Sputum Asthmatischer gefundenen Kristallen und mit den Böttcher'schen sog. Sperminkristallen. Sie sind in jüngster Zeit besonders von Poehl studiert worden, und zwar fand derselbe den wesentlichen Bestandteil, die Schreiner'sche Base Spermin, in den verschiedensten Organen des Körpers als Abkömmling des Nukleïns zerfallender Zellen, und die hier erwähnten Kristalle sind nach Poehl Sperminphosphat.

Die Kristalle bilden sich nicht im lebenden Blute. Sie sind beim lebenden Leukämiekranken bisher konstatiert worden durch Westphal im aspirierten Milzsafte und von mir (s. Lit.) im punktierten hämorrhagischen Pleuraexsudate eines Leukämischen.

Besonders reichlich finden sich die Kristalle im Blute und Knochenmarke von Leichen nach längerem Stehenlassen der Organe.

Von Wichtigkeit ist die Angabe von E. Neumann, dass sich die Kristalle nur da finden, wo bei Leukämie grosse ein- oder mehrkernige Leukocyten mit reichlichem Protoplasma im Blute vorkommen. Dagegen kommen sie bei rein lienaler oder lymphatischer Form nicht vor.

Verlauf des leukämischen Prozesses.

Bekanntlich führt die Leukämie in allen ausgesprochenen Fällen zum Tode, Besserungen bezw. Stillstand der Erscheinungen sind häufig zeitweise zu beobachten, Heilungen dürften jedenfalls zu den allergrössten Seltenheiten gehören.

Im Verlaufe der Erkrankung stellen sich verschiedene Änderungen im Blutbefunde ein, von welchen hier folgende zu erwähnen sind:

1. Kann der Blutbefund durch interkurrierende Krankheiten, besonders Infektionskrankheiten beeinflusst werden.

Die erste derartige Beobachtung wurde von Eisenlohr mitgeteilt, welcher bei einem Falle gemischter Leukämie unter dem Einflusse einer typhusartigen fieberhaften Erkrankung ein Zurückgehen der Milz- und Drüsenanschwellungen konstatierte, während gleichzeitig die Zahl der Leukocyten im Blute fast bis zur Norm zurückkehrte. Bei fortdauerndem Fieber blieb dieser Zustand etwa 14 Tage lang bestehen und ging dann wieder in die ausgesprochenen leukämischen Erscheinungen über.

Heuck fand bei einem Falle von lienaler Leukämie infolge Hinzutretens einer hochfieberhaften eitrigen Pleuritis ein starkes Heruntergehen der Leukocytenzahl, Quincke beobachtete dasselbe infolge des Auftretens einer akuten Miliartuberkulose und Stintzing beim Fortschreiten einer komplizierenden Phthisis.

Kovacz berichtet über einen Fall von lienal-medullärer Leukämie, bei welchem infolge einer interkurrenten Influenza unter Abschwellung des Milztumors eine Abnahme der Leukocyten im ganzen und zwar der grossen, einkernigen Formen eintrat, während die normalen mehrkernigen Formen beträchtlich zunahmen.

H. F. Müller und A. Fränkel machten ähnliche Befunde bei interkurrenter Sepsis, und auch hier traten die mehrkernigen Leukocyten gegenüber den atypischen Formen während der Fieberperiode in den Vordergrund. A. Fränkel beobachtete bei der Verringerung der Leukocyten eine so beträchtliche Vermehrung der Harnsäureausscheidung, dass er hieraus mit Sicherheit auf eine Leukocytolyse schliessen konnte, für welche auch eine Verschlechterung des Allgemeinbefindens sprach, welche er auf Fermentintoxikation infolge der Auflösung der Leukocyten bezog.

Im Anschluss an diese Beobachtungen ist zu erwähnen, dass neuerdings Jacob durch Injektionen von Milzextrakt und Richter von Spermin (Poehl) bei chronischer Leukämie eine Herabsetzung der Leukocytenzahl hervorrufen konnten. Dagegen fanden Richter und Spiro nach intravenöser Injektion von 0,05 gr Zimmtsäure ein Emporschnellen der Leukocytenzahl bei Leukämie, gefolgt von Heruntergehen derselben.

Ich lasse hier die fast über 4 Jahre hindurch fortgeführten Blutkörperchenzählungen bei dem auf S. 123 erwähnten Patienten in übersichtlicher Kurvenform folgen, da in der Litteratur keine über einen so langen Zeitraum hindurch fortgesetzte exakte Bestimmung der Blutkörperchen bei einem Leukämischen existieren dürfte. Die Zahlen der roten Blutkörperchen zeigen in völliger Uebereinstimmung mit der klinischen Beobachtung sehr deutlich das Auf- und Absteigen seines Allgemeinbefindens.

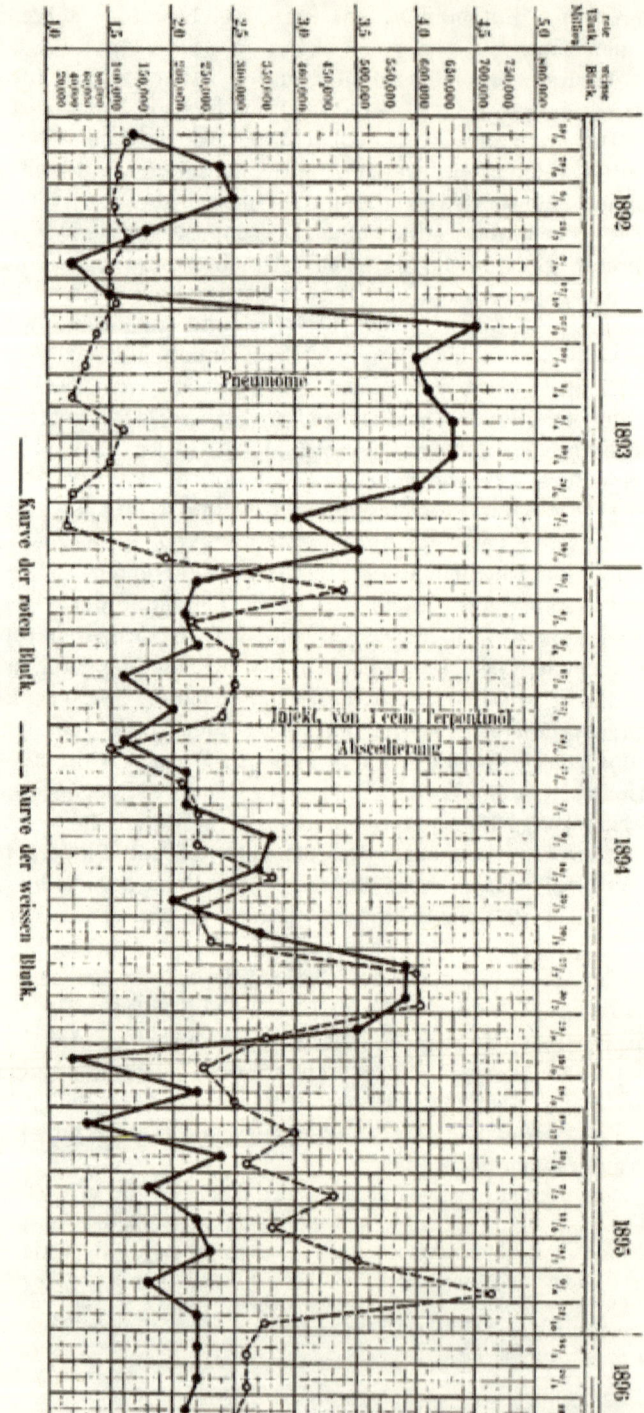

——— Kurve der roten Blutk. ‒ ‒ ‒ Kurve der weissen Blutk.
Kurve der roten und weissen Blutkörperchen.

Dieser Kranke wurde am 29. März 1893 von einer fibrinösen lobären Pneumonie befallen. Die Zahl der Leukocyten, welche schon in der letzten Zeit vor der Erkrankung niedrig gewesen war, ging beim ersten Einsetzen der Erkrankung noch weiter herunter, stieg dann aber mit der Entfieberung zu einer beträchtlichen Höhe an. Die Formen der Leukocyten, welche — wie oben erwähnt — fast ausschliesslich aus verschieden grossen, einkernigen unreifen Zellen bestanden, blieben während dieser Zeit dieselben und auch das Verhältnis zu den spärlichen mehrkernigen Formen änderte sich nicht. Mit dem Einsetzen der Pneumonie schien sich die Milz etwas zu verkleinern, doch war diese Erscheinung nur ganz vorübergehend.

Am 22. Juni 1894 wurde diesem Kranken subkutan an einem Oberschenkel 1 ccm Terpentinöl eingespritzt, es entwickelte sich in den nächsten Tagen eine Infiltration mit Übergang in Eiterung, der Abscess wurde am 30. Juni gespalten, und noch mehrere Wochen hindurch bestand eine starke eitrige Sekretion aus der Incisionswunde.

Wie die Kurve zeigt, war ganz vorübergehend am 3. Tage nach der Injektion eine starke Abnahme der Leukocyten vorhanden, doch gingen dieselben schon vor der Eröffnung des Abscesses wieder fast bis zur vorherigen Höhe hinauf.

Auch während dieser Zeit trat keine nennenswerte Verschiebung in dem Verhältnis der einkernigen zu den mehrkernigen ein.

Von besonderem Interesse war in diesem Falle, dessen Leukocyten bis auf wenige Prozent einer durchaus atypischen Zellform angehören, die Untersuchung der Eiterkörperchen aus dem Terpentin-Abscess, welche ich mit meinem Kollegen Ruge gemeinsam ausführte, der sich auch an der Fortführung der Blutkörperchenzählungen beteiligt hat. Es fanden sich in dem Eiter, soweit derselbe nicht mit Blut vermischt war, ausschliesslich die gewöhnlichen polynukleären, neutrophilen, also reifen Formen der Leukocyten. Den gleichen Befund hatte ich bei der Untersuchung des pneumonischen Sputums während der Erkrankung im Frühjahr 1893, auch hier waren die farblosen Zellen lediglich mehrkernige gewöhnliche Leukocyten.

Bereits Virchow (2) beobachtete im Herzblute bei lymphatischer Leukämie runde granulierte „Kerne" von der Grösse der Lymphdrüsen„kerne", dagegen in einer serös-purulenten Infiltration derselben Leiche „Eiterkörperchen" von gewöhnlicher Grösse.

Ebenso fand E. Neumann bei einem Falle von lymphatischer Leukämie im Eiter reguläre Eiterkörperchen, durchaus verschieden von denen des Blutes, und ähnliche Beobachtungen machten Fleischer und Penzoldt an den Eiterkörperchen eines Falles von lymphatischer Leukämie.

2. Eine weitere Änderung des Blutbefundes kann ferner dadurch bedingt sein, dass der leukämische Prozess verschiedene blutbildende Organe nach einander ergreifen kann, und dass alsdann im mikroskopischen Bilde der Charakter der Zellen je nach der neu hinzugetretenen Erkrankung sich ändert.

Besonders häufig scheint dies infolge Ergriffenwerdens des Knochenmarkes bei bestehender lienaler oder lymphatischer Leukämie einzutreten, aber auch den Übergang einer lienalen in eine lymphatische Form haben Fleischer und Penzoldt beobachtet. Diese Erscheinungen erklären sich nach Ponfick dadurch, dass die Proliferation der Leukocyten zeitweise an einer der Blutbildungsstätten eine besondere Intensität entfalten, während an anderen ein Stillstand oder Nachlass eintreten kann.

M. E. könnte man nach den neueren Untersuchungen auch annehmen, dass unter gewissen, noch nicht bekannten Bedingungen der proliferierte Zelltypus in einem und demselben Organ ein anderer werden kann, da ja z. B. auch Lymphocyten aus dem Knochenmarke stammen können.

3. Ein Übergang des leukämischen Krankheitsbildes in eine andere Form schwerer Bluterkrankung und auch der umgekehrte Gang ist beobachtet worden.

C. Gerhardt beobachtete bei einem Leukämischen, dessen Blut ein Verhältnis der farblosen zu den roten Blutkörperchen wie 1:3 darbot, ein rapides Schwinden der Leukocyten innerhalb von drei Tagen, worauf das Bild der perniciösen Anämie an Stelle der Leukämie trat.

Litten(1) beschreibt einen Fall, bei dem sich auf der Basis einer perniciösen Anämie vier Tage vor dem Tode das Bild einer akuten Leukämie entwickelte. Fleischer und Penzoldt berichten über einen Fall von Hodgkin'scher Lymphomatosis, der mindestens acht Monate bestanden hatte und in echte lymphatische Leukämie überging. (Weiteres hierüber siehe bei Pseudoleukämie.)

Litteratur.

Arnold. Zur Morphologie und Biologie der Zellen des Knochenmarks. Virch. Arch. Bd. 140. 1895. S. 411.
Askanazy. Ueber akute Leukämie und ihre Beziehung zu geschwürigen Prozessen im Verdauungskanal. Virch. Arch. Bd. 137. S. 1.
Bard, L. Lyon médic. 1888. T. VII. S. 239.
Biondi. Cit. bei H. F. Müller (l. c. Nr. 2).
Biesiadecki. Leukämische Tumoren der Haut und des Darmes mit einigen Bemerkungen über den leukämischen Prozess selbst. Wiener med. Jahrbücher. 1876. S. 233.
Bizzozero, J. Ueber die Natur der sekundären leukämischen Bildungen. Virch. Arch. Bd. 99. 1885. S. 378.
Bockendahl u. Landwehr. Chemische Unters. leukämischer Organe. Virch. Arch. Bd. 84. 1881. S. 561.
Bollinger, O. Beiträge zur vergleichenden und experimentellen Pathologie der konstitutionellen und Infektionskrankheiten. Die Leukämie bei Haustieren. Virch. Arch. Bd. 59. 1874. S. 341.
Bonardi. Ref. im Centralbl. f. allg. Path. Bd. I. 1890. S. 369.
Cornil et Ranvier. Manuel d'histologie pathologique. II. édit. Paris 1881.

Ebstein, W. Ueber die akute Leukämie u. Pseudoleukämie. Deutsches Arch.
f. klin. Med. Bd. 44. 1889. S. 343.
Ehrlich, P. Farbenanalytische Untersuchungen zur Histologie u. Klinik des
Blutes. Ges. Mittheilungen. I. Th. Berlin 1891.
Eichhorst, H. Ueber akute Leukämie. Virch. Arch. Bd. 130. 1892. S. 365.
Eickenbusch. Ueber Leukämie. Dissert. Bonn 1889.
Eisenlohr, C. Leucaemia lienalis, lymphatica und medullaris mit multiplen
Gehirnnervenlähmungen. Virch. Arch. Bd. 73. 1878. S. 56.
Erb, W. Zur Entwicklungsgeschichte der roten Blutkörperchen. Virch. Arch.
Bd. 34. 1865. S. 138.
Fleischer, R. u. Penzoldt, F. Klinische, pathol.-anat. u. chem. Beiträge zur
Lehre von der lienal-myelogenen, sowie der lymphatischen Form der
Leukämie. Deutsches Arch. f. klin. Med. Bd. 26. 1880. S. 368.
Flemming, W. Beiträge zur Kenntnis der Zelle u. ihrer Lebenserscheinungen.
Arch. f. mikr. Anat. Bd. 20. 1882. S. 1.
Fränkel, A. Ueber akute Leukämie. Deutsche med. Wochenschr. 1895. S. 639.
Gabritschewsky, G. Mikroskopische Untersuchungen über Glykogenreaktion
im Blut. Arch. f. exp. Path. u. Pharm. Bd. 28. 1891. S. 272.
Gerhardt, C. Sitzungsber. d. phys. Gesellsch. zu Würzburg, 19. Mai 1888.
Mac Gillavry. Weekbl. van het Nederl. Tijdschr. v. Geneesk. 1879. Nr. 1.
Grawitz, E. Ueber geformte Bestandteile in 48 pleurit. Exsudaten. Charité-
Annalen. Bd. 18. 1893. S. 265.
Graziani. Ref. im Centralbl. f. inn. Med. 1895. S. 637.
Greiwe. Eine nach Trauma rasch zum Tode führende Leukämie. Berl. klin.
Wochenschr. 1892. Nr. 33.
Greene. Acute Leucaemia during pregnancy. New-York med. journ. 1888. Febr.
Guttmann, P. Ueber einen Fall v. Leucaemia acutissima. Berl. klin. Wochen-
schrift. 1891. Nr. 46. S. 1109.
Hayem, G. Du sang et de ses altérations anatomiques. Paris 1889.
Heuck, G. Zwei Fälle von Leukämie u. eigenthümlichem Blut- resp. Knochen-
marksbefund. Virch. Arch. Bd. 78. 1879. S. 475.
Hilbert. Leukämie mit Schwangerschaft. Deutsche med. Wochenschr. 1893. Nr. 6.
Hinterberger, A. Ein Fall von akuter Leukämie. Deutsches Arch. f. klin.
Med. Bd. 48. 1891. S. 324.
Hintze. Deutsches Arch. f. klin. Med. Bd. 53. 1894. S. 377.
Hock, A. u. Schlesinger, H. Hämatologische Studien. Beiträge zur Kinder-
heilkunde. N. F. II. Leipzig u. Wien, F. Deuticke, 1892.
Horbaczewski. Sitzungsber. d. Kais. Akad. d. Wissensch. in Wien. Bd. 100.
Abth. III. 1891.
Jacksch, R. v. Klinische Diagnostik. Wien 1893.
Kelsch u. Veillard. Annal. de l'inst. Pasteur. 1890. T. IV. No. 5.
Klebs. Eulenburgs Realencyklopädie. I. S. 357. 1. Aufl.
Koettnitz. Berl. klin. Wochenschr. 1890. Nr. 35.
Kossel. Zur Chemie des Zellkerns. Zeitschr. f. physiol. Chemie. Bd. 7.
1882. S. 22.
Kottmann, A. Die Symptome der Leukämie. Inaug.-Diss. Bern 1871.
Kovacz. Zur Frage der Beeinflussung des leukäm. Krankheitsbildes durch
komplizierende Infektionskrankheiten. Wien. klin. Wochenschr. 1893. Nr. 39.
Labadie-Lagrave. Traité des maladies du sang. Paris. S. 335.
Laubenburg. Cit. bei Vehsemeyer, s. Lit. 2.
Leube, W. v. Spezielle Diagnose der inneren Krankheiten. II. Bd. 3. Aufl.
Leipzig 1893.
Leyden. Deutsche med. Wochenschr. 1891.
v. Limbeck. Grundr. einer klin. Pathol. d. Blutes. Jena 1892.

Litten, M. 1. Über einen in medullare Leukämie übergehenden Fall von perniciöser Anämie nebst Bemerkungen über die letztere Krankheit. Berl. klin. Wochenschr. 1877. S. 257. — 2. Zur Pathol. d. Blutes. Ibidem. 1883. Nr. 27. — 3. Zur Lehre von der Leukämie. Verhandl. d. XI. Kongresses f. inn. Med. Wiesbaden 1892. S. 159.

Löwit, M. 1. Beiträge zur Lehre von der Leukämie. Die Beschaffenheit der Leukocyten bei der Leukämie. Sitzungsber. d. Kais. Akad. d. Wiss. Wien. Bd. 95. Jahrg. 1887. III. Abt. S. 227. — 2. Studien zur Physiologie u. Pathologie des Blutes und der Lymphe. Jena 1892. — 3. Zur Leukämiefrage. Centralbl. f. allg. Pathol. 1894. Nr. 19.

Loos, J. Über das Vorkommen kernhaltiger, roter Blutkörperchen bei Anämie der Kinder. Wiener klin. Wochenschr. 1891. S. 26.

Mathes, M. Zur Chemie des leukämischen Blutes. Berl. klin. Wochenschr. 1894. No. 23 24.

Mayer, V. Über Leukämie. Med. Korrespondenzbl. d. württemb. ärztl. Landesv. 1889. Nr. 21—24.

Mayet. Sur les éléments figurés du sang leucocythémique. Compt. rend. hebd. des séances de l'acad. des sciences. Paris 1888. T. 106. I. S. 762.

Mosler, Fr. Die Pathologie und Therapie der Leukämie. Berlin 1872. Hier findet sich besonders die ältere Litteratur ausführlich besprochen.

Mosler, Fr. und Körner, W. Zur Blut- und Harnanalyse bei Leukämie. Virchow's Archiv Bd. 25. 1862. S. 142.

Müller, H. F. 1. Zur Leukämiefrage. Deutsch. Arch. f. klin. Med. Bd. 48. 1891. S. 51. — 2. Die Morphologie des leukämischen Blutes und ihre Beziehungen zur Lehre von der Leukämie. Centralbl. f. allg. Pathol. und path. Anat. 1894.

Ausführliche, objektive Darstellung der wesentlichsten Anschauungen über die Blutbildung bei Leukämie.

Nette. Ist Leukämie eine Infektionskrankheit? Diss. Greifswald 1890.

Neumann, E. 1. Krystalle im Blut bei Leukämie. Archiv für mikr. Anat. Bd. 2. 1866. S. 597. — 2. Ein Fall von Leukämie mit Erkrankung des Knochenmarks. Archiv der Heilkunde Bd. XI. 1870. S. 1ff. — 3. Über Blutregeneration und Blutbildung. Zeitschr. f. klin. Med. Bd. III. 1881. S. 411. — 4. Notizen zur Pathologie des Blutes. Virch. Arch. Bd. 116. S. 318.

v. Noorden. Pathologie des Stoffwechsels. 1893. S. 342.

Obrastzow. Zwei Fälle von akuter Leukämie. Deutsche med. Wochenschr. 1890. Nr. 50. S. 1150.

Orth. Arbeiten aus dem pathol. Inst. Göttingen. 1893. S. 40.

Osterwald. Ein neuer Fall von Leukämie mit doppelseit. Exophthalmus durch Orbitaltumoren. v. Gräfe's Arch. Bd. 27. 1881.

Pawlowsky, A. Zur Lehre von der Aetiologie der Leukämie. Deutsche med. Wochenschr. 1892. S. 641.

Poehl. Deutsche med. Wochenschr. 1895. S. 475.

Ponfick, E. Weitere Beiträge zur Lehre von der Leukämie. Virchow's Archiv Bd. 67. 1876. S. 367.

Quincke. Ref. Münchener med. Wochenschr. 1890. Nr. 1.

Rénaut. Cit. bei H. F. Müller (l. c. Nr. 2).

Richter u. Spiro. Über die Wirkung intravenöser Zimmtsäureinjektion auf das Blut. Arch. f. exper. Path. u. Ther. Bd. 34. 1894. S. 290.

Rieder, H. Beiträge zur Kenntnis der Leukocytose und verwandter Zustände des Blutes. Leipzig 1892.

Salander und Hoffsten. Ref. Jahrb. f. Kinderheilk. 1885. S. 202.

Salkowski. Cit. bei Mosler. S. 109.
Salomon. Ueber pathol. chem. Blutunters. Charité-Annalen. Bd. V. 1878. S. 139.
Scherer. Cit. in Mosler's Monographie S. 108.
Schmidt, M. B. Über Blutzellenbildung in Leber und Milz unter normalen und pathologischen Verhältnissen. Ziegler's Beiträge zur path. Anat. u. allg. Path. B. XI. 1891.
Senator. Berl. klin. Wochenschr. 1882 Nr. 35 u. ibidem 1890 Nr. 4.
Steinbrügge. Zeitschr. f. Ohrenheilk. 1886. S. 238.
Stintzing. Ref. München. med. Wochenschr. 1890. Nr. 1.
Strecker. Cit. bei Mosler. S. 108.
Triconi. Cit. bei Vehsemeyer (s. Lit. 2).
Troje. Über Leukämie und Pseudoleukämie. Berl. klin. Wochenschr. 1892. S. 285 ff.
Uthemann, W. Zur Lehre von der Leukämie. Inaug.-Diss. Berlin 1887.
Vehsemeyer. 1. Beitrag zur Lehre von der Leukämie. Diss. Berlin 1890. — 2. Studien über Leukämie. Münch. med. Wochenschr. 1893. Nr. 30.
Verdelli, Camillo. Centralbl. f. d. med. Wiss. 1893. Nr. 33.
Virchow, R. 1. Weisses Blut. Froriep's N. Notizen 1845. Nov. Nr. 780. — 2. Zur pathologischen Physiologie des Blutes. Die Bedeutung der Milz- und Lymphdrüsen-Krankheiten für die Blutmischung (Leukämie). Virchow's Arch. Bd. 5. 1853. S. 43 ff.
Wertheim, E. Zur Frage der Blutbildung bei Leukämie. Zeitschr. f. Heilk. Bd. XII. 1891.
Westphal, A. Über das Vorkommen der Charcot-Leyden'schen Krystalle im Gewebsaft des Lebenden. Deutsches Arch. für klin. Med. Bd. 47. 1891. S. 614 ff.

4. Pseudoleukämie.
Hodgkin'sche Krankheit, Malignes Lymphom, Adenie.

Diese Form der Anämie hat ihren Namen von der Ähnlichkeit des ganzen Krankheitsbildes mit gewissen Formen der Leukämie erhalten, da im Vordergrunde der Erscheinungen Anschwellungen der Lymphdrüsen und zumeist auch der Milz stehen, während sie indes als wesentliches Moment von der Leukämie das Fehlen der Leukocytenvermehrung unterscheidet.

Haben wir schon bei der Leukämie die starken Divergenzen in den Anschauungen über Wesen und Herkunft der Erkrankung kennen gelernt, so finden wir bei der Pseudoleukämie noch viel grössere Unsicherheiten in diesen wichtigen Fragen, ja es ist hier sehr wahrscheinlich, dass ziemlich verschiedenartige Prozesse unter diesem Krankheitsbegriff zusammengefasst werden. Schon die folgende Übersicht über die Namengebung, welche diese Krankheit erfahren hat, zeigt die verschiedenartige Auffassung der einzelnen Autoren über die pathologisch-anatomischen Grundlagen derselben.

In den Schriften der älteren Ärzte finden sich die hierher gehörigen Krankheitszustände als skrophulöse Drüsenanschwellungen beschrieben, welche zu allgemeiner Anämie und Kachexie führen. In schärferer Weise wurde zuerst durch Hodgkin (1832) die hier in Frage kommende Krankheitsform von den sonstigen Drüsenhypertrophien geschieden, doch finden sich auch in Hodgkin's Zusammenstellung tuberkulöse, krebsige, wahrscheinlich auch syphilitische Fälle mit manchen unklaren zusammen beschrieben. Trotzdem führt man ganz allgemein den Beginn der Geschichte dieser Krankheit auf diesen Autor zurück und nennt sie daher „**Hodgkin's Krankheit**".

Nachdem später durch Virchow die leukämische Beschaffenheit des Blutes bei allgemeiner Drüsenanschwellung und Vergrösserung der Milz beschrieben war, berichteten Bonfils und bald darauf Trousseau über ganz ähnliche Zustände von Drüsenhypertrophie, jedoch ohne Vermehrung der weissen Blutzellen, für welche Trousseau den Namen „Adenie" einführte, der auch heute noch von den französischen Autoren für diese Krankheitsform gebraucht wird.

In Deutschland lenkte zur selben Zeit Wunderlich die Aufmerksamkeit auf diese Erkrankung, welche er „progressive Drüsenhypertrophie" nannte, und in England wurde dieselbe von Wilks als „Anaemia lymphatica" bezeichnet.

Während Virchow aus gleich zu erwähnenden Gründen die Krankheit mit dem Namen „Lymphosarkom" bezeichnete, verwarf Cohnheim denselben wegen der Verschiedenheit der vorliegenden Erkrankung von eigentlicher Sarkomatose und führte die Bezeichnung als „Pseudoleukämie" ein, während Billroth den Namen „Lymphom" vorschlug. Strümpell bezeichnet solche Formen, bei welchen die Milzschwellung besonders stark in die Erscheinung tritt, als „Anaemia splenica".

Anatomische Befunde. Das Charakteristische dieser Erkrankung bilden die enormen Anschwellungen der Lymphdrüsen besonders am Halse, Mediastinum, in der Bauchhöhle und Inguinalgegend. Die Drüsen können bis zu Faustgrösse geschwollen sein und liegen meist zu grösseren Packeten vereinigt, in welchen jedoch die einzelnen Drüsen leicht abzupalpieren sind. Die Haut über den geschwollenen Drüsen ist bemerkenswerterweise immer intakt, frei verschieblich, der Prozess beschränkt sich auf die Drüsen.

Die Drüsen selbst erscheinen auf dem Durchschnitt grauweiss, glatt und zeigen keine Neigung zu Eiterung und Verkäsung. Man unterscheidet nach Virchow eine harte Form, bei welcher vornehmlich das retikuläre Gewebe hyperplastisch geworden ist, und andere Formen, bei welchen die zelligen Elemente vorwiegend an der Hyperplasie beteiligt sind. Es handelt sich in jedem Falle lediglich um eine Vermehrung der normalen Lymphzellen, um einfache hyperplastische Zustände und Übergänge von der harten in die weiche Form, d. h. zwischen zelliger und bindegewebiger Wucherung, sind häufig zu beobachten.

Diese Hyperplasie beschränkt sich nun nicht auf die Lymphdrüsen, sondern der gesamte lymphatische Apparat kann in Mitleidenschaft gezogen sein, und es finden sich demgemäss besonders häufig Hypertrophien der Follikel der Milz, des Darmtraktus, der Tonsillen.

Hierzu kommen die Metastasenbildungen, welche sich besonders in der Milz zu den follikulären Hyperplasien hinzugesellen und in fast allen Organen als verschieden grosse Tumoren auftreten können, welche im allgemeinen dieselbe Struktur aufweisen wie die hyperplastischen Lymphdrüsen.

Ausser in der Milz treten die Lymphom-Metastasen besonders häufig in der Leber, ferner in den Nieren, der Lunge und Pleura, Magen, Pankreas, Herz, Knochenmark, selten in den nervösen Centralorganen und im Genitalapparate auf.

Ausser den genannten Veränderungen sind anatomisch noch Hämorrhagien in den verschiedensten Organen, vornehmlich an den Schleimhäuten und der äusseren Haut wichtig.

Verschiedene Auffassungen über die pseudoleukämischen Erkrankungen. Wie schon erwähnt, bezeichnete Virchow die hier in Frage stehenden Drüsenanschwellungen als Lymphosarkome, um die Malignität der Erkrankung und die Metastasenbildung damit zum Ausdrucke zu bringen, jedoch unterschied er dieselben streng von den eigentlichen Sarkomen der Drüsen, von welchen sie sich besonders durch das Fehlen von Wucherungen in der Umgebung, sowie die geringe Neigung zu regressiven Metamorphosen unterscheiden.

Diese Auffassung, dass es sich trotz der Malignität der Erkrankung doch nicht um eigentliche Sarkomatose handle, wurde besonders von Billroth und Cohnheim betont, welche infolgedessen die Bezeichnung „Lymphosarkom" verwarfen und noch in neuester Zeit sind die Unterschiede zwischen eigentlichem Sarkom der Drüsen und den malignen Lymphomen von Kundrat scharf hervorgehoben worden.

Nach Virchow stehen die Geschwülste der Pseudoleukämie in ihrem Bau den Tuberkeln nahe, da es sich bei beiden um Anhäufungen von Rundzellen handelt, indess unterscheiden sich beide Neubildungen dadurch von einander, dass die Tuberkel sehr hinfällige, zu Verkäsung neigende Gebilde sind, während — wie schon erwähnt — die Lymphome keine Neigung zu regressiver Metamorphose zeigen. Gerade die Persistenz der zelligen Gebilde in den Lymphomen und das progressive Wachstum derselben nähert sie den leukämischen Neubildungen, und wir werden weiter unten sehen, dass diese von Virchow den pseudoleukämischen Neubildungen angewiesene Stellung zwischen Tuberkeln und leukämischen Neoplasmen auch durch klinische und bakteriologische Beobachtungen gestützt wird.

Noch weniger als der Name Lymphosarkom hat sich die von Schulz vorgeschlagene Bezeichnung als Desmoidcarcinom eingebürgert, welche den bindegewebigen Charakter und zugleich die Malignität der Neubildung ausdrücken sollte.

Wenn sich aus alledem die Unsicherheit über die Auffassung des anatomischen Substrates dieser Krankheit ergiebt, so haben sich doch aus einer Anzahl von Beobachtungen gewisse Anhaltepunkte ergeben, welche eine bestimmtere Stellung dieses Krankheitszustandes anbahnen dürften.

1. **Pseudoleukämie als Vorläuferstadium der Leukämie.** Von Trousseau und Cohnheim wurde zuerst auf die grosse Ähnlichkeit im anatomischen Verhalten der leukämischen und lymphomatösen Neubildungen hingewiesen. Besonders die weicheren Formen der Drüsentumoren sind bei beiden Erkrankungen durchaus identisch, die Milzerkrankung in beiden Fällen häufig stark ausgesprochen, und auch im Knochenmark wurden von Schulz, Dyrenfurth u. a. bei Pseudoleukämie Veränderungen vorgefunden, welche durchaus denjenigen bei Leukämie entsprachen.

Man hat demgemäss entsprechend der Einteilung der leukämischen Zustände auch bei der Pseudoleukämie vorwiegend eine lymphatische und eine lienale, weniger sicher dagegen eine myelogene Form unterschieden, von welchen die beiden ersten auch als Mischformen, lienal-lymphatische, vorkommen.

Der Zusammenhang zwischen unserer Erkrankung und Leukämie wurde noch besonders wahrscheinlich durch Beobachtungen, welche bei Pseudoleukämischen in manchen Fällen eine auffällige Vermehrung der weissen Blutzellen bei längerem Bestehen der Krankheit, in einzelnen Fällen sogar einen direkten Übergang in echte Leukämie ergaben. Von den älteren Untersuchungen sind hier zunächst die von Biermer, Mosler (1), Olivier, Obet, Vidal, aus neuester Zeit von v. Limbeck, Laache, Reinert zu erwähnen, welche zum Teil beträchtliche Vermehrung der Leukocyten im Verlaufe der Pseudoleukämie konstatierten. Weiter ergaben dann die Beobachtungen von Fleischer und Penzoldt, sowie von Mosler (2) einen Übergang in echte Leukämie, und in demselben Sinne ist auch eine Beobachtung von Senator bei zwei Schwestern im Kindesalter zu deuten, welche dadurch besonders interessant ist, dass beide mit den Erscheinungen von Pseudoleukämie zur Behandlung kamen, und die eine in diesem Stadium starb, während die andere später das Bild der Leucaemia splenica darbot.

Man ist auf Grund dieser klinischen und anatomischen Beobachtungen so weit gegangen, die Pseudoleukämie als ein Vorstadium zu betrachten, welches jeder Leukämie vorangehe, und hat zur Begründung dieser Behauptung (Rothe) darauf hingewiesen, dass viele Fälle von Pseudoleukämie nach kurzem Bestehen durch interkurrente Erkrankungen, wie Pleuritis, Pneumonie etc. so schnell tödlich endigen, dass das leukämische Stadium nicht mehr eintreten konnte.

Wenn diese Ansicht in ihrer Verallgemeinerung einzelner Beobachtungen auch sicher zu weit geht, da es unzweifelhaft nicht selten sehr chronische, sich über Jahre erstreckende Fälle von Pseudoleukämie giebt, welche nicht in Leukämie übergehen, so ist doch für eine gewisse Gruppe von Pseudoleukämien durch die erwähnten Beobachtungen die Annahme sehr naheliegend, dass sie das aleukämische Vorstadium einer Leukämie bilden, dass also thatsächlich hier eine enge Verwandtschaft zwischen diesen beiden Zuständen besteht.

2. **Pseudoleukämie als allgemeine Lymphdrüsentuberkulose.** Schon mehrfach wurde erwähnt, dass die Lymphome in früherer Zeit zu den skrophulösen und tuberkulösen Erkrankungen gerechnet wurden, dass auch histologisch sich eine nahe Verwandtschaft derselben mit echten Tuberkeln nachweisen lässt.

Neuerdings haben nun eine Reihe von Beobachtungen ergeben, dass für manche Formen dieser Erkrankung doch eine engere Verwandtschaft mit der Tuberkulose besteht, als man später angenommen hatte.

Zunächst wiesen Mitteilungen von Pel und Ebstein über eigentümliche recidivierende Fiebertypen bei Pseudoleukämischen auf eine infektiöse Ursache oder Begleiterscheinung der Erkrankung hin, und ähnliche periodische Fieberbewegungen wurden später von Renvers, Völkers, Hauser und Klein veröffentlicht. Ebstein legte diesen Erkrankungen den Namen „chronisches Rückfallsfieber" bei, eine Bezeichnung, welche jedoch von Pel (3) wegen der möglichen Verwechselung mit Febris recurrens verworfen wurde.

Diese zunächst noch ungeklärten Beobachtungen erhielten ein ganz besonderes Interesse, als es Askanazy (1888) gelang, in einem ähnlich verlaufenen Falle febriler Pseudoleukämie besonders in den kleinen Lymphdrüsen Tuberkelbacillen mit Sicherheit nachzuweisen. Über einen ganz ähnlichen Fall berichtete sodann Waetzoldt, welcher es indess unentschieden liess, ob die in seinem Falle vorhandene Miliartuberkulose als Komplikation zu einer bestehenden Pseudoleukämie hinzutrat. Auch Weishaupt fand Tuberkelbacillen in den geschwollenen Lymphdrüsen und machte darauf aufmerksam, dass im allgemeinen Lymphdrüsentuberkulose unter dem Bilde einer Pseudoleukämie verlaufen könne, und zu derselben Ansicht gelangten Brentano und Tangl, welche die Virulenz der Tuberkelbacillen auch durch Verimpfung auf Tiere nachwiesen.

In richtiger Weise präcisierte Conbemale gelegentlich der Mitteilung einer analogen Beobachtung das Verhältnis zwischen Adenie (Pseudoleukämie) und Tuberkulose dahin, dass

1. **die Tuberkulose als Komplikation einer Adenie auftreten,**
2. **die Tuberkulose der Drüsen unter der Maske einer Pseudoleukämie verlaufen und**
3. **die Drüsentuberkulose eine Form der letzteren sein kann.**

Unzweifelhaft fordern diese Erfahrungen zu weiteren Beobachtungen auf, und es ergiebt sich hieraus, dass möglicherweise Krankheitszustände ganz verschiedener Ätiologie und anatomischer Grundlage bisher unter dieser Krankheitsgruppe zusammengefasst sind.

Anderweitige bakterielle Infektionen. Wie schon erwähnt, erwecken manche Fälle von Pseudoleukämie mit cyklischen Fieberperioden den Eindruck, dass es sich um Infektionskrankheiten handele, und man hat demgemäss das Blut und die Lymphomknoten derartiger Kranker schon seit längerer Zeit vielfach auf Anwesenheit von anderen Bakterien als den erwähnten Tuberkelbacillen untersucht.

Diese Untersuchungen haben in einer Reihe von Fällen positive Ergebnisse gehabt, und zwar konstatierten zuerst Majocchi und Picchini Mischinfektion mit Kettenkokken und Bacillen, Maffucci fand in den geschwollenen Drüsen Streptokokken, und ebendort wies auch Klein verschieden angeordnete Kokken nach. Nach einer neueren Zusammenstellung von Verdelli sind nach den Mitteilungen in der Litteratur bisher im ganzen bei 29 Fällen von Pseudoleukämie Bakterienbefunde, in manchen Fällen allerdings nicht einwandsfrei, erhoben und zwar teils Kokken, teils Bacillen konstatiert worden.

Während nun die einen das Auftreten von Bakterien bei dieser Krankheit als accidentelle Infektion ansehen, wie z. B. Gabbi und Barbacci, welche in einem Falle das Bacterium coli fanden, glauben Roux und Lannois, dass der Staphylococcus pyogenes aureus, welchen sie in ihrem Falle aus Blut und Drüsen züchteten, der wirkliche Erreger der pseudoleukämischen Erkrankung war, da sie bei Verimpfung desselben auf Tiere dieselben lymphomatösen Veränderungen zu erzeugen vermochten, wie sie bei dem Kranken bestanden hatten. Dasselbe behauptet neuerdings Delbet von einem Bacillus, welcher, aus dem Milzblut eines Pseudoleukämischen gezüchtet, bei Hunden Drüsenanschwellungen hervorrief. Gerade diese gleichartige Erscheinung bei Einwirkung verschiedener Arten von Bakterien sollte vor der Annahme einer spezifischen Wirksamkeit derselben warnen, und da sorgfältige bakteriologische Untersuchungen bei anderen Fällen, z. B. von Westphal (1), durchaus negative Resultate ergeben haben, so muss man diejenigen Bakterienbefunde, welche in wirklich zuverlässiger Weise erhoben sind, als accidentelle Infektionen ansehen, welche mit der Ätiologie dieser Erkrankung nichts zu thun haben.

Das Blut als Ganzes. In den ersten Stadien der pseudoleukämischen Erkrankung ist die Blutmischung häufig nur wenig alteriert. Mit dem Fortschreiten des Prozesses tritt eine allmählich zunehmende Anämie ein, welche zu Herabsetzung des spezifischen Gewichtes und der Färbekraft des Blutes führt. Bemerkenswert ist, dass die Gerinnbarkeit des Blutes in ausgesprochenen Fällen sehr verlangsamt ist und manchmal überhaupt nur unvollständig eintritt, ein Verhalten, das wir auch bei der Leukämie konstatiert haben.

Die roten Blutkörperchen zeigen nach den übereinstimmenden Angaben von Winiwarter, Laache, Geigel, Reinert, v. Limbeck, Westphal (2) u. a. eine Abnahme der Zahl, welche sich um so stärker ausspricht, je schwerer die Zeichen der Anämie und Kachexie bei den Kranken ausgeprägt sind. Im Beginne können die Zahlen völlig innerhalb der physiologischen Breite liegen und auch sub finem vitae sinken sie nicht zu so extrem niedrigen Werten, wie bei der perniciösen Anämie. Westphal z. B. fand bei einem 35 Jahre alten Kellner auf der Höhe der Erkrankung 2,74 Mill. roter Blutkörperchen und drei Tage vor dem Tode im Zustande von starkem Marasmus 1,522 Mill. Laache berichtet von ziemlich vorgeschrittener Pseudoleukämie mit Zahlen der roten Blutkörperchen zwischen 3 und 4 Millionen.

Morphologisch zeigen sich hier ebenfalls sehr viel geringere Abweichungen als bei anderen schwereren Anämien.

Die Durchschnittsgrösse der roten Blutkörperchen fand Laache nicht wesentlich gegen die Norm verändert.

Das Auftreten von Mikro- und Makrocyten, ebenso von Poikilocyten wird immer erst in vorgeschrittenen Stadien beobachtet und auch dann nur in geringem Masse, ebenso gehört das Vorkommen von kernhaltigen roten Blutkörperchen zu den seltenen Erscheinungen in den späteren Stadien.

Der Hämoglobingehalt ist in denjenigen Fällen, welche aus

gesprochene Verminderung der Zahl der roten Blutkörperchen zeigen, nach den Untersuchungen von Laache, Reinert; Westphal u. a. etwa in demselben Masse herabgesetzt, wie die Zahl der Erythrocyten, es zeigt sich also hierin, dass die vorhandenen roten Blutkörperchen nicht wesentlich in ihrer Zusammensetzung geändert sind.

Alle diese Erscheinungen an den roten Blutkörperchen — die mässige Herabsetzung der Zahl und dementsprechend des Hb-Gehaltes, die geringfügigen morphologischen Veränderungen an denselben — unterscheiden diese pseudoleukämischen Anämien in sehr augenfälliger Weise von anderen schweren, perniciösen Anämien, so dass die von manchen Autoren geäusserte Annahme, dass die Pseudoleukämie der sog. progressiven perniciösen Anämie zuzurechnen sei, hierdurch höchst unwahrscheinlich wird.

Leukocyten. Über das Verhalten der Leukocyten bei dieser Erkrankung ist das Wichtigste bereits gesagt. Die Diagnose des ganzen Krankheitszustandes basiert auf dem Nachweis des Fehlens einer Leukocythämie, und es genügt in einfachen Fällen schon die Besichtigung eines frischen Blutpräparates unter dem Mikroskope ohne irgend welche Instrumente zur Zählung, um die aleukämische Beschaffenheit desselben festzustellen.

Dass im weiteren Verlaufe häufig eine Leukocytose bei dieser Erkrankung auftritt und dass dieselbe sogar in echte Leukämie übergehen kann, ist bereits auf S. 136 erwähnt.

Interessant ist dabei die Beobachtung von Reinert, welcher eine bedeutende relative Verminderung der kleinen Leukocytenformen fand, welche er aus der Unfähigkeit der erkrankten Drüsensubstanz, Lymphocyten zu produzieren, erklärt.

Die bakteriologischen Blutbefunde bei dieser Krankheit sind ebenfalls bereits auf S. 138 erwähnt.

Anaemia infantum pseudoleucaemica. Unter diesem Namen beschreibt v. Jaksch eine im Kindesalter vorkommende Form schwerer Anämie, welcher anscheinend eine Mittelstellung zwischen Pseudoleukämie und schwerer Anämie zukommt. Schon früher hatte Senator auf das ziemlich häufige Vorkommen pseudoleukämischer Zustände bei Kindern und gewisser Veränderungen im Blute derselben hingewiesen. Die sehr blassen Kinder zeigen multiple Drüsenanschwellungen, jedoch nicht so stark, wie bei der Pseudoleukämie der Erwachsenen, die Milz ist stets beträchtlich geschwollen.

Im Blute findet man nach den Untersuchungen von v. Jaksch, de la Hausse, Loos, Luzet, Alt und Weiss sehr bedeutende Herabsetzungen der Zahl der roten Blutkörperchen, nach Loos sehr zahlreiche kernhaltige rote Blutkörperchen, starke Poikilocytose und nach Luzet sowie Alt und Weiss gelegentlich Karyokinese der roten Blutkörperchen, sowie Polychromatophilie des Hämoglobins — kurz Erscheinungen wie bei perniciösen

Anämien. Dabei sind aber, wie zuerst Senator und später alle anderen Autoren fanden, die weissen Blutkörperchen ziemlich stark vermehrt, sodass das Blut gelegentlich fast den Eindruck leukämischer Beschaffenheit machen kann, doch unterscheidet sich die Leukämie nach v. Jaksch von unserer Erkrankung dadurch, dass sie nie so niedrige Werte für die Zahl der roten Blutkörperchen und den Hb-Gehalt aufweist, wie diese Formen infantiler Pseudoleukämie.

Litteratur.

Alt u. Weiss. Anaemia pseudoleucaemica. Centralbl. f. d. med. Wissensch. 1892. Nr. 24/25.
Askanazy. Tuberkulöse Lymphome unter dem Bilde febriler Pseudoleukämie verlaufend. Ziegler's Beiträge. Bd. III. 1888. S. 411.
Billroth. Virch. Arch. Bd. 18 u. 23.
Biermer. Virch. Arch. Bd. 20. S. 552.
Bonfils. Réflexions sur un cas d'hypertroph. ganglion. génér. Soc. méd. d'observat. Paris 1856.
Brentano u. Tangl. Beitrag zur Ätiologie der Pseudoleukämie. Deutsche med. Wochenschr. 1891. S. 588.
Cohnheim. Virch. Arch. Bd. 33. S. 451 und Allgem. Patholog. Bd. I.
Conbemale. A propos d'un cas d'adénie. Rev. de méd. 1892.
Delbet. Production d'un lymphadénome ganglionnaire généralisé chez un chien. Compt. rend. de l'acad. d. scienc. 1895. Nr. 24.
Dyrenfurth. Ueber das maligne Lymphom. Dissert. Breslau 1882.
Ebstein, W. Das chronische Rückfallsfieber. Berl. klin. Wochenschr. 1887. Nr. 31.
Fleischer u. Penzoldt. Deutsches Arch. f. klin. Med. Bd. 17.
Gabbi u. Barbacci. Ref. im Centralbl. f. inn. Med. 1894. S. 176.
Geigel. Deutsches Arch. f. klin. Med. Bd. 37. 1885. S. 59.
Hauser. Berl. klin. Wochenschr. 1889. Nr. 31.
de la Hausse. Zur Kasuistik der anaemia splenica. Dissert. München 1890.
Hodgkin. On some morbid appearance of the absorbent glands and spleen. Medico-chirurg. transact. 1832. Vol. XVII.
v. Jaksch. Über Leukämie und Leukocytose im Kindesalter. Wien. klin. Wochenschr. 1889. Nr. 22/23.
Klein, St. Berl. klin. Wochenschr. 1890. Nr. 31.
Kundrat. Über Lympho-Sarkomatosis. Wien. klin. Wochenschr. 1893. Nr. 12/13.
Laache. Die Anämie. Christiania 1883.
v. Limbeck. 1. Berl. klin. Wochenschr. 1875. Nr. 49. — 2. Klinische Pathologie des Blutes. Jena 1892.
Loos. Über das Vorkommen kernhaltiger roter Blutk. bei der Anämie der Kinder. Wien. klin. Wochenschr. 1891. S. 26.
Luzet. Étude sur les anémies de la première enfance et sur l'anémie infantile pseudoleucémique. Paris 1891.
Maffucci. Ref. in Baumgarten's Jahresber. 1880.
Majocchi u. Picchini. Ref. in Baumgarten's Jahresber. 1886. S. 112.
Mosler. 1. Berl. klin. Wochenschr. 1875. Nr. 49. — 2. Virch. Arch. Bd. 114.
Obet. De la leucocythémie. 1868. Thèse. Montpellier.
Olivier. L'union méd. 1877. Nr. 26—28.
Pel. 1. Berl. klin. Wochenschr. 1885. Nr. 1. — 2. Neederl. Tijdschr. voor Geneesk. 1886. Nr. 40. — 3. Pseudoleukämie oder chronisches Rückfallsfieber? Berl. klin. Wochenschr. 1887. Nr. 35.

Reinert. Die Zählung der Blutkörperchen. Leipzig 1891.
Renvers. Deutsche med. Wochenschr. 1888. Nr. 37.
Rothe, Otto. Über einen Fall von malignem Lymphosarkom. Dissert. Berlin 1880.
Roux et Lannois. Sur un cas d'adénie infectieuse due au staphyloc. pyog. aur. Rev. de méd. 1890. Dec.
Schulz, R. Archiv f. Heilk. Bd. 15.
Senator. Zur Kenntnis der Leukämie und Pseudoleukämie im Kindesalter. Berl. klin. Wochenschr. 1882. S. 533.
Strümpell. Archiv f. Heilk. Bd. 17 u. 18.
Trousseau. Gaz. des hôpitaux. 1858. p. 577.
Verdelli. Ref. in Virch.-Hirsch's Jahresber. 1894. II. S. 39.
Vidal. Bullet. de la journ. anat. 1875. Nr. 9.
Virchow. Die krankhaften Geschwülste. Bd. II. S. 557.
Völkers. Berl. klin. Wochenschr. 1889. Nr. 36.
Waetzoldt. Pseudoleukämie od. chron. Miliartuberkulose. Centralbl. f. inn. Med. 1890. Nr. 45.
Weishaupt. Über das Verhältnis von Pseudoleukämie und Tuberkulose. Ref. Centralbl. f. inn. Med. 1892. Nr. 10.
Westphal, A. I. München. med. Wochenschr. 1890. Nr. 1. — 2. Beitrag zur Kenntnis der Pseudoleukämie. Deutsches Arch. f. klin. Med. Bd. 51. 1893. Heft 1. (Gute Literaturübersicht.)
Wilks. Guy's Hospit. reports. 3. ser. Vol. II.
Winiwarter. Österr. med. Jahrb. II. 1877.
Wunderlich. Arch. f. Heilk. 1858.

IV. Kapitel.

Hämocytolyse.

Hämoglobinämie. Hämoglobinurie. Blutgifte. Paroxysmale Hämoglobinurie.

Hämoglobinämie. Unter der Einwirkung verschiedener, gleich zu besprechender Schädlichkeiten können rote Blutkörperchen innerhalb der Circulation zur Auflösung gelangen und zwar kann 1) das Hämoglobin sich vom Strome trennen und gelöst im Blute cirkulieren, während die Stromata als farblose, verschieden gestaltete Gebilde, sogen. „Blutschatten" (Ponfick), erscheinen; 2) können die roten Blutkörperchen in einzelne Bröckel zerfallen und als solche im Blutstrome bis zu ihrem Untergange kreisen.

Die Diagnose einer Hämoglobinämie ist nicht leicht zu stellen. Da das Hb im Plasma gelöst ist, so erscheint das bei der Gerinnung abgeschiedene Serum je nach dem Hb-Gehalt verschieden rot gefärbt, von einem leichten rötlichen Schimmer bis zu intensiv rubinroter Färbung. Um indes hieraus Schlüsse zu ziehen, ist es nötig, dass das Blut gleich nach der Entnahme ohne Schütteln in völliger Ruhe zum Gerinnen gebracht wird, da bei unvorsichtigem Manipulieren unter vielen Verhältnissen während des Gerinnens Hb ins Serum mit übertritt. Auch bei vorsichtiger Behandlung kann dies in geringem Masse eintreten, und man kann daher aus einer leichten Rotfärbung des Serum noch nicht ohne weiteres auf das Bestehen einer Hämocytolyse und Hämoglobinämie schliessen, das Hb kann vielmehr postmortal in das Serum übergetreten sein. Immerhin ist auch dieser Vorgang von Wichtigkeit, weil er zeigt, dass — sorgsame Behandlung der Blutprobe vorausgesetzt — das Hb abnorm lose an das Stroma gebunden war, also eine verringerte Resistenz der roten Blutkörperchen vorhanden war.

Am sichersten kann man das Vorhandensein einer Hämoglobinämie diagnostizieren, wenn sich ausser der Rotfärbung des Serum im frischen Blutpräparate ausgelaugte Stromata und Zellbröckel nachweisen lassen.

Elimination der zerstörten roten Blutkörperchen aus der Circulation. Dieselbe gestaltet sich verschieden, je nach der Menge der zur Auflösung gelangten roten Blutkörperchen. Wenn die Menge des gelösten Hb nicht zu gross ist, so wird ein Teil desselben durch die Leberzellen in Bilirubin umgewandelt, ein anderer Teil als eisenhaltiger Farbstoff — Hämosiderin — (s. S. 24) in Leber, Milz, Knochenmark aufgespeichert. Nach Ponfick (1) werden die bei der Zertrümmerung der roten Blutkörperchen gebildeten Schlacken vorwiegend von der Milz bewältigt, welche infolge dessen akut anschwillt — spodogener Milztumor (von σποδός = Schlacke) — das Hb wird vorwiegend durch die Leber ausgeschieden.

Als Folgen der Hämocytolyse ergeben sich 1. eine Herabsetzung der Alkalescenz des Blutes; dieselbe kommt dadurch zu stande, dass bei dem Übergange des Oxyhämoglobins in den gelösten Zustand Phosphorsäure und Glycerinphosphorsäure frei werden. (Kobert.) 2. Tritt infolge der Auflösung von roten Blutkörperchen auch eine Zerstörung weisser Blutzellen ein, wodurch die Kernsubstanzen derselben in Lösung kommen und zu intravasculären Gerinnungen und zu Fermentintoxikation führen können. 3. Wird durch die gesteigerte Zufuhr von Hb zur Leber und die infolge dessen vermehrte Bilirubinbildung die Galle zähflüssiger, es gelangt daher Gallenfarbstoff zur Resorption durch die Lymphwege der Gallengänge und es entsteht Icterus, welchen man früher als „hämatogenen" bezeichnete, nach den Arbeiten von Stadelmann[*]), Naunyn, Afanassiew u. a. aber heute in der geschilderten Weise wie jeden anderen Icterus als „Resorptionsicterus" auffasst.

Wenn grosse Mengen von gelöstem Hb im Blute kreisen, so werden die bisher besprochenen Stätten der Ausscheidung insuffizient, das überschüssige Hb gelangt durch die Nieren zur Abscheidung, es tritt Hämoglobinurie ein. Das Hb erscheint im Urin als Methämoglobin, man müsste also richtiger von Methämoglobinurie sprechen. Der Nachweis desselben durch eine der chemischen Proben und auf spektralanalytischem Wege ist leicht zu führen; den Beweis, dass es sich nicht um Hämaturie handelt, liefert die mikroskopische Untersuchung durch das Fehlen von roten Blutkörperchen im Sediment des Urins.

---

[*]) Ausführliche Litteraturangabe s. bei Stadelmann (s. Lit.).

In schweren Fällen tritt eine Verstopfung der Harnkanälchen der Niere mit Hämoglobinschollen ein, welche zur Verminderung der Harnabsonderung und schliesslich bis zur Anurie führen kann.

Blutgifte.

Es giebt eine überaus grosse Anzahl von Schädlichkeiten, besonders oder vielleicht ausschliesslich chemischer Art, welche die roten Blutkörperchen angreifen können, und auch die Zahl der bisher bekannt gewordenen Gifte ist wohl noch keineswegs als abgeschlossen zu betrachten.

Es handelt sich in diesem Kapitel darum, eine Übersicht über diejenigen Gifte zu geben, welche anscheinend in der Blutbahn nach zweierlei Richtungen hin ihre Wirkung entfalten: 1. durch Zerstörung der Substanz der roten Blutkörperchen, 2. durch chemische Veränderung des Hb, wozu dann 3. eine gewisse Zahl von Giften hinzukommt, welche gleichzeitig Zerstörung und chemische Alteration der roten Blutkörperchen bewirken. Die Übersicht über diese Gifte kann nur in gedrängter Form gegeben werden, für Spezialstudien muss auf die Lehrbücher der Intoxikationen von Kobert, L. Lewin u. a. verwiesen werden.

Gleichzeitig sei hier daran erinnert, dass aller Wahrscheinlichkeit nach eine abnorme Zerstörung von roten Blutkörperchen auch in gewissen Gefässprovinzen und Organen in mehr lokaler Weise stattfinden kann, worauf besonders im Kapitel der „perniciösen Anämie" und „Leber" hingewiesen ist.

I. Gruppe.

Schädlichkeiten, welche zur Auflösung roter Blutkörperchen führen. Für klinische Zwecke kommen hier in Betracht:

1. **Transfusionen von heterogenem Blute.** Besonders die in der Therapie eine Zeit lang viel ausgeführten Lammbluttransfusionen bei Menschen, aber auch sonstige im Tierexperimente angewandte Einspritzungen von Blut einer fremden Tierspezies führen, wie Landois zuerst nachwies, zur Auflösung von roten Blutkörperchen und Fermentintoxikation.

2. **Verbrennungen und Verbrühungen.** Zuerst wurde von Max Schultze im Blutpräparate bei Erwärmung des Objekttisches über 50° C. eine Zertrümmerung von roten Blutkörperchen beobachtet. Bei Tieren fand Wertheim schon wenige Minuten nach erfolgter Verbrühung rundliche Körperchen als Teilungsprodukte von roten Blutkörperchen, und dieselben Befunde erhoben Ponfick (2) und v. Lesser. Der letztgenannte Autor bezog infolge dieser Beobachtungen den Tod nach Verbrühungen auf die akut ein-

getretene Oligocythämie, eine Ansicht, welcher von Sonnenberg entgegengetreten wurde. Durch Hoppe-Seyler wurde auch bei Menschen nach Verbrennungen Hämoglobinämie und Methämoglobinurie beobachtet, jedoch in so mässiger Intensität, dass die Todesursache jedenfalls nicht in diesen Blutveränderungen zu suchen ist.

3. **Arsenwasserstoff.** Die Einatmung von AsH_3, welcher im gewöhnlichen Leben mit Wasserstoff gemischt vorkommt, übt eine schwere Giftwirkung auf das Blut aus, bestehend in Hämoglobinurie, Icterus, Schwellung der Leber und Milz, sowie Hämoglobininfarkten der Nieren (Koppel, Storch). Im Tierexperiment hat Stadelmann die AsH_3-Vergiftung in eingehendster Weise studiert und eine enorme Vermehrung der Gallenfarbstoffbildung aus dem gelösten Hb, dagegen keine Vermehrung der Gallensäuren nachgewiesen.

4. **Morcheln.** Die in weiter Verbreitung vorkommende Lorchel (Helvella esculenta), fälschlich gemeinhin als Morchel bezeichnet, besitzt in wässerigen Auszügen, wie zuerst von Bostroem und Ponfick (3) gezeigt wurde, eine intensive Giftwirkung auf das Blut, bestehend in Hämoglobinämie, Icterus, Hämoglobinurie, Verstopfung der Nieren mit Exitus lethalis in schweren Fällen. Die getrockneten Lorcheln sind ungiftig, ebenso die in heissem Wasser abgebrühten, wobei der Giftstoff in der Brühe enthalten ist. Als giftiges Prinzip der Lorcheln ist die von Böhm und Külz dargestellte Helvellasäure anzusehen.

5. **Saponinsubstanzen.** Unter diesem Namen werden von Kobert verschiedene glykosidische Stoffe zusammengefasst, welche kratzend schmecken, unter der Haut Entzündung erregen und rote Blutkörperchen auflösen, vom Darmkanal fast gar nicht resorbiert werden.

Nach Kobert kommen für die Pathologie vornehmlich in Frage: die in der Rinde von Quillaja Saponaria vorhandenen Saponinsubstanzen Quillajasäure und Sapotoxin, ferner das in den Alpenveilchen (Cyclamen europaeum) enthaltene Cyclamin, das in der Kornrade (Agrostemma Githago) enthaltene Agrostemma-Sapotoxin s. Githagin, und ausserdem steht diesen Stoffen das in verschiedenen Spezies von Solanum, z. B. im Nachtschatten und der Kartoffel enthaltene Solanin nahe.

6. **Schlangengift, Skorpiongift.** Das Gift der Schlangen ist bei den einzelnen Arten verschieden, es gehört zu den Toxalbuminen und bewirkt lokal an der Beissstelle eine Nekrose der Gewebe mit stark blutiger Durchtränkung, im Blute selbst eine Auflösung der roten Blutkörperchen mit den besprochenen Folgeerscheinungen. Auch der Skorpionbiss wirkt nach Sanarelli zerstörend und koagulierend auf die roten Blutkörperchen.

7. **Gallensäuren** (s. Leber).
8. **Infektionskrankheiten.** Am häufigsten führen die schweren Malaria-Erkrankungen (s. d.) zu Hämoglobinämie und Hämoglobinurie. Bei Scharlach beobachtete Heubner und bei Typhus Immermann das Auftreten dieser Komplikation. Bei schwerer Sepsis (s. d.) fand ich hochgradige Hämoglobinämie.
9. Infolge von Guajakolvergiftung (9jähr. Mädchen erhielt 5 ccm) beobachtete Wyss Auflösung von roten Blutkörperchen und Hämoglobinämie.

II. Gruppe.

Als weitere Blutgifte figurieren chemische Substanzen, welche das Hb der roten Blutkörperchen in Methämoglobin verwandeln, worauf ein Teil derselben keine weiteren Schädigungen ausübt, der grössere Teil aber zur Auflösung von roten Blutkörperchen führt. Das Methämoglobin unterscheidet sich vom Oxy-Hb lediglich dadurch, dass der Sauerstoff bei demselben erheblich fester gebunden ist als bei dem Oxy-Hb, während das Verhältnis von Hb und O das gleiche geblieben ist. Die Farbe des Met-Hb ist sepiabraun. Die Veränderung im spektroskopischen Bilde geht aus der vergleichenden Tabelle hervor.

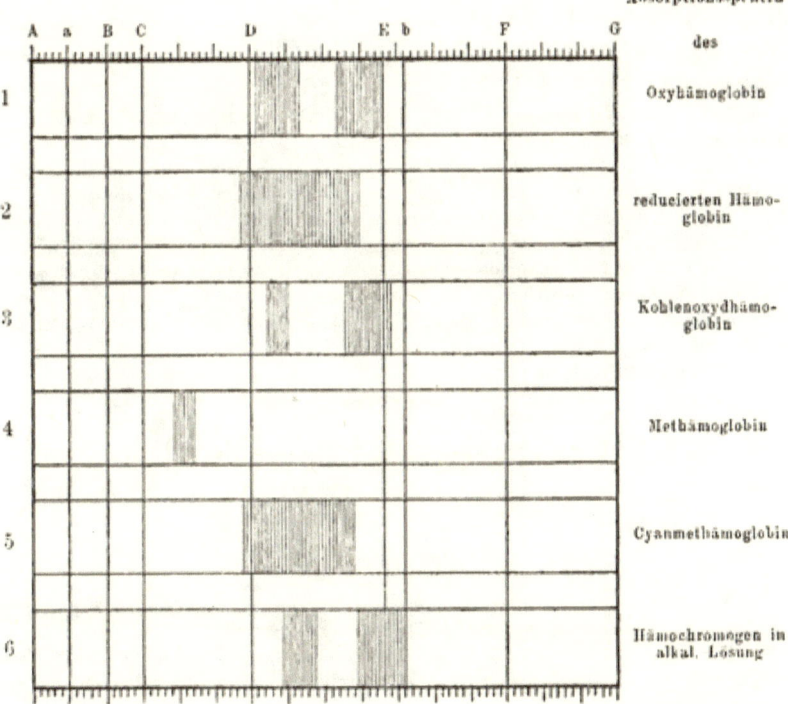

Absorptionsspektra des
1. Oxyhämoglobin
2. reducierten Hämoglobin
3. Kohlenoxydhämoglobin
4. Methämoglobin
5. Cyanmethämoglobin
6. Hämochromogen in alkal. Lösung

Die wichtigsten dieser Gifte sind:

1. **Chlorsaures Kali.** Wegen der vielfachen therapeutischen Verwendung dieses Mittels sind Vergiftungen mit demselben verhältnismässig häufig. Nachdem zuerst durch Jacobi und Marchand die Giftigkeit desselben nachgewiesen, haben spätere Arbeiten des letzteren, sowie solche von Cahn, Stokvis, v. Mering u. a. die Blutveränderungen infolge dieser Vergiftung eingehend behandelt. Das chlorsaure Kali wandelt das Oxyhämoglobin in Methämoglobin im Blute um und zerstört die roten Blutkörperchen, sodass sich bei Kali chloricum-Vergiftungen dieselben Folgeerscheinungen der Hämoglobinämie finden, wie bei der zuerst besprochenen Gruppe. Betreffs der Art und Weise, wie die Blutzersetzung zu stande kommt, nimmt v. Mering an, dass dieselbe der Chlorsäure zuzuschreiben sei und dass das Salz dabei im Blute eine Reduktion zu Chlorkalium erfahre. Marchand giebt dagegen an, dass die Menge des im Urin vorgefundenen Chlorats genau der des eingeführten entspricht, und dass für eine Zersetzung und Reduktion desselben im Körper kein Anhaltspunkt vorliegt. Nach Marchand soll durch die Wirkung der Salzlösung eine Wasserverarmung des Blutes eintreten, und hierdurch sollen Diffusionsprozesse in Wirksamkeit treten, welche die Bedingungen für das Eindringen des Chlorats in die roten Blutkörperchen abgeben. Gegen diese Annahme sprechen allerdings die folgenden Zahlen der Blutmischung in einem selbstbeobachteten Falle.

Ich lasse die Zahlen dieses mit meinem Kollegen Brandenburg gemeinsam beobachteten und von letzterem (s. Lit.) publicierten Falles hier folgen:

Eine 23 Jahre alte Frau hatte am Abend des 4. März ca. 40 gr. Kali chloricum mit Wasser getrunken. Am nächsten Morgen kam sie zur Behandlung in die II. med. Klinik. Die Blutuntersuchung ergab: neben einer starken Leukocytose, Anwesenheit von nicht sehr zahlreichen Poikilocyten, ferner unregelmässige grosse und kleine rote Elemente. Das Blut war chokoladenartig braunrot, zeigte im Spektrum die Streifen des Methämoglobin, das klar abgesetzte Serum war bräunlich gefärbt, enthielt ebenfalls Methämoglobin, desgleichen in starkem Masse der Urin.

Die Blutuntersuchung ergab:

	Rote Blutkörperchen	Trockensubstanz des Blutes	Trockensubstanz des Serum
am 1. Tage:	4,3 Mill.	21,4 %	10,02 %
„ 2. „	2,5 „	—	—
„ 4. „	2,3 „	17,77 %	10,03 %
„ 5. „	2,1 „	—	—
„ 6. „	1,9 „	14,11 %	9,55 %
„ 7. „	1,6 „	—	—

Das Methämoglobin liess sich im Serum während der ersten 5 Tage nachweisen, während der beiden letzten Tage war das Serum klar und gelb.

Der Tod erfolgte am 7. Tage, die Sektion ergab parenchymatöse Entzündungen des Myocard, der Leber, Magenschleimhaut und der Nieren, welche ausserdem hochgradige Hämoglobininfarkte aufwiesen.

2. **Pyrogallol, Pyrogallussäure** wird bei Hautkrankheiten vielfach angewandt und kann bei unvorsichtigem Gebrauche zum Tode führen durch Zerstörung von roten Blutkörperchen.

3. **Nitrobenzol**-Vergiftungen werden in der Technik bei der Fabrikation von Anilinfarbstoffen und Sprengstoffen beobachtet und entstehen durch Einatmung der Dämpfe dieses Stoffes.

Ebenso kommen Vergiftungen mit Nitroglycerin bei der Dynamitfabrikation vor, ferner ist hier das Amylnitrit zu erwähnen. Alle diese Stoffe können Methämoglobinämie mit ihren Folgezuständen hervorrufen.

4. **Chromsäure** scheint nach Mitteilungen von Sticker ebenfalls Methämoglobinurie (z. B. nach Applikation per vaginam behufs Ätzung) hervorzurufen.

5. Das **Anilin** wandelt den Blutfarbstoff ebenfalls in Met-Hb um, und für klinische Zwecke besonders wichtig ist die Beobachtung von Fr. Müller, welcher bei Anwendung des vielgebrauchten Anilin-Derivats, des Antifebrin, Acetanilid, nach mässigen Tagesdosen von 2—3 gr bei ausgesprochener Cyanose im Blute Met-Hb nachweisen konnte.

III. Gruppe.

Bei einer dritten Gruppe von Blutgiften treten an Stelle des Sauerstoffs gewisse Stoffe in das Hb und verbinden sich chemisch mit demselben.

1. **Stickoxyd** und **Kohlenoxyd** können an Stelle des O_2 im Blute auftreten, doch hat das NO kein praktisches Interesse, um so mehr jedoch das Kohlenoxyd, welches im Kohlendunst und Leuchtgas enthalten ist und zu häufigen Vergiftungen Veranlassung giebt.

Das CO verdrängt O_2 im Blute und bildet eine feste Verbindung mit dem Hb, das CO-Hb, doch tritt auch bei den schwersten Vergiftungen intra vitam niemals eine Sättigung des Blutes mit CO ein. Die roten Blutkörperchen werden in ihrer Gestalt dabei nicht geändert, sie zerfallen auch nicht in der Blutbahn. Das Blut nimmt bei CO-Vergiftungen im ganzen eine auffallend hellrote Färbung an, welche es auch nach dem Tode beibehält. Die durch das CO mit Beschlag belegten roten Blutkörperchen sind für den respiratorischen Gaswechsel völlig unbrauchbar geworden, und es erklärt sich hieraus die Schwere der Vergiftungserscheinungen bei einigermassen intensiver Einwirkung des Gases. Die Vergiftung ist demgemäss als eine Erstickung aufzufassen.

Die Diagnose der CO-Vergiftung ist häufig sehr leicht aus der auffällig hellroten Beschaffenheit des Blutes zu stellen. Der sichere

Nachweis des CO-Hb wird durch die spektral-analytische Untersuchung geliefert. Die Streifen des CO-Hb geben fast dasselbe Bild, wie die des O_2-Hb, nur ist das Spektrum des CO-Hb ein wenig nach rechts von dem des O_2-Hb gerückt. Dieser Unterschied ist indes nicht so sehr in die Augen fallend, vielmehr zeichnet sich in charakteristischer Weise das Spektrum des CO-Hb dadurch aus, dass es sich bei Zusatz von reduzierenden Mitteln nicht ändert, während das O_2-Hb unter den gleichen Bedingungen sein zweistreifiges Spektrum verliert und den breiten Streifen des reduzierten Hb zeigt. Bei Zusatz von 10% Ätznatronlösung zeigt CO-Hb beim Erwärmen eine zinnoberrote Färbung, während O_2-Hb bei gleicher Behandlung in eine schwarzbraune, grünliche Masse verwandelt wird.

2. **Schwefelwasserstoff.** Ob der H_2S selbst bei schweren Vergiftungen durch Einatmung des Gases in Laboratorien, Kloaken, Latrinen oder Dunggruben intra vitam eine Veränderung des Hb herbeiführt, ist nach Kobert bisher nicht sicher entschieden. Im Leichenblut ist dagegen diese Veränderung sehr deutlich nachweisbar und daher von erheblichem gerichtsärztlichen Interesse. Es bildet sich hier **Schwefelmethämoglobin**, auch **Sulfomethämoglobin** genannt, welches einen Absorptionsstreifen in Rot zeigt, ähnlich dem des Met-Hb und bei Zusatz von Schwefelammonium und Kalilauge in die Streifen des Hämochromogens übergeht.

Sulfomethämoglobin bildet sich beim Faulen jeder Leiche und verleiht derselben die grüne Färbung.

3. **Blausäure.** Vergiftungen mit Blausäure und Cyankali kommen teils aus selbstmörderischer Absicht, seltener durch versehentliches Eindringen der Gifte in Wunden und durch toxische Dosen von Bittermandelwasser in der Therapie vor.

Das Blut zeigt, besonders wenn es aus venösen Bezirken stammt, bei Blausäurevergiftungen eine auffallend hellrote Färbung, welche auf folgenden eigentümlichen Blutveränderungen beruht.

Von Schönbein[*] wurde gezeigt, dass, während normale Blutkörperchen das Wasserstoffsuperoxyd sehr leicht in Wasser und Sauerstoff zersetzen, schon durch kleine Mengen von Blausäure diese Zersetzung aufgehoben wird, und das Blut sich dunkelbraun färbt. Schönbein schloss hieraus, dass die Blutkörperchen durch die Blausäurevergiftung ihre physiologische Wirksamkeit einbüssen und dass der Tod infolge gehemmter Respiration eintrete. Diese Annahme ist später durch exakte Stoffwechsel-Untersuchungen von Geppert bestätigt worden, welcher nachwies, dass durch die Anwesenheit von Blausäure die Gewebe die Fähigkeit verlieren, Sauerstoff zu binden und zu verbrauchen, dass somit

---

[*] Cit. nach Kobert.

eine innere Erstickung bei Vorhandensein von überschüssigem O_2 eintritt.

Bei der Bildung der auffällig hellroten Totenflecke bei mit Blausäure Vergifteten handelt es sich nach Kobert um Cyanmethämoglobin, welche sich aus dem in den Leichenflecken meist vorhandenen Met-Hb unter Einwirkung von CNH bildet (s. Tafel der Absorptionsspektra).

Paroxysmale Hämoglobinurie.

Abweichend von den bisher besprochenen Formen von Hämoglobinämie und Hämoglobinurie, welche auf die Wirkung bekannter Gifte zurückzuführen waren, liegt bei den paroxysmalen Formen kein sicher zu bestimmender Giftstoff als ätiologisches Moment vor. Die Krankheit besteht darin, dass bei gewissen Individuen anfallsweise auf geringfügige äussere Veranlassungen unter mehr oder minder ausgesprochenen Allgemeinerscheinungen wie Frost, Kopfschmerz, Fieber, starker Abgeschlagenheit, der Urin eine tiefrote bis schwärzliche Farbe annimmt, welche auf der Anwesenheit von gelöstem Hämoglobin beruht. Diese Paroxysmen gehen mit Anschwellung der Leber, Milz, häufig auch mit Schmerzen in der Nierengegend einher, können verschieden lange Zeit dauern und zeigen eine besondere Neigung zu Recidiven.

Diese Erkrankung ist bereits im vorigen Jahrhundert von Ch. Stewart (1794) beobachtet, in Deutschland von Dressler (1854) als „intermittierende Albuminurie und Chromaturie" sorgfältig beschrieben, und 1865 von Harley, trotzdem derselbe keine roten Blutkörperchen, sondern Hämoglobin im Urin fand, als „intermittierende Hämaturie", von Pavy, welcher den Blutfarbstoff als Hämatin ansprach, als „paroxysmale Hämaturie" bezeichnet worden. Einen Untergang der roten Blutkörperchen innerhalb der Blutbahn, und zwar in den Nierengefässen, nahm zuerst Dickinson an, und Popper, welcher den Namen „paroxysmale Hämoglobinurie" einführte, fasste die Erkrankung als eine vasomotorische Neurose auf.

Die Litteratur über diese Krankheit ist in der Folgezeit zu einem erheblichen Umfange angeschwollen und findet sich in umfassender Weise in einer Monographie von Chvostek bearbeitet, auf welche hiermit verwiesen wird.

Ätiologisches. Das Auftreten dieser Erkrankung ist in jedem Lebensalter beobachtet worden; von den Geschlechtern ist das männliche häufiger befallen. In einer grossen Zahl von Beobachtungen über paroxysmale Hämoglobinurie findet sich die Angabe, dass acquirierte oder kongenitale Lues bestanden habe, sodass diesem Momente eine gewisse Bedeutung bei dem Zustandekommen des Prozesses zuzuschreiben ist. Ebenso soll das Überstehen von Malariaerkrankungen und Inanitionszuständen disponieren. Als Momente, welche unmittelbar den Anfall auszulösen imstande sind, hat man beobachtet: Einwirkung von Kälte auf den Körper im allgemeinen, lokale Kälteeinwirkung, z. B. durch Eintauchen der Hände oder Füsse in kaltes Wasser, Muskelanstrengungen beim Gehen, während andere Muskelanstrengungen keinen Einfluss ausüben; ferner psychische Erregungen, Schreck, Ärger, Excesse in baccho et venere. Besonders durch Eintauchen der Hände oder Füsse in kaltes Wasser kann man bei disponierten Individuen in kurzer Frist von 10—30 Minuten einen derartigen Anfall hervorrufen.

Blutbefunde. Die auffälligste Veränderung des Blutes besteht in der Verminderung der Zahl der roten Blutkörperchen, welche im Paroxysmus zur Auflösung gelangen und je nach der Schwere des Anfalls in stärkerem oder geringerem Masse verringert sein können, wie die Angaben von Mesnet, Bristowe und Copeman, Kobler und Obermeier, Chvostek u. a. zeigen. Nach den Beobachtungen dieser Autoren bestehen in den anfallsfreien Zeiten entweder normale oder leicht subnormale Zahlen der roten Blutkörperchen, welche im Anfalle vorübergehend sinken. Alle diese Zahlenangaben haben indes, soweit sie vom Blute im Anfall selbst gewonnen sind, nur relativen Wert; denn das Blut erleidet auf der Höhe des Anfalls, besonders zur Zeit des Frostes, unzweifelhaft eine Alteration seiner Gesamtmenge, wie folgende eigene Beobachtung ergiebt.

Es wurde mir durch Herrn Kollegen Mendelsohn aus seiner Klientel ein Schulmädchen zur Untersuchung des Blutes zugeführt, über deren Krankheitsgeschichte Herr Mendelsohn selbst berichten wird. Bei diesem Mädchen traten nach lokaler Einwirkung von Kälte typische Anfälle von Hämoglobinurie ein unter Frösten, Kältegefühl und allgemeinem Unbehagen, und es war mir möglich, zu zwei verschiedenen Malen die Beschaffenheit des aus der Vene entnommenen Blutes vor und während des Anfalles zu ermitteln.

Erste Beobachtung.

Vor dem Anfall:

Rote Blutkörperchen	Weisse Blutkörperchen	Trockensubstanz des Blutes	Trockensubstanz des Serum
4,75 Mill.	12000	18,2 %	9,04 %

Im Anfalle, gegen Ende desselben:

| 3,62 Mill. | 12000 | 18,5 % | 9,76 % |

Zweite Beobachtung.

Vor dem Anfall:		18,2 %	7,5 %
Auf der Höhe des Anfalles:		19,2 %	8,9 %

Das klare Serum war durch Hämoglobin rubinrot gefärbt, ohne rote Blutkörperchen zu enthalten. Die starke Verminderung der Zahl der roten Blutkörperchen ist leicht verständlich, auffällig dagegen ist die Zunahme der Trockenrückstände bei beiden Untersuchungen, und zwar besonders stark ausgeprägt bei der zweiten, welche im Beginne des Frostanfalls bei allgemeiner Blässe der Haut ausgeführt wurde. Es zeigt diese Beobachtung, dass **eine lebhafte Reizung des vasomotorischen Nervensystems bei dem Eintritt des Frostes zur Eindickung des Blutes führte**, welche um so beträchtlicher erscheinen muss, als durch den Zerfall der roten Blutkörperchen und Ausscheidung des Hb die Blutmischung naturgemäss verdünnt sein musste.

Die Untersuchung eines frischen **Blutströpfchens** auf der Höhe des Anfalls ergiebt in ausgesprochenen Fällen neben der Mehrzahl normaler roter Blutkörperchen solche von bizarren Formen, vielfach ausgebuchtet und über die Fläche gebogen, an Poikilocyten erinnernd. Einzelne solcher verbogenen Blutscheiben erscheinen mehr oder minder ihres Hb-Gehaltes beraubt, ausgelaugt — sogenannte Blutschatten (Ponfick); daneben sieht man Zerfallskörperchen. Die geldrollenartige Anordnung der roten Blutkörperchen ist nach Bristowe und Copeman, Boas u. a. gestört.

Der Hb-Gehalt ist nach Kobler und Obermeier entsprechend der Zahlenverminderung der roten Blutkörperchen während und nach dem Anfall herabgesetzt. Die Regeneration der roten Blutkörperchen scheint nach den Angaben dieser Autoren sowie nach Bristowe und Copeman, Götze u. a. schnell vor sich zu gehen. Auch das Mädchen eigener Beobachtung hatte den Gesamt-Eiweissgehalt des Blutes in kurzem ersetzt, doch war das Serum bei der zweiten Blutentnahme auffällig wasserreich geworden.

Die Gerinnbarkeit des Blutes ist nach Hayem und Salle erhöht; doch soll sich nach diesen Autoren der schnell geronnene Blutkuchen sehr rasch wieder lösen — eine Angabe, die Chvostek bestätigt, allerdings mit der Einschränkung, dass eine derartige Erscheinung sich auch unter anderen Verhältnissen finden kann.

Die **Leukocyten** zeigen nach den übereinstimmenden Angaben der Autoren keine nennenswerten Veränderungen.

Im **Blutserum** findet sich, wie Küssner zuerst im Schröpfblute nachwies, im Anfall und kurze Zeit nach demselben ein je nach der Stärke des Anfalls und nach der Zeit der Blutentnahme höherer oder geringerer Gehalt von gelöstem Hb; doch sind hier ganz besonders die auf S. 143 erwähnten Kautelen bei der Serumgewinnung zu beachten. Fleischer fand im Serum einer Zugpflasterblase Hb-Tröpfchen.

Theorien über das Zustandekommen der Paroxysmen. Die älteren

Anschauungen über eine direkte Einwirkung der luetischen oder Malariainfektion sind im allgemeinen verlassen worden; man nimmt besonders seit der Entdeckung der Malariaparasiten an, dass die Anfälle von Hämoglobinurie, welche in Tropengegenden auftreten — das sogenante Schwarzwasserfieber (s. u.) — auf Infektion des Blutes mit Amöben oder mit toxischen Substanzen zurückzuführen und jedenfalls von den hier zu behandelnden Formen der Hämoglobinurie zu trennen sind. Die von Pavy, Mackenzie u. a. angenommene Auflösung der roten Blutkörperchen in den Nierengefässen ist von manchen Seiten als unhaltbar bezeichnet, in neuerer Zeit jedoch wieder von Rosenbach befürwortet worden, welcher sich besonders auf negative Befunde an den Blutkörperchen im cirkulierenden Blute mancher derartiger Kranken beruft. Nach Lichtheim handelt es sich im wesentlichen um Veränderungen des Blutes und der blutbildenden Organe, welche bei gewissen Reizen mit einer Auflösung der roten Blutkörperchen reagieren. Nachdem schon früher Mackenzie und Popper auf den Einfluss des vasomotorischen Nervensystems aufmerksam gemacht, trat besonders Murri mit der Annahme hervor, dass die Krankheit als eine vasomotorische Neurose aufzufassen sei, welche sich bei Kälteeinwirkung in einer abnormen Erregung der vasomotorischen Nerven äussere, infolge deren es zur Erweiterung des Gefässsystems, Verlangsamung des Blutstromes und daher stärkerer Einwirkung der Kälte kommt. Gleichzeitig besteht bei diesen Patienten eine krankhafte Störung der blutbildenden Organe, derzufolge die roten Blutkörperchen zum Teil weniger widerstandsfähig sind und zu Grunde gehen.

Auch Ehrlich und Boas sprachen sich für eine verminderte Resistenz der roten Blutkörperchen aus, nachdem sie gezeigt hatten, dass man Blutscheiben künstlich zum Zerfall bringen kann, wenn man bei Stauung durch Abbinden eines Fingers starke Kälte (Eiswasser) einwirken lässt, sodass sie annahmen, dass lokal an den der Kälte ausgesetzten Teilen die Hämocytolyse auftrete. Gegen diese Theorie sprechen indess vielfache Beobachtungen, wie das Auftreten von paroxysmaler Hämoglobinurie ohne Kälteeinwirkung nach Marschanstrengungen (Fleischer) und heftigen Gemütsbewegungen (Strübing); auch Beobachtungen von Rodet, welcher im Experimente keine verminderte Resistenz der roten Blutkörperchen gegen Kälte fand. Ehrlich selbst wies später nach, dass diese verminderte Resistenz der roten Blutkörperchen gegen Kälteeinwirkung thatsächlich nicht bestehe und nahm an, dass sich unter dem Einflusse der Kälte bei spezifisch disponierten Individuen Agentien (Fermente) bilden, die das Discoplasma schädigen und die Lösungserscheinungen bedingen.

Nach den erwähnten Beobachtungen ist indes die Kälte überhaupt nicht zum Zustandekommen der Blutdissolution nötig, vielmehr wiesen Dapper und neuerdings Chvostek nach, dass einfache Cirkulationsstörungen durch Abbinden eines Fingers ohne Kälteeinwirkung die Auflösung hervorrufen können.

In letzter Zeit hat Chvostek in einer Reihe von Versuchen die Frage nach dem Zustandekommen der Anfälle zu klären gesucht und dabei konstatiert, dass die roten Blutkörperchen derartiger Patienten eine verminderte Resistenz nicht gegen Kälte, wohl aber **gegen mechanische Einflüsse** besitzen, wobei sich **die einzelnen roten Blutkörperchen verschieden resistent** zeigen. Die Veränderung der Konstitution der roten Blutkörperchen kann durch Lues, Malaria, Inanition und andere disponierende Ursachen bedingt sein, doch ist dabei die Regenerationsfähigkeit der blutbildenden Organe intakt. Ausser dieser Leichtlöslichkeit eines Teiles der roten Blutkörperchen nimmt Chvostek **Cirkulationsveränderungen** an, welche **infolge abnormer Innervation der Vasomotoren durch Kontraktion der peripherischen Gefässe** zustande kommt. In den Fällen von paroxysmaler Hämoglobinurie nach Marschanstrengungen sollen diese Cirkulationsstörungen durch Lageveränderung der inneren Organe bedingt sein. In manchen Fällen können die Nieren in hervorragendem Masse an dem Destruktionsprozess beteiligt sein.

Wie man sieht, finden sich in diesen Anschauungen manche der früheren Theorien vereinigt, und es dürfte hiernach das Wahrscheinlichste sein, dass die einzelnen Fälle von paroxysmaler Hämoglobinurie sowohl nach ihrer Ätiologie wie nach der Art und Weise des Zustandekommens der Hämocytolyse verschiedenartig aufgefasst werden müssen.

Litteratur.

Boas. Deutsches Arch. f. klin. Med. Bd. 32. S. 355.
Böhm u. Külz. Arch. f. exper. Path. u. Pharm. Bd. 19. 1885. S. 403.
Boström. Deutsches Arch. f. klin. Med. Bd 32. 1886. S. 209.
Brandenburg, K. Beobacht. bei einer Vergiftung mit chlorsaurem Kali. Berl. klin. Wochenschr. 1895. Nr. 27.
Bristowe u. Copeman. The Lancet. 1889. August.
Cahn. Arch. f. exper. Path. Bd. 24. 1888. S. 180.
Chvostek. Über das Wesen der paroxysmalen Hämoglobinurie. Leipzig u. Wien 1894. (Zusammenfassende Monographie mit Litteraturübersicht.)
Dapper. Dissert. Bonn 1887.
Dickinson. Med. chirurg. transact. 1865. S. 175.
Dressler. Virch. Arch. Bd. 6. 1854. S. 264.
Ehrlich. 1. Über parox. Hämoglobinurie. Verhandl. d. Ver. f. inn. Med. 1881. 21. März. — 2. Zur Physiologie u. Pathol. der Blutscheiben. Charité-Annal. Bd. X. 1885.

Fleischer. Berl. klin. Wochenschr. 1881. Nr. 47.
Gall. Guy's hosp. reports. Bd. XIII. 1866.
Geppert. Über das Wesen der CNH-Vergiftung. Zeitschr. f. klin. Med. Bd. 15. 1889.
Götze. Berl. klin. Wochenschr. 1884. Nr. 45.
Grawitz, E. Charité-Annalen. Bd. 19. 1894. S. 154.
Harley. Med. chir. transact. Bd. 48. 1865. No. 161.
Hayem. Gaz. hebdom. 1889. No. 11.
Heubner. Deutsches Arch. f. klin. Med. Bd. 23.
Hoppe-Seyler. Zeitschr. f. physiol. Chem. Bd. 5. 1881. Heft 1.
Immermann. Deutsches Arch. f. klin. Med. Bd. 12.
Jacobi. Handbuch der Kinderkrankheiten von Gerhardt. 1877. Bd. II.
Kobert. Lehrbuch der Intoxikationen. Stuttgart 1893.
Kobler u. Obermayer. Beitr. zur Kenntnis der paroxysm. Hämoglobinurie. Zeitschr. f. klin. Med. XIII. 1887. S. 163.
Küssner. Berl. klin. Wochenschr. 1879. Nr. 37.
Landois. Lehrb. d. Physiol. d. Menschen. Wien u. Leipzig 1893.
v. Lesser. Über die Todesursachen nach Verbrennungen. Virch. Arch. Bd. 79. 1880. S. 248.
Lewin, L. Lehrb. d. Toxikologie. Wien 1885.
Lichtheim. Über periodische Hämoglobinurie. Volkmann's Samml. klin. Vortr. 1878. Nr. 134.
Mackenzie. The Lancet. 1879. II. S. 725.
Marchand. Virch. Arch. Bd. 72. 1879. — Arch. f. exper. Pathol. Bd. 23. 1887.
v. Mering. Das chlorsaure Kali. Berlin 1885.
Mesnet. Arch. génér. d. méd. 1881. Mai.
Müller, Fr. Über Anilin-Vergiftung. Deutsche med. Wochenschr. 1887.
Murri. 1. Rivist. clinic. di Bologna. 1879. No. 2. — 2. Ibidem. 1880. Febr. — 3. Ibidem. 1885. No. 4 (ausführlich cit. bei Chvostek).
Pavy. The Lancet. 1866. II. S. 33.
Ponfick. 1. Über Hämoglobinämie und ihre Folgen. Verhandl. d. Kongr. f. inn. Med. 1883. S. 205. — 2. Über plötzliche Todesfälle nach Verbrennungen. Verhandl. d. Naturf.-Vers. 1877. München. — 3. Virch. Arch. Bd. 88. 1882. S. 445.
Popper. Österr. Zeitschr. f. prakt. Heilk. 1868. S. 657.
Rosenbach. 1. Berl. klin. Wochenschr. 1880. Nr. 10/11. — Ibidem. 1884. S. 751.
Salle. Cit. bei Hayem (l. c.).
Sanarelli. Di una particolare alterazione dei globuli rossi nucleati prodotta dal veneno dello Scorpio europaeus. Bollet. de sez. dei cult. d. science med. 1888.
Schultze, Max. Arch. f. mikr. Anatom. Bd. I. 1865.
Sonnenburg. Die Ursachen des rasch eintretenden Todes nach ausgedehnten Verbrennungen. Deutsche Zeitschr. f. Chir. Bd. 9. S. 149.
Stadelmann. Der Ikterus. Stuttgart 1891.
Stewart, Charles. Cit. bei Wickham Legg. St. Barthol. hosp. reports. X.
Sticker. Arzneiliche Vergiftung vom Mastdarm oder von der Scheide aus. Münch. med. Wochenschr. 1895. S. 644.
Stockvis. Arch. f. exper. Path. Bd. 21. 1887. S. 169.
Strübing. Deutsche med. Wochenschr. 1882. Nr. 1.
Wertheim. Sitzungsber. d. k. k. Ges. d. Ärzte. Wien. med. Presse. 1868. S. 309.
Wyss. Über Guajakolvergiftung. Deutsche med. Wochenschr. 1894. S. 296.

V. Kapitel.

Das Blut bei Konstitutionskrankheiten.

1. Diabetes mellitus.

Zusammensetzung des Blutes. Die Blutmischung kann bei Diabetes mellitus nach verschiedenen Richtungen hin verändert sein, und zwar ist die Konzentration desselben nach den Angaben in der Litteratur bei den einzelnen Kranken durchaus verschiedenartig, und auch bei ein und demselben Kranken zu verschiedenen Zeiten von wechselndem Verhalten.

Die älteren Untersucher, wie Lecanu, Henry und Soubeiran, Bouchardat fanden den Wassergehalt des Blutes vermehrt, den Gehalt an Blutkörperchen vermindert; Müller und Simon dagegen den Wassergehalt vermindert und ebenso H. Nasse, welcher das spezifische Gewicht des Serum verschieden, in einigen Fällen gesteigert fand.*) Den Hämoglobingehalt fand Subbotin vermindert, Quincke in einem Falle normal, in einem anderen vermehrt, und Leichtenstern zeigte, dass gerade in den vorgeschrittenen Fällen vermehrter Hämoglobingehalt des Blutes bei Diabetes infolge von Wasserverarmung des Blutes eintritt, welche die Hämoglobinmengen vermehrt erscheinen lässt. Auch Reinert fand die Zusammensetzung des Blutes bei Diabetischen verschieden, und v. Jaksch konstatierte in schweren Fällen Vermehrung des Eiweissgehaltes im Blute.

Diese Thatsachen sind unschwer zu erklären, wenn man zwei Momente berücksichtigt:

1. Durch die Versuche von Brasol wurde gezeigt, dass Zucker, in die Blutbahn eingeführt, aus den Geweben in rapider Weise Übertritt von Flüssigkeit in das Blut hervorruft, sodass das Blut zunächst verdünnt wird, dass das Blut aber in kurzer Frist sich

---

*) Diese ältere Litteratur ist citiert nach Leichtenstern; s. Lit.

dieses Überschusses an Zucker durch vermehrte Diurese entledigt, sodass im weiteren Verlaufe eine Eindickung des Blutes und Wasserverarmung des Körpers im allgemeinen erfolgt. Diese Verhältnisse nun sind für die Blutbeschaffenheit bei Diabetes mellitus zu berücksichtigen, da bei der wechselnden Zuckermenge im Blute auch die ausgeschiedenen Urinmengen schwanken und da gerade bei schweren Fällen mit starker Polyurie und hohem Zuckergehalt im Urin am ehesten eine Eindickung des Blutes zu erwarten ist.

2. Ist zu berücksichtigen, dass sich bei Diabetes mellitus in vorgeschrittenen Stadien kachektische Zustände zu entwickeln pflegen, welche einen anämisierenden Einfluss auf die Blutbeschaffenheit ausüben müssen. Diese anämischen Zustände können nun zeitweise durch die Bluteindickung infolge der gesteigerten Diurese verdeckt sein, zu anderen Zeiten dagegen mehr in die Erscheinung treten, sodass sich aus diesen beiden Faktoren der Anämie und der schwankenden Wasserabgabe unschwer die wechselnden Verhältnisse der Blutmischung erklären lassen.

Ein eigentümliches Verhalten der Blutmischung infolge Eintretens von Coma diabeticum fand ich bei einer an schwerem Diabetes leidenden Frau, welche zu einer Zeit relativen Wohlbefindens, als der Urin $2,5^0/_0$ Zucker, mässigen Gehalt an Diacetessigsäure und Eiweiss, bei einem spezifischen Gewicht von 1030 zeigte, im Blute folgende Werte auswies:

Rote Blutkörperchen	Weisse Blutkörperchen	Trockensubstanz des Blutes	Trockensubstanz des Serum
4,9 Mill.	spärlich	21,4 %	9,2 %

Drei Wochen später wurde die Patientin morgens früh komatös und zeigte um $^1/_2$ 11 Uhr, also ca. 5 Stunden nach Beginn des Anfalls:

6,4 Mill.	spärlich	24,75 %	11,35 %

Es war hier also ein beträchtlicher Wasserverlust im Blute eingetreten, speziell zeigte sich auch das Serum so stark eingedickt, wie man es sonst nur in seltenen Fällen findet.

Chemie des Blutes. Im chemischen Verhalten des Blutes interessiert zunächst der Zuckergehalt, dessen Vermehrung im Blute bei Diabetes mellitus das Charakteristische dieser Krankheit darstellt.

Das normale Blut enthält stets geringe Mengen von Zucker und wird selbst nach längerer Hungerperiode nach v. Mering nur wenig zuckerärmer. Der normale Gehalt beim Menschen beträgt $0,05—0,15^0/_0$ und steigt im Diabetes mellitus bis auf $0,57^0/_0$ — nach Pavy — in schweren Fällen. Der Zuckergehalt zeigt dabei Schwankungen, welche sich besonders nach dem Gehalt der Nahrung an Kohlehydraten richten.

Die Zerstörung des Traubenzuckers im Blute wird nach Lépine durch ein glykolytisches Ferment ausgeübt, welches im Pankreas gebildet wird, und bei dessen Fehlen im Blute (Pankreas-Exstirpation oder -Erkrankung) der Zucker unzerstört zur Ausscheidung kommt. Nach Spitzer ist die Glykolyse an die roten Blutkörperchen gebunden und findet nicht im Serum statt. Die Zellen enthalten glykolytisch wirkende Substanzen, und Spitzer glaubt, dass die Glykolyse durch Aktivierung molekulären Sauerstoffes zu stande kommt. Auf die Einwände gegen diese Ansichten (Minkowski) kann hier nicht näher eingegangen werden; zur näheren Orientierung über diese Spezialfragen wird auf die jüngst erschienene Monographie über Diabetes von v. Noorden verwiesen.

Alkalescenz des Blutes. Die Bestimmungen der Reaktion des Blutes haben gerade bei dieser Krankheit ein besonderes theoretisches und praktisches Interesse. Es wurde zuerst von Stadelmann aus der Beobachtung heraus, dass im Urin schwerer Diabeteskranker reichlich Ammoniak nachzuweisen ist, gefolgert, dass sich beim Diabetes im Gefolge der gesteigerten Eiweisszersetzung abnorm grosse Mengen von Säuren im Organismus bilden, und durch Minkowski(1) und Külz wurde konstatiert, dass es sich hierbei um β-Oxy-Buttersäure handele, neben welcher noch andere Fettsäuren, besonders Acetessigsäure und Milchsäure in Betracht kommen.

Die abnorme Säureproduktion bewirkt eine Herabsetzung der Alkalescenz des Blutes bei den schweren Formen des Diabetes mellitus, ganz besonders soll dieselbe nach Stadelmann und Minkowski(2) im Coma diabeticum gesteigert sein, welches durch eine Überladung mit Säure — Säureintoxikation — hervorgerufen werde. Diese Frage bedarf noch durchaus der Klärung; und v. Noorden giebt neuerdings an, dass die Grundlage dieser Theorie, nämlich die bisherigen Alkalescenz-Bestimmungen im Blute Diabetischer, durchaus nicht als einwandsfrei angesehen werden dürfen.

Diese Bestimmungen, welche von zahlreichen Autoren, wie Minkowski, Kraus, Mya u. Tassinari, v. Jaksch, Lépine, mit verschiedenen Methoden ausgeführt sind, ergaben für das diabetische Blut zu Zeiten wenig gestörten Allgemeinbefindens keine nennenswerten Verminderungen der Alkalescenz, und v. Jaksch konnte bei manchen Diabetischen Spuren von flüchtigen Fettsäuren im Blute ohne Abnahme der Alkalescenz nachweisen. Bei Anwesenheit grösserer Mengen jedoch zeigte sich die Alkalescenz geringer, und die niedrigsten Grade fanden sich im Coma diabeticum.

Fett im Blute. Bei manchen Diabetischen findet sich Fett in feinster Verteilung im Blute — Lipämie — ein Zustand, welcher indes nichts für den Diabetes Charakteristisches bildet, sich vielmehr auch unter anderen Verhältnissen, bei Dyspnoe, Alkoholismus, Fettsucht etc. nachweisen lässt.

Von den Fällen von Diabetes mellitus, welche im Laufe der letzten Jahre auf der Klinik des Herrn Geheimrat Gerhardt zur Beobachtung kamen, fand sich bei dreien Fett im Blute, welches sich am deutlichsten dadurch sichtbar machen liess, dass man das Blut in dünnwandigen Kapillarröhrchen auffing, dieselben horizontal einige Zeit liegen liess, worauf die oberste Schicht des Blutes wie mit Mehlstaub bestäubt, rahmartig aussah. In allen diesen Fällen gelang es übrigens, das Fett in Form allerfeinster Tröpfchen mittels Ölimmersion bei starker Abblendung im Plasma sichtbar zu machen. Nach Gumprecht kann man in Deckglas-Trockenpräparaten zunächst eine Färbung mit Osmiumsäure vornehmen, wodurch die Tröpfchen schwarz gefärbt werden, und nachher zum sicheren Nachweise der Fettnatur derselben diese gefärbten Tröpfchen durch Eintauchen in Äther, Xylol etc. zum Auflösen bringen. Nach v. Noorden ist die Lipämie nicht immer an vorangegangenen Fettgenuss gebunden und der Grund des Auftretens des Fettes im Blute noch durchaus dunkel.

Glykogen im Blute bei Diabetes wurde von Gabritschewski in vermehrter Menge mittels der Jodgummi-Reaktion intra- und extracellulär nachgewiesen; dagegen fand Livierato jedoch bei Diabetes nur wenig Glykogen extracellulär nachweisbar.

Litteratur.

v. Brasol. Arch. f. Anat. u. Physiol. Abth. f. Phys. 1884.
Gabritschewski. Mikrosk. Unters. über Glykogenreakt. im Blute. Arch. f. exp. Path. u. Pharm. Bd. 28. 1891. S. 272.
Gumprecht. Über Lipämie. Deutsche med. Wochenschr. 1894. Nr. 39.
v. Jaksch (1). Über diabetische Lipacidurie u. Lipacidämie. Zeitschr. f. klin. Med. Bd. 11. 1886. S. 307. — (2) Über die Alkalescenz d. Blutes bei Krankheiten. Zeitschr. f. klin. Med. Bd. 13. 1888. S. 350.
Kraus. Arch. f. Heilk. Bd. X. 1889. S. 106.
Külz. Zeitschr. f. Biol. Bd. 20. 1884. S. 165.
Leichtenstern. Unters. über den Hb-Gehalt d. Blutes etc. Leipzig 1878.
Lépine. 1. Sur la pathologie et le traitement du coma diabétique. Rév. de méd. Bd. VII. 1887. S. 224. — 2. Lyon médic. 1889 Nr. 53 und 1890 Nr. 3. — 3. Le ferment glycolytique et la pathogénie du diabète. Paris 1891.
Livierato. Deutsches Arch. f. klin. Med. Bd. 53. S. 303.
Minkowski. 1. Arch. f. exper. Path. u. Pharmak. Bd. 18. 1884. S. 35. — 2. Über den CO_2-Gehalt des Blutes beim Diab. mell. und im Coma diabeticum. Mitteil. a. d. med. Klinik in Königsberg. 1888. S. 174. — 3. Berl. klin. Wochenschr. 1892. Nr. 5.
Mya u. Tassinari. Refer. in Virch.-Hirsch's Jahresber. Bd. 21. I. S. 232.
v. Noorden, C. Die Zuckerkrankheit u. ihre Behandlung. Berlin 1895.

Pavy. Verhandl. d. X. intern. Congr. II. Abth. S. 80. 1891.
Reinert. Die Zählung der Blutkörperchen. Leipzig 1891.
Spitzer. Die zuckerzerstörende Kraft des Blutes u. der Gewebe. Berl. klin. Wochenschr. 1894. Nr. 42 und Pflüg. Arch. Bd. 60. S. 303.
Stadelmann. Arch. f. exper. Path. u. Pharm. Bd. 17. 1883. S. 419.

2. Gicht.

Über Änderungen der Konzentration oder der zelligen Elemente des Blutes bei Gicht ist wenig bekannt, ein Umstand, der darauf schliessen lässt, dass wesentliche Änderungen der Blutmischung durch den gichtischen Prozess nicht bedingt werden.

Bei zwei Kranken eigener Beobachtung, welche mit chronischer echter Gicht behaftet waren, zeigte die Zahl der roten Blutkörperchen, der weissen Blutkörperchen, der Wassergehalt im Blute und im Serum völlig normale Werte. Neusser fand bei Behandlung von Trockenpräparaten des Blutes mit Ehrlich'scher Triacidmischung an den Leukocyten zumeist in der unmittelbaren Umgebung des Kernes Körnchen und Klumpenbildungen, welche sich mit der basischen Komponente des Farbstoffes (Methylgrün) intensiv schwarz färbten und ganz besonders häufig in den kleinen und grossen mononukleären, aber auch in den neutrophilen und eosinophilen Zellen zu sehen waren. Eine sichere Deutung dieser Gebilde vermag Neusser nicht zu geben; er führt sie auf Veränderungen des Nukleoalbumin der Leukocytenkerne zurück. Den weiteren Folgerungen jedoch, welche sich auf die Beziehungen dieser Körnchen zur uratischen Diathese und den Gegensatz derselben zur tuberkulösen Diathese beziehen, (cf. das Original) vermag ich nicht beizustimmen.

Chemie des Blutes. Bei der Bedeutung, welche man seit langem der Harnsäure in der Ätiologie und Pathologie der Gicht beimisst, ist naturgemäss die Frage nach dem Vorkommen derselben im Blute Gichtischer von hoher Wichtigkeit. In zuverlässiger Weise wurde der Nachweis von Harnsäure im Blute von Gichtkranken von Garrod in grossen Mengen von Blutserum, welches durch Aderlass gewonnen war, mittels der Murexidprobe geliefert, und zwar fand Garrod bei fünf derartigen Analysen 0,025—0,175 g Harnsäure auf 1000 gr Serum. Später stellte er seine Versuche zum Nachweise der Harnsäure derart an, dass er ca. 10 ccm Serum mit Essigsäure ansäuerte und einen Zwirnfaden während 18—48 Stunden in die Flüssigkeit tauchte, welcher sich bei Anwesenheit von U in der angegebenen Zeit mit U-Kristallen bedeckte.

In der Folgezeit wurde nach der exakten Methode von Salkowski-Ludwig durch die Untersuchungen von G. Salomon und

v. Jaksch nachgewiesen, dass die Anwesenheit von Harnsäure im Blute keineswegs ein Charakteristikum für die Gicht bildet, wie dies Garrod angenommen hatte, dass vielmehr auch bei anderweitigen Erkrankungen wie Pneumonie (Salomon, v. Jaksch), bei dyspnoischen Zuständen infolge von Emphysem und Herzfehlern, sowie häufig bei Nephritis und schweren Anämien (v. Jaksch) sich geringe Mengen von Harnsäure nachweisen lassen.

Neuerdings fand Klemperer bei Gichtischen in 1000 ccm Blut 0,067—0,0915 gr U; bei Gesunden dagegen fanden alle genannten Autoren keine U oder nur Spuren derselben; doch hat in neuester Zeit Weintraud in einem interessanten Versuche gezeigt, dass auch beim Gesunden nach Genuss von nukleïnhaltiger Kost (Kalbsthymus), welche die U-Ausscheidung im Urin vermehrt, U im Blute auftreten kann, deren Menge in dem erwähnten Falle 7 mgr auf 140 gr Blut betrug. Nach all diesen Erfahrungen stimmen v. Jaksch, v. Noorden, Klemperer und Weintraud darin überein, dass die Vermehrung der Harnsäure im Blute nicht als Charakteristikum, auch nicht einmal als wichtiger Faktor beim Auftreten der gichtischen Erkrankung anzusehen ist.

Alkalescenz. Es liegen hierüber spärliche Untersuchungen vor, von welchen sowohl die älteren von Pfeiffer, Jeffries und Drouin, sowie die aus neuester Zeit stammenden von Löwy eine Steigerung der Alkalescenz, diejenigen von Klemperer unter Bestimmung des CO_2-Gehalts des Blutes gewonnenen eine leichte Herabsetzung im akuten Gichtanfall ergaben. Sowohl v. Noorden wie Klemperer weisen die früher herrschende Annahmen von dem Einfluss vermehrter Säurebildung im Blute beim Zustandekommen des Gichtanfalles zurück.

Litteratur.

Drouin. Cit. bei v. Noorden (l. c.).
Garrod. 1. Medical. chirurgic. transactions. London 1848 u. 1854. — 2. Natur u. Behandlung der Gicht. 1861.
Klemperer. Zur Pathologie u. Therapie d. Gicht. Deutsche med. Wochenschr. 1895. Nr. 40.
v. Jaksch. Über d. klin. Bedeutung von U u. Xanthinbasen im Blute. Zeitschr. f. Heilk. Bd. 11. 1890. S. 415.
Jeffries. Cit. bei v. Noorden (l. c.).
Löwy. Centralbl. f. d. med. Wiss. 1894. S. 785.
Neusser. Über einen besonderen Blutbefund bei uratischer Diathese. Wiener klin. Wochenschr. 1894. Nr. 39.
v. Noorden. Lehrb. d. Pathol. des Stoffwechsels. S. 440.
Pfeiffer. Die Gicht. Wiesbaden 1871.
Salomon, G. Zeitschr. f. physiol. Chemie. Bd. 2. 1878. S. 65 und Charité-Annalen. Bd. 5. 1878. S. 139.
Weintraud. Deutsche med. Wochenschr. 1895. Vereinsheil. S. 185.

3. Fettsucht.

Von den spärlichen Untersuchungen, welche bisher am Blute Fettsüchtiger angestellt sind, müssen die meisten wegen der dabei angewandten Untersuchungsmethoden mit Vorbehalt aufgenommen werden. Die Zahlen der roten Blutkörperchen wurden bei Fettsüchtigen von Bouchard auf durchschnittlich 5 Millionen bestimmt. Mittels spektrophotometrischer Untersuchung fand Leichtenstern bei vier fettleibigen Personen, von welchen keine in ihrem äusseren Erscheinen Zeichen von Anämie darbot, eine ziemlich beträchtliche Herabsetzung des Hb-Gehalts; und Leichtenstern spricht sich dahin aus, dass, wenn es auch Fettsüchtige mit erhöhtem Hb-Gehalt giebt, doch bei pathologischer Fettsucht eine Herabsetzung desselben häufig zu beobachten ist.

Demgegenüber sind die bei 100 Fettleibigen von Kisch mittels des Fleischl'schen Hämometers gefundenen Werte mit Vorbehalt aufzunehmen, da die Exaktheit dieser Methodik, wie mehrfach erwähnt, mit Recht von vielen Seiten angezweifelt wird. Kisch fand bei 79 von 100 Fettleibigen den Hb-Gehalt beträchtlich vermehrt, bis 120 % des Normalen, bei 21 anderen dagegen vermindert, und unterscheidet hiernach eine plethorische und eine anämische Form der Fettsucht, von welchen bei Männern die plethorische sich zur anämischen der Häufigkeit nach verhält wie 7 : 1, bei Frauen wie 2 : 1. Eine mässige Erhöhung der Konzentration fand Oertel mit ähnlichen photometrischen Methoden bei Fettleibigen, allerdings nur um 5—8 % über der Norm.

Bei dieser Spärlichkeit der Litteraturangaben dürfte die folgende Beobachtung von Interesse sein, welche bei zwei fettsüchtigen Frauen der Gerhardt'schen Klinik vor und während des Verlaufes einer Entfettungskur von mir gemacht wurde. Die Kuren wurden bei reichlicher Eiweissnahrung unter Beschränkung der Fette und Kohlehydrate geführt.

Blutuntersuchungen aus der Vene.

1. Frau Kl., 40 Jahre alt, an rheumatischen Beschwerden leidend, ohne besondere Organerkrankung.

Datum	Körpergewicht Kilo	Trockensubstanz des Blutes	Trockensubstanz des Serum
6. 11. 93:	79,65	21,49 %	9,77 %
19. 11. 93:	78,10	20,34	10,59
22. 11. 93:	77,02	19,69	9,90
28. 11. 93:	75,89	20,04	8,84
4. 12. 93:	75,70	20,35	?
7. 12. 93:	74,80	19,39	9,20

2. Frau St., 45 Jahre alt. Entfettungskur hatte am Tage vorher begonnen.

Datum	Körpergewicht Kilo	Trockensubstanz des Blutes	Trockensubstanz des Serum
6. 11. 93:	80,05	21,10 %	9,50 %
10. 11. 93:	78,96	22,85	9,76
22. 11. 93:	78,80	21,82	9,35
28. 11. 93:	77,00	22,00	9,58
4. 12. 93:	75,50	20,82	9,97
16. 12. 93:	74,50	20,29	8,64

Beide Frauen zeigten fast normale Werte für den Wassergehalt des ganzen Blutes und des Serum. Infolge der Entfettungskur liess sich bei beiden Kranken zu Zeiten stärkeren Absinkens des Körpergewichts, bei der ersten im Anfang, bei der zweiten gegen Ende der Beobachtung eine Vermehrung des Wassergehalts im Blute nachweisen, an welchem das Serum nicht unbeträchtlich beteiligt war. Eine anfängliche Steigerung der Blutkonzentration bei Fall 2 dürfte wohl auf die Beschränkung der Flüssigkeitszufuhr zurückzuführen sein.

Ganz im allgemeinen ist bei Blutuntersuchungen Fettleibiger zu berücksichtigen, dass derartige Kranke zumeist starke Neigung zu Schweissen zeigen, dass also ein Auftreten von Erhöhung der Blutkonzentration, wenn sie nicht dauernd beobachtet wird, immer mit einiger Vorsicht gedeutet werden muss.

Fett im Blute ist auch bei Fettsüchtigen öfters beobachtet worden, ohne dass das Auftreten vermehrter Fettmengen im Blute irgend eine besondere Bedeutung hätte, vergl. S. 159.

Litteratur.

Bouchard. Malad. par ralentissement de la nutrition. 1890.
Gumprecht. Über Lipämie. Deutsche med. Wochenschr. 1894. Nr. 39.
Kisch. Über den Hb-Gehalt des Blutes bei Lipomatosis universalis. Zeitschr. f. klin. Med. Bd. 12. Heft 4.
Leichtenstern. Unters. über d. Hb-Gehalt etc. Leipzig 1878. S. 44.
Oertel. Allgem. Therapie der Kreislaufstörungen. Leipzig 1891. S. 36.

4. Die hämorrhagischen Diathesen.
Purpura, Morbus maculos. Werlhofi, Skorbut, Barlow'sche Krankheit, Hämophilie.

Die Krankheiten dieses Abschnittes, unter deren Hauptsymptomen Blutungen obenan stehen, haben bisher in Bezug auf die Zusammensetzung des Blutes selbst sehr unbefriedigende Untersuchungsergebnisse gezeigt.

Bei den unkomplizierten Fällen von **Purpura hämorrhagica** haben die meisten Autoren, wie Immermann, Laache nur ganz geringfügige Verminderungen der Erythrocytenzahl, Ajello neuerdings etwas stärkere Herabsetzung auf 2,5—3 Millionen bei spez. Gewicht des Blutes von 1043 gefunden. Dabei zeigen die roten Blutkörperchen meist eine besonders schnelle Regeneration und morphologisch keine besonderen Abweichungen, nur Spietschka beobachtete bei protrahierten Hämorrhagien kernhaltige rote Blutkörperchen mit polychromatophilem Protoplasma.

Interessant ist die Beobachtung von Ajello, welcher in einem Falle im Spektrum des Blutes Methämoglobin nachwies. Ajello nimmt an, dass Purpura hämorrhagica durch Autointoxikation vom Intestinaltraktus infolge resorbierter Produkte der Eiweissfäulnis entstehen kann, auch Schwab nimmt eine Einwirkung von Toxinen bei dem Auftreten von Purpura an. Bei anderen Formen, welche im Anschlusse an Infektionskrankheiten entstanden, sowie bei skorbutischen Erkrankungen ist das Blut auf Bakterien zum Teil mit positivem Erfolge untersucht worden, und zwar fanden Kolb, Tizzoni, Babes, Letzerich Bacillen, Hanot und Luzet, Widal und Thérèse Streptokokken, Lebreton Staphylokokken, negative Befunde dagegen hatten Marfan, Legendre, Denys u. a.

Vermehrung der Leukocyten wurde von den meisten Beobachtern wie Immermann, Laache, Denys gefunden, und letzterer macht besonders auf das Vorkommen von Zerfallsprodukten der Leukocyten im Blute aufmerksam.

Die Blutplättchen zeigten nach Denys eine auffällige Verringerung auf der Höhe der Erkrankung.

Auch beim Skorbut haben die Untersuchungen keine irgendwie charakteristischen Veränderungen des Blutes ergeben, sondern lediglich Erscheinungen einfacher Anämie, entsprechend der Schwere der Erkrankung, und auch hier zeigt das Blut in solchen Fällen, welche günstig verlaufen, eine schnelle Regeneration der zelligen Elemente, sodass Bouchut beispielsweise vier Wochen nach dem Beginne schwerer nasaler Blutung 557875 rote Blutkörperchen und drei Monate später 3627 Millionen derselben nachweisen konnte. Uskow fand leichtere Herabsetzungen der Zahl auf 3,5—4,7 Mill. und Hayem ähnliche Zahlen. Wjeruschki fand starke Schwankungen an Zahl und Grösse der roten Blutkörperchen je nach der Intensität der Erkrankung.

Der Hb-Gehalt scheint nach den vorliegenden Mitteilungen stärker verringert zu sein, als die Zahl der roten Blutkörperchen, denn Hales White[*]) fand denselben auf 20 % herabgesetzt bei Verminderung der Zahl der roten Blutkörperchen auf 40,5 % des Normalen, auch den Eisengehalt fand Chalvet[*]) stärker herabgesetzt,

---

*) Cit. bei Koch (s. Litt.).

und neuerdings berichtet Albertoni, dass das Fe stärker vermindert sei, als die Zahl der roten Blutkörperchen, während allerdings Opitz u. a. normalen Fe-Gehalt gefunden haben.

Die Leukocyten sind zumeist an Zahl vermehrt, nach Uskow zwischen 20000 und 47000 schwankend. Doch soll nach Hoffmann das Auftreten der Leukocytose an die den Skorbut komplizierenden Entzündungen gebunden sein. Hayem und Robin konstatierten das Auftreten zahlreicher, den Blutplättchen ähnlicher Gebilde, und Penzoldt, welcher ebenfalls kleine, teils gekörnte, teils stark lichtbrechende Körperchen im Blute fand, nahm an, dass es sich um noch nicht voll entwickelte rote Blutkörperchen handele.

Von den Ergebnissen der chemischen Untersuchungen wurde früher besonders die Verminderung des Kaligehaltes im Blute hervorgehoben, welche man auf Grund der Untersuchungen Garrods annahm, welcher den Urin Skorbutischer auffällig kaliarm fand. Neuere Untersuchungen von Biernacki (s. S. 64) haben erwiesen, dass bei allen einfachen Anämien das Blut besonders an Kali verarmt, und Albertoni hat gezeigt, dass bei Skorbut der Gehalt an Kali und Natron im Blute in denselben Verhältnissen schwankt, wie bei anderen leichteren Anämien, dass jedenfalls keine besonders starke Kaliverminderung besteht.

Die Alkalescenz des Blutes soll nach Ralfe und Cantani bei Skorbut verringert sein, und zwar nach Cantani infolge eines Missverhältnisses gewisser Bestandteile des Stoffwechsels, besonders der Alkalien und Säuren. Neuere Bestätigungen dieser Angaben habe ich nicht gefunden.

Bei der Barlow'schen Krankheit sind nach Barlow's Ansicht die Erscheinungen von Anämie ebenso als Folgen der subperiostal und an anderen Stellen ergossenen innerlichen Blutungen aufzufassen, wie bei Hämorrhagien nach aussen. Dass bei weit verbreitetem Sitze starker Blutungen sich auch bei Barlow'scher Krankheit hochgradige Anämie entwickeln kann, zeigt eine Beobachtung von Reinert, bei welcher der Hb-Gehalt kurz vor dem Tode auf 17 %, die Zahl der roten Blutkörperchen auf 976,000 im cmm sank. Die Leukocyten waren in diesem Falle etwas vermehrt. Bei der Autopsie zeigte das Knochenmark Umwandlung in rotes lymphoides Mark, also ebenfalls Merkmale schwerer Anämie.

Die Hämophilie ist noch heute, trotzdem die Krankheit schon in den ältesten Zeiten beobachtet ist, ihrem Wesen nach vollständig rätselhaft.

Von allen Formen hämorrhagischer Diathese stellt sie einen Typus dar, welcher sich erblich häufig durch Generationen hindurch fortpflanzt und sich dadurch charakterisiert, dass auf kleine, unscheinbare Verletzungen, aber auch ohne äussere Veranlassungen

Blutungen auftreten, welche sich durch eine abnorme Hartnäckigkeit auszeichnen.

Als Ursachen dieser Neigung zu Blutungen und der schwierigen Stillbarkeit derselben hat man*) 1. eine abnorme Zartheit und Brüchigkeit der feinsten Blutgefässe angenommen, wozu 2. eine fehlerhafte Mischung des Blutes sich hinzugesellen soll, welche eine Verlangsamung der Gerinnung und abnorm weiche Beschaffenheit der Gerinnsel bewirkt; 3. hat Immermann die Vermutung aufgestellt, dass bei Hämophilen häufig eine Vermehrung der Gesamtblutmasse — Plethora vera — bestehe, welche die Blutungen begünstigen soll. Auch abnorme Erregungszustände, Herzklopfen etc. sollen die Blutungen begünstigen. 4. In anderer Weise wird die Entstehung der Hämophilie von W. Koch gedeutet, welcher eine Heredität im gewöhnlichen Sinne bei dieser Krankheit in Abrede stellt und lediglich ein gehäuftes Auftreten in gewissen Familien infolge bestimmter vorhandener Schädlichkeiten zulässt. Nach Koch ist die Hämophilie eine dem Skorbut gleiche Infektionskrankheit, bei welcher die Anwesenheit von Toxinen im Blute die Dissolution desselben und Neigung zu Hämorrhagien bewirkt.

Die Blutzusammensetzung wird in verschiedenartiger Weise beschrieben und beurteilt. Über ein pathologisches Verhalten der roten Blutkörperchen ist nichts Sicheres bekannt, und anämische Zustände, welche sich nach erfolgten Blutungen entwickelt haben, werden angeblich sehr schnell wieder ersetzt. Auch gegen ziemlich reichliche, durch lange Zeit hindurch täglich wiederholte Blutungen scheinen Hämophile in viel geringerem Grade empfindlich zu sein, als andere Individuen.

Über Veränderungen der Leukocyten lassen sich keine sicheren Beobachtungen in der Litteratur finden.

Die Gerinnbarkeit des Blutes spielt naturgemäss in den Kontroversen eine wichtige Rolle. Während einige, wie Grandidier, Lossen u. a. eine herabgesetzte Gerinnungsfähigkeit angeben, tritt die letztere nach anderen erst in den späteren Stadien, wenn bereits viel Blut verloren ist, ein (vgl. Hoffmann, Lehrbuch der Konstitutionskrankheiten, S. 116). Diese beiden Ansichten enthalten, im Grunde genommen, aber durchaus keinen Widerspruch, denn unter gewöhnlichen Verhältnissen tritt gerade bei länger dauernden Blutungen eine zunehmende Beschleunigung der Gerinnung ein, wie schon auf S. 55 erwähnt, und die beim Verbluten zuletzt ausfliessenden Portionen gerinnen häufig momentan.

---

*) Vgl. die zusammenfassenden Werke von Wachsmuth, Grandidier, Immermann, W. Koch.

Es zeigt deshalb gerade die Beobachtung der verlangsamten Gerinnung in den späteren Stadien die Verminderung der Gerinnungsfähigkeit in der deutlichsten Weise.

Diese Auffassung der Verhältnisse bei der Blutgerinnung unter physiologischen Verhältnissen hat noch vor kurzem Alex. Schmidt wieder aus eigenen Beobachtungen bestätigt und auf die Verhältnisse bei einem Hämophilen übertragen. Das Blut dieses Patienten, dessen Krankengeschichte durch Zoege v. Manteuffel veröffentlicht ist, war nach des letzteren Beobachtung $4^1/_2$ Minute nach dem Ausfliessen geronnen, und Alex. Schmidt bezeichnete gerade in Rücksicht auf die bereits vorher vom Patienten verlorenen Blutmassen die Gerinnungszeit als eine abnorm lange. Mit Recht macht v. Manteuffel darauf aufmerksam, dass ältere Angaben in der Litteratur über normale Gerinnung des Blutes wegen mangelhafter Angabe über die Untersuchungszeit mit Vorsicht aufzunehmen sind.

Bei diesem Kranken nun erprobte v. Manteuffel die Wirkung einer von Alex. Schmidt hergestellten „zymoplastischen Substanz" (s. S. 35), deren gerinnungsbeschleunigende Wirkung zunächst im Reagensglase bei dem Blute des Hämophilen sich darin äusserte, dass die Gerinnung nunmehr, anstatt wie vorher nach $4^1/_2$ Minuten, nach 10 Sekunden eintrat. Auch bei lokaler Applikation auf das blutende Zahnfleisch zeigte das „Zymoplasma" eine ausgezeichnete styptische Wirkung, sobald zunächst durch Cocaineinspritzung eine Kontraktion der Gefässe und momentanes Sistieren der Blutung, also eine Möglichkeit zur Einwirkung der gerinnungsfördernden Substanz bewirkt war.

Gegen eine Einspritzung von Fibrinferment und Chlorcalcium, wie sie von Wright zur Stillung der Blutung versucht ist, sprechen sich Alex. Schmidt und v. Manteuffel wegen der Gefahr der Fermentintoxikation aus.

Ob die Verabreichung von Kalkpräparaten allein vielleicht die Gerinnung des Blutes bei derartigen Kranken zu steigern vermag, dürfte zu erproben sein.

Litteratur.

Ajello, Salvatore. Contributo alla patogenesi ed alla cura della porpora emorragica. Rif. med. 1894. S. 103. (Ref. i. Centralbl. f. inn. Med. 1894. S. 573 u. 1206.)

Albertoni. Contributo alla conoscenza dello scorbuto. Policlinico. 1895. (Ref. i. Centralbl. f. inn. Med. 1895. S. 876.)

Babes, V. Über einen die Gingivitis und Hämorrhag. verursachenden Bacillus bei Skorbut. Deutsche med. Wochenschr. 1893. S. 1035.

Barlow. Der infantile Skorbut und seine Bezieh. zur Rhachitis. Centralbl. f. inn. Med. 1895. Nr. 21, 22.

Bouchut. Gaz. des hôp. 1878. S. 1137.
Cantani. Spez. Pathol. u. Therap. der Stoffwechselkrankheiten. IV. Rhachitis u. Skorbut. Leipzig 1884.
Denys. Blutbefunde u. Kulturversuche in einem Falle von Purpura hämorrh. Centralbl. f. allg. Pathol. 1893. S. 174.
Garrod. Monthly Journal. 1848. Jan.
Grandidier. Die Hämophilie. Leipzig 1877.
Hanot u. Luzet. Cit. bei Denys.
Hoffmann. Lehrb. der Konstitutionskrankheiten. Stuttgart 1893.
Immermann. Ziemssen's Handb. spez. Path. u. Ther. Bd. XIII. 2. 1879.
Koch, Wilh. Die Blutkrankheiten in ihren Varianten. Stuttgart 1889.
Kolb. Cit. bei Denys.
Laache. Die Anämie. Christiania 1883.
Legendre. Centralbl. f. allg. Path. 1893. S. 196.
Letzerich. Zeitschr. f. klin. Med. Bd. 18. 1891. S. 517.
Lossen. Deutsche Zeitschr. f. Chirurgie. Bd. 7. 1876.
Marfan. La maladie de Werlhof. Médec. moderne. 1895. No. 30.
Penzoldt. Sitzungsber. der physik.-med. Sozietät. Erlangen 1878.
Ralfe. The Lancet. 1877. 16. Juni u. 21. Juli.
Reinert. Beiträge z. Pathologie des Blutes. Münch. med. Wochenschr. 1895. Nr. 16.
Schmidt, Alex. s. Zoege v. Manteuffel.
Schwab. Ref. i. Centralbl. f. inn. Med. 1894. Nr. 41.
Spietschka. Über einen Blutbefund bei Purpura hämorrh. Arch. f. Dermat. u. Syph. Bd. 23. 1891. S. 265.
Tizzoni. Cit. bei Denys.
Uskow. Centralbl. f. d. med. Wiss. 1878. S. 499.
Wachsmuth. Die Blutkrankheit. Nordhausen 1849.
Widal u. Thérèse. Centralbl. f. allg. Path. 1894. S 835.
Wjeruschki. Wratsch. 1889.
Wright. Ref. im therapeut. Monatsh. 1892. Nr. 2.
Zoege v. Manteuffel. Bemerkungen zur Blutstillung bei Hämophilie. Deutsche med. Wochenschr. 1893. S. 665.

5. Morbus Addisonii.

Exakte Beobachtungen über die Verhältnisse der Blutmischung liegen bei dieser Erkrankung nur in ganz spärlichem Masse vor.

Die Gesamtblutmenge kann in ihrer Verteilung, nach der Annahme von G. Lewin, Merkel u. a. in eigentümlicher Weise dadurch beeinflusst sein, dass die Splanchnici bei manchen derartigen Kranken gelähmt und die Bauchorgane dadurch besonders hyperämisch werden, sodass bei diesen Kranken sehr leicht, z. B. beim Aufrichten aus der Horizontallage, Zeichen von Hirnanämie, wie Schwindel, Ohnmachten etc., auftreten.

Über die Bestandteile des Blutes selbst hat Tschirkoff interessante fortlaufende Untersuchungen angestellt, von welchen die Bestimmungen des Hb-Gehalts mit präcisierten Spektralapparaten ausgeführt wurden.

Ich lasse in einer abgekürzten Tafel die von Tschirkoff bei zwei Patienten gefundenen Werte folgen.

1. Eine 34 Jahre alte Frau mit starker Pigmentirung der Haut, allgemeiner Schwäche, Schmerzen etc. zeigte:

			r. Blutk.	Hb		Oxy-Hb	reduc. Hb
am 18. April	morgens	3,48 Mill.	16,28 %	davon	6,86 %	9,42 %
„ 19.	„	abends	—	13,4	„	6,7	6,7
„ 20.	„	morgens	—	14,36	„	7,18	7,18
„ 22.	„	morgens	3,28 Mill.	—	„	—	—
„ 5. Mai	morgens	—	13,72	„	5,9	7,82
„ 5.	„	abends	—	13,4	„	6,86	6,54
„ 6.	„	morgens	—	16,28	„	8,3	7,98
„ 7.	„	morgens	3,283 Mill.	13,08	„	5,74	7,34

Die Leukocyten enthielten zum Teil Melanin.

2. Ein 16 jähr. Mädchen, im Beginne der Erkrankung, zeigte lediglich die charakteristische Hautverfärbung, dagegen noch keine Schwächezustände. Es betrugen die

	r. Blutk.	Hb-Gehalt		Oxy-Hb	reduc. Hb
	2,933 Mill.	13,58 %	davon	10,86	2,72 %
später	3,27 „	17,58	„	12,94	4,64
und	3,22 „	15,31	„	14,2	1,11

Die Leukocyten zeigten normale Verhältnisse.

Bemerkenswert ist nach diesen Beobachtungen Tschirkoffs die grosse Unbeständigkeit des Hb-Gehaltes und die Vermehrung des Gehaltes an reduciertem Hb in dem vorgeschrittenen Falle. Die Zahlen der roten Blutkörperchen zeigen bei beiden Kranken mässige Herabsetzung, denen gegenüber der Hb-Gehalt auffällig hoch erscheint. Die Vermehrung des reducierten Hb steht nach Tschirkoff in keinem ätiologischen Zusammenhange mit der Hautpigmentierung.

Neuerdings hat H. Neumann in einem seltenen Falle Addison'scher Krankheit, welcher ziemlich akut entstanden war und in Heilung überging, auf der Höhe der Erkrankung sehr niedrige Zahlenwerte für die roten Blutkörperchen erhalten, welche 1,12 Mill. betrugen und mit zunehmender Besserung des Allgemeinbefindens ganz regelmässig anstiegen.

Auffällig war in den späteren Stadien ein abnorm hoher Gehalt an roten Blutkörperchen, bis zu 7,7 Mill. herauf, welcher sich durch Monate verfolgen liess.

Leider sind diese Zählresultate durch keine exakten Bestimmungen der Blutdichte ergänzt worden, und ich halte die Verallgemeinerung, welche Neumann aus dieser einzelnen Beobachtung ableitet, dass das Blut bei Regenerationen, wie andere Gewebe, unter Umständen über das Ziel hinausschiesst, für sehr fraglich. Bei zahlreichen, durch lange Zeit fortgeführten Untersuchungen an Rekonvalescenten von Blutungen etc. habe ich niemals etwas auch nur annähernd Gleiches beobachtet.

Es zeigt sich aus diesen kurzen Notizen, dass die Frage nach dem Verhalten des Blutes bei dieser interessanten Krankheit dringend weiterer Untersuchungen bedarf.

Litteratur.

Lewin, G. Über Morb. Addisonii mit bes. Berücksichtigung der eigentüml. abnormen Pigmentierung der Haut. Charité-Annalen. Bd. X. 1885. S. 620.
Merkel. Cit. bei Lewin.
Neumann, H. Heilung eines Falles von Addison'scher Krankheit etc. Deutsche med. Wochenschr. 1894. S. 105.
Tschirkoff. Über die Blutveränderungen bei der Addison'schen Krankheit. Zeitschr. f. klin. Med. Bd. 19. 1891. Suppl.-Heft 37.

VI. Kapitel.
Krankheiten des Verdauungsapparates.

1. Ösophagus.

Von den Erkrankungen des Ösophagus üben vorzugsweise diejenigen einen Einfluss auf die Blutmischung aus, welche zu Verengerung der Speiseröhre und damit zu Behinderung der Nahrungsaufnahme führen.

Die Anämie, welche sich bei solchen Kranken entwickelt und zumeist in der allgemeinen Blässe ihren Ausdruck findet, ist in vielen Fällen nur mit Schwierigkeit objektiv bei der Analysierung des Blutes nachweisbar, und zwar infolge gleichzeitig bestehender Verringerung der Wasseraufnahme.

Besonders das Carcinoma oesophagi führt, zumal wenn es ulceriert ist und gleichzeitig die Speiseröhre in stärkerem Grade verengt, zu einer beträchtlichen Verschlechterung der Blutmischung, die in protrahierten Fällen das allgemeine Symptomenbild der progressiven perniciösen Anämie darbieten kann. Diese Veränderungen des Blutes infolge der krebsigen Neubildung sind in dem Kapitel „Carcinom" ausführlich beschrieben, worauf hiermit verwiesen wird. Findet nun bei derartigen Patienten mit Carcinoma oesophagi, wie es sub finem vitae nicht selten ist, infolge der Striktur eine starke Herabsetzung der Wasserresorption statt, so zeigt das Blut bei Messung des spezifischen Gewichtes und der Trockenrückstände auffällig hohe Werte, welche nicht selten die Norm überschreiten, und auch die roten Blutkörperchen sind in der Raumeinheit vermehrt. Beispielsweise fand v. Noorden in zwei Fällen von Ösophagus-Carcinom einen Trockengehalt des Blutes von 26,5 bez. 27,3 %. Dieses Phänomen ist selbstredend lediglich eine Folge der Wasserabnahme des Blutes, also eine Eindickungserscheinung, und man hat demgemäss in diesen Stadien der Carcinom-Anämie einen ausgesprochenen Zustand von Oligämie vor sich.

Leukocytose ist bei Carcinoma oesophagi, im Gegensatze zu Krebsentwickelung an anderen Organen, nach den Untersuchungen von Escherich, Pée und Rieder selten.

2. Magen.

A. Allgemeines.

Die Funktionen und Erkrankungen des Magens stehen im innigsten Zusammenhange mit dem Verhalten des Blutes. Es sei hier zunächst daran erinnert, dass **anämische Blutbeschaffenheit eine Disposition für gewisse Magenerkrankungen liefert, dass ganz besonders die mangelhafte Durchblutung der Magenschleimhaut zur Entwickelung des Ulcus rotundum Veranlassung giebt.** Wenn es auch nicht allein die Alkalescenz des Blutes ist, welche die Schutzkraft für die Magenschleimhaut gegen Selbstverdauung durch den Magensaft abgiebt, so zeigen doch die Versuche von Quincke und Dättwyler, welche Tiere durch Venäsektion anämisch machten und dann durch Schleimhautdefekte Geschwüre zu erzeugen imstande waren, ebenso wie Versuche von O. Silbermann, welcher durch Blutkörperchen lösende Mittel Hämoglobinämie erzeugte und darauf auf Schleimhautdefekten des Magens Ulcerationen hervorzurufen vermochte, dass Störungen in der Blutzusammensetzung und speziell anämische Zustände die Grundlage für die Entwickelung von Magengeschwüren, wenigstens in vielen Fällen, bilden können, wofür auch die ältere Virchow'sche Theorie über die Entstehung dieser Ulcera auf der Basis von Gefässverstopfung spricht. Auch die bei hochgradigen Anämien gefundenen Verfettungen und Degenerationen der Drüsenschläuche werden von manchen als Sekundärerscheinungen anämischer Erkrankungen aufgefasst.

Auf die Zusammensetzung des Blutes wirken Magenerkrankungen vorzugsweise durch vier Faktoren ein: 1. können Störungen der Magensekretion, also der Salzsäure- und Pepsinabsonderung, zu Störungen in der Resorption der Eiweissstoffe führen, infolge dessen sich in vielen Fällen schon bei leichteren Magenerkrankungen anämische Veränderungen des Blutes finden, die als einfache Inanitionsanämien aufzufassen sind und lediglich eine Teilerscheinung allgemeiner Eiweissverarmung des Körpers bilden.

Ganz besonders schwere Formen von Anämie finden sich bei degenerativen Erkrankungen der Drüsen und Wucherungen des interstitiellen Bindegewebes, welche seit Jahren die besondere Aufmerksamkeit auf sich gezogen haben und von Nothnagel als „Cirrhose des Magens", von G. Meier als „Phthisis ventriculi" und von Ewald als „Anadenie" in ihren Endstadien bezeichnet werden. Der Zusammenhang dieser Magenkrankheiten mit schweren perniciösen Formen von Anämie ist auf S. 93 eingehend behandelt worden.

2. wird bei Magenerkrankungen die Blutmischung durch Hämorrhagien beeinflusst, welche bei verschiedenen pathologischen Prozessen dieses Organes auftreten und zu Blutverlusten führen können. Diese können in geringerer Menge bei kapillären Ecchymosen, hämorrhagischen Erosionen, oder in grösseren Quantitäten durch Arrosion grösserer Gefässäste bei ulcerativen Prozessen, besonders im Verlaufe des Ulcus rotundum und Carcinoma exulcerans ventriculi vorhanden sein.

Das Fatale dieser Blutungen — sowohl der kapillären wie der aus grösseren Gefässen — liegt in der Dauer ihres Auftretens, welche sich sehr häufig mit Remissionen und Exacerbationen über lange Zeit hinfort erstrecken kann. Ausserdem kommt noch für viele Fälle in Betracht, dass man weder über den ersten Beginn noch über das Persistieren kleiner Hämorrhagien sichere Aufschlüsse gewinnt, da der zuverlässige Nachweis kleiner Blutmengen, die gewöhnlich unbemerkt mit den Fäces als amorphe Methämoglobinmassen entleert werden, häufig sehr schwierig zu führen ist. Es können also durch protrahierte kleinere und grössere Blutungen hier im Magen wie in anderen Organen mehr oder minder schwere anämische Zustände — posthämorrhagische Anämie — entstehen, wie dies auf S. 60 des näheren ausgeführt ist. Für wie bedeutungsvoll gerade die protrahierten kapillären Hämorrhagien der Magenschleimhaut, vielleicht in Verbindung mit solchen anderer innerer Organe, von manchen Autoren angesehen werden, zeigt sich in der (auf S. 96) erwähnten Auffassung Stockman's, welcher hierin das eigentliche ätiologische Moment für manche Fälle sogenannter primärer perniciöser Anämie sieht, und ferner in der von Rosenheim aufgestellten Theorie, dass die Entstehung der Chlorose auf protrahierte kleinere Magenblutungen zu beziehen ist.

Dass hin und wieder auch einmal durch Hämorrhagien infolge Arrosion eines grösseren arteriellen Astes der Magengefässe beim Fortschreiten eines einfachen oder karcinomatösen ulcerativen Prozesses der Exitus lethalis unmittelbar hervorgerufen werden kann, sei der Vollständigkeit halber erwähnt.

3. kommen giftige Stoffe in Betracht, welche bei verschiedenen Erkrankungszuständen besonders durch die Fäulnis der im Speisebrei enthaltenen Eiweissstoffe entstehen und zur Resorption in die Säftemasse gelangen können. Ob diese toxischen

Substanzen sich im gegebenen Falle im Magen- oder im Darmkanal entwickeln, lässt sich zumeist nicht mit Sicherheit entscheiden, häufig dürfte ihre Entstehung in beiden Organen gleichzeitig zu suchen sein. Die Rolle, welche diese Stoffe im Blute spielen, ist grösstenteils noch in völliges Dunkel gehüllt, und wir können uns hier um so eher betreffs dieser Frage kurz fassen, als bei den einzelnen Krankheiten, in welchen die Wirkung dieser toxischen Substanzen in Frage kommt, ausführlicher darüber berichtet ist.

Nach der Zusammenstellung von Albu über die Autointoxikationen kommen für den Intestinaltraktus vornehmlich folgende Substanzen als Produkte gesteigerter Eiweissfäulnis in Betracht:

1. NH_3, N, CO_2, H_2S, CH_3HS und Cystin;
2. aus der Reihe der Amidosäuren: das Leucin, Asparaginsäure u. s. w.;
3. aus der Gruppe der aromatischen Substanzen die Abkömmlinge des Benzols: Phenol, Kresol (Parakresol), Phenylessigsäure, Paroxyphenylessigsäure, Phenylpropionsäure, Indol, Skatol, Tyrosin, Alkapton;

und weiter als neugebildete, fremdartige, giftige Produkte abnormer Verdauungsprozesse:

4. alkaloidartige Körper;
5. Diamine, hauptsächlich Tetramethylendiamin (Putrescin) und Pentamethylendiamin (Kadaverin);
6. Toxalbumine.

In Bezug auf die Wirksamkeit gerade der zuletztgenannten Toxine haben wir uns hier an die von Bouchard entdeckte gefässverengernde Wirkung derselben zu erinnern und an die hierdurch bewirkte Einengung des Blutes (s. u.).

Im übrigen kann hier auf die Wirkungen, welche manche dieser Stoffe allein oder in Kombinationen nach ihrer Resorption in die Säftemasse auf die Thätigkeit der Organe ausüben, naturgemäss nicht näher eingegangen werden, es sei vielmehr betreffs dieser durchweg noch sehr hypothesenreichen Fragen auf das erwähnte Werk von Albu verwiesen, in welchem sich die verschiedenen Ansichten über Einwirkung dieser Substanzen besonders auf das Nervensystem, das Herz u. s. w. ausführlich behandelt finden.

Auf einen eigentümlichen Symptomenkomplex ist hier hinzuweisen, welcher sich nach den Beobachtungen von Fr. Betz, Senator, Emminghaus u. a. infolge von Resorption grösserer, im Darm, seltener im Magen gebildeter Mengen von Schwefelwasserstoff entwickelt. Derartige Zustände von „Hydrothionämie" treten besonders nach Diätfehlern auf bei Entwickelung starker Mengen von H_2S im Darmkanal und verlaufen unter Erscheinungen von Sopor, Delirien, Konvulsionen, Pupillenerweiterung etc. in ähnlicher Weise wie bei gewerblicher Vergiftung mit H_2S.

Schliesslich ist hier noch zu erwähnen, dass das Auftreten von Magen- und Duodenalgeschwüren nach Verbrennungen, worauf zuerst Curling aufmerksam machte, zwar noch keineswegs geklärt ist, aber von manchen auf Bildung toxischer Substanzen im Blute selbst oder auf Resorption derselben von der verbrannten Haut zurückgeführt wird.

4. treten bei Magenerkrankungen unter verschiedenen Bedingungen **Verringerungen der Wasserresorption** ein, welche zu ähnlichen Folgeerscheinungen im Blute führen, wie dies schon bei den Ösophagus-Erkrankungen erwähnt ist, nämlich zu Eindickung des Blutes und damit völliger Verdeckung der zumeist vorhandenen anämischen Beschaffenheit.

B. Specielles.

Ulcus ventriculi. Das Verhalten des Blutes beim Bestehen eines Ulcus ventriculi ist nach den zahlreichen Angaben, welche die verschiedenen Autoren: Leichtenstern, Laache, Haeberlin, Oppenheimer, F. Müller und Schneider, Reinert, Osterspey u. a. hierüber liefern, sehr verschiedenartig.

Es kann sich infolge von Hämatemesis ein hoher Grad von Anämie ausbilden mit starker Herabsetzung der Zahl an roten Blutkörperchen, des Hb-Gehaltes und des Eiweissgehaltes des Serum. Besonders solche Kranke, welche in kurzen Pausen grössere Quantitäten Blut infolge der Geschwürsbildung verlieren, geraten schnell in einen Zustand schwerer Blutarmut, während kleinere, durch lange Zeit hindurch ergossene Blutmengen nur allmählich, dann aber auch zu hohen Graden von Anämien führen können. (Eigene Beobachtungen sind auf S. 61—62 angeführt, worauf, um Wiederholungen zu vermeiden, hiermit verwiesen wird.)

Es sind indes keineswegs allein die mit Blutungen einhergehenden Ulcera ventriculi, welche anämische Blutbeschaffenheit darbieten, vielmehr ist schon oben erwähnt, dass die Geschwürsbildung zumeist gerade in mangelhafter Blutbeschaffenheit eine ihrer Entstehungsursachen hat, und es findet sich demgemäss, worauf besonders die unter Ewald's Leitung gefertigte Arbeit von Osterspey hinweist, auch bei den nicht-hämorrhagischen Magengeschwüren sehr häufig ein stärkerer oder geringerer Grad von Blutarmut.

Auf der anderen Seite wird von F. Müller, Oppenheimer u. a. mit Recht hervorgehoben, dass dem anämischen Äusseren, welches solche Kranke darbieten, nicht immer eine Verschlechterung der Blutzusammensetzung entspreche, und besonders die Zahlen von Oppenheimer ergeben für eine grössere Reihe von Kranken mit Ulcus ventriculi trotz starker Blässe der Haut, Zahlen der roten Blutkörperchen zwischen 4,2 und 5 Millionen im ccm und Hb-Gehalt von 90—100 %, mithin durchaus normale Verhältnisse.

Dieser Inkongruenz zwischen Blässe der Haut und Schleimhäute einerseits und normaler Zusammensetzung des Blutes in der

Raumeinheit andererseits begegnen wir hier, wie auf andern Gebieten (vergl. S. 50), und ich halte für die hier vorliegenden, speziellen Verhältnisse die Annahme Oppenheimer's für sehr wahrscheinlich, dass bei Magenkrankheiten durch reflektorische Einflüsse auf die Gefässnerven Kontraktionen der Hautgefässe eintreten, infolge deren die Haut auffällig blass erscheint, und ausserdem das Blut durch Flüssigkeitsaustritt eingeengt wird.

Für derartige Fälle kann die Untersuchung des isolierten Blutserum Aufschluss über das Vorhandensein wirklicher anämischer Blutbeschaffenheit geben, da trotz des Austrittes von Blutflüssigkeit aus den Kapillaren die Konzentration des Serum nicht wesentlich erhöht zu sein braucht, denn — wie schon an verschiedenen Stellen ausgeführt — scheint es so, als ob bei vasomotorischen Beeinflussungen der Kapillaren ganzes Serum in die Lymphspalten übertritt.

An folgendem Beispiel zeigen sich die hier obwaltenden Verhältnisse recht deutlich:

Das 25 Jahre alte Dienstmädchen B. zeigte ein sehr blasses Aussehen bei bestehendem Ulcus ventric., von welchem es zweifelhaft war, ob Blutungen bestanden hatten oder nicht. Am Herzen waren laute systolische Geräusche vorhanden.

Die Blutuntersuchung ergab

	Rote Blutkörperchen	Weisse Blutkörperchen	Trockensubstanz des Blutes	Trockensubstanz des Serum
am 25. 11. 93:	4,14 Mill.	10 000	19,49 %	8,59 %

die 2. Blutuntersuchung ergab

am 30. 11. 93:	4,34 Mill.	spärlich	19,75 %	8,56 %

nachdem die Kranke in den wenigen Tagen um 4 Pfund an Körpergewicht zugenommen hatte.

Es fand sich also hier leichte Herabsetzung der Zahl der roten Blutkörperchen und des Hb-Gehaltes, die durchaus nicht der allgemeinen starken Blässe der Haut- und Schleimhäute entsprachen, dagegen war das Serum ganz beträchtlich verdünnt, sodass hieraus allein sich Herabsetzung der Gesamtkonzentration erklärte.

Die Leukocyten zeigen bei Ulcus ventriculi keine nennenswerten Veränderungen, auch nicht bezüglich ihrer Vermehrung nach genossenen Mahlzeiten, was in Rücksicht auf die Verhältnisse beim Carcinoma ventriculi von Wichtigkeit ist; im Gefolge von Blutungen können sich mehr oder weniger ausgesprochene Zustände von Leukocytose finden.

Über eine seltene Veränderung im Blute bei einem Kranken mit Ulcus ventric. berichtet Jürgensen, welcher bei einem in die Bauchhöhle perforierten Ulcus Luft in mehreren Venen fand, welche schon intra vitam wahrscheinlich durch Übertritt eines luftbildenden Bakteriums ins Blut entstanden und zu schwerem Kollaps geführt hatte.

Carcinoma ventriculi.

Die deletäre Einwirkung auf das Blut durch Krebsbildung im Magen wird im Kapitel „Carcinom" eingehend berücksichtigt werden, es bleiben hier somit nur einige spezielle Punkte zu erörtern, welche sich vornehmlich auf die Diagnose des Magenkrebses beziehen.

Die Schwierigkeit, welche in vielen Fällen sich am Krankenbette ergiebt, bei frischeren Fällen mit noch nicht sehr ausgesprochenen Krankheitszeichen die Diagnose auf das Bestehen einer malignen Neubildung im Magen zu stellen, hat besonders in den letzten Jahren jedes Hülfsmittel heranziehen lassen, von welchem man sich eine Sicherung der Diagnose versprechen konnte, da die chirurgische Erfahrung ergeben hat, dass nur bei frühzeitiger Diagnose eine Aussicht auf Heilung durch operativen Eingriff vorhanden ist.

Ausser dem ganzen Arsenal der physikalischen und besonders der chemischen Untersuchungsmethoden hat man auch versucht, aus der Beschaffenheit des Blutes Anhaltspunkte für die Sicherung der Diagnose zu gewinnen und zwar 1. aus dem Gehalte an Hb und der Zahl der roten Blutkörperchen.

Beide Faktoren sind in der That nach Laache, Malassez, Daland und Sadler, Mouisset, Reinert, Osterspey, Strauer bei ausgebildetem Magenkrebs deutlich vermindert, und es sei hier noch einmal darauf hingewiesen, dass bei langsam verlaufenden Magen-Carcinomen die Degeneration der roten Blutkörperchen so hochgradig werden kann, dass die Symptome der Anämie das ganze Krankheitsbild beherrschen können, und der ganze Symptomenkomplex einer perniciösen Anämie vorhanden sein kann (s. S. 88).

Diesen Befunden entsprechend hat man die Herabsetzung des Hb-Gehaltes und der Zahl der roten Blutkörperchen differentialdiagnostisch gegenüber gutartigen Prozessen, wie Ulcus ventric., narbigen Stenosen etc. verwenden wollen, und noch in jüngster Zeit giebt Blindemann, allerdings auf Grund einer ganz geringfügigen Zahl von Beobachtungen, an, dass bei Carcinom der Hb-Gehalt vermindert und nie über 60 % vorhanden sei, dass derselbe beim Carcinom crescendo falle, beim Ulcus dagegen immer nach Blutungen, worauf Regeneration erfolge. Nur chronische Ulcera rotunda, die zu schwerer Anämie führen, sollen eine Ausnahme bilden.

Diese und ähnliche Ausführungen sind erstens im allgemeinen nicht haltbar, da auch bei Ulcus häufig starke Herabsetzungen des Hb etc. vorhanden sind, beim Carcinom dagegen durch beschränkte Wasseraufnahme, nach häufigem Brechen etc. das Blut eingedickt sein kann; zweitens entsprechen derartige Ermittelungen nicht dem praktischen Bedürfnisse, da gerade während der ersten Entwickelung des Carcinoms die Zahlen des IIb etc. völlig normal sein können und später auch ohne diese Untersuchungen die allgemeine Kachexie erkennbar ist, von welcher die Anämie ja nur eine Teilerscheinung bildet. Die Behauptung von Laker, dass die Herabminderung des Hb-Gehaltes unabhängig von der Krebskachexie und meist weit früher als letztere zu erkennen ist, bedarf, wie Reinert mit Recht betont, sehr der Bestätigung.

2. Hat man das Verhalten der Leukocyten bei Carcinoma ventric. gegenüber anderen Prozessen verwertet, da die meisten Autoren eine Leukocytose hierbei beobachteten, so ausser den oben genannten: Patrigeon, Sörensen, Eisenlohr, Potain etc., während dieselbe bei Ulcus ventriculi seltener ist.

Demgemäss hielten F. Müller und Schneider eine Vermehrung der Zahl der Leukocyten bei Verminderung der roten Blutkörperchen, also eine beträchtliche Verschiebung des normalen Verhältnisses von 1 : 750 nach unten zu für ein nicht unwichtiges diagnostisches Zeichen bei Krebs des Magens.

Demgegenüber betont jedoch Rieder, dass auch bei Ulcus ventriculi häufig eine posthämorrhagische Leukocytose vorhanden sei. Ausserdem verlaufen nicht alle Fälle von Magencarcinom mit Leukocytose.

In neuester Zeit hat Schneyer darauf aufmerksam gemacht, dsss sich das Auftreten einer Verdauungsleukocytose differentialdiagnostisch verwerten lasse, insofern als beim Carcinom des Magens, ohne Unterschied, ob frischeren oder vorgeschritteneren Datums, sich keine Verdauungsleukocytose nachweisen lasse, während dieselbe bei Ulcus und gutartiger Stenose vorhanden sei. Schneyer spricht sich dahin aus, dass das Vorhandensein einer Verdauungsleukocytose gegen Carcinom spreche, dass das Nichtvorhandensein dagegen nicht beweisend sei.

Auch Hartung hat an einer Reihe von 10, allerdings fast nur vorgeschrittenen Fällen von Magenkrebs das Nichtvorhandensein der Verdauungsleukocytose bestätigt.

Ob sich dies negative Ergebnis thatsächlich für die Frühdiagnose des Carcinoms praktisch wird verwerten lassen, muss abgewartet werden.

Gastrektasie. Zustände von Magenerweiterung, mögen dieselben durch ein Hindernis im Pylorusteil oder lediglich durch muskuläre Schwäche bedingt sein, führen in allen einigermassen ausgesprochenen Fällen zu Kachexie und allgemeinem anämischen Aussehen.

Die Blutbeschaffenheit wird bei diesem Leiden in mehrfacher Richtung alteriert, denn infolge der gestörten Verdauung und verringerten Resorption von Nährstoffen wird der Eiweissgehalt des Blutes vermindert und andererseits kann durch starke Herabsetzung der Wasserresorption, welche nach v. Mering nur in geringem Masse im Magen statthat, das Blut so beträchtlich eingedickt sein, dass die Zählung der roten Blutkörperchen und die Messung des Hb-Gehaltes völlig normale Werte liefern können.

Diese ziemlich klarliegenden Verhältnisse sind schon von Leichtenstern ermittelt und in der beschriebenen Weise gedeutet worden.

Auch Reinert fand normale resp. leicht subnormale Zahlen für Hb und rote Blutkörperchen bei stark abgemagerten Kranken mit Dilatatio ventriculi.

Diese Eindickung des Blutes bei Kranken mit Magenektasie wurde von Kussmaul durch Bestimmung der mit Erbrechen und Magenauspumpen nach aussen beförderten Flüssigkeitsmenge direkt nachgewiesen, da diese in 24 Stunden entleerten Massen grösser waren, als die am gleichen Tage aufgenommene Quantität Flüssigkeit. Kussmaul basierte auf der durch den Wasserverlust des Körpers hervorgerufenen schnellen Austrocknung der Nerven und Muskeln seine Theorie von der Entstehung der Tetanie, welche später teils durch reflektorische, teils durch toxische Einwirkungen erklärt worden ist.

Litteratur.

Albu, Alb. Über die Autointoxikationen des Intestinaltraktus. Berlin 1895.
Betz. Über Hydrothionammoniämie. Memorabilien. 1864.
Blindemann. Über Veränderungen des Blutes bei Magenkrankheiten. St. Petersb. med. Wochenschr. 1894. 3. (Referat.)
Daland u. Sadler. Über das Volumen der r. u. w. Blutk. im Blute des gesunden u. kranken Menschen. Fortschr. d. Med. 1891. Nr. 20.
Eisenlohr. Blut u. Knochenmark bei progr. pernic. Anämie u. bei Magenkarcinom. Deutsches Arch. f. klin. Med. Bd. 20. 1877. S. 494.
Derselbe. Über neue diagnostische Hilfsmittel bei Magenkrebs. Deutsches Arch. f. klin. Med. Bd. 45. 1889. S. 352.
Emminghaus. Zwei Fälle von mehrfacher Perforation des Verdauungskanals u. H_2S-Gehalt im Urin. Berl. klin. Wochenschr. 1872. Nr. 40.
Escherich. Hydrämische Leukocytose. Berl. klin. Wochenschr. 1884. Nr. 30.
Ewald. Klinik der Verdauungskrankheiten. Berlin 1893. II. S. 194.
Haeberlin, H. Über den Hb-Gehalt des Blutes bei Magenkrebs. Münch. med. Wochenschr. 1888. Nr. 22.
Hartung, H. Blutunters. von Krebskranken mit besonderer Berücksichtigung der Verdauungsleukocytose. Wien. klin. Wochenschr. 1895. S. 697.
Jürgensen. Luft im Blute. Klinisches u. Experimentelles. Deutsches Arch. f. klin. Med. Bd. 41. Heft 6.
Kussmaul. Zur Lehre von der Tetanie. Berl. klin. Wochenschr. 1872. Nr. 37.
Laache. Die Anämie. 1883.
Laker. Die Bestimmung des Hb-Gehaltes im Blute mittels des v. Fleischl'schen Hämometers. Wien. med. Wochenschr. 1886. Nr. 18—20.
Leichtenstern. Unters. über den Hb-Gehalt des Blutes etc. Leipzig 1878.

Malassez. Sur la richesse du sang en globules rouges chez les cancéreux. Progr. méd. Paris 1884 No. 28.
v. Mering. Über die Funktion des Magens. XII. Kongr. f. inn. Med. 1893.
Mouisset. Étude sur le carcinome de l'estomac. Revue de méd. Paris. 1891.
Müller, Fr. Verhandl. d. Ver. f. inn. Med. 1888. S. 378.
v. Noorden. Lehrb. d. Pathol. d Stoffw. 1893. S. 461.
Oppenheimer. Über die prakt. Bedeutung der Blutuntersuchung mittels Blutkörperchenzähler und Hämoglobinometer. Deutsche med. Wochenschr. 1889. Nr. 42—44.
Osterspey, Jos. Die Blutuntersuchung u. deren Bedeutung bei Magenkrankheiten. Dissert. Berlin 1892.
Patrigeon. Ref. in Virch.-Hirsch's Jahresber. 1877. I. 235.
Péc. Cit. bei Rieder (s. Lit.).
Potain. Un cas de leucocythémie. Gaz. de hôp. 1888. Nr. 57.
Quincke u. Daettwyler. Korrespond.-Bl. f. Schweiz. Ärzte. 1875. S. 101.
Reinert. Die Zählung der Blutkörperchen. 1891.
Rieder. Leukocytose. 1892.
Rosenheim. Berl. klin. Wochenschr. 1890. Nr. 33.
Schneider, Gottl. Über die morphologischen Verhältnisse des Blutes bei Herzkranken und bei Carcinom. Dissert. Berlin 1888.
Schneyer. Verdauungsleukocytose bei Ulcus rotundum und Carcin. ventric. Zeitschr. f. klin. Med. 1895. Bd. 27. S. 475.
Senator. Über einen Fall von Hydrothionämie u. über Selbstinfektion durch abnorme Verdauungsvorgänge. Berl. klin. Wochenschr. 1884. Nr. 24.
Silbermann, O. Experimentelles u. Kritisches zur Lehre vom Ulcus ventriculi rotund. Deutsche med. Wochenschr. 1886. Nr. 29.
Sörensen. Undersøgelser om Antallet af røde og hvide Blodlegemer etc. Kopenhagen 1876.
Strauer. Systemat. Blutunters. bei Schwindsüchtigen u. Krebskranken. Dissert. Berlin 1893.

3. Darm.

Vom Darme aus wird die Blutmischung im wesentlichen durch zwei Faktoren beeinflusst; erstens durch die Resorption der eingeführten Nährstoffe und zweitens durch die sekretorische Thätigkeit der Schleimhaut. Beide Vorgänge können bei der grossen Oberfläche der funktionierenden Schleimhaut ganz beträchtliche Schwankungen in der Zusammensetzung des Blutes hervorrufen.

1. Betreffs der Resorption ergaben bereits die älteren Versuche von Vierordt, dass nach Mahlzeiten eine Abnahme der Zahl der rothen Blutkörperchen eintrat, und Leichtenstern konstatierte im Verlaufe der Tagesschwankungen des Hb-Gehaltes die höchsten Zahlen für Hb vor der Mittagsmahlzeit und die niedrigsten um 4 Uhr, woraus er den naheliegenden Schluss zog, dass durch die Chymusaufsaugung durch den Darm und den vermehrten Chylusabfluss nach dem Blute zu das letztere verdünnt werde.

Dagegen ergaben Untersuchungen von Buntzen und Sörensen, dass während der ersten anderthalb Stunden nach der aus reichlichen festen Massen bestehenden Mahlzeit die Menge der roten Blutkörperchen anstieg, was nach Leichtenstern darauf zurückzuführen ist, dass das Blut unmittelbar nach der Nahrungsaufnahme durch Absonderung der Verdauungssäfte zunächst koncentrierter wird.

Nach Vierordt wird die Gerinnungsfähigkeit des Blutes durch die Nahrungsaufnahme insofern geändert, dass die zur Gerinnung nötige Zeit in der dem Mittagessen vorausgehenden Stunde viel kürzer ist, als in der Zeit von 2—3 Stunden nach derselben. **Die Nahrungsaufnahme verlangsamt demnach die Gerinnung des Blutes.**

In Bezug auf das Verhalten des Blutes nach Wasseraufnahme ergaben die älteren Versuche von Nasse, Schulz und besonders von Leichtenstern, welcher eine Patientin in drei aufeinanderfolgenden Tagen 21,5 Liter destillierten Wassers trinken lies, keine wesentliche Verdünnung des Blutes. Dagegen beobachtete Buntzen beim Hunde beträchtliches Absinken der Zahl der roten Blutkörperchen um 5,4—12,7 % nach reichlicher Wasserzufuhr. Neuerdings hat Schmaltz nachgewiesen, dass nach dem Genusse von 1 Liter physiologischer Kochsalzlösung die Blutdichte innerhalb $^3/_4$ Stunden von 1,0597 auf 1,0574 fiel. Diese Verdünnung ist indessen nur eine vorübergehende und aus diesem Grunde wohl bei den früheren Beobachtungen nicht bemerkt worden. Die ursprüngliche Konzentration des Blutes stellt sich je nach der Schnelligkeit der Ausscheidung des überschüssigen Wassers aus dem Blute in kurzer Frist wieder her, und es haben daher die zuerst erwähnten Beobachtungen ihre volle Bedeutung insofern, als sie zeigen, **dass eine dauernde Einwirkung auf die Blutmischung selbst durch wiederholte stärkere Wasserzufuhren nicht ausgeübt wird**, das Blut vielmehr die deutliche Tendenz zeigt, sich des Überschusses an Wasser zu entledigen und in sein normales Wassergleichgewicht zurückzukehren.

Ein entgegengesetztes Verhalten zeigt das Blut bei ungenügender Flüssigkeitszufuhr. Die Anwendung der Schroth'schen Kuren, welche durch Beschränkung der Wasserzufuhr eine Koncentrationszunahme des Blutes und gesteigerte Aufsaugung von Parenchymsäften zu erzeugen suchten, bedingt in der That, wie Jürgensen gezeigt hat, eine Konzentrationszunahme des Blutserum; und auch Leichtenstern fand in einer längere Zeit fortgesetzten Untersuchungsreihe bei Anwendung der Schroth'schen Diät eine deutliche Zunahme des Hb-Gehalts des Blutes, welche mit dem Übergange in die gewöhnliche Diät wieder schwand, um bei erneuter Flüssigkeitsentziehung wiederum zu steigen. Auch hier haben wir es, wie bei der Behinderung der Wasserresorption durch

Ösophagus- und Pylorus-Strikturen, sowie Magendilatation, mit einer **Eindickung des Blutes** zu thun, welche bei diesen Zuständen immer nur dann eintritt, wenn die **Behinderung der Wasseraufnahme eine gewisse Zeit hindurch andauert.** Vorübergehende Wasserentziehung übt ebenso wenig einen dauernden Einfluss auf die Koncentration des Blutes aus, wie vorübergehend gesteigerte Wasserzufuhr. Das Blut stellt vielmehr unter diesen Bedingungen sein Wassergleichgewicht durch Anziehung von Flüssigkeit aus den Geweben wieder her, wie man das sehr deutlich an den Zahlen der Leichtenstern'schen Tabelle verfolgen kann, welche zeigen, dass nach Einleitung der Schroth'schen Kur immer erst mehrere Tage vergehen, bis das Blut deutlich konzentrierter wird, wogegen die Rückkehr zur normalen Koncentration bei dem Einsetzen der gewöhnlichen Diät schneller, d. h. nach einem Tage, erfolgt.

Betreffs der Resorption toxischer Substanzen und ihres Einflusses auf das Blut ist auf S. 175 das Nötige mitgeteilt. Ebenso sind die Veränderungen der Leukocyten nach Nahrungsaufnahme bei Besprechung der Verdauungs-Leukocytose (S. 37) ausführlich behandelt worden, worauf hiermit, um Wiederholungen zu vermeiden, verwiesen wird.

2. **Die Sekretion des Darmes** kann in einfacher Weise durch **Vermehrung der Flüssigkeitsabscheidung** gesteigert sein, wie bei **unkomplicierten Diarrhöen** oder nach Anwendung der meisten **Abführmittel.** Bei schwereren Zuständen können Transsudationen in den Darm stattfinden, deren höchste Potenz wir in den Cholera-Entleerungen ausgesprochen finden; und endlich kann ein starker Eiweissverlust mit dem Sekret der erkrankten Darmschleimheit erfolgen bei dysenterischen Prozessen. Die Einwirkungen, welche diese Prozesse auf die Zusammensetzung des Blutes ausüben, sollen im Folgenden zusammenhängend besprochen werden.

Abführmittel. Der seit dem Anfange dieses Jahrhunderts bis heute fortgeführte Streit über die Wirkungsweise der Abführmittel hat eine Anzahl interessanter Blutuntersuchungen gezeitigt, welche zur Klärung der hier vorliegenden Frage herangezogen wurden. Die zuerst von Poisseuil (1839) aufgestellte sogenannte endosmotische Theorie führte die Wirkung der abführenden Mittelsalze darauf zurück, dass eine die Koncentration des Blutserum übersteigende Salzlösung im Darme einen Übertritt von Wasser aus dem Blute nach den Gesetzen der Endosmose veranlasse, wodurch der Wassergehalt des Darminhaltes vermehrt und die purgierende Wirkung veranlasst werde. Dass diese Verflüssigung der Ingesta die alleinige Ursache der purgierenden Wirkung sei, wurde schon bald nach dem Bekanntwerden der Theorie von Poisseuil durch Cl. Bernard, Aubert u. a. in Frage gezogen und wird heute wohl von niemand mehr angenommen. Auch an der Erklärung durch einfache Diffusionsvorgänge kann man seit der genauen Erforschung der histologischen Beschaffenheit der Darmschleimhaut nicht mehr festhalten, und C. Schmidt, dessen mehrfach zu erwähnende Untersuchungen auf diesem Gebiete geradezu grundlegend gewesen sind, nahm infolgedessen eine Transsudation durch die Capillaren der Darmschleimhaut als Folge der abführenden Salze an. Diese Ansicht ist von Radziejewsky besonders angegriffen, indess von der Autorität Hoppe-Seyler's gestützt worden, während Matthew Hay in seinen Experimenten neben einer leichten Anregung der Peristaltik lediglich eine Vermehrung der Sekretion im Verdauungskanal, entsprechend der Koncentration der Lösung, und eine Verhinderung der Absorption der abgesonderten Flüssigkeit infolge der geringen Diffusionsfähigkeit des Salzes annimmt. Auch heute noch herrscht keine einheitliche Auffassung unter den Pharmakologen betreffs der Wirkungsweise der meisten Laxantia, speziell der Salina; die Blutuntersuchungen können hier vielleicht einiges zur Klärung der Streitfrage beitragen.

Zuerst wies Brouardel eine Vermehrung der roten Blutkörperchen nach diarrhöischer Stuhlentleerung infolge von Krotonöl, Jalappe, Salzen etc. nach; doch sind diese Versuche, worauf M. Hay hinweist, wegen verschiedener Fehlerquellen nicht einwandsfrei. In sorgfältiger Weise wurde das Blut nach der Anwendung saliner Abführmittel von M. Hay beobachtet, dessen umfassender Arbeit über „The Action of saline Cathartics" ich die folgenden Daten entnehme.

Die Untersuchungen ergaben, dass nach Eingabe von schwefelsaurem Natron beträchtliche Eindickungen des Blutes eintraten. Z. B.: 33 Jahre alter Mann zeigt

um 3 Uhr 25 Min. 4,850 Mill. r. Blutk.
„ 3 „ 38 „ 5,025 „ „ „
„ 3 „ 40 „ — „ „ „ derselbe erhält 21,3 g schwefelsaures Natron in 85 ccm Wasser
„ 4 „ 15 „ 6,54 „ „ „
„ 4 „ 55 „ 6,79 „ „ „
„ 5 „ 20 „ 6,61 „ „ „
„ 6 „ — „ 5,71 „ „ „
„ 6 „ 45 „ 5,74 „ „ „
„ 7 „ 40 „ 4,93 „ „ „

Derartige konzentrierte Gaben von Glaubersalz entziehen also in kurzer Frist dem Blute beträchtliche Mengen von Flüssigkeit, welche jedoch bald aus den Gewebsflüssigkeiten wieder ersetzt werden, sodass im vorliegenden

Falle die starke Eindickung nach etwa vier Stunden wieder völlig ausgeglichen war.

Anders verhält es sich nach M. Hay, wenn das Abführsalz in grösseren Mengen Wassers gelöst gegeben wird. Es tritt alsdann nur ein geringer Zuwachs an Flüssigkeit ein; die Einwirkung auf das Blut ist demnach nur eine sehr geringe, trotzdem die abführende Wirkung schnell eintritt. Die Flüssigkeitsmenge also, welche in den Darm abgeschieden wird, ist um so grösser, je konzentrierter die Lösung ist.

Noch ein Faktum ist aus diesen interessanten Experimenten hervorzuheben, nämlich dass die purgierende Wirkung ebenso wie die Einwirkung auf das Blut auch bei Eingaben von konzentrierten Abführsalzen ausbleibt, wenn durch vorhergegangene Wasser- und Nahrungsentziehung das Blut arm an Wasser geworden ist. Es zeigt sich demnach aus diesen Versuchen M. Hay's, welche teils an Menschen, teils an Tieren ausgeführt wurden, dass die Wirkungen konzentrierter Lösungen von Abführsalzen geradezu an ein gewisses Quantum disponiblen Wassers in Blut und Gewebsflüssigkeit gebunden sind.

Eigene Untersuchungen an Tieren und Menschen mit Glaubersalz und Bittersalz haben mir ganz gleichartige Resultate ergeben.

Ein 20jähriges Mädchen erhielt um 10 Uhr 55 Min. 15 g Magnesia sulphurica mit 50 ccm Wasser. Das Blut zeigte vorher spezifisches Gewicht von 1050,5.

um 10 Uhr	58	Min.	1050,1	spez.	Gew.
„ 11 „	3	„	1050,5	„	„
„ 11 „	20	„	1050,8	„	„
„ 11 „	40	„	1053,9	„	„
„ 12 „	—	„	1052,6	„	„
„ 12 „	30	„	1052,6	„	„
„ 1 „	—	„	1052,6	„	„
„ 1 „	45	„	1051,6	„	„

Untersuchungen, welche ich über die Einwirkung innerlich verabreichter konzentrierter Kochsalzgaben auf das Blut anstellte, ergaben insofern ein anderes Resultat, als die Eindickung des Blutes schneller erfolgte und einen viel höheren Grad erreichte, als bei Glaubersalz, aber auch sehr viel schneller wieder zurückging.

Ein 20jähriger Mann zeigte, nachdem er 15 g Kochsalz in wenig Wasser bei fast leerem Magen getrunken hatte, schon nach 20 Minuten eine Steigerung des spezifischen Gewichtes des Blutes von 1050 auf 1060, und nach einer weiteren Stunde bereits wieder ein Absinken bis ein wenig unter den anfänglichen Normalwert.

Auch bei meinen Untersuchungen zeigte sich die Erscheinung, dass die bluteindickende Wirkung der Salze ganz oder fast vollständig aufgehoben wird, wenn Magen und Darm mit Inhalt gefüllt sind. Die schnell vorübergehende Wirkung des Kochsalzes stimmt mit den sonstigen Beobachtungen insofern vollständig überein, als die meisten Menschen kurze Frist nach der Einnahme von koncentrierten Kochsalzgaben ein lebhaftes Kollern und eventuell Plätschern als Zeichen der schnell angesammelten Flüssigkeit im Darme wahrnehmen, dass indes eine abführende Wirkung nach Kochsalz in der Regel nicht eintritt, weil das leicht diffusible Kochsalz schnell wieder vom Darme resorbiert und durch die Nieren zur Abscheidung gebracht wird.

Nebenbei sei hier darauf hingewiesen, dass in der schnell eintretenden Eindickung des Blutes nach koncentrierter Kochsalzeinnahme, verbunden mit einer schneller eintretenden Gerinnbarkeit des Blutes, wahrscheinlich die günstige Wirkung zu suchen ist, welche das Kochsalz als Hausmittel gegen Lungenblutungen besitzt, ein Effekt, der für gewöhnlich auf die nauseöse Wirkung und Herabsetzung des Blutdruckes bezogen zu werden pflegt, wogegen zu bemerken ist, dass viele Menschen nach dem Genuss von Kochsalz durchaus keine Übelkeit verspüren.

Auch einfache diarrhoische Stuhlentleerungen, z. B. infolge von Erkältungen, bewirken eine bald vorübergehende Eindickung des Blutes, welche jedenfalls in derselben Weise zu stande kommt, wie die durch Abführmittel verursachte.

Cholera-Diarrhöen. Gegenüber diesen schnell vorübergehenden Zuständen von Bluteindickung bedingen die profusen Diarrhöen Cholerakranker einen mehr persistenten ausgesprochenen Zustand von Wasserverarmung des Blutes. Die teerartige Konsistenz des Blutes in den schwersten Stadien der Erkrankung, der stockende Blutfluss selbst nach Durchschneidung von Arterien (Dieffenbach) sind, wenn man so sagen darf, ein makroskopischer Anhaltepunkt für die Wasserverarmung des Blutes.

Um eine Anschauung über die Veränderungen des Blutes infolge der Cholera-Diarrhöen zu gewinnen, sind wir noch heute auf die klassischen Untersuchungen C. Schmidt's angewiesen, welche in der Dorpater Epidemie zu Ende der 40er Jahre ausgeführt wurden und durch ihre Vielseitigkeit eine wahre Fundgrube interessanter chemischer und physikalischer Daten bilden. Diese Untersuchungen wurden am Aderlassblute ausgeführt, und wenn die hier gefundenen Zahlen keine besonders starken Eindickungszustände zeigen, so muss man wohl von vornherein berücksichtigen, dass die Patienten, welche durch Aderlass noch genügende Blutmengen für die Analysen lieferten, sich eben noch nicht in den Stadien der höchsten Wasserverarmung befanden. Die Einwirkung der Choleradiarrhöen auf die Zusammensetzung des Blutes im allgemeinen scheint mir am klarsten aus der nachfolgenden Tabelle hervorzugehen, welche ich aus den Zahlenergebnissen von Schmidt zusammengestellt habe.

			Dichtigkeit		
			d. Blutes	d. Blutzellen	d. Serum
I. Normal. männl. Individ. 25 Jahr			1,0599	1,0886	1,0292
II. „ weibl. „ 30 „			1,0503	1,0883	1,0261
III. Cholera Höhestadium		weibl.	1,0602	1,0927	1,0286
IV. „	„	männl.	1,0670	1,0955	1,0334
V. „	„	weibl.	1,0656	1,0913	1,0329
VI. „	„	weibl.	1,0609	1,0961	1,0309
VII. „	„ (71 Jahre)	männl.	1,0712	1,1027	1,0470
VIII. „	„	männl.	1,0728	1,1025	1,0415

Betrachtet man die Zahlen des spezifischen Gewichtes des ganzen Blutes allein, so sieht man, dass die Eindickung desselben in zwei Fällen (III und IV) verhältnismässig gering, in den anderen dagegen deutlich, wenn auch keineswegs in excessiver Weise ausgesprochen ist. Eine Übersicht über die Zahlen des Serum zeigt weiter, dass in Fall IV und V der Wassergehalt desselben mässig, im Fall VII und VIII dagegen in ganz enormer Weise verringert ist, man könnte also zunächst denken, dass das Blut lediglich durch Wasseraustritt aus dem Plasma eingedickt sei. Diese Annahme wird aber hinfällig, wenn man drittens die mittlere Kolumne der Blutzellen-Dichte in Betracht zieht, welche bei den Cholerakranken ebenfalls eine konstante Zunahme, bei Fall VII und VIII eine starke Erhöhung zeigt.

Es ergiebt sich hieraus zunächst der Schluss, welcher sich uns auch unter anderen Verhältnissen aufgedrängt hat, nämlich, dass die Substanz der roten Blutkörperchen von den stärkeren Flüssigkeitsschwankungen im Organismus nicht unberührt bleibt, dass vielmehr auch die Zellen wasserärmer werden. Weiter aber ergiebt eine einfache Berechnung nach den auf S. 14 erörterten Prinzipien, dass das prozentische Verhältnis der beiden wesentlichen Blutbestandteile — der Zellen und des Serum — sich nicht sehr stark von der Norm entfernt hat, dass keine beträchtliche Verminderung der absoluten Serummenge eingetreten ist, dieselbe vielmehr auch bei den Fällen starker Eindickung ca. 48 % beträgt.

Diese Erhöhung aller drei Ziffernwerte zeigt also, dass hier eine Einengung des Blutes in allen Bestandteilen vorliegt und gerade die relativ grosse Menge des eingedickten Serum erklärt uns, weshalb das Blut nicht in toto stärker eingedickt ist.

Dass die Eindickung des Serum infolge der Choleradiarrhöen zu noch viel stärkerer Erhöhung des spezifischen Gewichts führen kann, als in den Fällen von C. Schmidt, zeigen die Ergebnisse älterer Autoren, welche Schmidt selbst citiert. Die angeführte Tabelle von Thompson veranschaulicht ferner, wenn anders man die Methodik als einigermassen zuverlässig ansehen kann, dass die vom Blutkuchen abgeschiedene Quantität Serum in schweren Fällen beträchtlich verringert sein kann, dass also hier auch ein Zustand von wahrer Oligoplasmie eintreten kann, welcher — wie gezeigt — bei den Schmidt'schen Fällen anscheinend nicht vorhanden war.

Aus der älteren, bei Schmidt citierten Litteratur sei zunächst Hermann erwähnt, welcher schon 1830 die Dichte des Serum bis 1036 gesteigert fand. Ebenso fand Wittstock bei

		Dichte des Serum	Feste Bestandteile des Serum
1.	Cholerakranken	1,0385	12,75 %
2.	„	1,0447	16,50
3.	„	1,041	14,5
4.	„	1,043	15,5

Eine abgekürzte Tabelle über die Zahlen Thomson's bei Cholerakranken ergiebt:

	100 Teile Blut zerfallen in		Dichte des Serum	1000 Teile Serum enthalten		
	Serum	Blutkörp.		Wasser	Eiweiss etc.	Salze
I.	32,34	67,66	1,0446	839,5	150,15	10,35
II.	32,00	68,00	1,0443	839,6	150,06	10,34
III.	38,42	61,58	1,0520	811,7	176,15	12,15
IV.	35,66	64,33	1,0550	811,0	176,81	12,19
V.	27,59	72,41	1,0570	808,2	179,43	12,37

Schliesslich sei zur Veranschaulichung der chemischen Veränderungen des Blutes eine nach den Zahlen von C. Schmidt durch Biernacki aufgestellte Tabelle in abgekürzter Form reproduciert.

Krankheitsfall	Trockenrückstand	Cl	P_2O_5	K_2O	Na_2O	Phosphorsaure Ca	Mg
Normal (C. Schmidt)	21,02	0,262	0,0766	0,173	0,190	0,0392—0,0278	
„ (Biernacki M.)	22,3	0,283	0,0729	0,174	0,210		
„ (Biernacki W.)	23,3	0,267		0,157	0,200		
Cholera I	25,26	0,228	0,0314	0,193	0,158	0,0317—0,0964	
„ II	23,91	—	—	—	—	—	
„ III	24,29	0,258	0,0887	0,224	0,140	0,0736	
„ IV	25,87	0,222	0,0746	0,203	0,149	0,0459—0,0468	
„ V	21,94	0,221	0,0612	0,166	0,172	—	
„ VI	23,90	0,195	0,0809	0,184	0,111	0,0858	
„ VII	21,38	—	—	—	—	—	

Nach C. Schmidt charakterisiert sich der Vorgang im Darmrohre dabei in folgender Weise: „im Momente des Anfalls transsudieren Wasser und Salze im Verhältnis von 1000 : 4 die Kapillarwand, die Intercellularflüssigkeit (Plasma), eines Teiles ihres

Wassergehaltes beraubt, entzieht denselben rückwirkend der Blutzelle, in beiden erscheinen die Salze absolut vermehrt, relativ zur organischen Substanz vermindert. Bei mangelndem Wiederersatz von aussen sinkt der Salzgehalt, der Transsudationsdauer entsprechend, immer mehr, die den Funktionen der Zelle entbehrlicheren Chlorverbindungen der Alkalien treten als Diffusionsäquivalente der aus der Intercellularflüssigkeit nach aussen transsudierten in letztere über, der relative Gehalt an Phosphaten und Kaliumverbindungen in der vorhandenen Salzmenge steigert sich, der Transsudationsdauer entsprechend, auf Kosten des vorzugsweise ausgeworfenen Chlornatriums."

Biernacki hat in jüngster Zeit darauf aufmerksam gemacht, dass die Verarmung an Wasser bei der Cholera in erster Linie die Gewebe betreffe, aus welchen das Blut bis zu einem gewissen Masse seine Wasserverluste wieder ergänze. Diese Trockenheit der Gewebe ist bekanntlich schon von Buhl u. a. bei Choleraleichen beschrieben worden, ich glaube aber, dass aus den erwähnten älteren Litteraturangaben mit grosser Deutlichkeit ein inniger Zusammenhang der Blutmischung mit den Wasserverlusten hervorgeht, und dass auch hier die Bluteindickung lediglich eine Teilerscheinung der allgemeinen Wasserverarmung der Organe bildet. Dass nicht jeder Cholerakranke eine Zunahme der Blutkonzentration aufzuweisen braucht, ist selbstverständlich, da der Wasserverlust bei manchen Fällen ein geringer und die Wasseraufnahme zur Deckung des Verlustes durchaus zureichend sein kann.

Ob die Bluteindickung bei Cholerakranken lediglich eine Folge des vermehrten Wasseraustrittes ist, oder ob die Resorption von Stoffwechselprodukten der Cholerabacillen einen Anteil an dieser Wirkung haben, ist noch zu entscheiden. Ich fand in Tierversuchen bei intravenöser Injektion älterer, teils steriler, teils lebender Cholerabacillen-Bouillonkulturen regelmässig beträchtliche Steigerungen der Blutdichte. Die sonstigen Veränderungen des Cholerablutes s. bei Infektionskrankheiten.

Dysenterische Diarrhöen. Wesentlich anders als die bisher besprochenen diarrhoischen Zustände, welche zu starken Verlusten an Wasser und Salzen führen, wirken die dysenterischen Darmentleerungen auf das Blut. Auch hier sind die Untersuchungen von C. Schmidt grundlegend, welcher bei einem Mädchen am elften Tage der Ruhrerkrankung:

	spez. Gew. des Blutes	der Blutzellen	des Serum
	1,0495	1,0854	1,0241
und am 14. Tage	1,0486	1,0855	1,0237 fand.

Dabei zeigten die unorganischen Bestandteile eine leichte Vermehrung, und es werden demnach zufolge Schmidt bei der Ruhr bedeutend grössere Mengen von Albiuminaten ausgeschieden, als bei Diarrhöen in der Cholera und nach Laxantien, dagegen findet betreffs der Salze das Umgekehrte statt.

Bemerkenswert ist m. E. an diesen Zahlen besonders noch der normale Wert für die Dichte der Blutzellen, welcher auch durch das Fortschreiten des Ruhrprozesses nicht geändert wurde. Es findet hier also, wo kein vermehrter Austritt von Salzen aus dem Blute vorliegt, sondern stark eiweisshaltige Flüssigkeit transsudiert, keine Wasserentziehung der roten Blutkörperchen statt.

Eigene Untersuchungen bei einer 40 jährigen Frau, welche schon seit Jahren an chronischer Dysenterie litt und hochgradig anämisch geworden war, ergaben:

	Rote Blutkörperchen	Weisse Blutkörperchen	Trockensubstanz des Blutes	Trockensubstanz des Serum
am 7. 6. 94:	1,9 Mill.	spärlich	15,02 %	5,70 %
„ 14. 6. 94:	1,88 „	„	15,8	6,0

Ein Stoffwechselversuch, welchen ich bei dieser Kranken während 8 Tagen anstellte, ergab betreffs der Stickstoff-Einfuhr und -Ausgabe, dass bei einem konstanten Gehalt von ca. 10 g N in der täglichen Nahrung, die Ausscheidung im Urin zwischen 4,5 und 6,75 g pro die schwankte, während mit dem Stuhl ca. 3 gr entleert wurden, sodass neben einem leichten N-Ansatze ein verhältnismässig ausserordentlich grosser Prozentsatz (30—40 %) im Stuhlgang entleert wurde.

Eine zweite Kranke, ebenfalls mit chronischer Dysenterie behaftet, zeigte im Venenblute 3,2 Mill r. Blutk., 14,9 % Trockens. des Blutes, 8,88 % Trockens. des Serum.

Besonders im ersten Falle ist der Eiweissgehalt des Serum in ganz ungewöhnlichem Masse verringert, es bietet also das Blut Dysenterischer ziemlich entgegengesetzte Verhältnisse gegenüber einfachen wässerigen Diarrhöen.

Litteratur.

Aubert. Zeitschr. f. ration. Med. Bd. 1. 1851. S. 93.
Bernard, Cl. Substances toxiques et médicamenteuses. 1857. S. 69.
Biernacki, E. Blutbefunde bei der asiatischen Cholera. Deutsche med. Wochenschr. 1895. No. 48.
Brouardel. L'union médicale. Vol. XXII. 1876. No. 110.
Buntzen. Om Ernäringens og Blodtabets Indflydelse paa Blodet. Kjobenhavn 1879.
Brunton, Lauder. Handbuch der allg. Pharmakol. u. Therapie. Deutsch v. Zechmeister. Leipzig 1893. S. 437.
Grawitz, E. Klinisch-experimentelle Blutunters. Zeitschr. f. klin. Med. Bd. XXII. 1893. Heft 4/5.
Hay, Mathew. The action of saline cathartics. Journ. of anatomy and physiology. Vol. XVI. 1882. S. 430.
Hoppe-Seyler. Physiolog. Chemie. 1878. T. II. S. 275.
Jürgensen, Th. Über das Schroth'sche Heilverfahren. Deutsches Arch. f. klin. Med. Bd. I. 1866. S. 196.
Leichtenstern. Unters. über den Hb-Gehalt des Blutes. Leipzig 1878.
Nasse. Über den Einfluss der Nahrung auf das Blut. Marburg 1850.

Radziejewski. Zur physiolog. Wirkg. der Abführmittel. Du Bois-Reymond's Arch. 1870. Heft 1.
Schmaltz, R. Verhandl. d. X. Congr. f. inn. Med. 1891 und Deutsche med. Wochenschr. 1891. Nr. 16.
Schmidt, Carl. Charakteristik der epidemischen Cholera gegenüber verwandten Transsudationszuständen. Leipzig u. Mitau 1850.
Schultz. Hufeland's Journal. 1838. Heft 4.
Sörensen s. S. 181.
Vierordt, K. Arch. f. physiol. Heilk. Bd. XI. 1852. Heft 1—5.

3. Leber.
A. Allgemeines.

Die Leber spielt — wie schon oben erwähnt — unter physiologischen Verhältnissen eine besonders wichtige Rolle in den Schicksalen des Blutes dadurch, dass sie in gewissen Zeiten des embryonalen Lebens die Bildung von Blutzellen übernimmt, die sie anscheinend auch im extrauterinen Leben unter pathologischen Verhältnissen wiederum zu leisten vermag. Wichtiger ist indes die weitere Rolle, welche die Leber unausgesetzt als Stätte des Zugrundegehens der roten Blutzellen spielt, und zwar besteht diese Funktion der Leber darin, dass das Hb der zerfallenden roten Blutkörperchen in Gallenfarbstoff umgewandelt und mit der Galle ausgeschieden wird, wobei nach Stadelmann die Leberzellen als diejenigen Elemente anzusehen sind, in welchen die Umprägung des Blutfarbstoffes in Bilirubin sich vollzieht.

Man muss annehmen, dass täglich unter physiologischen Verhältnissen eine gewisse Menge von roten Blutkörperchen in der Leber zu Grunde geht und zur Bildung von Gallenfarbstoff dient, bei vielen pathologischen Zuständen aber kann das Angebot von Hb die physiologischen Grenzen beträchtlich überschreiten und zu verschiedensten Folgeerscheinungen führen.

Eine solche vermehrte Hb-Umwandlung kommt in der Leber der Hauptsache nach durch folgende Faktoren zustande:

1. Kann durch Blutgifte (s. d.) verschiedenster Herkunft, ferner durch die Anwesenheit von lebenden Mikroorganismen im Blute (Malaria-Parasiten, Rekurrensspirillen etc.), ausserdem auch durch unbekannte Einflüsse (bei akuten Infektionskrankheiten etc.) Degeneration und Zerfall von roten Blutkörperchen innerhalb der Blutgefässe im cirkulierenden Blutstrom eintreten und das Hb gelöst im Blute kreisen — Hämoglobinämie. Dieses gelöste Hb wird, falls es nicht in zu grossen Quantitäten im Blute vorhanden ist, in erster Linie in der Leber umgewandelt und ausgeschieden.

2. Kann wahrscheinlich infolge mangelhafter Konstitution der roten Blutkörperchen ein abnorm starker Zerfall derselben in

der Leber eintreten, wie man es für manche Formen von Anämie, besonders in vorgeschrittenen Stadien annehmen muss, oder es kann die Resistenz der roten Blutkörperchen durch mancherlei Einflüsse, z. B. CO_2-Überladung des Blutes herabgesetzt sein, sodass das Hb abnorm lose an das Stroma gebunden erscheint.

3. Ist durch Untersuchungen von W. Hunter die Möglichkeit nahegerückt, dass eine **lokalisierte Degeneration von roten Blutkörperchen in der Pfortader** stattfindet, wahrscheinlich hervorgerufen durch Einwirkung toxischer, vom Intestinaltraktus aus resorbierter Stoffe, welche somit zur Erklärung mancher dunklen Formen von schwerer Anämie dienen können.

Welche Faktoren im Einzelfalle den vermehrten Zerfall der roten Blutkörperchen bewirken, lässt sich bei einigen wenigen Vergiftungen mit ziemlicher Sicherheit entscheiden, in der Mehrzahl der Fälle dagegen ist es durchaus unsicher, ob die Auflösung der roten Blutkörperchen innerhalb der Cirkulation geschieht, oder ob sie durch die infolge chemischer Alteration krankhaft funktionierenden Leberzellen bewirkt wird.

Als **Folge des erhöhten Zerfalls von roten Blutkörperchen** tritt — wie wir aus den Arbeiten von Naunyn, Stadelmann, Afanassiew u. a. wissen — eine **Vermehrung des Gallenfarbstoffes** — **Pleiochromie** — auf, welche zu einer **Eindickung der Galle**, Zähflüssigkeit derselben und daher Stagnation mit Resorption von Gallenfarbstoff, mit andern Worten zur Entwickelung von **Icterus** führen kann.

Diese Form des Icterus, welche demnach in erster Linie auf einer vermehrten Zerstörung von roten Blutkörperchen beruht, wurde früher als „hämatogener" Icterus bezeichnet, während man jetzt nach den Untersuchungen der erwähnten u. a. Autoren auch bei dieser Form als Übertrittsstelle des Gallenfarbstoffes und anderer Bestandteile der Galle in die Cirkulation lediglich die Leber anzusehen hat, in welcher die Resorption durch die Lymphbahnen der Gallengänge und demnächst weiter in das Blut erfolgt. Es ist also auch der durch hämatolytische Vorgänge entstandene Ikterus ebenso ein hepatogener, wie der Stauungsicterus bei Verschluss des ductus choledochus.

Einwirkung der Galle auf das Blut. Experimentelles. Der Übertritt von Galle in das Blut hat die Aufmerksamkeit der Ärzte zu allen Zeiten gefesselt, er spielte besonders in der Krasenlehre der alten Ärzte eine wichtige Rolle, und die Lehre Galen's, dass die gallige Dyskrasie des Blutes als die Ursache der meisten chronischen und akuten Krankheiten anzusehen sei, beherrschte durch Jahrhunderte die Anschauung der Ärzte.

Später änderte sich die Auffassung über die Wirksamkeit des

Gallenübertrittes in das Blut vollständig, da aus Tierexperimenten (Bouisson, Henle) hervorzugehen schien, dass direkte Einführung von Galle in die Blutbahn nur leichte, vorübergehende Störungen bewirke.

Demgegenüber wies zum erstenmale Hünefeld (1840) die prinzipiell wichtige Thatsache nach, dass der Galle eine Blutkörperchen zerstörende Wirkung innewohnt, womit der erste positive Beweis für eine Giftwirkung der Galle im Organismus festgestellt wurde.

Später ermittelte dann v. Dusch durch getrennte Untersuchung der einzelnen Gallenbestandteile, dass die Giftwirkung der Galle an die Gallensäuren gebunden sei, und dass speziell die Auflösung der roten Blutkörperchen eben durch diese Wirkung hervorgerufen werde.

Trotz des lebhaften Widerspruches, welchen diese Anschauung durch Frerichs erfuhr, befestigte sich durch die experimentellen Ergebnisse der Arbeiten von Röhrig, Landois, Traube, Huppert, Leyden, Schack, Feltz und Ritter die Lehre von der Giftwirkung der gallensauren Salze, auf deren Anwesenheit in der Cirkulation man heute alle die verschiedenen krankhaften Störungen zurückführt, welche von seiten des Nervensystems, der Herzthätigkeit, Nierenfunktion u. s. w. beim Bestehen eines Icterus in die Erscheinung treten.

Es liegt nicht im Rahmen dieser Abhandlung, die Wirkung der Gallensäuren auf die einzelnen Organe näher zu besprechen; es handelt sich hier vielmehr lediglich um die Einwirkung derselben auf die Zusammensetzung des Blutes. Die Giftwirkung betrifft erstens die roten Blutkörperchen, welche, wie schon erwähnt, durch die gallensauren Salze aufgelöst werden; und zwar hat Rywosch ermittelt, dass die gallensauren Salze ihre auflösende Kraft auf die Blutkörperchen nicht bloss dem Gehalt an Cholsäure verdanken, sondern dass diese Kraft auch den gepaarten Säuren innewohnt. Das taurocholsaure Natron löst drei- bis viermal stärker als das cholsaure, das glykocholsaure dagegen viermal schwächer als letzteres. Nach der Tabelle von Rywosch löst:

chenocholsaures Natron die r. Bl. noch bei einer Konzentration des Giftes von 1 : 700
taurocholsaures „ „ „ „ „ „ „ „ „ „ „ „ 1 : 600
choloidinsaures „ „ „ „ „ „ „ „ „ „ „ „ 1 : 500
cholsaures „ „ „ „ „ „ „ „ „ „ „ „ 1 : 200
hyocholsaures „ „ „ „ „ „ „ „ „ „ „ „ 1 : 200
glykocholsaures „ „ „ „ „ „ „ „ „ „ „ „ 1 : 50.

Bei dem Akte der Auflösung verlieren die Blutkörperchen der Säugetiere zuerst ihre centrale Depression, an deren Stelle eine nabelartige Einziehung entsteht; der gebildete Trichter wird enger und schliesst sich, darauf erfolgt eine vollständige Auflösung (L. Hermann und Rywosch).

Nach v. Limbeck findet sich bei Einwirkung von gallensauren Salzen die Resistenz der roten Blutkörperchen verstärkt und zwar weil, wie der genannte Autor annimmt, die weniger resistenten roten Blutkörperchen durch die Auflösung zu Grunde gehen.

Eine Einwirkung der Galle auf das Gesamtblut konnte ich bei zahlreichen Tierexperimenten durch Messung des spezifischen Gewichts des Blutes beobachten, und zwar fand sich, dass nach intravenöser Einspritzung von frischer Galle oder Natron choleïnicum das spezifische Gewicht des Blutes um ein Beträchtliches zunahm, so dass die Annahme nahe liegt, dass die Anwesenheit von Galle im Blute einen bluteindickenden Einfluss durch Übertritt von Flüssigkeit aus den Blutgefässen in die Lymphspalten der Gewebe ausübt, ähnlich wie die von Haidenhain geprüften Stoffe der Gruppe des Krebsmuskelextrakts, des Pepton u. a. Lymphagoga (s. S. 4).

Des weiteren ist hier die Beobachtung von v. Limbeck zu erwähnen, welcher die natürliche Hyperisotonie des Serum bei cholämischen Zuständen mitunter niedriger fand, als im normalen Blute.

Als Wirkung auf das Spektrum des Blutes führt Rywosch an, dass konzentrierte Lösungen der gallensauren Salze die Reduktion des Oxyhämoglobin beschleunigen.

Nach demselben Autor wirken das taurocholsaure und chenocholsaure Natron bei einer Konzentration dieser Substanzen von 1:500 im Blute beschleunigend auf die Blutgerinnung ein, heben dagegen bei einer Konzentration von 1:250 die Gerinnung des Blutes vollständig auf.

Im Gegensatz zu den Gallensäuren ist die Anwesenheit von Gallenfarbstoff im Blute im allgemeinen als unschädlich anzusehen, indes ist besonders früher, aber auch noch in jüngster Zeit von manchen Seiten darauf aufmerksam gemacht worden, dass Gallenfarbstoff im Blute giftige Wirkungen auf den Organismus haben soll, und besonders de Bruin fand bei intravenösen Injektionen von 190 mg Bilirubin pro Kilo Körpergewicht beträchtlich stärkere Giftwirkung, als infolge von Injektionen gallensaurer Salze. Diese eigentümliche Giftwirkung ist von Rywosch mit Sicherheit als Wirkung überschüssiger Natronlauge ermittelt worden, welche als Lösungsmittel für das Bilirubin bei den Versuchen de Bruin's und anderer Autoren diente. Leichte Giftwirkungen konnte im übrigen auch Rywosch bei Injektionen von Bilirubin nachweisen, indessen, was uns hier speziell interessiert, keinerlei toxische Einwirkung auf das Blut. Eigene Versuche haben mir ergeben, dass auch die Mischungsverhältnisse im allgemeinen (spezifisches Gewicht des Blutes) durch Injektionen von Bilirubin bei Tieren nicht geändert werden.

Eine zeitlang spielte auch die Anwesenheit von Cholestearinmengen im Blute, die bei manchen Formen von Ikterus auftreten sollten, eine gewisse Rolle in der Pathologie, insofern man in solchen Zuständen von „Cholesterämie" die Ursache der cholämischen Intoxikation sah. Diese besonders von Flint und Kolomann Müller verfochtene Ansicht ist vollständig verlassen worden, seitdem man erkannt hat, dass das Lösungsmittel des Cholestearin, welches Kolomann Müller zu seinen Tierversuchen benutzte, nämlich das Glycerin, an und für sich giftige Eigenschaften im Blute ausübt.

B. Specielles.
Veränderungen des Blutes bei Ikterus.

Man muss bei ikterischen Zuständen unterscheiden zwischen:
1. leichten und mittelschweren Fällen, bei welchen wohl die Wirkungen des Bilirubin und der Gallensäuren auf die verschiedenen Organe hervortreten, aber keine schweren degenerativen Veränderungen der Leber die Erscheinungen komplizieren;
2. solchen Formen, welche unter dem Bilde schwerer cholämischer Intoxikation zumeist lethal verlaufen.

Bei leichten Fällen von Ikterus findet man erstens als Wirkung des Gallenfarbstoffes eine mehr oder weniger intensive gelbe bis grüngelbe Färbung des Blutserum, in welchem sich der Gallenfarbstoff mit Leichtigkeit nachweisen lässt. Im übrigen kann die Blutmischung, sobald nur geringe Mengen von Gallensäuren im Blute cirkulieren, wenig oder gar keine Änderungen darbieten. Bei einigermassen ausgesprochen starkem Übertritt von Gallenbestandteilen in das Blut finden sich dagegen bemerkenswerte Veränderungen, und zwar:

Die roten Blutkörperchen zeigen im frischen Blutpräparate, welches vorsichtig unter Vermeidung jeglichen Druckes aus einem kleinen hervorquellenden Blutströpfchen angefertigt ist, ein eigentümliches Verhalten, auf welches schon im Jahre 1876 Gerhardt in einer Dissertation seines Schülers W. Fick aufmerksam gemacht hat, und das sich bei zahlreichen Fällen von schwerem Ikterus bei den Untersuchungen auf der zweiten medizinischen Klinik hat demonstrieren lassen. Es findet sich nämlich in dem frischen Blutströpfchen eine auffallend schnell eintretende Stechapfelbildung (Maulbeerform) an den roten Blutkörperchen, und gleichzeitig ist dabei die Geldrollenanordnung derselben, welche man unter normalen Verhältnissen stets zu sehen bekommt, in auffälliger Weise gestört, sodass man fast sämtliche rote Blutkörperchen im Gesichtsfelde vereinzelt liegend antrifft. Diese Anomalien der roten Blutkörperchen im frischen Präparate, welche von Herrn Geheimrat Gerhardt seit Jahren in den klinischen Unterrichtsstunden demonstriert werden, werden von demselben als Wirkung der Gallensäuren im Blute aufgefasst.

Auch Hofmeier beobachtete bei dem Ikterus der Neugeborenen mangelhafte Geldrollenbildung im Blute. Schwerere Veränderungen fand O. Silbermann bei dieser Krankheit, bestehend in dem Auftreten von Makro- und Mikrocyten, auch Poikilocyten und Blutschatten. Weintraud konstatierte bei einem Falle von fieberhaftem Ikterus helle Flecken im Innern der roten Blutscheiben mit lebhaften Bewegungen, die nicht nur als Molekularbewegungen anzusehen waren, sondern als richtige Ortsbewegungen imponierten. Diese Flecken änderten ihren Platz im Innern der Blutscheiben und die Bewegungen zeigten sich am lebhaftesten im frisch entnommenen Präparate, erloschen nach 1—2 Stunden.

Das Blut im ganzen zeigt bei ikterischen Zuständen zumeist eine Konzentrationszunahme. Schon Becquerel und Rodier fanden hierbei die roten Blutkörperchen vermehrt, desgleichen v. Limbeck; und v. Noorden konstatierte bei starkem katarrhalischen Ikterus bei Frauen einen Trockengehalt von 22—25 %. Siegl wies eine erhebliche Steigerung des spezifischen Gewichts des Blutes nach und glaubt, dass sich diese Thatsache durch die vorhandenen Gallenbestandteile im Blute erkläre, welche zu einer Erhöhung des spezifischen Gewichts führe. Diese Erklärung scheint mir unhaltbar, da Galle an sich ein viel niedrigeres spezifisches Gewicht als Blut besitzt, und da man, um mit den festen Bestandteilen derselben das Gesamtblut des menschlichen Körpers schwerer zu machen, eine verhältnismässig enorme Menge derselben in die Cirkulation bringen müsste. Derselben Ansicht ist auch Hammerschlag, welcher sein Augenmerk vorwiegend auf die Dichte des Blutserum richtete und aus zwölf Untersuchungen konstatierte, dass dieselbe durch das Vorhandensein von Gallenbestandteilen nicht beeinflusst wird. In mehreren fortlaufend untersuchten Krankheitsfällen von schwerem Ikterus habe ich deutliche Erhöhung des spezifischen Gewichts des Blutes mit der Zunahme des Ikterus, und Absinken desselben mit dem Nachlassen der ikterischen Symptome beobachtet.

Eine Patientin, welche 4 Tage vor ihrer Aufnahme in die Klinik nach vorhergegangenen Frösten ikterisch geworden war, zeigte:

spez. Gew. des Blutes von 1050,5
5 Tage später, nachdem der Ikterus beträchtlich intensiver
   geworden war 1059
später 1060
und in maximo 1061,5
erst nach längerer Zeit sank in der Rekonvalescenz das spez.
   Gewicht auf . . . . 1055.

Auch bei Phosphorvergiftung und bei akuter gelber Leberatrophie findet sich diese Bluteindickung (s. u.).

Es scheint also, dass die Anwesenheit von Gallenbestandteilen im Blute, sobald keine anämisierenden Einflüsse komplizierend hinzutreten, auch in der menschlichen Pathologie eine bluteindickende Wirkung ausübt, wie sich dies in den oben erwähnten Tierexperimenten ergab. Dass diese Eindickung eine erhebliche sein muss, ergiebt sich besonders daraus, dass die relative Vermehrung der roten Blutkörperchen in der Raumeinheit eintritt, trotzdem notorisch eine gewisse Quantität von roten Blutkörperchen durch die Einwirkung der Gallensäuren aufgelöst wird. Diese Auflösung der roten Blutkörperchen kann man auch beim Menschen in schweren cholämischen Zuständen durch den Befund von ausgelaugten roten Blutkörperchen, sogenannten Blutschatten, deutlich nachweisen, und es scheint mir nicht ausgeschlossen, dass die erwähnten morphologischen Veränderungen, welche sich auch bei mittelschweren ikterischen Zuständen, wie erwähnt, im Blute finden, als Vorläufererscheinungen des Zerfalles aufzufassen sind.

Ob in manchen Fällen von chronischem Ikterus sich durch die protrahierte blutkörperchenlösende Einwirkung der Galle der Symptomenkomplex der perniciösen Anämie entwickeln kann, ist schwer zu entscheiden. Nach einer Beobachtung von Georgi bei einem Falle von Cholelithiasis könnte man diesen Vorgang für möglich halten, doch ist mit Recht von Ewald bezüglich dieser Frage betont worden, dass schwere Anämien auch an sich zu Ikterus führen können, ohne dass eine ausgesprochene Leberkrankheit besteht.

Als bakteriologischen Befund konstatierte Banti im Milzblute eines leicht Ikterischen einen Kapselbacillus, ähnlich dem Bacillus des Rhinoskleroms und den Proteusarten, welcher eine blutkörperchenzerstörende Wirkung besass und von ihm als Bacillus icterogenes capsulatus bezeichnet wurde.

Die Leukocyten sind, wie ich in zahlreichen Fällen stets beobachten konnte, bei unkomplicierten ikterischen Zuständen regelmässig vermehrt, und zwar kann die Vermehrung eine ziemlich hochgradige (30—40000 im cmm) sein.

Die Alkalescenz des Blutes ist in leichten Fällen von Ikterus nach v. Limbeck unverändert. In schwereren Fällen kann die Alkalescenz so stark vermindert sein, dass das Blut sauer reagiert, wie es von de Renzi bei akuter gelber Leberatrophie beobachtet wurde. Mit Zunahme der Besserung geht nach diesem Autor auch die Alkalescenz wieder in die Höhe.

Einwirkungen verschiedener Leberkrankheiten auf das Blut.

Von den Einflüssen, welche einzelne Lebererkrankungen an und für sich auf die Zusammensetzung des Blutes ausüben, ist verhältnismässig wenig bekannt. Die Wirkung setzt sich zusammen erstens aus dem etwaigen Bestehen von Ikterus, zweitens von Stauungen im Pfortadersystem und drittens von allgemeiner Kachexie. Diese drei Einflüsse, welche sich in ihren Wirkungen teilweise direkt gegenüberstehen, machen die Deutung der Blutbefunde bei den chronischen Leberkrankheiten sehr kompliziert.

Lebercirrhose. In vorgeschrittenen Stadien dieser Erkrankung findet sich nach den übereinstimmenden Befunden verschiedener Untersucher eine Herabsetzung der Blutmischung. Rosenstein giebt an, dass die Zahl der roten Blutkörperchen herabgesetzt und die der Leukocyten vermehrt sei, und ganz ähnliche Befunde erhob Wlajew, nach welchem die roten Blutkörperchen 3—4 Mill. betragen und der Hb-Gehalt nie unter 1040 heruntergeht, während die Leukocyten bei seinen Patienten 12—17000 betrugen.

Tritt infolge stärkerer Pfortaderstauung Ascites ein, so sieht man eine Eindickung des Blutes entstehen, welche wohl weniger als eine Folge des Flüssigkeitsergusses in die Bauchhöhle aufzufassen, vielmehr wohl eher auf die Erschwerung der Cirkulation, venöse Stauung und Dyspnöe zurückzuführen ist. Bemerkenswert ist, dass unmittelbar nach der Entleerung eines Ascites durch Punktion das Blut beträchtlich wasserreicher wird.

Der 50jährige Arbeiter Schm. litt an Lebercirrhose mit starkem Ascites, sah ziemlich kachektisch und blass aus. Keine Komplikationen.
Das Blut enthielt:
4,7 Mill. r. Blutk., 15,000 w. Blutk., 22,99 % Trockensub. d. Blutes, 9,00 % d. Serum.
Drei Tage nach Entnahme der 1. Blutprobe wurden durch Punktion 12 Liter klarer gelber Flüssigkeit aus der Bauchhöhle entleert, und wenige Stunden hinterher zeigte das Blut:
4,3 Mill. r. Blutk., 15,000 w. Blutk., 20,71 % Trockensub. d. Blutes, 8,75 % d. Serum.

Ich glaube, dass nach geschehener Punktion durch die Entlastung der Bauchhöhle von dem hochgradigen intraabdominalen Drucke unter Erschlaffung der Gefässe und Absinken des arteriellen Blutdruckes ein nicht unbeträchtliches Einströmen von Flüssigkeit in die Gefässe stattfindet, welches an sich geeignet ist, die spontane Resorption durch vermehrte Urinsekretion zu befördern.

Maligne Neubildungen in der Leber üben hier, wie bei anderweitigem Sitze, einen deletären Einfluss auf die Blutbeschaffenheit aus, besonders finden sich bei Lebercarcinom hochgradige Anämien, bei denen jedoch zu berücksichtigen ist, dass die Leber sehr selten der Primärsitz des Krebses ist, dass man also in der Mehrzahl der Fälle die Primärgeschwulst im Magen, Uterus etc. bei der Beeinflussung der Blutmischung wird in Mitrechnung ziehen müssen.

Wlajew, der bei Lebercarcinom Verminderungen der roten Blutkörperchen bis auf 850 000, des spezifischen Gewichts bis 1020 (!)

Poikilocyten, Mikro- und Makrocyten fand, macht auf die differentialdiagnostische Wichtigkeit dieser Befunde gegenüber solchen bei Leberechinokokken aufmerksam, welche keine Alteration der Blutmischung bedingen.

Auch hier — wie bei anderen ähnlich liegenden Verhältnissen — hat man wohl nicht nötig, bei diagnostischen Zweifeln an die Blutuntersuchung zu appellieren, da das Fehlen oder Bestehen eines kachektischen Zustandes auch ohne diese erkennbar ist.

Auch die Syphilis der Leber bewirkt anämische Blutbeschaffenheit, die sich bei einem Falle meiner Beobachtung in auffällig eiweissarmer Beschaffenheit des Serum kundgab.

Ein 47jähriger Mann mit grosslappiger Leber, tiefen Narbenzügen derselben, starker Milzvergrösserung und leichtem Ikterus, zeigte: 4,8 Mill. rote Blutkörperchen, 17000 weisse Blutkörperchen, $21,65\ ^0/_0$ Trockensubstanz des Blutes, $8,41\ ^0/_0$ Trockensubstanz des Serum.

Cholelithiasis. Es haben sich in letzter Zeit bei Gallensteinkranken, und zwar besonders solchen, welche an intermittierenden Fieberanfällen litten, Bakterien im Blute nachweisen lassen, auf deren Ansiedelung in den Gallenwegen bei Vorhandensein von Konkrementen man die Fieberbewegungen zu beziehen versucht hat. Netter fand bei solchen intermittierenden Gallensteinfiebern Staphylococcus pyogenes aureus im Blut, Sittmann konstatierte bei 3 Fällen von Cholelithiasis leichteren und schwereren Grades ebenfalls Staphylokokken im Blute, teils rein, teils in Mischinfektion, ebenso Gilbert und Girode.

Bei einem Leberabscess, welcher nach Steinbildung entstanden war und metastatisch eine ulceröse Endokarditis erzeugt hatte, fanden Netter und Martha im Abscesseiter und endokarditischen Wucherungen gleichartige kleine Bakterien. Canon züchtete Pneumoniekokken aus dem Blute bei Leberabscess nach Gallensteinen und Zancarol Streptokokken unter den gleichen Bedingungen.

Dabei sei erwähnt, dass Kruse und Pasquale, sowie Councilman und Lafleur angeben, dass in Leberabscessen, welche bei Dysenterischen auftreten, stets Amoeben enthalten sind, zu welchen sich zumeist Strepto- und Staphylokokken hinzugesellen, sodass es sich bei vielen dieser Abscesse um Mischinfektion mit Amöben und Bakterien handelt.

Akute gelbe Leberatrophie und akute Phosphorvergiftung. Beide Krankheitszustände bieten klinisch und anatomisch sehr grosse Ähnlichkeit dar. Die Auffassung der meisten Autoren geht heute dahin, die Degeneration der Leberzellen, welche bei diesen Erkrankungen charakteristisch ist, auf Intoxikation vom Magendarmkanal her zurückzuführen, wobei man nach Stadelmann bei der akuten gelben Leberatrophie wahrscheinlich an die von Bakterien erzeugten Stoffwechselprodukte zu denken hat, welche jedenfalls nicht einheitlicher Art, sondern verschiedener Herkunft und Bildung sein können.

Auch durch Bakterien selbst soll die akute Leberentzündung nach Babes bedingt sein können, und zwar durch Streptokokken, welche nur im Beginne nachweisbar, in chronischen Fällen dagegen geschwunden sein sollen.

Gerade bei diesen Erkrankungen nun entwickeln sich die schwersten Formen des Icterus (Icterus gravis) und das starke Ergriffensein des Centralnervensystems, welches sich in Somnolenz, Benommenheit und Delirien äussert, die hämorrhagische Diathese und andere Symptome sprechen für das Cirkulieren intensiver toxischer Substanzen im Blute.

Diese Erscheinungen der Cholämie werden von Leyden als Folgen der Anhäufung von Gallensäuren im Blute angesehen, welche dann kumulative Giftwirkung ausüben, wenn die Nieren in den Zustand fettiger Entartung geraten und damit die Ausscheidung der Gallensäuren beschränkt ist. Stadelmann hält es für wahrscheinlich, dass Zerfallsprodukte der Leber bei der Giftwirkung eine wesentliche Rolle spielen. Chemische Blutuntersuchungen haben auf diesem Gebiete noch ein weites Feld vor sich.

Die Zusammensetzung des Blutes kann in derartigen Fällen eine Konzentrationszunahme aufweisen, wie die Beobachtung von Badt (unter v. Noorden's Leitung) beweist, welcher bei einem lethal verlaufenden Falle von Phosphorvergiftung die Zahlen der roten Blutkörperchen an drei verschiedenen Tagen mit 6,4, 6,8 und 6,5 Millionen ermittelte und auch Taussig (v. Jaksch) konstatierte eine zum Teil sehr beträchtliche Vermehrung der roten Blutkörperchen in der Raumeinheit. Wenn Taussig aus seinen Zählungen schliesst, dass beim Menschen durch Phosphorvergiftung keine Zerstörung der roten Blutkörperchen, sondern im Gegenteil eine transitorische Vermehrung derselben stattfinde, so wird man dem kaum beipflichten können, sondern diese schnell vorübergehende Steigerung der roten Blutkörperchen entweder auf lymphagoge Einflüsse oder vasomotorische Reizungen mit vorübergehender Eindickung des Blutes beziehen müssen.

<small>Ein 20jähriges Mädchen (eigener Beobachtung), welche unter den Erscheinungen der akuten gelben Leberatrophie erkrankte und bei der Sektion die ausgesprochenen Zeichen dieser Leberentzündung darbot, hatte auf der Höhe der Erkrankung:

5,15 Mill. r. Blutk., 16,000 v. Blutk., 20,7 % Trockensub. d. Blutes, 7,77 % d. Serum.</small>

Gerade bei solchen schweren ikterischen Zuständen tritt schon in frühen Stadien das oben erwähnte Phänomen der gestörten Geldrollenbildung und vorzeitigen Stechapfelbildung sehr deutlich hervor.

Litteratur.

Babes. Über die durch Streptokokken bedingte akute Leberentartung. Virch. Arch. Bd. 136. 1894. S. 1.
Badt. Klin. u. krit. Beiträge zur Lehre vom Stoffwechsel bei Phosphorvergiftung. Dissert. Berlin 1891.
Banti. Ein Fall von infektiösem Icterus levis. Deutsche med. Wochenschr. 1895. Nr. 31.
de Bruin. Bydrage tot de leer der geelzucht met het oog op de vergiftige werking der bilirubine. Amsterdam 1889.
Canon. Deutsche med. Wochenschr. 1893. Nr. 43.
Charrin et Roger. 1. Angiocholite microbienne expérim. Sém. méd. 1891. No. 10. — 2. Des angiocholites infectieuses ascendentes. Compt. rend. de la soc. de biologie. 1891. No. 11.
Councilman u. Lafleur. Bull. of John Hopkins Hosp. 1891. p. 396.
Destrée. A propos de quelques cas de suppuration compliquant la fièvre typhoide. Journ. de méd. de Bruxelles. 1891. Août.
Doerfler. Ein Beitrag zur Ätiologie der akuten gelben Leberatrophie. Münch. med. Wochenschr. 1889. Nr. 50.
v. Dusch. Untersuchungen u. Experimente als Beitrag zur Pathogenese des Ikterus u. der akuten gelben Leberatrophie. Leipzig 1854. Habilitationsschrift.
Dunin. Über die Ursachen eitriger Entzündungen u. Venenthrombosen im Verlauf des Abdominaltyphus. Deutsches Arch. f. klin. Med. Bd. 39. 1886.
Ewald. Sind Gallensteine Ursache einer pernic. Anämie? Berl. klin. Wochenschr. 1887. Nr. 45.
Feltz u. Ritter. Journal de l'autom. et de la physiol. 1875—76.
Flint. Cit. bei Rywosch(1). S. 107.
Georgi. Gallensteine und perniciöse Anämie. Berl. klin. Wochenschr. 1887. Nr. 44/45.
Gilbert et Girode. Contribution à l'étude bactériologique des voies biliaires. La sém. méd. 1890. No. 58.
Grawitz, E. Klinisch-experimentelle Blutuntersuchungen. Zeitschr. f. klin. Med. Bd. 22. Heft 4/5.
Hammerschlag. Zeitschr. f. klin. Med. 1892. Heft 5/6.
Hofmeier. Die Gelbsucht der Neugeborenen. Stuttgart 1882.
Hünefeld. Der Chemismus in der tierischen Organisation. Leipzig 1840.
Kartulis. Über tropische Leberabscesse und ihr Verhältnis zur Dysenterie. Virch. Arch. Bd. 18. S. 97.
Kruse u. Pasquale. Zeitschr. f. Hygiene. Bd. 16. 1894. S. 1.
Landois. Deutsche Klinik. 1863. Nr. 46.
Leyden. Beiträge zur Pathologie des Ikterus. Berlin 1866.
Leyden. Ein Fall von multiplen Leberabscessen infolge von Gallensteinen. Charité-Annalen. Bd. XI. 1886.
v. Limbeck. Grundr. einer klin. Pathol. d. Blutes. 1892. S. 171.
Meyer, H. Arch. f. exp. Pathol. u. Pharmak. Bd. 14. 1881. S. 313.
Munzer, E. Die Erkrankungen der Leber in ihrer Beziehung zum Gesamtorganismus d. Menschen. Prag. med. Wochenschr. 1892. Nr. 34/35.

Münzer. Der Stoffwechsel des Menschen bei akuter Phosphorvergiftung. Deut. Arch. f. klin. Med. Bd. 52. 1894. S. 194.
Naunyn. Klinik d. Cholelithiasis. Leipzig 1892.
Netter. Progrès méd. 1886. Nr. 46.
Netter et Martha. Arch. de phys. norm. et path. Vol. IX. 1886.
v. Noorden. Patholog. des Stoffwechsels. S. 280.
Nothnagel. Über Icterus catarrhalis. Wien. med. Wochenschr. 1891. Nr. 1—4.
Renvers. Charité-Annalen. 1892.
de Renzi. Chemische Reaktion des Blutes. Virch. Arch. Bd. 102. 1885. S. 218.
Röhrig. Über den Einfluss der Galle auf die Herzthätigkeit. Dissert. Würzburg 1863.
Romberg. Beobachtungen über Leberabscesse beim Typhus abdom. Berl. klin. Wochenschr. 1890. Nr. 9.
Rywosch, David. 1. Vergleichende Versuche über die giftige Wirkung der Gallensäuren. Arbeiten d. pharmakol. Instituts zu Dorpat. 1888. II. S. 102. 2. Einige Notizen, die Giftigkeit der Gallenfarbstoffe betreffend. Ibidem. VII. S. 157.
Rosenstein. Über chronische Leberentzündung. Ref. Congress f. inn. Med. 1892. S. 65.
Siegl. Wien. klin. Wochenschr. 1891. Nr. 33.
Silbermann, O. Die Gelbsucht der Neugeborenen. Arch. f. Kinderheilkunde. Bd. 8. 1887. S. 401.
Sittmann. Deutsches Arch. f. klin. Med. Bd. 53. 1894. S. 323.
Stadelmann. Der Ikterus und seine verschiedenen Formen. Stuttgart 1891. (Reiche Litteratur.)
Taussig. Arch. f. exper. Patholog. u. Pharmakol. Bd. 30. Heft 3 4.
Weintraud. Über morpholog. Veränderungen der roten Blutk. Virch. Arch. Bd. 131. Heft 3.
Wlajew. Über einige Veränderungen des Blutes bei Erkrankungen der Leber. (Russisch.) Ref. St. Petersb. med. Wochenschr. 1894. Nr. 43.

VII. Kapitel.

Krankheiten des Cirkulationsapparates.

Über die Veränderungen des Blutes bei akuten Entzündungen des Perikards, Myokards und Endokards ist wenig bekannt.

Es ist auch wenig wahrscheinlich, dass diese Erkrankungen an und für sich einen bestimmten Einfluss auf die Blutmischungen ausüben; vielmehr dürften die Veränderungen der letzteren sich durch folgende Faktoren erklären, die aus dem Allgemeinzustande derartiger Kranker resultieren: nämlich durch das Auftreten von Fieber, durch die Herabsetzung des Blutdruckes infolge eintretender Herzschwäche und durch die Stauungen im venösen System.

Verhältnismässig eingehend sind die Veränderungen bei akuter ulceröser Endokarditis studiert worden, die sich in Bezug auf die Mischungsänderungen des Blutes durchaus analog den septischen Erkrankungen verhalten, weswegen auf das Kapitel „Sepsis" verwiesen werden kann, woselbst auch über die bakteriologischen Befunde im Blute bei dieser Affektion das Nötige gesagt ist.

Cirkulationsstörungen. Sehr viel intensiver sind die Mischungsverhältnisse des Blutes bei Cirkulationsstörungen infolge von Erkrankungen des Herz- und Gefässsystems seit langer Zeit studiert worden, und eine Übersicht über die Litteratur ergiebt, dass die hier vorliegenden Verhältnisse von den einzelnen Autoren sehr verschieden ermittelt und demgemäss auch gedeutet worden sind.

Schon Andral und Gavarret fanden, dass das Blut Herzkranker bald normale Zusammensetzung zeige, bald wasserreicher sei, und Becquerel und Rodier konstatierten im Jahre 1844 bei einer akut entstandenen Kompensationsstörung des Herzens mit starkem Hydrops Herabsetzung des Eiweissgehaltes des Blutes und Verringerung des spezifischen Gewichts, während gleichzeitig mit der Abnahme der Zeichen der Herzschwäche die Werte für die genannten beiden Faktoren wieder stiegen.

Nasse ermittelte bei der Mehrzahl der untersuchten Herzkranken Erhöhung des spezifischen Gewichts des Blutes.

Genauere Blutuntersuchungen finden sich in einer Arbeit von Naunyn vom Jahre 1872, welcher bei allen Zuständen chronischer Dyspnoe erhebliche Zunahme des Hämoglobingehaltes konstatierte, die er nicht durch eine Eindickung des Blutes erklärte, sondern dadurch, dass bei diesen Zuständen der nötige Sauerstoff mangele, um die normale Quantität von Hämoglobin zu zersetzen.

F. Penzoldt und G. Tönissen konstatierten späterhin (1881) sowohl bei kongenitalem schweren Herzfehler, wie bei anderen Klappenfehlern, im Zustande der Kompensationsstörung starke Zunahme der roten Blutkörperchen, während sie bei kompensierten Klappenfehlern normale und subnormale Werte ermittelten, die sich auch bei zwei Kranken sofort nachweisen liessen, nachdem die Kompensationsstörungen durch Digitaliseinwirkung beseitigt waren. Es schien den Verfassern, als ob bei schweren unkomplizierten Herzfehlern Stauungen im Blute der Haut einträten, so dass das Blut an den peripherischen Teilen konzentrierter würde. Die Verfasser nahmen an, dass diese Konzentrierung dadurch eintrete, dass das Blut bei Cirkulationsstörungen langsamer fliesst und mehr Gelegenheit hat, Wasser durch Verdunstung zu verlieren.

Schon Malassez hatte konstatiert, dass in den kleinen Gefässen der Haut, gegenüber den grossen, mehr rote Blutkörperchen vorhanden seien, und zwar besonders bei Blutstauungen infolge gesteigerter Hautausdünstung. Auch Penzoldt berichtet, dass bei alten Hemiplegischen auf der gelähmten Körperhälfte mehr rote Blutkörperchen zu finden seien, als auf der gesunden, wahrscheinlich weil eine Erschwerung des venösen Abflusses auf der gelähmten Seite bestehe, wozu dann vielleicht eine stärkere Hauttranspiration daselbst komme.

Leichtenstern kommt bei seinen Untersuchungen zu dem Schlusse, dass bei den höheren Graden von Cyanose infolge insufficienter Herzthätigkeit eine Vermehrung der Gesamtmasse des Blutes, eine Überfüllung des Gefässapparates durch Hydrämie eintrete.

Dieselbe, den früheren entgegengesetzte Auffassung, nämlich dass das Blut bei Cirkulationsstörung wasserreicher würde unter Vermehrung seines Gesamtvolumens, dass eine sogenannte Plethora serosa entstände, fand eine besonders energische Vertretung durch Oertel, welcher bei dem ersten Erscheinen seines Buches über die allgemeine Therapie der Kreislaufstörungen zahlenmässige Belege für diese Annahme zunächst nicht erbrachte. Nach Oertel kommt die Plethora serosa zur Entwickelung, wenn durch Störungen der Herz- und Nierenthätigkeit die Ausscheidung des überschüssig gewordenen Wassers aus dem Blute behindert ist. Überfüllung des Blutes mit Wasser durch mangelhafte Nierenthätigkeit, erhöhter Übertritt von Serum in die Gewebe, infolge von Stauungsdruck sind nach Oertel die wesentlichen Faktoren, welche die Blutmischung bei Cirkulationsstörungen beeinflussen. Durch den ersten Faktor wird das Blut wasserreicher, durch den zweiten konzentrierter.

Oertel fand, dass bei allen möglichen Formen von Kreislaufstörungen, bedingt durch Klappenfehler, Fettherz u. s. w. Zunahme des Wassergehaltes des Blutes einträte, wahrscheinlich bedingt „durch die gewohnte reichliche Aufnahme von Getränken."

In Rücksicht auf die weitgehenden praktischen Konsequenzen, welche Oertel aus seinen Anschauungen über die Blutmischung bei Herzfehlern für die Therapie zog, erfuhren diese Angaben bald von mehreren Seiten Nachprüfungen.

v. Bamberger kam auf Grund seiner sehr umfangreichen und sorgfältigen Blutuntersuchungen zu dem Resultate, dass Klappenfehler an und für sich nur eine abnorme Verteilung des Blutes bedingen, ohne auf die Quantität und Qualität desselben irgend einen Einfluss zu haben. Im Stadium der Kompensation und der beginnenden Störung derselben hat das Blut, seiner Anschauung nach, entweder normale Zusammensetzung, oder es zeigen sich solche Abweichungen, die durch die konstitutionellen und Lebensverhältnisse bedingt sind.

Im Stadium der aufgehobenen Kompensation geht das Blut um so sicherer, je beträchtlicher die venöse Stauung ist und je rascher und ausgiebiger hydropische Exsudate erfolgen, einer zunehmenden Eindickung entgegen.

In ähnlichem Sinne äusserte sich kurz darauf Lichtheim gelegentlich des VII. Kongresses für innere Medizin, dessen Untersuchungsresultate, in der Dissertation von Schwenter ausführlicher beschrieben, am venösen Blute gewonnen waren. Auch Kisch schloss sich bei den damaligen Verhandlungen dieser Auffassung an.

Gegenüber diesen Einwürfen gegen eine der Hauptstützen in der theoretischen Grundlage seines Heilsystems sah sich Oertel (2) veranlasst, umfangreiche Untersuchungen über die Blutmischung bei Cirkulationsstörungen zu veröffentlichen. Er fand bei der Bestimmung des Hämoglobingehaltes und ferner des Dichtigkeitsgrades des Blutes zunächst erhebliche Differenzen zwischen dem aus einem oberflächlichen Schnitte in die Fingerbeere langsam ausfliessenden hellroten Blute gegenüber dem aus tieferem Schnitte schnell hervorquellenden dunklen venösen Blute, derartig, dass das letztere einen um 5—10 Prozent höheren Hämoglobingehalt aufwies als das andere; sodass sich also das Blut aus dem Kapillarbezirk erheblich wasserreicher erwies gegenüber dem aus dem mehr venösen Bezirke. Oertel nimmt an, dass im Kapillargebiete ein erheblicher Austritt von Flüssigkeit in die Gewebe stattfindet und das Venenblut dadurch konzentrierter wird, weswegen nach Oertel die Untersuchungen am Venenblute, welche bei den erwähnten Autoren zu gegenteiligen Resultaten geführt haben, durchaus beweisunfähig sind.

Seine Anschauung über die Zusammensetzung des Blutes bei Cirkulationsstörungen geht wohl am besten aus seinen Worten hervor, die ich hier zitiere: „Da je nach der Grösse der Stauungen im Venenapparate eine verschieden grosse Menge von Serum aus den Kapillaren und kleinen Venensträngen in die Gewebe austritt und wieder, proportional der Grösse der elastischen Spannung, welche diese Gewebe noch besitzen, durch das Lymphgefässsystem abgeführt wird, durch die Trunci lymphatici in die Vena subclavia und in das rechte Herz einströmt, erhalten wir notwendigerweise eine das Normale weit überschreitende Verschiedenheit in der Dichtigkeit und dem H_2O-Gehalt des arteriellen und venösen Blutes, von welchen das letztere um so konzentrierter, das andere um so wasserreicher wird, je grösser die Stauung im venösen Apparat (Stauungskonzentration) und je grösser der Lymphstrom ist, der im rechten Herzen das wieder arteriell werdende Blut verdünnt." — Auf die Blutuntersuchungen, welche Oertel zu dieser Auffassung der Mischungsverhältnisse des Blutes bei den hier in Frage kommenden Affektionen geführt haben, werden wir alsbald näher eingehen.

In der Folgezeit haben sich zahlreiche Untersucher mit dieser Frage beschäftigt; doch sind es zumeist Einzelbeobachtungen ohne nähere Angabe des allgemeinen Krankheitszustandes, so dass trotz dieser zahlreichen Bearbeitung die vorliegende Frage keineswegs in befriedigender Weise geklärt ist.

Es liegen Beobachtungen vor von Schneider, welcher in einer unter Fr. Müller's Leitung gearbeiteten Dissertation interessante Unterschiede in der Blutmischung bei Fehlern der Mitralklappe gegenüber solcher der Aortenklappe konstatierte. Schneider fand, dass bei Stauungserscheinungen, welche im Verlaufe von Mitralfehlern eintraten, eine Zunahme der Zahl der roten Blutkörperchen festzustellen war, während bei Aorteninsufficienz, auch wenn Stauungen und Ödeme bestanden, Verminderung der Zahl der roten Blutkörperchen vorhanden war.

Wichtig sind ferner die Untersuchungen von Hammerschlag, welcher bei einem Teile seiner Herzkranken mit Kompensationsstörungen Herabsetzung der Dichte des Serum im Kapillarblute konstatierte, bei erhöhter Konzentration des Gesamtblutes. Ferner sind zu erwähnen die Beobachtungen von Benczur und Czatary, welche fanden, dass die Grösse der Ödeme bei Stauungszuständen sich keineswegs proportional zu dem Wassergehalte des Blutes verhielt.

Die Untersuchungen von Siegl, Peiper, Schmaltz, Jahn, Banholzer, Copeman, Reinert, Oppenheimer, Menicanti, Maxon ergaben verschiedenartige Resultate, aus welchen im allgemeinen hervorgeht, dass die Blutmischung bei Herzkranken zur Zeit, wenn keine Kompensationsstörungen bestehen, keine wesentlichen Änderungen gegen die Norm zeigt, dass dagegen beim Eintreten dieser Störungen das Blut konzentrierter wird. Auch v. Noorden schliesst sich dieser Auffassung an.

Eingehender als die meisten Vorgänger haben sich endlich Stintzing und Gumprecht mit der Frage über die Blutveränderungen bei Herzfehlern beschäftigt. Dieselben ermittelten den Hämoglobingehalt im Gowers'schen Apparate und die Trockensubstanz des Blutes bei einer Temperatur von 65—70°, und konstatierten zunächst im allgemeinen, dass bei Kranken mit Kompensationsstörung eines Herzklappenfehlers eine Hydrämie des Blutes, d. h. eine relative Erhöhung des normalen Wassergehaltes eintrat und dass die kompensierten Klappenfehler höhere Werte an Trockensubstanz darboten. Die Verfasser erörtern sodann die Frage, wodurch die Verdünnung des Blutes beim Eintritt der Kompensationsstörung und die Eindickung beim Schwinden dieser Erscheinungen bedingt ist. Sie weisen mit Recht die Annahme, dass bei Kreislaufstörungen Blutkörperchen zu Grunde gehen und dadurch die Verdünnung bedingt werde, als unwahrscheinlich zurück und nehmen eine Erweiterung des ganzen Kreislaufgebietes mit einem Volumen auctum des Blutes an, welches, relativ wasserreich, sich hiernach im Oertel'schen Sinne als seröse Plethora erweist. Besonders wichtig sind diese Untersuchungen dadurch, dass die Änderungen der Blutmischung mehrmals an einem und demselben Kranken zu Zeiten ungestörter und gestörter Herzthätigkeit ermittelt wurden.

Auf Grund eigener Untersuchungen (s. Litt.) über diese Frage glaube ich, dass bei den Blutbefunden an Kranken, welche mit Herzfehlern behaftet sind, drei verschiedene Stadien unterschieden werden müssen, welche sich mehr oder weniger scharf je nach der Besonderheit des einzelnen Falles voneinander unterscheiden lassen.

1. Stadium. Wenn ein Klappenfehler des Herzens durch Hypertrophie der Herzmuskulatur in ausreichender Weise kompen-

siert ist, wenn subjektiv und objektiv Krankheitserscheinungen gar nicht oder nur in geringem Masse an den übrigen Organen vorhanden sind, so verhält sich die Blutmischung durchaus wie bei gesunden Individuen, d. h. sie richtet sich nach der Konstitution und den Ernährungsverhältnissen des betreffenden Individuums. Irgend ein nennenswerter Einfluss wird also, wie ich mit Bamberger hervorheben möchte, durch das blosse Bestehen eines Klappenfehlers auf die Blutmischung nicht ausgeübt.

2. Stadium. Am deutlichsten und auch verhältnismässig am leichtesten verständlich sind die Erscheinungen, welche sich im Blute finden, wenn im Verlaufe des Bestehens eines Klappenfehlers eine Kompensationsstörung aufzutreten beginnt, wenn die Herzkraft nachlässt, der Puls zumeist beschleunigt wird, Dyspnoe eintritt und all die weiteren Folgeerscheinungen, welche sich als Konsequenzen der verringerten Herzkraft in den einzelnen Organen bemerkbar machen. Unter diesen Verhältnissen zeigt:

das Gesamtblut eine Herabsetzung des spezifischen Gewichtes resp. der Trockensubstanz, d. h. eine Zunahme des Wassergehaltes; und zwar ist dieselbe, wie ich in vergleichenden Untersuchungen am venösen und kapillaren Blute gefunden habe, stärker ausgesprochen im Venenblute, d. h. dasselbe erscheint wasserreicher als das Blut, welches aus irgend einem Hautschnitte entnommen worden ist.

Die roten Blutkörperchen sind an Zahl gegenüber den Perioden völlig hergestellter Kompensation herabgesetzt; morphologisch finden sich keine besonderen Änderungen, auch der Hämoglobingehalt entspricht der Zahlenverminderung der roten Blutkörperchen.

Die Leukocyten weisen keinerlei irgendwie charakteristische Veränderungen auf.

Das Blutserum zeigt die deutlichsten Veränderungen, und zwar ist dasselbe beim Eintreten einer Kompensationsstörung stets wasserreicher als zuvor, sodass augenscheinlich ein beträchtlicher Teil der Verdünnung des Gesamtblutes auf einer Verwässerung des Serum beruht.

Diese Erscheinung ist meines Erachtens in folgender Weise zu deuten. Beim Eintreten einer Kompensationsstörung bei bestehendem Klappenfehler ist das Sinken des Blutdruckes dasjenige Moment, welches das ganze Heer der Symptome einer Kompensationsstörung in erster Linie beherrscht. Ein derartiges Sinken des Blutdruckes ist, wie schon an anderen Stellen erwähnt worden, von einer Dilatation der Kapillaren gefolgt, und für die vorliegenden Verhältnisse habe ich noch in speziellen Untersuchungen am Hunde und Kaninchen nachgewiesen, dass die Herabsetzung des Blutdruckes in einem bestimmten Gefässbezirk, z. B.

dem der Carotis, durch partielle Absperrung des arteriellen Blutzuflusses herabgesetzt und damit das Blut in dem zugehörigen kapillaren und venösen Gefässbezirke wasserreicher wird. Diese **Verwässerung kommt unzweifelhaft durch Übertritt von Gewebsflüssigkeit in die Kapillaren zu stande**, und es zeigt sich daher, dass bei Kompensationsstörungen eine im **Kapillargebiet beginnende und im venösen Bezirk am stärksten ausgeprägte Verdünnung des Blutes eintritt,** welche im ersten Beginne nicht durch Wasserretention infolge Verminderung von Urinsekretion (Oertel) erklärt werden kann. Diese letztere ist vielmehr ebenso eine Konsequenz des herabgesetzten arteriellen Blutdruckes, wie der Flüssigkeitsübertritt in das Blut im kapillaren Gefässgebiete; beide sind Parallelerscheinungen, und es ist natürlich, dass im weiteren Verlaufe durch die allgemeine Wasserretention im Körper auch die Konzentration des Blutes herabgesetzt wird.

3. **Stadium.** Sehr viel komplizierter ist das Verhalten des Blutes bei chronischen Stauungszuständen infolge von Erkrankungen des Myocards und von Herzklappenfehlern, sobald sich derjenige Zustand von chronischer Kompensationsstörung ausgebildet hat, bei welchem sich Cyanose, Dyspnoe, Ödeme von wechselnder Stärke und die bekannten Folgeerscheinungen der venösen Hyperämie in der Funktion der inneren Organe konstatieren lassen.

Das Blut wird bei diesen Zuständen im ganzen wasserärmer, konzentrierter und an roten Blutkörperchen reicher, und zwar ist die Konzentration, entgegen der früheren Anschauung, **stärker im Kapillargebiet als im venösen.** Dieser Zustand findet sich besonders bei chronischen Stauungen im kleinen Kreislaufe, welche sich in den rechten Ventrikel und die Venen fortpflanzen. Die gewöhnliche Erklärung dieser Konzentrationszunahme, die sich besonders klar bei Oertel ausgesprochen findet: dass das Blut bei Stauungen im Venenapparate infolge von Flüssigkeitsaustritt aus Kapillaren und Venen in die Lymphspalten konzentrierter, und zwar naturgemäss am stärksten in den Venen werde, basiert auf Analogieschlüssen, die aus den bekannten Tierversuchen von Cohnheim gezogen sind. Diese Versuche ergaben bei direkter Beobachtung der feinsten Blutgefässe in der Schwimmhaut des kurarisierten Frosches nach Anlegung einer Ligatur der Schenkelvene, Verlangsamung der venösen Strömung, Stauung der roten Blutkörperchen und Transsudation aus den Kapillaren. Diese Tierexperimente lassen sich indes meines Erachtens auf die menschliche Pathologie nicht ohne weiteres übertragen; denn Cohnheim giebt selbst an, dass sich nach Anlegung der Ligatur um die Vene die Gefässe nicht oder nur sehr wenig erweitern, und nimmt aktive Vorgänge seitens der kontraktilen Elemente der Gefässwand infolge des immens gesteigerten Druckes an. Diese aktive Beteiligung der Venenwände fällt nun bei der langsam sich entwickelnden venösen Stauung infolge von Herzklappenfehlern bei Menschen durchaus fort, vielmehr erweitern sich die Venen allmählich mit Zunahme der Stauung. Ausserdem ist ein fundamentaler Unterschied zwischen dem erwähnten Tierversuche und den Verhältnissen beim Menschen darin gegeben, dass bei ersterem das Blut mit voller Herzkraft in das vollständig abgeschnürte Venensystem gepumpt wird, während bei der Kompensationsstörung des Herzens die Blutzufuhr in die ganz allmählich gestauten venösen Bezirke mit einer gegen die Norm weit herabgesetzten Kraft erfolgt.

Ohne Zweifel tritt auch bei den pathologischen Zuständen beim Menschen eine Transsudation von Flüssigkeit aus den Kapillaren in die Gewebsspalten ein, doch kommt hier ausserdem noch die Ausweitung der Kapillaren infolge der Stauung in Betracht, infolge deren die Dichte der Blutkörperchen nach Cohnstein und Zuntz in denselben vermehrt, in anderen Gefässen dagegen entsprechend vermindert ist. Diese Auffassung entspricht vollständig den Befunden, dass das Stauungsblut in den Kapillarbezirken stets erheblich konzentrierter ist, als das der Venen, wobei unentschieden zu lassen ist, ob die von Penzoldt angenommene Wasserabgabe von seiten der Haut hierbei einen nennenswerten Anteil hat.

Die allgemeine Eindickung nun, welche das Blut unzweifelhaft im Verlaufe solcher chronischen Stauungszustände aufweist und wie sie anscheinend am ausgesprochensten bei allgemeiner Cyanose infolge von congenitalen Fehlern des rechten Herzens beobachtet wird, ist meines Erachtens ganz vorzugsweise aus den Verhältnissen des Lungenkreislaufs zu erklären, auf welche beim Kapitel der „Respiration" des näheren eingegangen ist. Vergegenwärtigt man sich die anatomischen und physiologischen Veränderungen, welche der Lungenkreislauf bei derartigen Stauungszuständen aufweist, so ergiebt sich, dass hier erstens die Kapillaren übermässig ausgedehnt sind, mit einem beträchtlich vergrösserten Umfange in die Alveolen hineinragen und damit dem Luftstrom eine viel grössere Fläche bieten, als in der Norm. Zweitens ist zu berücksichtigen, dass die starke Verlangsamung des Blutstromes an und für sich eine beträchtliche Steigerung der Wasserabgabe durch die Atmungsluft bedingt, welche durch beschleunigte Respiration noch weiter gesteigert wird. Alle diese Faktoren zusammengenommen müssen unzweifelhaft eine erhebliche Eindickung des Blutes im kleinen Kreislaufe bewirken, welches demgemäss, entgegengesetzt der Anschauung von Oertel, eingedickt in die Arterien gelangt und im Kapillarkreislaufe durch Diffusionsverhältnisse unter Umständen verdünnt wird.

Das Blutserum, welches sich aus einem derartig eingedickten Blute beim Stehen ausserhalb des Körpers absetzt, zeigt eine auffällig niedrige Konzentration, und man muss daher annehmen, dass der Flüssigkeitsgehalt eines solchen Blutes im ganzen verringert und dieses spärliche Plasma ausserdem von abnorm dünner Beschaffenheit ist. Dass diese Verdünnung der Blutflüssigkeit im Zusammenhange mit einer allgemeinen Verdünnung der Gewebsflüssigkeiten infolge von mangelhafter Wasserausscheidung durch die Nieren steht, wie Oertel annimmt, halte ich ebenfalls für sicher.

Aus zahlreichen in meiner erwähnten Arbeit aufgeführten Beispielen geht hervor, dass auch bei dem infolge chronischer Cirkulationsstörung eingedickten Blute bei Abnahme der Herzkraft eine Verwässerung des Blutes durch Eintritt von Gewebsflüssigkeit in die erweiterten Kapillaren stattfindet. Dieser Zustand von chronischer Blutstauung, zu welchem sich eine vermehrte Schwäche der Herzaktion hinzugesellt, bietet alsdann das auffallende Bild einer etwa normalen oder leicht herabgesetzten Gesamtkonzentration bei hochgradig verwässerter Beschaffenheit des Serum.

In einer ganz anderen Weise ist neuerdings die Vermehrung der Zahl der roten Blutkörperchen bei Blutstauungen von Pierre Marie, Reinert (2) u. a. gedeutet worden, welche annehmen, dass die hier vorhandene Hyperglobulie auf einer Neubildung der roten Blutkörperchen beruhe, die nach Analogie der Beobachtungen im Höhenklima auf den Reiz der Sauerstoffverarmung hin erfolge. Diese letztgenannte Theorie wird unten eingehend erörtert werden, und ich verweise, um Wiederholungen zu vermeiden, auf diese Stelle (S. 218). In Bezug auf die hier speziell vorliegenden Verhältnisse geht die Unhaltbarkeit dieser Theorie der Blutkörperchenneubildung am klarsten daraus hervor, dass bei Herzkranken die sogenannte Hyperglobulie keineswegs zu Zeiten wirklicher Atemnot am stärksten ist, sondern dass sie gerade dann markant hervortritt, wenn durch Digitalis oder andere Mittel die Herzkraft gestärkt und der Allgemeinzustand gebessert ist. Es besteht also gerade das Gegenteil von dem, was man gemäss der erwähnten Hypothese erwarten sollte, und ich glaube daher, dass dieselbe hier ebenso wenig zutreffend ist wie für die Verhältnisse im Höhenklima.

Hämoglobin. Landois erwähnt, dass u. a. eine erhöhte Venosität des Blutes die Widerstandsfähigkeit der roten Blut-

körperchen herabsetzt. Auch aus eigenen Beobachtungen an
einer Anzahl von Fällen geht hervor, dass in dem hoch-
konzentrierten Stauungsblute bei Herzfehlern im Zustande der Kompensationsstörung das Hämoglobin abnorm lose an das Stroma gebunden ist. Wahrscheinlich
besteht bei derartigen Patienten keine eigentliche Hämoglobinämie,
vielmehr zeigte sich bei unseren Patienten, dass bei dem aus der
Vene entnommenen und vorsichtig aufbewahrten Blute eine Diffusion von Hämoglobin in das Blutserum stattfand, welche unter
gesundhaften Verhältnissen nicht zu beobachten und in derartigen
Fällen jedenfalls als eine postmortale Erscheinung zu deuten ist.
Immerhin bedeutet dieses Phänomen, wie gesagt, eine abnorm lose
Bindung des Hämoglobin, und es ist sehr wahrscheinlich, dass in
derartigen Fällen ein stärkerer Zerfall der weniger widerstands-
fähigen roten Blutkörperchen in der Leber stattfindet, und infolge
hiervon eine vermehrte Gallenfarbstoffbildung mit kon-
sekutivem Ikterus zu stande kommt. Thatsächlich findet
man das Auftreten von Ikterus bei Herzkranken mit gestörter
Kompensation sehr häufig, und es dürfte geboten sein, der erwähnten Herabsetzung der Widerstandsfähigkeit der roten Blutkörperchen bei Herzkranken eine gewisse ätiologische Rolle bei
der Entstehung des Ikterus zuzuschreiben, welche man bisher im
allgemeinen auf eine Kompression der Gallengänge durch die ausgedehnten, gestauten Blutgefässe zurückzuführen pflegte.

Leukocyten. Die farblosen Blutzellen erleiden bei chronischen Herzerkrankungen keine irgendwie charakteristischen Veränderungen. Durch Experimente an Tieren hat Omelianski
nachgewiesen, dass durch vasomotorische Lähmungen keine nennenswerten Änderungen der Leukocytenmenge in den Gefässen
eintreten. Bei künstlicher Erzeugung von passiver Hyperämie beobachtete er eine leichte Zunahme der Leukocyten. Bei eigenen
zahlreichen Untersuchungen an Herzkranken habe ich keine nennenswerten numerischen und morphologischen Veränderungen der
Leukocyten in den verschiedenen Stadien der gestörten Herzthätigkeit konstatieren können. Die Zahlen hielten sich in der Regel in
mittleren Durchschnittswerten.

Litteratur.

v. Bamberger. Über die Anwendbarkeit der Oertel'schen Heilmethode bei
  Klappenfehlern des Herzens. Wien. klin. Wochenschr. 1888. Nr. 1.
Banholzer. Über das Verhalten des Blutes bei angeborener Pulmonalstenose.
  Centralbl. f. inn. Med. 1894. Nr. 28.
Becquerel u. Rodier. Unters. über die Zusammensetzung d. Blutes etc.
  Deutsch. Erlangen 1845.

Benczur u. Czatary. Über das Verhältnis der Ödeme zum Hb-Gehalt des Blutes. Deutsches Arch. f. klin. Med. Bd. 46. 1890. S. 478.
Cohnheim. Über venöse Stauung. Virch. Arch. Bd. 41. 1867. S. 220.
Copeman. Brit. med. Journ. I. 1891. S. 161.
Grawitz, E. Über die Veränderungen der Blutmischung infolge von Cirkulationsstörungen. Deutsches Arch. f. klin. Med. Bd. 54. 1895. S. 588.
Hammerschlag. Über Hydrämie. Zeitschr. f. klin. med. Bd. 21. 1892.
Jahn. Dissertation. Greifswald.
Kisch. Diskussion. Verhandl. d. VII. Congr. f. inn. Med. 1888.
Landois. Lehrb. der Physiol. 1893.
Leichtenstern. Unters. über den Hb-Gehalt des Blutes. Leipzig 1878. S. 87.
Lichtheim. Die chronischen Herzmuskelerkrankungen und ihre Behandlung. Verhandl. d. VII. Congr. f. inn. Med. 1888.
Malassez. Arch. de physiol. norm. et pathol. X. Sér. 1874. S. 49.
Marie, Pierre. Sem. médic. 1895. No. 4.
Maxon. Deutsches Arch. f. klin. Med. Bd 53. 1894. S. 399.
Menicanti. Deutsches Arch. f. klin. Med. Bd. 50. 1892.
Naunyn. Über den Hb-Gehalt des Blutes bei verschiedenen Krankheiten. Corresp.-Bl. f. Schweizer Ärzte. 1872. S. 300.
v. Noorden. Lehrb. d. Pathol. d. Stoffwechsels. S. 322.
Oertel. 1. Allgemeine Therapie der Kreislaufsstörungen. Leipzig 1884. — 2. Beiträge zur physikalischen Untersuchung des Blutes. Deutsches Arch. f. klin. Med. Bd. 50. 1892. S. 293.
Omeliansky. De l'influence des troubles circulatoires locaux sur la constitution morph. du sang. Arch. des sciences biol. de St. Pétersb. III. 1894. S. 131. (Ref. i. Centralbl. f. d. med. Wiss. 1895. S. 477.)
Oppenheimer. Deutsche med. Wochenschr. 1889. Nr. 42—44.
Peiper. Centralbl. f. klin. Med. 1891. S. 217.
Penzoldt. Einiges über Blutkörperchenzählungen in Krankheiten. Berl. klin. Wochenschr. 1881. S. 457. (Nach Untersuchungen von G. Tönissen.)
Reinert (1). Zählung der Blutkörperchen. 1891. — (2) Münch. med. Woch. 1895. Nr. 15.
Schmaltz. Deutsche med. Wochenschr. 1891. Nr. 16.
Schneider. Über die morphol. Verhältnisse des Blutes bei Herzkrankheiten und Carcinom. Dissert. Berlin 1888.
Schwendter. Dissert. Bern 1888.
Siegl. Über die Dichte des Blutes. Wien. klin. Wochenschr. 1891. S. 606.
Stintzing u. Gumprecht. Wassergehalt u. Trockensubstanz des Blutes beim gesunden u. kranken Menschen. Deutsches Arch. f. klin. Med. Bd. 53. 1894. S. 465.

VIII. Kapitel.

Erkrankungen des Respirationsapparates.

A. Allgemeines.

Die Erkrankungen der Lunge müssen bei der wichtigen Rolle, welche dieses Organ als Stätte des respiratorischen Gaswechsels im Blutleben spielt, naturgemäss einen bedeutenden Einfluss auf die Konstitution des Blutes ausüben. Wenn trotzdem die Kenntnis über Veränderungen des Blutes bei Lungenkrankheiten bisher nicht besonders umfangreich ist, und wenn ferner die vorliegenden Beobachtungen grösstenteils noch hypothetischer Natur sind, so liegt dies an den Schwierigkeiten, welche sich gerade hier der chemischen Analyse und dem Experimentalstudium entgegenstellen.

Austausch von Sauerstoff und Kohlensäure im Blute der Lunge. Der Sauerstoff ist im arteriellen Blute nach Setschenow zu etwa 21 Volumprozent, im venösen Blute zu ca. 12 Volumprozent, enthalten. Der Sauerstoff ist zum geringeren Teile in der Blutflüssigkeit physikalisch absorbiert, zum grösseren Teil in lockerer Form chemisch an das Hämoglobin gebunden — Oxyhämoglobin. Die Versorgung des Blutes mit O_2 findet in der Lunge unter dem hohen Partialdruck des O_2 durch Diffusion aus der Luft der Alveolen in das Plasma statt, aus welchem durch chemische Vorgänge der Übertritt in die roten Blutkörperchen erfolgt. In den Geweben giebt das sauerstoffreiche Blut an die des O_2 bedürftigen Zellen einen Teil seines Bestandes ab; gleichzeitig tritt infolge des daselbst herrschenden hohen Partialdruckes der Kohlensäure die letztere in das Blut, um in der Lunge wiederum infolge des dort vorhandenen niederen Partialdrucks für CO_2 durch Dissociation zur Ausscheidung zu gelangen. Die CO_2 ist im arteriellen Blute zu etwa 38 Volumprozent, im venösen zu ca. 46 Volumprozent, und zwar zum grössten Teil als Bikarbonat im Plasma, zum geringeren Teil, etwa ein Fünftel der Gesamtmenge, in den roten Blutkörperchen enthalten (Bohr).

Nicht der gesamte bei der Inspiration aufgenommene Sauerstoff verlässt den Körper in der Exspirationsluft, es wird vielmehr bei gemischter Nahrung ein Teil desselben zur Verbrennung der Eiweissstoffe und Fette verbraucht. Der respiratorische Quotient $\frac{CO_2}{O}$, d. h. das Verhältnis der bei der Atmung ausgeschiedenen Kohlensäure zum aufgenommenen Sauerstoff, nähert sich bei vorwiegend Kohlehydrate haltender Nahrung der Zahl 1, sinkt dagegen bei eiweissreicher Nahrung bis 0,6.

Der dritte gasförmige Bestandteil des Blutes, der **Stickstoff**, ist im arteriellen und venösen Blute in annähernd gleichen Mengen enthalten.

Sonstige Unterschiede zwischen arteriellem und venösem Blute. Der Unterschied zwischen den beiden Blutarten besteht aber nicht lediglich in dem verschiedenen Verhalten des O_2 und der CO_2, vielmehr haben sich noch andere feinere Unterschiede bei neueren Untersuchungen ergeben.

Zunächst ist zu erwähnen, dass Beobachtungen über die Zusammensetzung des arteriellen und venösen Blutes schon vor langen Jahren ausgeführt sind, und dass bereits von der Mitte des vorigen Jahrhunderts (1753) eine Arbeit von Hammerschmidt vorliegt, welcher das Blut eines Hundes aus Carotis und Jugularis in Cylindern in gleicher Gewichtsmenge auffing und in geschlossenem Raum vier Tage ruhig stehen liess. Hierauf konstatierte er eine grössere Gewichtsabnahme für das arterielle als für das venöse Blut und schloss, dass ersteres reicher an flüssigen und wässerigen Bestandteilen sei als das letztere. Zahlreiche Untersucher haben sich mit verschiedenem Erfolge weiter mit dieser Frage beschäftigt. Auf genauere Litteratur kann hier verzichtet werden; dieselbe findet sich bei Fr. Krüger zusammengestellt. Die erste Klärung in den widersprechenden Angaben bei diesen Befunden brachten Cohnstein und Zuntz, welche nachwiesen, dass durch die bei der Blutentnahme bedingte Stauung in den Venen das Blut eingedickt werde und dadurch die höheren Werte, welche die meisten Autoren für die Trockensubstanz des Venenblutes gefunden hatten, zu erklären seien. Sie fanden die roten Blutkörperchen im arteriellen und venösen Blute in gleicher Menge. Diese Angaben wurden voll bestätigt und erweitert durch Fr. Krüger, welcher den Gehalt an Trockenrückständen und Hämoglobin im Blute der Carotis und Jugularis gleich hoch fand, ebenso wie auch Röhmann und Mühsam.

Abgesehen hiervon haben sich bei neueren Beobachtungen gewisse Veränderungen im CO_2-Blute ergeben, welche nach Hamburger darin bestehen, dass die isotonische Konzentration der roten Blutkörperchen (s. S. 25) durch Einleiten von CO_2 erhöht wird, und dass sich ferner unter dem Einflusse der CO_2 die Permeabilität der roten Blutkörperchen ändert, sodass die Stoffe der roten Blutkörperchen und des Plasma ausgetauscht werden, und zwar treten vorwiegend Chloride und Wasser aus dem Plasma in die roten Blutkörperchen, während der Eiweiss- und Alkaligehalt des Serum, sowie auch der Gehalt an Phosphorsäure, Fett und Zucker zunimmt.

Nach v. Limbeck, welcher die Erhöhung der Isotonie der roten Blutkörperchen gleichfalls im CO_2-Blute konstatierte, erleidet das Plasma durch den Übertritt von Wasser und Chloriden in die roten Blutkörperchen eine Einengung, also Volumenverminderung, welche vielleicht die von Hamburger gefundene Zunahme des Gehalts an Eiweiss u. s. w. in der Raumeinheit des Serum erklärt. Die roten Blutkörperchen quellen nach v. Limbeck infolge der Aufnahme von Wasser, Salzen und Trockensubstanz, vergrössern demnach ihr Volumen, und durch Lufteinleitung wird dieses Verhältnis wieder ausgeglichen.

Von Zuntz, Lehmann, sowie Hamburger wurde im CO_2-Blute eine erhöhte Alkalescenz des Serum konstatiert, welche nach diesen Autoren darauf zurückzuführen ist, dass unter dem Einflusse der CO_2 an Stelle der aus dem Serum in die roten Blutkörperchen tretenden Chlorverbindungen alkalische Bestandteile aus den Zellen in das Plasma übertreten und somit die Alkalescenz desselben steigern.

Die Sauerstoffaufnahme des Blutes im Kapillarsystem des kleinen Kreislaufs ist in weiten Grenzen unabhängig von dem vorhandenen Sauerstoffgehalt der Respirationsluft, da man gefunden hat, dass bei künstlich gesteigertem Partialdruck des O_2 in den Lungen (Lukjanoff) keine Vermehrung der Sauerstoffmenge im Blute stattfindet. Andererseits vermag selbst bei beträchtlicher Herabsetzung des O_2-Partialdruckes das Blut sich mit Sauerstoff zu sättigen, wie die Untersuchungen von P. Bert, A. Fränkel und Geppert erwiesen haben, welch letztere fanden, dass Hunde bei einer Herabsetzung des Luftdruckes bis zu 410 mm Hg, also bei einer Luftverdünnung, welche einer Höhe von 4900 m (Höhe des Mont-Blanc) entspricht, ihr Blut ebenso gut mit Sauerstoff zu sättigen vermochten, wie bei normalem Luftdruck von 760 mm, und dass erst bei weiterem Absinken des Luftdruckes Abnahme der Sauerstoffsättigung zu konstatieren war. Auch Löwy hat neuerdings bei Versuchen am

Menschen gefunden, dass weder eine Verdichtung der Luft bis auf 1400 mm Hg und Vermehrung des Sauerstoffs über das Doppelte, noch eine Verdünnung der Atmosphäre bis zur alveolären O-Spannung von 40—45 mm Hg eine Änderung der O-Aufnahme und CO_2-Ausscheidung bedingen und dass erst bei tieferem Sinken der O-Spannung der respiratorische Quotient steigt.

Aber nicht nur von der vorhandenen O_2-Menge ist die O_2-Sättigung des Blutes bis zu gewissem Grade unabhängig, sondern auch die im Blute enthaltenen Quantitäten von Hämoglobin sind anscheinend nicht ohne weiteres massgebend für den O_2-Reichtum des Blutes. Schon die Untersuchungen des respiratorischen Gaswechsels von Kraus, Chvostek und Bohland ergaben, dass bei schweren Anämien der Sauerstoffverbrauch keineswegs kleiner, manchmal eher grösser als bei Gesunden war. Biernacki hat neuerdings durch direkte Analysierung der Blutgase bei Gesunden und Kranken festgestellt, dass weder in pathologischen Fällen mit normalem Eisen- resp. Hb-Gehalt, noch auch bei Kranken mit starker Verminderung des Hämoglobin die auspumpbare O_2-Menge von der Norm abweicht. Nur bei Hb-Armut höchsten Grades (Carcinom und Leukämie) war die O_2-Menge herabgesetzt. Es zeigt sich aus den Zahlen von Biernacki, dass bei Hb-Armut die relative O_2-Menge der vorhandenen Hb-Quantität beträchtlich steigt, dass, wenn z. B. ein Gesunder bei $21,12\,\%$ Trockensubstanz des Blutes 0,0445 g Fe und 20,77 ccm O in 100 ccm Blut aufwies, auf 0,01 g Fe 4,67 ccm O kommen; dagegen bei einer Nephritis mit $16,58\,\%$ Trockensubstanz des Blutes auf 100 ccm Blut 0,0222 g Fe und 20,81 ccm O, somit auf 0,01 g Fe 9,37 ccm O kommen, dass also das vorhandene Hb die doppelte Menge Sauerstoff wie beim Gesunden enthält.

Es zeigt sich aus all diesen Untersuchungsergebnissen, dass die quantitative Sauerstoffversorgung des Blutes in der Lunge nicht lediglich durch physikalische Gesetze der Diffusion zu erklären ist, dass vielmehr eine besondere Thätigkeit des Hämoglobin angenommen werden muss, welche die quantitative Aufnahme des Sauerstoffs derartig regelt, dass trotz vermehrter oder verminderter Sauerstoffspannung, trotz verminderter Hb-Menge des Blutes die absoluten Sauerstoffmengen im Blute doch immer in gewissen normalen Grenzen bleiben.

Ganz allgemein galt bisher die Annahme, dass bei vermehrtem CO_2-Gehalt im Blute und bei Verminderung der Sauerstoffträger der respiratorische Gaswechsel durch Beschleunigung des Blutumlaufes und der Atemzüge ausgeglichen werde. Eine andere Anschauung hat sich indes in letzter Zeit dahin geltend gemacht, dass bei gewissen Zuständen von Verringerung der Sauerstoffspannung ein eigentümliches kompensatorisches Verhalten der blutbildenden Organe zum Ausgleich der angeblich vorhandenen unvollständigen Sättigung des Blutes mit O eintreten soll, darin bestehend, dass durch Neubildung zahlreicher roter Blutkörperchen die Sauerstoffträger vermehrt und die Fähigkeit der Sauerstoffversorgung der Gewebe dadurch dem Blute bewahrt werde. Bei dem erheblichen theoretischen und praktischen Interesse, welches dieses Verhalten des Blutes besitzt, lasse ich zunächst die thatsächlichen Beobachtungen folgen.

Das Blut im Höhenklima. — Es hat sich erwiesen, dass die Zahlen der roten Blutkörperchen in der Raumeinheit bei zunehmender Erhebung über dem Meeresboden in anscheinend ganz gesetzmässiger Weise zunehmen, sodass gegenüber den normalen 4,5—5 Millionen roter Blutkörperchen in der Ebene, auf den Höhen der Kordilleren, bei einer Erhebung über dem Meeresboden um 4392 m die Zahl der roten Blutkörperchen ca. 8 Millionen im cmm beträgt.

Die ersten Untersuchungen Paul Bert's, welche den Anstoss zu zahlreichen Fortsetzungen bildeten, gingen aus Erwägungen hervor, welche sich an die bei Luftschiffahrten und Hochgebirgstouren beobachteten üblen Zufälle knüpften und bezogen sich auf trockene Blutproben verschiedener Tiere, die ihm aus Bolivia von einer Höhe von 3700 m zugesandt waren und bei der Analyse eine erheblich grössere O-Kapazität aufwiesen, als Blut von Tieren des Flachlandes. Bert schloss hieraus, dass bei einem Aufenthalt in der Höhe von 2000 m über dem Meeresspiegel und darüber ein Zustand von Anoxyhämie einträte, den zu kompensieren das Blut bald hämoglobinreicher würde.

Dieser Gedanke wurde zunächst besonders von Viault aufgenommen, der sich die Frage vorlegte, welche Faktoren es ermöglichen könnten, dass der Mensch in der rarefizierten Luft des Höhenklimas leben kann, und die Frage dahin beantwortet, dass es eine Beschleunigung der Atmung, des Pulses, eine Zunahme des Hämoglobin im Blute, ferner eine grössere O-Kapazität, oder ein vermindertes O-Bedürfnis der Gewebe, d. h. Verringerung der Verbrennungsprozesse im Körper sein könne, die das ungestörte Befinden im Höhenklima ermöglichen. Wir verdanken Viault zahlreiche exakte Zahlen, welche sich auf das numerische Verhalten der roten Blutkörperchen beziehen; ferner hat derselbe Hb-Bestimmungen auf kolorimetrischem Wege ausgeführt. Von besonderem Interesse ist, dass Viault durch exakte Untersuchung des O_2-Gehaltes im Blute nachwies, dass das Blut auf der Höhe der Kordilleren in Peru, 4392 m über dem Meeresspiegel, dieselbe Menge O_2 enthielt, wie in der Ebene; dass der Zustand von Anoxyhämie, den Bert auf

Grund seiner Experimente für das Höhenklima postulierte, also nicht besteht. Doch ist auch Viault der Ansicht, dass ein Einfluss der Rarefikation der Luft auf den Hb-Gehalt des Blutes bestehe derart, dass die Verdünnung der Luft und Verminderung des disponiblen Sauerstoffs durch Vermehrung der Zahl der roten Blutkörperchen ausgeglichen werde. Bei späteren Untersuchungen auf dem Pic du Midi in Frankreich beobachtete Viault ferner das Auftreten zahlreicher kleiner Formen von roten Blutkörperchen im Blute von aus der Ebene heraufgekommenen Menschen und Tieren, während bei solchen, die bereits längere Zeit dort akklimatisiert waren, sich diese Formen nicht mehr nachweisen liessen.

Auch von Müntz wurde im Anschluss an diese Mitteilung Vermehrung der festen Bestandteile des Blutes bei Tieren im Höhenklima konstatiert.

Eine besonders eingehende Bearbeitung wurde nunmehr dieser interessanten Frage von schweizerischer Seite gewidmet, indem Egger bei einem längeren Aufenthalt in Arosa (1800 m über dem Meeresspiegel) auf eine Anregung von Miescher hin die Blutverhältnisse von Menschen und Tieren unmittelbar nach ihrer Ankunft in Arosa und nach längerem Aufenthalte daselbst untersuchte, sowie auch Erfahrungen über die weiteren Veränderungen des Blutes nach der Rückkehr in die Ebene sammelte. Seine Untersuchungen wurden auf die Zahl der roten Blutkörperchen und auf den Hb-Gehalt, letzteres mittels eines von Miescher verbesserten Fleischl'schen Hämometers, ausgeführt. Im Anschluss hieran wurden ferner auf Veranlassung von Miescher durch mehrere Studierende analoge Untersuchungen an niedriger gelegenen Orten angestellt, und die Resultate aller dieser Beobachtungen von Egger, ferner Karcher, Suter und Veillon in einem zusammenfassenden Referate von Miescher besprochen, das besonders auch in Rücksicht auf die physiologischen und therapeutischen Schlussfolgerungen für die allgemeine Auffassung über diese interessanten Probleme grundlegend geworden ist. Als wesentlichste positive Ergebnisse dieser Untersuchungen führe ich hier zunächst nur kurz an, dass Egger im Durchschnitt in Arosa bei gesunden Männern 7 Millionen roter Blutkörperchen im cmm fand, dass bei Gesunden die Vermehrung durchschnittlich 702 000, bei Tuberkulösen 982 000 im Zeitraum von etwa 14 Tagen betrug; aber auch in den niedriger gelegenen Orten wurden deutliche Vermehrungen der roten Blutkörperchen von den genannten Untersuchern konstatiert. Auf Einzelheiten dieser Beobachtungen werden wir weiterhin noch zurückkommen.

Nach mancher Richtung wurden diese Befunde erweitert durch die Untersuchungen von Wolff und Koeppe in Reiboldsgrün (700 m über dem Meeresspiegel), welche ebenfalls Vermehrung der roten Blutkörperchen im Höhenklima konstatierten und auch das Auftreten zahlreicher kleiner Formen derselben beschrieben. Besonders interessant sind die Angaben dieser Autoren über das zeitliche Auftreten der erwähnten Veränderungen im Blute, aus denen man sieht, mit welcher erstaunlichen Schnelligkeit die Zunahme der roten Blutkörperchen beim Übergang aus der Ebene in das Höhenklima zuwege kommt. Die genannten Untersucher beobachteten schon nach den ersten 24—36 Stunden der Anwesenheit auf der erwähnten Höhe ein rapides Ansteigen der Zahl, im Mittel um 1 Million im cmm; dann trat eine kurze Periode des Absinkens und darauf wieder ein Anstieg ein, wonach sich die roten Blutkörperchen bei Gesunden im Mittel auf der Höhe von 5,97 Millionen im cmm hielten. Der Hb-Gehalt (im Fleischl'schen Apparate) sank im Anfang und stieg danach wieder.

Ähnlich schnelle Schwankungen der Zahl der roten Blutkörperchen beobachtete ferner späterhin Mercier in Arosa, der innerhalb der ersten 24 Stunden des Aufenthaltes in der Höhe eine Zunahme um 6—800000 und in 24 Stunden nach erfolgter Ankunft in der Ebene eine Abnahme um etwa 1 Million konstatierte.

Neuerdings ist dann schliesslich noch von v. Jaruntowsky und Schröder eine Vermehrung der roten Blutkörperchen bei Aufenthalt in Görbersdorf nachgewiesen worden, sodass wir aus den Beobachtungen an den verschiedenen Höhenorten anscheinend ganz gesetzmässig mit der Erhebung über den Meeresspiegel fortschreitende Blutkörperchenzahlen bei gesunden und auch kranken Menschen verfolgen können, die bis zu 8 Millionen im cmm in der Höhe von 4392 m (Viault) beobachtet sind.

Diese merkwürdigen und an sich unanfechtbaren Untersuchungsresultate haben nun naturgemäss eingehende Erklärungsversuche gefunden und, wie schon oben bemerkt, besteht auch hierin eine gute Übereinstimmung unter den verschiedenen Autoren, welche nach Prüfung aller möglichen Einwände zu dem Schlusse gelangen, dass der verringerte Partialdruck des Sauerstoffs im Höhenklima eine genügende Sättigung des Blutes mit O_2 verhindere, und dass dieser ungenügende Zustand des Blutes ausgeglichen werde durch eine auf den Reiz der O_2-Verarmung hin hervorgerufene rapide Neubildung roter Blutkörperchen.

Die Richtigkeit dieser Hypothese vorausgesetzt, hätten wir mit dieser Erscheinung ein interessantes Phänomen hilfsbereiter Thätigkeit der blutbildenden Organe kennen gelernt, deren Reaktion auf O_2-Mangel nach dem Gesagten eine ungemein prompte sein müsste.

In einer ausführlichen Arbeit (s. Litt.) habe ich darauf hingewiesen, dass sich dieser Deutung der an sich unzweifelhaft richtigen Blutbefunde so schwere klinische Bedenken entgegenstellen, dass dieselbe m. E. unhaltbar ist. Abgesehen davon, dass diese Deutung den erwähnten experimentellen Untersuchungsergebnissen über die Fähigkeit der Sauerstoffsättigung des Blutes bei herabgesetzter O_2-Spannung widerspricht, habe ich darauf hingewiesen, dass, wenn bei der Versetzung in die mässige Höhe von Reiboldsgrün im Laufe von 24—36 Stunden die Zahl der neugebildeten roten Blutkörperchen eine Million im cmm beträgt, **auf das Gesamtblut von etwa 5 Litern eine Summe von 5 Billionen in kürzester Frist neu gebildeter roter Blutkörperchen kommt.**

Diese Massenhaftigkeit der Zellneubildung auf einen so geringfügigen Reiz hin, wie ihn eine Höhe von 700 m bedingen kann, steht fast ohne Analogon da. Bei einer so über das Mass des Gewöhnlichen gesteigerten Neubildung der roten Blutkörperchen, wie sie nach Ansicht der Untersucher im Höhenklima eintritt, müsste man das Auftreten solcher Formen, welche sich bei schneller Regeneration finden, also **kernhaltiger roter Blutkörperchen**, nach allen sonstigen Erfahrungen unbedingt erwarten. Anstatt dessen haben sich die sämtlichen Untersucher damit begnügt, lediglich das Auftreten von **Mikrocytenformen** als Regenerationserscheinung der roten Blutkörperchen zu deuten; doch ist bereits auf S. 21 u. 22 auseinandergesetzt, dass die Mikrocytenformen keineswegs unter allen Umständen als Jugendformen im Blute zu betrachten sind. Ein besonderes Gewicht wird ferner von den genannten Autoren darauf gelegt, dass der Hb-Gehalt trotz der Vermehrung der roten Blutkörperchen nicht wesentlich vermehrt sei, doch fragt mit Recht Meissen, weshalb denn dieser ganze Vorgang der Zellvermehrung einen vorteilhaften Einfluss auf den Organismus ausüben soll, wenn der Hb-Gehalt nicht vermehrt ist.

Mit ganz besonderer Schärfe sprechen schliesslich gegen die Theorie der Neubildung der roten Blutkörperchen im Höhenklima die Erfahrungen, welche die genannten Untersucher bei Mensch und Tieren gemacht haben, die von der Höhe in die Ebene hinab gelangten. Hierbei wird einstimmig angegeben, dass eine **Verminderung der Zahl der roten Blutkörperchen** unter diesen Verhältnissen ebenso schnell bis zu den normalen Zahlen des Individuums eintritt, wie die Vermehrung beim Aufstieg, und es sollen demnach diese enormen Mengen neugebildeter roter Blutkörperchen in der kurzen Frist von 24—48 Stunden aus dem Blute verschwinden, ohne irgend welche Störungen zu hinterlassen.

Diese Annahme steht in striktestem Widerspruch mit allen Erfahrungen der klinischen Pathologie; denn wie oben ausführlich erörtert ist, müssten unter diesen Umständen durch die rapide Degeneration so reichlicher Mengen von roten Blutkörperchen schwerste Störungen im Organismus auftreten.*)

In der erwähnten Arbeit habe ich zunächst auf Grund von Tierexperimenten, welche im luftverdünnten Raume ausgeführt wurden, darauf aufmerksam gemacht, dass sich die Zahlenverhältnisse der roten Blutkörperchen bei der Versetzung in das Höhenklima und wiederum bei der Rückkehr in die Ebene am ungezwungensten dadurch erklären lassen, dass **infolge der Vermehrung und Vertiefung der Atemzüge im Höhenklima und der dadurch gesteigerten Wasserabgabe des Körpers, sowie infolge der Trockenheit der Luft im Höhenklima eine Verminderung des Wassergehalts des Blutes, also eine Eindickung desselben eintritt, welche bei der Rückkehr in die Ebene durch Verminderung der Wasserabgabe bei gleicher Flüssigkeitsaufnahme wieder ausgeglichen wird.** Durch diese Annahme eintretender und wieder verschwindender Eindickung des Blutes wird jedenfalls die symptomlos verlaufende Vermehrung und Verminderung der roten Blutkörperchen ungezwungen erklärt, wenn ich auch zugebe, dass noch andere Einflüsse (s. u.) vielleicht bei dieser Wirkung mit im Spiele sind. Um indes diese Wechselbeziehungen zwischen Respirationsfrequenz und Blutflüssigkeit richtig zu schätzen, ist es nötig, dieselben etwas eingehender auseinanderzusetzen.

Die Wasserabgabe in der Respirationsluft muss naturgemäss unter normalen Verhältnissen einen eindickenden Einfluss auf das Blut im kleinen Kreislauf ausüben, doch haben wir schon bei verschiedenen Kapiteln gesehen, dass das Blut vorübergehende Wasserverluste schnell wieder ausgleicht; und nach Experimenten von Dastre scheint es, dass die Trockensubstanz des Blutes nach der Passage durch die Lungen eher niedriger ist, als vorher, dass das Blut also bereits in der Lunge den Verlust an Wasser in der Exspirationsluft aus der Lymphe und interstitiellen Flüssigkeit deckt. Dastre nimmt demgemäss an, dass in der Lunge ein doppelter **Vorgang des Deshydratation und Hydratation des Blutes** statthat.

Bei Beschleunigung der Respiration, sobald dieselbe eine gewisse Zeit hindurch anhält, kann indes das Blut für diese Zeit vorübergehend wasserärmer werden, wobei die Eindickung jeden-

---

*) Auch von anderer Seite ist die Annahme der Blutkörperchen-Neubildung im Höhenklima bezweifelt worden, und A. Fick hält es für möglich, dass bei der verlangsamten Sauerstoff-Aufnahme im Höhenklima die roten Blutkörperchen geschont werden und eine längere Existenz erlangen, als in der Ebene.

falls durch dauernd gesteigerte Mehrabgabe an Wasser in ähnlicher Weise zu stande kommt, wie bei der Schroth'schen Kur (s. S. 182) durch dauernd verminderte Wassereinnahme. Beobachtungen an Menschen haben mir dabei ergeben, dass der Vorgang der Eindickung keineswegs schematisch so verläuft, dass lediglich die Blutflüssigkeit Wasser abgiebt und eingedickt wird, und dass man nicht, wie Zuntz(2) es versucht, aus der Konzentrationszunahme des Blutes einen Wasserverlust des ganzen Körpers von mehreren Kilo berechnen kann.

Ich teile hier folgende Untersuchungsergebnisse an Menschen mit, welche ich im Anschlusse an meine Erörterungen über das Blut im Höhenklima ausgeführt habe, und welche geeignet sind, den Einfluss beschleunigter Atmung auf das Blut in klarer Weise zu veranschaulichen.

Ein 30jähriges Mädchen, an Pyelonephritis und starker Hysterie leidend, zeigte im Zustande allgemeinen relativen Wohlbefindens in dem aus der Vene entleerten Blute:

4,9 Mill. r. Bl., spärlich w. Bl., 19,78 % Trockens. d. Bl., 9,54 % d. Ser.

Diese Kranke litt an gelegentlich auftretenden Zuständen hysterischer Tachypnöe, und in einem solchen Anfalle, bei welchem 100 Atemzüge in der Minute gezählt wurden, wurde um 11 Uhr morgens, nachdem der Anfall mehrere Stunden gedauert hatte, im Blute konstatiert:

5,11 Mill. r. Bl., 3000 w. Bl., 22,08 % Trockens. d. Bl., 9,85 % d. Ser.

Das Blut dieser Kranken hatte mithin einen beträchtlichen Wasserverlust erlitten, welcher jedoch nur in geringem Masse die Zusammensetzung des Serum alteriert hatte, sodass hieraus nur der eine Schluss zu ziehen war, dass die Gesamtmenge des Serum vermindert sein musste.

Um über diesen Punkt noch klarer zu werden, habe ich darauf hin folgenden Versuch an mir selbst, und zwar wie im vorgehenden Falle an reichlichen Mengen venösen Blutes, angestellt. Die Zusammensetzung des Blutes vormittags $^3/_4$ 11 Uhr zeigte:

```
      rote Blutkörperchen   . . . .   4,36 Mill.
      spez. Gew. des Blutes . . . .   1064
        „       „    des Serum  . . .   1031
        „       „    der roten Blutzellen 1095
```

Während $1^3/_4$ Stunden nach dieser Blutentnahme, wobei natürlich jede Aufnahme von Nahrungsmitteln und Flüssigkeit vermieden wurde, beschleunigte ich die Atmung auf etwa 40 Züge in der Minute, wobei indes ein eigentümliches schwindelartiges Gefühl mich zu zeitweisen kurzen Pausen zwang. Nach $1^3/_4$ Stunden ergab eine unter gleichen Bedingungen ausgeführte Blutuntersuchung:

rote Blutkörperchen . . . . 4,89 Mill.
spez. Gew. des Blutes 1069
 „   „   des Serum . . . 1032
 „   „   der Blutzellen . . 1096

Berechnet man aus diesen Zahlen nach der auf S. 14 entwickelten Gleichung die Gesamtmenge des Serum, so ergiebt sich, dass dieselbe vor dem Versuche 48,4 % betrug, nach dem Versuche 42,8 %; und diese beträchtliche Verminderung der absoluten Menge an Serum liess sich schon makroskopisch an den Centrifugiergläschen deutlich wahrnehmen. Es ergab also dieser Versuch, dass eine einfache Beschleunigung der Respiration während noch nicht voller zwei Stunden die Gesamtmenge des Blutserum vermindert, einen leichten Wasserverlust im Serum und ebenso auch im Volumen der roten Blutkörperchen veranlasst hatte.

Auf Grund dieser neueren Beobachtungen schliesse ich, dass eine dauernde Beschleunigung der Respiration thatsächlich, wie ich schon in der erwähnten Arbeit anführte, im stande ist, eine Eindickung des Blutes hervorzurufen, welche derartig zustande kommt, dass ein leichter Wasserverlust im Serum und der Substanz der roten Blutkörperchen eintritt, hauptsächlich jedoch ein Übertritt von Blutflüssigkeit aus den Gefässen in die Gewebe stattfindet. Wieweit bei diesem Vorgange der durch die beschleunigte Respiration bedingte Wasserverlust der Gewebe an dem Übertritt des Serum aus dem Blute schuld ist und wie viel bei diesem Vorgange auf nervöse Einflüsse, besonders vasomotorische Erregungen zu beziehen ist, lässt sich einstweilen noch nicht sicher entscheiden.

A. Czerny liess junge Kätzchen in trockner und erwärmter Luft atmen, wobei dieselben in verschieden langer Zeit um 18—46 % an Körpergewicht infolge des Wasserverlustes durch die allgemeine Austrocknung einbüssten und unter Erscheinungen von Narkose zu Grunde gingen, wahrscheinlich infolge chemischer Schädigung der eingedickten Säfte und Giftwirkung auf die Centralorgane.

CO_2-Überladung des Blutes, Erstickungsblut.

Schon bei einfachen dyspnoischen Zuständen infolge von Lungen- und Herzkrankheiten findet sich nach Kraus und Chvostek eine Vermehrung der CO_2 im Venenblute. Das Gleiche findet sich, wenn in der Luft die CO_2-Menge, welche in reiner Luft 0,03 % beträgt, vermehrt ist; die CO_2-Abgabe aus dem venösen Blute ist alsdann behindert, und es tritt durch Reizung der Centra in der Medulla oblongata eine Beschleunigung der Respiration und Cirkulation ein, welche bei mässiger Vermehrung der CO_2 in der Luft den Fehler auszugleichen vermag.

Dieselbe kompensatorische Beschleunigung der Blutzufuhr und des Blutumlaufes tritt bei den uns hier speziell interessierenden Erkrankungen der Lunge und Pleura ein, und die Untersuchungen des respiratorischen Gasaustausches bei Bronchitis, Pleuritis, Emphysem und Phthise durch Möller und Geppert haben ergeben, dass die durch diese Erkrankungen bedingten Erschwerungen der O-Zufuhr oder Verkleinerungen der respirierenden Fläche die Grösse des Gasaustausches nicht wesentlich ändern.

Die in der Exspirationsluft enthaltene CO_2 beträgt nach Vierordt 3,3—5,5 Volumprozent, und je mehr sich der CO_2-Gehalt der Luft diesen Werten nähert, um so stärker wird die Behinderung der CO_2-Ausscheidung aus dem Blute, und der Tod tritt durch CO_2-Vergiftung ein, wenn auch die O-Aufnahme ungestört war.

Bei CO_2-Überladung des Blutes, mag dieselbe infolge unzureichender Sauerstoffzufuhr oder behinderter CO_2-Ausscheidung zustandekommen, finden sich gewisse Veränderungen im Blute, von welchen schon auf S. 212 die Lockerung des Hämoglobins in den roten Blutkörperchen erwähnt ist, welche zu einer abnorm leichten Trennung des Blutfarbstoffes und Diffusion in die umgebenden Medien, z. B. in das bei der Gerinnung abgeschiedene Serum führt. Auch in der Leiche zeigen sich bei Erstickungen besonders reichliche Imbibitionen der Organe durch den Blutfarbstoff.

Das Erstickungsblut wird nach dem Tode dünnflüssiger und ist schwer gerinnbar, eine Eigenschaft, welche nach Covin durch einen gerinnungshemmenden, resp. die Fermentabspaltung hemmenden Körper, wahrscheinlich das von Alex. Schmidt ermittelte Cytoglobin zustande kommt. Nach Ottolenghi tritt bei Erstickungen eine Autointoxikation durch die Giftwirkung des Blutes selbst ein.

B. Spezielles.

1. Pneumonie.

Bakteriologisches. Für die genuine fibrinöse Pneumonie liegen eine kleine Anzahl von Beobachtungen an Lebenden vor, welche den Übertritt von Fränkel'schen Diplokokken in das Blut erweisen, und zwar ist die Chance, diese Bacillen im Blute zu finden, am ehesten in den Fällen vorhanden, bei welchen sekundäre Entzündungen oder Eiterungen in entfernten Organen durch metastatische Verschleppungen dieses Diplokokkus hervorgerufen werden. Dass derselbe unter Umständen als pyogenes Agens auftreten kann, gilt heute auf Grund zahlreicher Beobachtungen für sicher.

Im Blute lebender Pneumoniekranker wies Bouley in zwei Fällen, welche tödlich endeten, sub finem vitae Diplokokken nach. Belfanti konnte unter zahlreichen Fällen nur sechsmal die Pneumoniekokken im lebenden Blute konstatieren, und von diesen sechs Fällen starben fünf. Auch aus Goldscheider's Mitteilungen, welche in zwei Fällen positive Befunde ergaben, geht hervor, dass die Anwesenheit der Diplokokken im Blute immer als ein Zeichen schwerer Infektion zu gelten hat. Das Gleiche gilt von einem Falle eigener Beobachtung (s. Litt. 2), bei welchem im Verlaufe einer schweren Pneumonie die Zeichen einer bösartigen Endokarditis eintraten und Pneumoniekokken im Blute nachgewiesen wurden. Die Diagnose, welche hieraus auf eine von der Pneumonie metastatisch erzeugte Endocarditis ulcerosa gestellt wurde, fand bei der Obduktion die Bestätigung, indem auf den Wucherungen des Endokards die Diplokokken in Reinkultur vorhanden waren.

Sittmann untersuchte 16 Fälle von croupöser Pneumonie nach dieser Richtung und fand Pneumoniekokken bei 6 Kranken, welche fast alle Komplikationen durch anderweitige Organerkrankungen darboten. Vier von diesen sechs Kranken starben, während von den zehn Kranken mit negativem Bacillenbefunde nur einer starb, und man muss daher nach allen diesen Erfahrungen aus dem positiven Befunde von Pneumoniekokken im Verlaufe einer Lungenentzündung eine ungünstige Prognose herleiten.

Bacciochi beschreibt einen Fall von primärer Ansiedelung von Pneumoniekokken in den Pharynx-Organen mit Überschwemmung des Blutes. Zahlreiche sonstige Befunde von Pneumoniekokken in Entzündungsherden verschiedener Organe und die verhältnismässig häufigen positiven Befunde im Leichenblute (Ortenberger, Banti, Welch, Holt und Prudden, Babes und Gastère, Marchiafava)*) sprechen dafür, dass Verschleppungen der Pneumoniekokken von der entzündeten Lunge her nicht zu den Seltenheiten gehören. Schliesslich seien noch zu dieser Frage des Cirkulierens der Pneumoniekokken im Blute die Mitteilungen von Foa und Bordoni Uffreduzzi*), Netter und Levy*) erwähnt, welche im Blute von toten Föten, deren Mütter an Pneumonie oder Meningitis gestorben waren, Pneumoniekokken fanden. Bozzolo konnte bei einer Frau, welche im sechsten Monate stillte und von einer

---

*) Cit. bei Sittmann (s. Litt.).

Pneumonie mit Endokarditis befallen wurde, in der Milch Pneumoniekokken nachweisen; das Kind blieb gesund.

Rote Blutkörperchen und Hämoglobin. Von den Veränderungen der roten Blutkörperchen infolge der pneumonischen Erkrankung lässt sich folgendes sagen: Schon in den älteren Publikationen von Sörensen, Halla und Tumas findet sich die Angabe, dass die Zahl der roten Blutkörperchen während des fieberhaften Stadiums nur eine geringe Abnahme zeigt, dass aber nach der Krise eine stärkere Verringerung, also eine postfebrile Anämie eintritt. Boeckmann fand eine Herabsetzung der Zahl der roten Blutkörperchen, welche am stärksten unmittelbar nach der Krise war, Monti und Berggrün konstatierten bei der Lobärpneumonie von Kindern eine Steigerung des spezifischen Gewichts des Blutes, welche mit dem Fortschreiten des Prozesses zunahm. Auf der Höhe der Erkrankung sank das spezifische Gewicht oder blieb stehen, und fiel dauernd mit dem Eintreten der Lösung. Gleichzeitig nahmen in diesem letzten Stadium auch die roten Blutkörperchen an Zahl ab. Sadler fand bei fortlaufenden Zählungen ebenfalls im Beginne der Erkrankung normale Zahlen und später Herabsetzung derselben. Auch Leichtenstern konstatierte in Bezug auf den Hb-Gehalt, besonders bei einem atypisch verlaufenden schweren Falle von Pneumonie, eine beträchtliche Verringerung im postfebrilen Stadium.

Neuere Untersuchungen von v. Jaksch (1) ergaben für den Eiweissgehalt des Blutes auf der Höhe der Erkrankung leicht verringerte Werte, während der Eiweissgehalt des Serum in einigen Fällen etwas erhöht war.

Diese Erfahrungen zusammengenommen, ergiebt sich also als Effekt des abgelaufenen pneumonischen Prozesses eine Herabsetzung des Blutes an roten Blutkörperchen und Hb, und diese Verschlechterung der Blutmischung dürfte meines Erachtens wohl auf die Rechnung von zwei Faktoren zu setzen sein. Erstens haben wir allen Grund, anzunehmen, dass im Verlaufe der Pneumonie ein nicht unbeträchtlicher Teil der roten Blutkörperchen zu Grunde geht, da das häufige Auftreten von Ikterus, der sich in manchen Fällen bekanntlich bis zu schweren Formen steigern kann, und die fast konstante Vermehrung des Hydrobilirubin im Urin mit grosser Sicherheit auf einen über die Norm gesteigerten Untergang von roten Blutkörperchen in der Leber hindeuten. Ausserdem aber spielen hier auch sicher vasomotorische Einflüsse mit, die besonders im kritischen Abfall der Temperatur durch Erschlaffung der feinsten Gefässe zur Verdünnung des Blutes führen, wie besonders die Untersuchungen von H. Stein bei spontaner und medikamentöser Entfieberung gezeigt haben.

Eine abweichende Anschauung, nämlich dass die Quantität des Blutes bei der Pneumonie durch das pneumonische Exsudat im ganzen verringert werde, dass also eine Oligämie eintrete, und dass ferner auch die Qualität des Blutes durch Herabsetzung der Zahl der roten Blutkörperchen und des Hb-Gehaltes verschlechtert werde, hat Bollinger in jüngster Zeit auf Grund anatomischer Beobachtungen bei Sektionen Pneumonischer geltend gemacht. Er führt dabei aus, dass sich bei diesen Sektionen eine der Grösse des Exsudates entsprechende hochgradige allgemeine Blutarmut nachweisen lasse, welche er als vornehmste Ursache des Herzkollapses und tödlichen Ausganges bei Pneumonie ansieht.

Mit den erwähnten Blutuntersuchungen und sonstigen klinischen Erfahrungen stehen diese Anschauungen nicht in Übereinstimmung, und sowohl nach den mikroskopischen Bildern einer pneumonischen Lunge, wie auch nach den Ermittelungen des Trockenrückstandes einer solchen Lunge, welche trotz des mitgetrockneten Lungengewebes weniger feste Substanz als normales Blut ($19{,}8\,\%$) ergab, muss man daran festhalten, dass das pneumonische Exsudat im wesentlichen aus Flüssigkeit und Leukocyten besteht, dass man also die Quantität des Exsudates keineswegs ohne weiteres von der Gesamtmenge des Blutes in Abzug bringen kann.

Leukocyten. Das Verhalten der Leukocyten bei der Pneumonie hat seit langem die besondere Aufmerksamkeit der Untersucher gefesselt und eine recht umfangreiche Litteratur gezeitigt. Schon den älteren Ärzten, wie Nasse, war eine erhebliche Vermehrung der Leukocyten bei Pneumonie aufgefallen, und Virchow war der Ansicht, dass diejenigen Pneumonien, welche mit einer bedeutenden Schwellung der Bronchialdrüsen verbunden sind, eine Vermehrung der weissen Blutkörperchen zeigen, und dass dieselbe um so stärker ist, je reichlicher von den Lungen schädliche Flüssigkeiten den Drüsen zugeführt werden. Es sei hier indes bemerkt, dass sich nach Sadler in der Litteratur Fälle von Pneumonie finden, bei welchen die Obduktion eine Anthrakose und Verödung der bronchialen Lymphdrüsen ergab, trotzdem intra vitam erhebliche Leukocytose bestanden hatte.

Fast sämtliche Autoren sind darin einig, dass die meisten Fälle von Pneumonie mit einer Vermehrung der Leukocyten verlaufen, und nur in Einzelheiten bestehen Differenzen. Von den Anschauungen der einzelnen Untersucher sei hier zunächst die von Halla erwähnt, welcher nur bei zwei sehr schweren lethal endigenden Fällen die Leukocytose vermisste und im übrigen angab, dass die Leukocytose nicht parallel gehe der Höhe des Fiebers. Tumas konstatierte ebenfalls eine erhebliche Vermehrung der Leukocyten um das Drei- und Vierfache der Normalzahl und gab an, dass dieselbe noch bis zum dritten Tage der Rekonvalescenz anhalte. Nach v. Limbeck steht die Zahl der Leukocyten im geraden Verhältnisse zur Grösse der Infiltration der Lunge, und ebenso geben Monti und Berggrün an, dass die Stärke der Leukocytose parallel gehe der Ausdehnung des Entzündungsprozesses, aber nicht der Höhe der Temperatur. Rieder schliesst sich auf Grund seiner zahlreichen Untersuchungen der Ansicht von Halla an, dass die Intensität des Fiebers keinen direkten Einfluss auf die Leukocytose habe und konstatiert, dass die Vermehrung vorwiegend die polynukleären Formen betrifft, während die eosinophilen relativ vermindert sind. Interessant ist die Angabe von Laehr, dass bei Pseudokrisen und protrahierter Resolution die Zahl der Leukocyten auffällig hoch bleibt.

Kikodse beobachtete zugleich mit der Temperaturkrise eine Blutkrise, indem mit dem Abfall der Temperatur auch die Leukocyten von der anfänglichen normalen Zahl bis zu subnormalen Werten heruntergingen. Während die Arbeiten von Pick, Pée, Sadler, Reinert, Bieganski wesentlich eine Bestätigung der Thatsache brachten, dass die Leukocytose eine sehr häufige Begleiterin des pneumonischen Prozesses ist, wurden durch eine Publikation von v. Jaksch (2) zwei neue Gesichtspunkte in dieser Frage geltend gemacht, welche lebhaftes Aufsehen erregten und von den erwähnten Autoren in verschiedener Weise kommentiert wurden.

Zunächst machte v. Jaksch darauf aufmerksam, dass die Leukocytenbefunde bei Pneumonie ein erheblich praktisches Interesse besässen, sofern solche Fälle, welche ohne Leukocytose verlaufen, eine schlechtere Prognose darböten, sodass man aus diesen Blutbefunden zu einer erheblich sichereren Auffassung des Krankheitsfalles gelange. Und zweitens schlug v. Jaksch vor, bei derartigen schweren Pneumonien ohne Leukocytose die schlechte Blutbeschaffenheit dadurch zu verbessern, dass man den Kranken Leukocytose hervorrufende Mittel verabreiche. Als solche Mittel empfahl er Pilokarpin, Antipyrin, Antifebrin, Nucleïn, und berichtete gleichzeitig über ein günstiges Resultat unter Anwendung von Pilokarpin.

Ein abschliessendes Urteil ist über diese Fragen zur Zeit wohl noch nicht möglich. Maragliano spricht der Leukocytose bei Pneumonie jede prognostische Bedeutung ab, und Tschistowisch erwähnt drei Fälle, in welchen bei dem Vorhandensein einer deutlichen Leukocytose der Exitus lethalis eintrat. Über die günstige Beeinflussung der Pneumonie durch Leukocytose sind meines Wissens bisher keine beweisenden Mitteilungen gemacht worden.

Von mehreren Seiten hat man darauf hingewiesen, dass bei zweifelhaften Krankheitsfällen der Befund einer Leukocytose zu differentialdiagnostischen Zwecken zu verwerten sei, und zwar dürfte es sich besonders um die Differentialdiagnose zwischen Pneumonie und Typhus abdominalis handeln. Indessen ist — wie auch im Kapitel „Typhus" ausgeführt ist — erstens nicht bei jeder Pneumonie Leukocytose vorhanden, und zweitens kann bei Typhus, der für gewöhnlich ohne Leukocytose einhergeht, durch das Hinzutreten irgend einer entzündlichen Komplikation Leukocytose entstehen, sodass die differentialdiagnostische Verwertung doch wohl nur mit grösster Vorsicht geschehen dürfte.

Glykogen. Bei seiner Untersuchung über den Glykogengehalt im Blute verschiedener Kranker fand Livierato bei Pneumonia crouposa in allen Fällen Glykogen, welches extracellulär und innerhalb der Leukocyten vorhanden war. Die Menge desselben wächst nach diesem Untersucher mit dem Höhenstadium der Krankheit und steht in direktem Verhältnis zur Ausdehnung des lokalen Prozesses und zur Höhe der Körpertemperatur. Mit der Abnahme dieser letzteren und der lokalen Erscheinungen vermindert es sich bis zu gänzlichem Verschwinden. Bei ausgeprägter Leukocytose findet sich bei einem grossen Teil der Leukocyten die charakteristische Reaktion (mit Jodgummi), und bei schwachem Fieber tritt Glykogen in geringerer Menge auf, trotz Ausdehnung des Prozesses und der Leukocytose. In Fällen von Albuminurie und Peptonurie während des Höhenstadiums der Krankheit fand sich gleichzeitig eine grosse Menge von Glykogen im Blute vor.

2. Emphysem und Asthma.

Über die Zusammensetzung des Blutes im ganzen liegen bei diesen Krankheitszuständen nur vereinzelte Beobachtungen vor. Becquerel und Rodier fanden keine besonderen Abweichungen der Blutmischung bei Emphysem, auch Leichtenstern fand in vielen Fällen von Emphysem den Farbstoffgehalt des Blutes normal, aber bei solchen Kranken, deren Herzkraft nachliess und bei denen Hydrops und Cyanose auftrat, regelmässig eine Verminderung des Hb-Gehaltes. Peiper konstatierte bei Bronchitis und Emphysem, allerdings unter anderweitigen Komplikationen, wie Nierenstauung, eine Erhöhung des spezifischen Gewichts des Blutes.

Auch bei eigenen Untersuchungen Emphysematöser habe ich zumeist Vermehrung der roten Blutkörperchen gefunden.

Die Verhältnisse der Blutmischung sind hier schwierig zu beurteilen, weil die emphysematöse Erkrankung der Lunge sehr häufig mit anderen Organerkrankungen kompliziert ist, besonders mit Veränderungen der Nieren, wie Schrumpfniere, ferner mit Alkoholismus, chronischem Magenkatarrh etc. Der mangelhafte Ernährungszustand der meisten dieser Kranken prägt sich infolge der zumeist bestehenden Cyanose nicht ohne weiteres in allgemeinem anämischen Äusseren aus, trotzdem dürfte in den meisten dieser Fälle eine mehr oder weniger starke Blutarmut bestehen, welche indes durch Stauung der Cirkulation verdeckt wird.

Es handelt sich bei der Blutmischung der Emphysemkranken jedenfalls um ähnliche Verhältnisse, wie wir sie bei Herzklappenfehlern kennen gelernt haben. Die Verlangsamung und Stauung des Blutstromes, welche sich in der Erweiterung und Schlängelung der Venen, in der Cyanose und den Stauungserscheinungen vieler Organe ausspricht, führt auch hier zu einer vermehrten Wasserabgabe aus dem Blute, welche wohl zum grössten Teil durch vermehrte Verdunstung in der Lunge und von der äusseren Haut zu erklären ist.

Interessant ist die Beobachtung von Leichtenstern, welcher bei Emphysemkranken bei Eintritt von Herzschwäche ein Absinken des Hb-Gehaltes beobachtete, sodass wir auch hier, wie bei den Herzklappenfehlern sehen, dass mit der Abnahme der Herzkraft und des arteriellen Blutdruckes eine Verdünnung des Blutes eintritt, bezüglich deren Erklärung auf S. 208 verwiesen wird.

Bei **Asthma** hat besonders das Verhalten der Leukocyten die Aufmerksamkeit der Untersucher gefesselt. Zuerst wurden von Fr. Müller im Sputum Asthmatischer zahlreiche eosinophile Zellen konstatiert, ein Befund, der von seinen Schülern Gollasch und Fink durch genaue farbenanalytische Untersuchungen bestätigt und erweitert wurde. Fink fand im asthmatischen Sputum so zahlreiche eosinophile Zellen, dass dieselben bis 65 % aller farblosen Zellen des Auswurfes betrugen. Auch das Blut wurde daraufhin auf eosinophile Zellen untersucht, und Fink fand auch hier eine Vermehrung dieser Zellen bis zu 14,67 % der gesamten Leukocyten gegen 1—2 % im normalen Blute. Von Gabritschewski, welcher diese Befunde bestätigte, wurde eine krankhafte Veränderung der neutrophilen mehrkernigen Leukocyten angenommen, welche infolge derselben an der Emigrationsfähigkeit eingebüsst haben sollten.

Leyden konstatierte ebenfalls das reichliche Auftreten von eosinophilen Zellen im Sputum Asthmatischer, fand dieselben jedoch nicht in allen Fällen im Blute in vermehrter Anzahl vor. v. Noorden berichtet, dass die eosinophilen Zellen bei Asthmatischen anscheinend nur um die Zeit der Anfälle vermehrt im Blute anzutreffen sind, dass sie in den anfallsfreien Zeiten wieder aus demselben verschwinden, und dieselben Beobachtungen machte Swerschewski bei längere Zeit hindurch fortgesetzten Blutuntersuchungen eines Asthmatischen.

Leyden sowohl wie Ad. Schmidt nehmen eine lokale Entstehung der eosinophilen Zellen in der Bronchialschleimhaut der Asthmatischen an, fassen also das vermehrte Auftreten derselben im Blute, zumal dasselbe nicht bei allen derartigen Kranken zu beobachten ist, als sekundäre Erscheinung auf.

Interessant ist ferner das Verhältnis der eosinophilen Zellen zu den von Leyden im Asthmasputum gefundenen Kristallen — Charcot-Leyden-Robin'schen Kristallen —, auf deren gleichzeitiges Vorkommen schon Müller und Gollasch hingewiesen hatten.

Auch Schmidt und Seifert beobachteten ein gleichzeitiges Vorkommen dieser Zellen und Kristalle im asthmatischen Sputum, und ihre Bildung kommt nach Leyden bei Asthma dadurch zu stande, dass ein Lympherguss in die Alveolen und eine Umbildung der eosinophilen Zellen zu Kristallen stattfindet.

Litteratur.

Auscher u. Lapicque. Hyperglobulie expérimentale. Compt. rend. de la soc. de biol. 1895. No. 406.

Bacciochi. Di un caso di setticemia acuta dovuta al pneumococco di Fraenkel. Sperimentale. 1893. No. 16/17.

Belfanti. L'infezione diplococcica nell' uomo. Rif. med. 1890. No. 37.

Bert, P. Sur la richesse en hémoglobine du sang des animaux vivant sur les hauts lieux. Compt. rend. de l'acad. d. scienc. 1882. p. 805.

Biegański. Leukocytose bei der croupösen Pneumonie. Deutsches Arch. f. klin. Med. Bd. 53. 1894. S. 433.

Biernacki, E. Zur Lehre von den Gasmengen des pathol. Menschenblutes. Centralbl. f. inn. Med. 1895. Nr. 14.

Böckmann. Deutsches Arch. f. klin. Med. 1881. Bd. 29.

Bohland. Berl. klin. Wochenschr. 1893. Nr. 18.

Bohr. Über die Lungenatmung. Skand. Arch. f. Physiol. Bd. 2. 1890. S. 236.

Bollinger. Über Todesursachen bei kroupöser Pneumonie. Münch. med. Wochenschr. 1895. Nr. 32.

Boulay. Des affections à pneumocoques indépendantes de la pneumonie franche. Paris 1891.

Bozzolo. Sur la présence du diploc. pneum. dans le lait d'une femme atteinte de pneumonie. Acad. de méd. de Turin. 1890.

Cohnstein u. Zuntz. Pflüg. Arch. Bd. 42. 1888.

Covin. Über die Ursachen des Flüssigbleibens des Blutes bei Erstickung u. a. Todesarten. Vierteljahrsschr. f. ger. Med. Bd. V. Heft 2. 1893.

Czerny, A. Versuche über Bluteindickung u. ihre Folgen. Arch. f. exper. Path. Bd. 34. 1895. S. 268.

Dastre. Action du poumon sur le sang au point de vue de son degré d'hydratation. Sém. médic. 1893. S. 580.

Egger. Über Veränderungen des Blutes im Hochgebirge. Verhandlungen des XII. Congr. f. inn. Med. Wiesbaden 1893. S. 262.

Fick, A. Pflüg. Arch. Bd. 60. 1895. S. 589.

Fink, Fr. Beiträge zur Kenntnis des Eiters u. Sputums. Diss. Bonn 1890.

Fraenkel, A. u. Geppert, J. Über die Wirkungen der verdünnten Luft auf den Organismus. Berlin 1883.

Gabritschewsky. Klin.-hämatolog. Notizen. Arch. f. exp. Path. u. Pharm. Bd. 28. 1890. S. 83.
Geppert. Charité-Annalen. IX. Jahrg. 1884. S. 283.
Goldscheider. Deutsche med. Wochenschr. 1892. Nr. 14.
Gollasch. Fortschritte der Medizin. 1889.
Grawitz, E. (1) Über die Einwirkung d. Höhenklimas auf die Zusammensetzg. d. Blutes. Berl. klin. Woch. 1895. Nr. 33. — (2) Charité-Annalen. Bd. 19.
Halla. Zeitschr. f. Heilk. 1883.
Hamburger. Du Bois' Arch. 1892. S. 513. Supplementbd. 1893. S. 157.
Hammerschmidt. Cit. bei Krüger.
v. Jaksch (1). Zeitschr. f. klin. Med. Bd. 23. 1893. S. 207. — (2) Centralbl. f. klin. Med. 1892. Nr. 5.
v. Jaruntowsky u. Schröder. Münch. med. Wochenschr. 1894. Nr. 48.
Kikodse. Die pathol. Anatomie des Blutes bei der croup. Pneumonie. Diss. (Russisch.) 1890.
Kraus, F. 1. Zeitschr. f. klin. Med. Bd. 18. S. 160. — 2. Einfluss von Krankheiten auf den respirat. Gaswechsel. Bd. 22. 1893. S. 449 u. 573.
Kraus u. Chvostek. Wien. klin. Wochenschr. 1891. Nr. 6/7.
Krüger, Fr. Beiträge zur Kenntnis des arteriellen und venösen Blutes etc. Zeitschr. f. Biol. Bd. 8. 1890. S. 452.
Laehr. Über das Auftreten von Leukocytose bei croup. Pneumonie. Berl. klin. Wochenschr. 1893. Nr. 36/37.
Lehmann. Pflüger's Arch. Bd. 58. 1894.
Leichtenstern. Über den Hb-Gehalt des Blutes etc. Leipzig 1878.
Leyden. Deutsche med. Wochenschr. 1891. S. 1085.
v. Limbeck. 1. Zeitschr. f. Heilk. 1890. — 2. Über den Einfluss des respirat. Gaswechsels auf die r. Blutk. Arch. f. experim. Path. Bd. 35. 1895. S. 309.
Livierato. Unters. über die Schwankungen des Glykogengehaltes im Blute etc. Deutsches Arch. f. klin. Med. Bd. 53. 1894. S. 303.
Loewy, A. Über die Respirat. u. Cirkulat. unter verdünnter u. verdichteter, O-armer u. O-reicher Luft. Pflüg. Arch. Bd. 58. 1894. S. 409.
Maragliano. XI. Congr. f. inn. Med. 1892.
Meissen. Gebirgsklima u. Tuberkulose. Deutsche Medic.-Zeitg. 1895. Nr. 72.
Mercier. Des modifications de nombre et de volume, que subissent les érythrocytes sous l'influence de l'altitude. Arch. de Physiol. Bd. 26. 1894.
Miescher, F. Über die Beziehungen zwischen Meereshöhe u. Beschaffenheit des Blutes. Corresp.-Bl. f. Schweizer Ärzte. XXIII. 1893. Nr. 24.
Möller. Zeitschr. f. Biolog. Bd. 14. S. 542.
Monti u. Berggrün. Über die im Verlaufe der lobären Pneumonie der Kinder auftretenden Veränderungen d. Blutes. Arch. f. Kinderheilk. Bd. 17. Heft 1.
Müller, Fr. s. Fink.
Müntz. Compt. rend. de l'acad. d. sc. T. 112. p. 295. 1891.
v. Noorden. Beiträge zur Pathol. d. Asthma bronchiale. Zeitschr. f. klin. Med. Bd. 20. Heft 1/2.
Orthenberger. Über Pneumoniekokken im Blute. Münch. med. Wochenschr. 1888. S. 49.
Ottolenghi. Experim. Beob. über asphyktisches Blut. Ref. in allgem. med. Central-Zeitg. 1894. S. 724.
Pée. Dissert. Berlin 1890.
Pick. Prag. med. Wochenschr. 1890. Nr. 24.
Reinert. Blutzählungen. 1891.
Rieder. Leukocytose. 1892.
Röhman u. Mühsam. Über den Gehalt des Arterien- u. Venenblutes an Trockensubstanz etc. Pflüg. Arch. Bd. 46. 1890. S. 381.

Sadler. Fortschr. d. Medizin. 1892.
Schmidt, Ad. Beiträge zur Kenntnis des Sputums, insbes. des asthmatischen etc. Zeitschr. f. klin. Med. Bd. 20.
Seifert. Über Asthma. Sitzungsber. der Würzb. phys. med. Gesellsch. 1892. 20. Febr.
Setschenow. Sitzungsber. d. Wien. Akad. Bd. 36. 1859. S. 293.
Sittmann. Bakterioskopische Blutunters. Deutsches Arch. f. klin. Med. Bd. 53. 1894. S. 323. Hier zahlreiche Litteraturangaben.
Stein. Hämatometrische Unters. zur Kenntnis d. Fiebers. Centralbl. f. klin. Med. 1892. Nr. 23.
Sörensen. Cit. bei Reinert.
Swerschewski. Über morphol. Blutveränderungen bei Asthma bronchiale. (Russisch.) Ref. i. Centralbl. f. inn. Med. 1895. S. 183.
Tschistowisch. Über Veränderungen der Leukocytenzahl im Blute bei Pneumonia crouposa mit tödl. Ausgang. (Russisch.) Ref. i. Petersb. med. Wochensch. 1894. Bd. 34.
Tumas. Über die Schwankungen der Blutkörperchenzahl u. des Hb-Gehaltes des Blutes im Verlaufe einiger Infektionskrankheiten. Deutsches Arch. f. klin. Med. Bd. 41. 1887. S. 323.
Viault, F. 1. Sur l'augmentation considérable du nombre des globules rouges dans le sang chez les habitants des hauts plateaux de l'Amérique du Sud. Compt. rend. 1890. T. 111. p. 917. — 2. Sur la quantité d'oxygène contenue dans le sang des animaux des hauts plateaux de l'Amérique du Sud. Ibid. 1891. T. 112. p. 295.
Virchow. Gesammelte Abhandlungen z. wissensch. Medizin. 1856.
Wolff u. Koeppe. Über Blutuntersuchungen in Reiboldsgrün. Münch. med. Wochenschr. 1893. Nr. 11 u. Nr. 43. Ausserdem: Verhandl. d. XII. Congr. f. inn. Med. 1893. S. 277.
Zuntz. (1) In Hermann's Handbuch d. Physiol. Bd. IV, Abtlg. 2. S. 78. — (2) Verhandl. d. Berl. med. Gesellsch. 1895. I. S. 154.

IX. Kapitel.
Erkrankungen der Nieren.

Die ersten exakten Blutuntersuchungen bei Nierenkranken, welche durch Gregory, Bostock und Christison*) ausgeführt wurden, ergaben eine eigentümliche Veränderung des Blutes dieser Kranken, welche sich in starker Verminderung der festen Stoffe des Serum ausprägte, infolge deren die Blutflüssigkeit eine verringerte Dichte zeigte. Diese Angabe wurde von Andral und Gavarret bestätigt.

In umfassenderer Weise wurden sodann von C. A. Schmidt im Anschluss an seine Blutuntersuchungen bei Cholera- und Ruhrkranken Analysen des Blutes von Nierenkranken ausgeführt, deren wesentliche Ziffern, soweit sie die Gesamtkonzentration betreffen, hier angeführt werden sollen, weil sie ein klares Bild derselben zu geben geeignet sind:

1. Ein 34jähriger Mann, Säufer, von mittlerer Konstitution mit starken Ödemen und Albuminurie zeigte:

spez. Gew. des Blutes 1,0513
„ „ der Blutzellen . . 1,0848
„ „ des Serum . . . 1,022.

Das Blut enthält: 44,9 % Blutzellen,
55 % Intercellularfluidum (Plasma).

2. Ein 35jähriger kräftiger Mann mit spärlichem, eiweissreichem Harn, starken Ödemen zeigte:

spez. Gew. des Blutes 1,0439
„ „ der Blutzellen . . 1,0827
„ „ des Serum . . . 1,0181.

Das Blut enthält: 38,9 % Blutzellen,
61,0 % Intercellularfluidum.

---

*) Cit. bei Becquerel u. Rodier (s. Litt. 1).

3. Ein 39 Jahre alter Mann mit chronischer Nephritis und starken Ödemen zeigte:

spez. Gew. des Blutes 1,0446
„ „ der Blutzellen . . 1,0819
„ „ des Serum . . . . 1,024.

Das Blut enthält: 34,2 % Blutzellen.
65,7 % Intercellularfluidum.

Aus diesen Zahlen geht klar hervor, dass bei den beobachteten Nierenkranken in verschiedenen Stadien der Nephritis das Blut im ganzen wasserreicher geworden war, dass die Gesamtmenge der Blutflüssigkeit auf 55—65 % erhöht und das Serum selbst beträchtlich wasserreicher geworden war. Dagegen zeigte sich das spezifische Gewicht der Blutzellen nicht wesentlich verändert.

Nach Schmidt's eigener Ansicht veranlasst der Eiweissverlust der Nierenkranken einen Austritt von Albuminaten aus der Intercellularflüssigkeit des Blutes und eine Zunahme der unorganischen Stoffe. Das gegenseitige Verhältnis der Mineralstoffe, sowie die typische Verteilung von Kalium, Natrium, Phosphor und Chlor auf die morphologischen Elemente des Blutes bleibt unverändert.

Ähnliche Resultate erhielt auch Scherer, welcher bei sechs Blutanalysen von Nierenkranken in verschiedenen Stadien der Erkrankung im Durchschnitt 18,6 % feste Bestandteile und 81,3 % Wasser im Blute und im Serum 6,9 % feste Teile und 93,1 % Wasser ermittelte. Becquerel und Rodier (2) fanden ebenfalls das spezifische Gewicht des Serum auffällig erniedrigt und zwischen 1019 und 1023,5 schwankend.

Auch andere Beobachter aus früherer Zeit, wie Frerichs, Hinterberger, Gorup-Besanez betonten, dass die Wasserzunahme im Blute von Nierenkranken vornehmlich das Serum betreffe, dass bei Nephritis also eine Hydrämie vorläge.

Aus den zahlreichen späteren Untersuchungen hat sich im wesentlichen eine Bestätigung dieser Anschauungen ergeben, doch hat sich im übrigen gezeigt, dass ganz beträchtliche Schwankungen der Blutmischung gerade bei dieser Krankheit zu konstatieren sind.

Die Zusammensetzung des Blutes Nierenkranker scheint — abgesehen von individuellen Verhältnissen — erstens von der Art der Nierenerkrankung abzuhängen, da sich besonders bei Schrumpfniere die Blutmischung wesentlich anders verhält, als bei den Formen parenchymatöser Nephritis. Zweitens bietet das Blut in den einzelnen Stadien dieser Erkrankungen verschiedene Verhältnisse dar, und drittens spielt das Vorhandensein von Ödemen eine wichtige Rolle.

1. **Die parenchymatöse Nephritis** bedingt in den meisten Fällen eine Herabsetzung der Konzentration des Gesamtblutes, welche

mancherlei Schwankungen unterworfen ist. Bei akuten Fällen fand Laache eine stärkere Herabsetzung der Zahl der roten Blutkörperchen als bei den chronischen Formen, und nach seinen Beobachtungen war die Zahl der roten Blutkörperchen durchschnittlich um 19 %, der Hb-Gehalt dagegen um 26 %, also verhältnismässig stärker herabgesetzt. Auch Leichtenstern fand bei chronischem Morbus Brightii mässige Herabsetzungen des Hb-Gehaltes.

Nach Sörensen ist die Zahl der roten Blutkörperchen bei chronischer Nephritis nur wenig unter die Norm herabgesetzt und beträgt durchschnittlich 4,74 Millionen.

Eine stärkere Zunahme des Wassergehaltes konstatierten Cuffer und Regnard, Rosenstein und Peiper (1), von welchen der letztere bei chronischer und akuter Nephritis hochgradige Herabsetzung des spezifischen Gewichts des Blutes bis zu 1,0263 herunter beobachtete, welche sich nach Besserung der Symptome vier Wochen später auf 1,0549 gehoben hatte. Bei frischer akuter Nephritis fand Peiper dagegen keine Herabsetzung der Dichte, sondern Zahlen von 1,0543 und 1,0574 für das spezifische Gewicht. Felsenthal und Bernhard fanden bei nierenkranken Kindern ebenfalls das spezifische Gewicht des Blutes herabgesetzt.

Reinert konstatierte ebenso wie Laache bei chronischer Nephritis eine mässige Herabsetzung der Zahl für die roten Blutkörperchen und eine verhältnismässig stärkere Verringerung des Hb-Gehaltes.

Nach v. Jaksch (1) sind die Zahlen der roten Blutkörperchen sowie der Eiweissgehalt (aus den N-Werten berechnet) und die Trockenrückstände bei den einzelnen Fällen von chronischer und akuter Nephritis sehr wechselnd.

Nach Bogdanow-Beresowsky sind bei frischeren Entzündungen der Niere sowohl der Hb-Gehalt, wie die roten Blutkörperchen und das spezifische Gewicht herabgesetzt und steigen bei Besserung der Symptome; in chronischen Fällen sollen die Schwankungen nur gering sein.

Eigene Beobachtungen.

1. Ein 50jähriger Mann mit chronischer Nephritis, mässig starken Ödemen, blasser Hautfarbe und ohne Komplikationen zeigte:

	Trockensubstanz des Blutes	Trockensubstanz des Serum
	16,69 %	8,07 %
8 Tage später:	15,67 %	7,8 %

2. Eine 25 Jahre alte Frau W. mit akuter Nephritis, deren Symptome ca. 14 Tage zuvor aufgetreten waren, wies bei allgemeiner Blässe, ziemlich starken Ödemen und spärlichem, eiweissreichem Urin folgende Zahlen auf:

	Rote Blutkörperchen	Weisse Blutkörperchen	Trockensubstanz des Blutes	Trockensubstanz des Serum
am 1. 10. 93:	3,4 Mill.	5600	14,55 %	7,77 %
„ 11. 10. 93:	3,1 „	2500	13,4 %	7,98 %

Eine wesentliche Änderung im Zustande war zur Zeit der zweiten Blutentnahme nicht eingetreten.

3. Ein 40 Jahre alter Mann mit chronischer Nephritis zeigte im urämischen Anfalle:

spez. Gew. des Blutes 1048
„ „ des Serum 1026
„ „ der roten Blutkörperchen 1087

Die berechnete Menge Serum berug 64 %.

Das Blutserum beansprucht bei diesen Kranken ein besonderes Interesse, da es, wie bereits im Anfange dieses Kapitels erwähnt, von den älteren Untersuchern besonders wasserreich gefunden wurde. Dieselbe Angabe hat neuerdings auch Hammerschlag, wenigstens für die Mehrzahl der beobachteten Fälle von Nephritis gemacht, und auch aus den Zahlen eigener Beobachtung geht dieses Verhältnis deutlich hervor.

Nur die Angaben von v. Jaksch stehen mit diesen Befunden in Widerspruch, da er bei mehreren Fällen von chronischer Nephritis, und zwar zum Teil solchen mit starkem Hydrops übernormale Zahlen für den Eiweissgehalt konstatierte. Da indes diese Zahlen auf den Ermittelungen des Stickstoffgehalts im Serum beruhen, so ist mit grosser Wahrscheinlichkeit anzunehmen, dass ein mehr oder weniger grosser Teil des gefundenen Stickstoffes nicht auf Eiweiss, sondern auf retinierten Harnstoff zu beziehen ist.

Die Befunde am Blutserum und besonders die Volumbestimmungen desselben (c. f. oben C. A. Schmidt und eigene Beobachtung bei Fall 3) erklären m. E. am besten die Änderungen, welche die Blutmischung bei dieser Form der Nierenentzündung erleidet, denn die roten Blutkörperchen können an Zahl vermindert sein, zeigen aber in Bezug auf ihre Zusammensetzung normale oder nur leicht herabgesetzte Werte (spez. Gewicht um 1080), dagegen ist das Serum in toto beträchtlich vermehrt und dabei von wesentlich geringerer Konzentration, als in der Norm.

Ob diese Zunahme an Wasser im Serum lediglich auf den fortgesetzten Eiweissverlusten im Urin und der allgemeinen Wasserretention im Körper beruht, oder ob noch kompliziertere Vorgänge im Flüssigkeitswechsel zwischen Blut und Geweben durch die, bei Nephritiden im Blute cirkulierenden chemischen Stoffe hervorgerufen werden, ist zur Zeit nicht zu entscheiden.

Man hat besonders versucht, das Auftreten und Verschwinden der hydropischen Erscheinungen mit den Mischungsverhältnissen des Blutes in Zusammenhang zu bringen, doch besteht vorläufig noch keine klare Einsicht in diese Wechselverhältnisse. Nach den Beobachtungen von Benczur und Czatáry wird der Hb-Gehalt des Blutes bei Nierenkranken mit starken Ödemen auch nach dem Schwinden der Ödeme nicht grösser als vorher, es ist also die **Grösse der Ödeme nicht proportional der Hydrämie**, eine Ansicht, welche auch v. Jaksch (1) vertritt. Dagegen machen Stintzing und Gumprecht geltend, dass bei Retention grösserer Wassermengen und beim Bestehen von Ödemen auch das Blut an der Verwässerung teilnimmt, und dass beim Schwinden der Ödeme der Wassergehalt des Blutes abnimmt. Auch die erwähnten Beobachtungen über Zunahme der Konzentration des Blutes bei Besserung der nephritischen Erscheinungen sprechen für ein gewisses Abhängigkeitsverhältnis zwischen Hydrämie und Ödemen. Jedenfalls sind weitere Untersuchungen über diese Frage, besonders unter Berücksichtigung volumetrischer Bestimmungen des Blutserum dringend wünschenswert.

2. **Die Schrumpfniere, chronische interstitielle Nephritis** zeigt wesentlich andere Verhältnisse der Blutmischung, als die soeben erwähnte parenchymatöse Nierenentzündung. Man kann hier ohne Schwierigkeiten **zwei Stadien der Erkrankung** unterscheiden, in welchen die Blutmischung ein durchaus verschiedenes Verhalten zeigt.

Das **erste Stadium** bildet diejenige, bei unkomplizierten Fällen häufig sehr lange Zeit, in welcher die gesteigerte Herzkraft die durch die Nierenerkrankung bedingten Cirkulationsstörungen auszugleichen im stande ist, in welcher bei geringen Krankheitszeichen eine auffällige Urinvermehrung mit meist geringem Eiweissgehalt oder sogar ohne denselben besteht. In dieser Zeit bietet die Blutuntersuchung häufig nach keiner Richtung hin abweichende Erscheinungen, vielmehr ist die **Gesamtkonzentration, ebenso wie die des Serum und auch die Zahl der roten Blutkörperchen in normalen Grenzen**, soweit nicht komplizierende Verhältnisse vorliegen. Ja, es können sogar übernormale Werte vorhanden sein, und Reinert z. B. beobachtete bei einem derartigen Falle nach dem Schwinden der Ödeme 6,72 Millionen roter Blutkörperchen, beim Wiederauftreten der Ödeme 5,34 und nach abermaligem Schwinden derselben 6,276 Millionen. Auch zu Zeiten, wenn mässige Ödeme auftreten, können die einzelnen Werte ziemlich normal sein.

Aus mehreren eigenen Beobachtungen kann ich speziell noch hinzufügen, dass auch die Dichte des Serum in diesem Stadium keine Herabsetzung erfährt.

Anders ist das Bild jedoch im **zweiten Stadium**, wenn die Herzkraft nicht mehr hinreicht, um die vorhandenen Widerstände zu überwinden, wenn der hypertrophische linke Ventrikel erlahmt und das ganze Symptomenbild der gestörten Kompensation bei allgemein zunehmendem Marasmus auftritt. In diesem Stadium entwickeln sich diejenigen Veränderungen, welche bereits bei Besprechung der Cirkulationsstörungen (S. 208) erwähnt sind, d. h. es tritt eine progressive Verdünnung des Blutes durch Wasserzunahme auf, welche gerade hier bei Schrumpfniere besonders hohe Grade anzunehmen scheint, da z. B. Laache und Leichtenstern bei solchen Kranken abnorm niedrige Werte für rote Blutkörperchen und Hb beobachteten.

Die Leukocyten zeigen bei keiner der verschiedenen Formen von Nephritis ein besonders charakteristisches Verhalten; nach den Angaben von Reinert, v. Jaksch u. a. scheinen leichte Erhöhungen ihrer Zahl häufig vorzukommen.

Unter Urämie versteht man einen Symptomenkomplex, welcher in Benommenheit des Sensorium, tonischen und klonischen Krämpfen, Lähmungen, gastrointestinalen Störungen besteht, und welcher durch Retention harnfähiger Stoffe infolge gestörter Urinabsonderung entsteht. Dieser Zustand tritt besonders häufig bei Nephritiden, manchmal schon ganz im Beginn einer akuten parenchymatösen Entzündung auf, er kann jedoch auch ohne Erkrankung des Nierengewebes lediglich durch Behinderung des Urinabflusses zustandekommen.

In betreff der Entstehung urämischer Anfälle kann als sicher angesehen werden, dass dieselbe auf einer Giftwirkung der, im Blute retinierten Bestandteile des Harnes beruht, und nach Landois muss man annehmen, dass der Ursprungsherd der Krampferscheinungen in den psychomotorischen Centren der Grosshirnrinde liegt, da es Landois gelang, durch Auftragen verschiedener, im Harn enthaltener Stoffe auf die erwähnten Centren der Grosshirnrinde bei Hunden ausgeprägte Krampfanfälle hervorzurufen.

Über die Stoffe, welche im Blute diese eigenartige Giftwirkung entfalten, haben zu den verschiedenen Zeiten sehr verschiedene Ansichten geherrscht, und auch heute besteht noch keine Klarheit in dieser Frage. Nach der älteren Ansicht von Frerichs wurde die Urämie durch die vermehrte Harnstoffmenge des Blutes ausgelöst, welche durch Fermentwirkung in kohlensaures Ammoniak übergeführt werden und als solches giftig wirken sollte. Diese Ansicht ist verlassen worden, da es einerseits nicht gelungen ist, Ammoniak im frischen Blute Urämischer nachzuweisen, und da es ferner Landois nicht gelang, mit kohlensaurem Ammoniak von der Grosshirnrinde aus Krampfanfälle hervorzurufen.

Auch die von Schottin, Perls u. a. ausgesprochene Ansicht, dass die Extraktivstoffe, speziell das Kreatinin, die urämischen

Anfälle auslöse, ist ebenso verlassen, wie die von Voit, Feltz und Ritter, Astaschewsky u. a. vertretene Auffassung, dass eine Vermehrung des Kali im Blute das eigentliche giftige Prinzip bei der Urämie bilde.

Nach Bouchard besitzt jeder Harn Giftstoffe — Urotoxine — welche zu den Ptomainen gehören und durch Übertritt in die Gewebe Intoxikationen bewirken, nach Thudichum ist ein Abkömmling der Eiweisskörper — Urochrom — als Ursache der urämischen Intoxikation anzusehen, und auch nach Hughes und Carter ist die Giftwirkung an einen albuminoiden Körper im Blute gebunden.

Die ältere, auf physikalischen Vorgängen basierende Theorie von Traube, wonach die Urämie durch ein Stauungsödem des Gehirns bedingt werde, ist fast allgemein verlassen worden, und die Mehrzahl der Autoren ist heute der Ansicht, dass nicht die Retention eines Harnbestandteiles, sondern aller oder doch einer grösseren Anzahl im Urin vorhandener Stoffe gemeinsam die Urämie erzeugt (vergl. Landois S. 197).

Die chemische Untersuchung des Blutes Nierenkranker hat ergeben, dass die Alkalescenz zu Zeiten ungestörten Allgemeinbefindens unverändert, beim Eintritt urämischer Zustände dagegen beträchtlich herabgesetzt ist (v. Jaksch (2), Peiper, Rumpf, Mya und Tassinari).

Der Harnstoffgehalt des Blutes, welcher im normalen Blute $0,01—0,05\%$ beträgt, ist von verschiedensten Autoren, wie Picard, Spiegelberg, Hoppe-Seyler, Bartels u. a. bei Nephritis im allgemeinen und in besonders starkem Masse im urämischen Anfalle vermehrt gefunden worden, doch scheint der Harnstoff selbst bei Einführung grösserer Mengen in die Blutbahn, speziell auch beim Aufpulvern auf die freigelegte Medulla oblongata von Kaninchen (Landois) keine toxische Wirkung zu entfalten.

Kreatinin wurde von Schottin, Perls u. a. im Blute bei Morbus Brighti und urämischen Tieren in vermehrter Menge nachgewiesen. Harnsäure wurde von v. Jaksch (3) im Blute Nierenkranker gefunden.

Litteratur.

Astaschewsky. Petersb. med. Wochenschr. 1881. Nr. 27.

Becquerel u. Rodier. (1) Zusammensetzung d. Blutes. Erlangen 1845. — (2) Gaz. méd. de Paris. 1846.

Beneczur u. Czatáry. Über das Verhältnis der Ödeme zum Hb-Gehalt des Blutes. Deutsches Arch. f. klin. Med. Bd. 46. 1890. S. 478.

Bogdanow-Beresowsky. Die Veränderungen des Blutes bei Nierenkranken. Vorl. Mitteil. St. Petersb. med. Wochenschr. 1895. (26.)

Bouchard. Leçons sur les autointoxications. Paris 1887.

Cuffer u. Regnard. Ref. in Virchow-Hirsch's Jahresber. 1877. I. S. 237.
Felsenthal u. Bernhard. Arch. f. Kinderheilk. Bd. 17. 1894.
Feltz u. Ritter. De l'urémie expérimentale. Paris 1881.
Frerichs. Bright'sche Nierenkrankheit. Braunschweig 1851.
Gorup-Besanez. Arch. f. physiol. Heilk. 1849.
Hammerschlag. Über Hydrämie. Zeitschr. f. klin. Med. Bd. 21. 1892.
Hinterberger. Arch. f. physiol. Heilk. 1849.
Hoppe-Seyler. Physiol. Chemie. Berlin 1881.
Hughes u. Carter. A clinical and experim. stud. of uraemia. Amer. journ. of med. scienc. 1894. Aug. u. Sept.
v. Jaksch. 1. Zusammensetzung des Blutes gesunder und kranker Menschen. Zeitschr. f. klin. Med. Bd. 23. 1893. S. 187. — 2. Zeitschr. f. klin. Med. Bd. 13. 1887. — 3. Über die klin. Bedeutung des Vorkommens von Harnsäure u. Xanthinbasen im Blute. Berlin 1891.
Laache. Die Anämie. Christiania 1883.
Landois. Die Urämie. Wien u. Leipzig 1891.
Leichtenstern. Unters. über den Hb-Gehalt d. Blutes. Leipzig 1878. S. 88.
Mya u. Tassinari. Arch. per le scienze med. 1886. Vol. IX. Nr. 20.
Peiper (1). Das spez. Gew. d. menschl. Blutes. Centralbl. f. klin. Med. 1891. Nr. 12. — (2) Alkalimetr. Unters. d. Blutes. Virch. Arch. Bd. 116. 1889. S. 337.
Perls. Berl. klin. Wochenschr. 1868. Nr. 19.
Picard. De la présence de l'urée dans le sang. Strassburg 1856.
Reinert. Zählung der Blutkörperchen. 1891. S. 199.
Rosenstein, S. Die Pathologie u. Therapie d. Nierenkrankheiten. Berlin 1886.
Rumpf. Centralbl. f. klin. Med. 1891. S. 441.
Scherer. Virchow's Arch. Bd. X. 1848.
Schmidt, C. A. Zur Charakteristik der epidemischen Cholera. Leipzig 1850.
Schottin. Beitrag zur Kasuistik der Urämie. Arch. f. phys. Heilk. Bd. 12. 1853. S. 170.
Sörensen. Undersøgelser om Antallet af røde og hvide Blodlegemer etc. Kjøbenhavn 1876.
Spiegelberg. Arch. f. Gynäkol. Bd. I. 1870.
Stintzing u. Gumprecht. Wassergehalt u. Trockensubstanz des Blutes beim gesunden und kranken Menschen. Deutsches Arch. f. klin. Med. Bd. 53. 1894. S. 265.
Thudichum. Compt. rend. T. 106. 1888. S. 1803.
Voit. Zeitschr. f. Biol. Bd. 4. 1868. S. 140.

X. Kapitel.

Infektionskrankheiten.

A. Allgemeines.

Der eigentümliche Verlauf der meisten Infektionskrankheiten mit dem oft plötzlich einsetzenden hohen Fieber, den schnellen Schwankungen zwischen hohen und niederen Temperaturgraden, mit dem Darniederliegen der Appetenz und Nahrungsaufnahme bei zumeist gesteigertem Stoffzerfall im Organismus, sowie mit verschiedenartigen Organerkrankungen und Veränderungen der Funktion derselben, macht es von vornherein wahrscheinlich, dass bei vielen dieser Krankheiten schwere Störungen der Säfte- und Blutmischung eintreten müssen.

Wenn trotzdem über die Blutmischung bei den meisten Infektionskrankheiten noch wenig Klarheit herrscht, so liegt dies erstens daran, dass Schwankungen der Blutzusammensetzung gerade bei diesen Erkrankungen infolge des wechselvollen Verlaufes bei ein und demselben Kranken häufig in auffälliger Weise auftreten und infolgedessen sich widerspruchsvolle Angaben in der Litteratur hier besonders reichlich finden. Zweitens hat sich gerade auf diesem Gebiete im Laufe der letzten Jahre das Interesse bei Blutuntersuchungen so vorwiegend auf bakteriologische Fragen konzentriert, dass die Verhältnisse der Gesamtmischung des Blutes dabei anscheinend nicht entsprechend berücksichtigt sind.

Bakteriologisches. Bekanntlich wurde eine der ersten bakteriologischen Entdeckungen gerade im Blute und zwar bei milzbrandkranken Rindern im Jahre 1849 von dem Barmer Arzte Pollender gemacht, welcher in demselben feine stäbchenartige Gebilde fand, eine Entdeckung, die kurz darauf, unabhängig von der ersten, ebenfalls von Brauell gemacht wurde. Hieran schloss sich im Jahre 1873 die nicht minder wichtige Entdeckung der Spirille des Rekurrens-Fiebers durch Obermeier, und gerade diese beiden Bakterien, welche vor der eigentlichen bakteriologischen Epoche entdeckt sind, spielen bis heute unter all den vielen Bakterien, welche man im Blute gefunden hat, bei weitem die erste Rolle in Bezug auf die Leichtigkeit und Sicherheit des Nachweises, sowie die klinisch-diagnostische Bedeutung.

Es sind dann später die verschiedensten Bakterien im Blute nicht nur bei Infektionskrankheiten gefunden worden, und wir haben bereits bei Besprechung der perniciösen Anämie (S. 102), der Leukämie (S. 114) und Pseudoleukämie (S. 138) gesehen, dass man auf Grund dieser Befunde alsbald den weitgehenden Schluss gezogen hat, dass auch diese erwähnten Krankheiten als bakterielle Infektionskrankheiten aufzufassen seien.

Es sind indes bei bakteriologischen Blutuntersuchungen folgende zwei Punkte zu berücksichtigen, welche zur Vorsicht gegenüber manchen Befunden von Keimen im Blute mahnen:

1. **Die Technik der Untersuchungen des Blutes auf Bakterien bietet erhebliche Schwierigkeiten dar.** Zunächst ist hier die Untersuchung frischer Blutströpfchen zu erwähnen, welche bei Milzbrand-Infektion und Rekurrens schon bei Betrachtung mit stärkeren Trockensystemen die Bakterien deutlich erkennen lässt, in allen anderen Fällen aber resultatlos bleibt, da die sonstigen pathogenen Mikroorganismen nicht ohne weiteres von Krüppelformen und Zerfallskörperchen im Blute zu unterscheiden sind, welche nicht nur die sog. Molekularbewegung, sondern — wie auf S. 102 erwähnt — anscheinend infolge von Kontraktilität ihrer Substanz auch Eigenbewegungen zeigen können.

Nicht viel anders verhält es sich mit Trockenpräparaten des Blutes, welche mit bakterienfärbenden Stoffen behandelt sind. Auch hier finden sich Zerfallskörperchen im Blute und zwar wohl besonders Abkömmlinge der Kernsubstanzen, welche die basischen Anilinfarbstoffe ebenso aufnehmen, wie die Bakterien und daher infolge ihrer rundlichen Gestalt sehr leicht kleinste Kokken, manchmal aber auch kleine Stäbchen vortäuschen können.

Es ist infolgedessen unumgänglich notwendig, die Untersuchung des Blutes auf Bakterien durch Übertragung von Blutproben auf Nährböden oder auf Versuchstiere auszuführen und auch hier sind noch erhebliche Schwierigkeiten zu berücksichtigen.

Dieselben beruhen darauf, dass erstens beim Übertritt eines Blutströpfchens auf die, wenn auch noch so gut gereinigte und desinfizierte Haut immer die Möglichkeit einer Verunreinigung des Blutes mit Keimen gegeben ist, weil die Haut überaus schwer von allen anhaftenden Keimen zu säubern, und auch während der für die Impfung unvermeidlich notwendigen Zeit ein Hinauffallen von Keimen aus der Luft sehr leicht möglich ist.

Zweitens aber liegt die Schwierigkeit darin, dass wohl nur bei sehr wenigen Krankheiten, bei welchen man Spaltpilze im Blute antrifft, dieselben darin so massenhaft enthalten sind, dass man Aussicht hat, in jedem Bluttröpfchen ein oder mehrere Exemplare derselben zu erhalten, wie es zum Beispiel bei der Febris recurrens thatsächlich häufig der Fall ist.

In der Mehrzahl der untersuchten Fälle sind vielmehr die Bakterien nur in geringer Zahl im Blute kreisend anzutreffen, und es muss deshalb immer als ein Glücksfall betrachtet werden, wenn es gelingt, in einem oder auch mehreren kleinen, einer Incision entquellenden Tröpfchen wirklich Bakterien zu finden.

Diese Schwierigkeiten werden wohl den meisten Untersuchern, welche sich mit der Bakteriologie des Blutes beschäftigt haben, entgegengetreten sein, und sie haben z. B. Scheurlen dazu geführt, Glasröhren von etwa 1 ccm Inhalt an einem Ende spitz auszuziehen, zu sterilisieren, die ausgezogene Spitze mit einer sterilen Pincette abzubrechen, und dieses Ende, nach gehöriger Desinfektion der Haut, durch dieselbe in eine der oberflächlichen Armvenen einzuführen und hier das Gläschen zu füllen, worauf es zugeschmolzen und in beliebiger Weise zu bakteriologischen Zwecken benutzt werden kann.

Einfacher und noch dazu schmerzloser, sowie auch ohne die Möglichkeit des Abbrechens der fein ausgezogenen Spitze — was doch bei derartigen Glaskanülen immerhin vorkommen kann — ist es, wenn man die Punktion der Vene mit einer Metallkanüle vornimmt, wie dies auf S. 8 beschrieben ist. Es ist hierbei die Gefahr einer Verunreinigung des Nährbodens nahezu völlig ausgeschlossen, indes ist naturgemäss zu berücksichtigen, dass im venösen Kreislauf vielleicht spärlicher Bakterien vorhanden sind, als im Kapillargebiet. Immerhin sprechen zahlreiche positive Bakterienbefunde bei verschiedenen Infektionskrankheiten für die Brauchbarkeit dieses Verfahrens.

2. Ein positiver Befund von Bakterien im Blute, selbst wenn er mit zuverlässigen Methoden in unzweifelhafter Weise erhoben ist, beweist noch nicht, dass ein ursächliches Verhältnis zwischen dem gefundenen Bakterium und der vorliegenden Krankheit obwaltet.

Abgesehen davon, dass bakterielle Infektionen als Accidentien zu den verschiedensten Erkrankungen hinzutreten können, haben die neuesten Untersuchungen von Nocard, Ettlinger, Porcher und Desoubry vornehmlich bei Tieren ergeben, dass Mikroorganismen während der Verdauung aus dem Darm in den Chylus und die Cirkulation gelangen können, wobei nach Nocard besonders bei starkem Fettgenuss ein reichlicher Übertritt von Bakterien erfolgt. Im nüchternen Zustande soll das Blut steril sein, oder nur geringe Mengen von Bakterien enthalten, da die Lunge und andere Organe als Filter für die Mikroorganismen dienen. Beim Menschen sollen nach Beco während einer protrahierten Agone Bakterien aus dem Darme in das Blut übertreten, und besonders das Bacterium coli commune soll bei einer grossen Zahl von Menschen vor dem Tode in die Cirkulation gelangen und sich vorzugsweise in der Milz, dem Knochenmark, der Leber und Schilddrüse vermehren.

Diese Angaben sind sehr beachtenswert und fordern gerade rücksichtlich des in letzter Zeit so vielfach vorgefundenen Bacterium coli zu grosser Vorsicht in Bezug auf Verwertung nach ätiologischer Richtung hin auf. Auch die bei mehreren der folgenden Infektionskrankheiten erwähnte Beobachtung, dass sich Bakterien besonders in lethal verlaufenden Fällen sub finem vitae im Blute finden, steht mit den Angaben von Beco in Übereinstimmung.

Wirkungen der Bakterien und ihrer Stoffwechselprodukte auf das Blut. Die allgemeine Zusammensetzung des Blutes kann durch bakterielle Infektionen nach mehreren Richtungen hin gestört werden, und zwar ist hier zuerst die Beobachtung von Bouchard zu erwähnen, welcher nach Injektion sterilisierter Kulturen des Bacillus pyocyaneus eine Kontraktion der Gefässe der Retina beobachtete und daraus eine Reizwirkung der Toxine dieses Pilzes auf das vasomotorische Centrum folgerte.

Auch Gley und Charrin nehmen für die Stoffwechselprodukte des Bacillus pyocyaneus eine Einwirkung auf die Gefässinnervation an, glauben aber, dass es sich hierbei um eine Paralyse der vasodilatatorischen Centren handelt.

Da wir an den verschiedensten Stellen die Einwirkung derartiger vasomotorischer Reizerscheinungen auf die Blutmischung besprochen haben, so genügt es hier, darauf hinzuweisen, dass wir nach den erwähnten Beobachtungen eine Zunahme der Konzentration des Blutes durch Einführung der Toxine des Bacillus pyocyaneus zu erwarten haben.

Hiermit stehen durchaus in Übereinstimmung die Resultate, welche Gärtner und Roemer bei Messungen der Lymphbewegung im Gefolge von Bakterien- resp. Toxin-Einwirkungen nach dem Vorbilde der von Heidenhain erprobten Methoden gewannen. Die genannten Autoren fanden hierbei, dass Extrakte des Bacillus pyocyaneus, des Pneumobacillus, ferner das Tuberkulin eine den Lymphstrom beschleunigende und dabei das

Blut eindickende Wirkung ausüben, wie sie Heidenhain z. B. für Krebsmuskelextrakte, Pepton u. a. fand.

In einer Reihe von Versuchen habe ich (s. Litt.) ferner gezeigt, dass Kulturen verschiedener Bakterien, der Cholera, Diphtherie, Sepsis etc. beim Einbringen in die Blutbahn schnelle Schwankungen im Flüssigkeitsgehalte des Blutes hervorrufen, und habe versucht, die Resultate dieser Tierexperimente durch Beobachtungen am Blute erkrankter Menschen auf ihre Bedeutung in der Pathologie zu prüfen, worüber bei einzelnen der folgenden Infektionskrankheiten berichtet ist.

Ferner sind hier Beobachtungen von Bianchi-Mariotti zu erwähnen, welche bei Einführung der löslichen Produkte des Milzbrandbacillus, Bacillus pyocyaneus, Streptococcus pyogenes, Cholera in kleinen Mengen eine Vermehrung des isotonischen Vermögens des Blutes, also wohl eine Hyperisotonie (s. S. 26) desselben ergaben, während dieses Vermögen verringert wurde durch Injektion grösserer Mengen der erwähnten Bakterienprodukte und ferner auch bei kleinen Dosen des Bacillus typhi abdominalis.

Endlich sind hier kurz zu erwähnen die neuesten Ergebnisse der experimentellen Bakteriologie, welche uns lehren, dass sich im tierischen Körper unter Einwirkung der giftigen Bakterienprodukte Stoffe bilden, welche diese Gifte zu neutralisieren vermögen und dass diese Stoffe sich im Serum des Blutes vorfinden (Behring, Pfeiffer u. a.), sodass man von Tieren, welche durch successive Bakterienimpfungen reichlich derartige Stoffe gebildet haben, ein Serum gewinnen kann, welches nicht nur Tiere, sondern auch Menschen zu heilen vermag dadurch, dass die toxischen Stoffe z. B. des Diphtheriebacillus neutralisiert werden. Diese Gegengifte, Antitoxine, welche sich im Blutserum bilden sollen, sind im Gegensatze zu den toxischen Stoffwechselprodukten, über welche wir durch die Arbeiten Brieger's, Nencki's u. a. schon mancherlei Kenntnisse haben, noch von niemand rein oder in Verbindungen dargestellt worden, es sind vielmehr hypothetische Stoffe, deren Vorhandensein man aus biologischen Gründen, d. h. aus der schützenden resp. heilenden Wirkung gegenüber Experimentaltieren entnimmt.

Das Blut im Fieber. Die meisten Infektionskrankheiten verlaufen unter Erhöhung der Körpertemperatur, und wenn das Fieber auch nur ein Symptom der verschiedenen Erkrankungen ist, so übt es anscheinend doch auf die Blutmischung gewisse Einflüsse aus, sodass hier zunächst im allgemeinen kurz auf dieselben hingewiesen werden soll. Die Wirkungen des Fiebers auf das Blut stehen jedenfalls in engem Zusammenhange mit den soeben angeführten Bakterienwirkungen, und es ist schon vor einer Reihe von Jahren durch Maragliano nachgewiesen, dass sich bei Untersuchungen mit dem Plethysmographen eine Kontraktion der Gefässe im Fieber beobachten lässt, welcher bei der spontanen Entfieberung eine Dilatation folgt, die sich auch bei Anwendung der gebräuchlichen Antipyretica, wie Antipyrin, Chininsalze etc. findet.

Dementsprechend fand H. Stein beim Fieberanstieg in der Regel eine Zunahme der Blutdichte, beim Abfall des Fiebers dagegen eine Abnahme derselben, welche sich auch bei medikamentöser Entfieberung durch Antipyrin etc. nachweisen liess. Auch Tietze beobachtete schnell vorübergehendes Sinken des Hb-Gehaltes bei Anwendung von Antipyrin etc.

Ausser dieser vasomotorischen Beeinflussung der Blutdichte spielen noch andere Faktoren im Fieber eine Rolle, und Reinert macht mit Recht auf die Vermehrung der Wasserabgabe als bluteindickendes Moment auf der Höhe des Fiebers und die Wasserretention mit blutverdünnender Wirkung in späteren Stadien fieberhafter Erkrankungen als Folgeerscheinung von Herzschwäche und herabgesetztem Blutdruck aufmerksam.

Die roten Blutkörperchen werden bei vielen fieberhaften Zuständen in Mitleidenschaft gezogen und gehen, entsprechend dem allgemein gesteigerten Stoffzerfalle, in vermehrtem Masse zu Grunde. Als Massstab hierfür gilt die im Urin vorhandene Quantität von Hydrobilirubin, welches als Abkömmling des in der Leber zerstörten Blutfarbstoffes einen messbaren Anhaltepunkt für den Umfang dieser Zerstörung bietet. Nach den Untersuchungen von D. Gerhardt, G. Hoppe-Seyler u. a. ist die Hydrobilirubin-Ausscheidung im Harn bei fieberhaften Krankheiten beträchtlich gesteigert, eine Erscheinung, die bei den meisten fieberhaften Infektionskrankheiten von verschiedensten Seiten bestätigt worden ist.

In direkter Weise ist neuerdings in Tierexperimenten von Werhowsky nachgewiesen, dass eine länger dauernde, künstliche Erhöhung der Eigenwärme des Körpers zu Auflösung von roten Blutkörperchen und Hb führt, als deren Folgeerscheinungen sich beträchtliche Anhäufungen von Hämosiderin in Milz und Knochenmark konstatieren lassen.

Die Leukocyten sind in den meisten Infektionskrankheiten vermehrt, und bezüglich der Entstehung und Bedeutung dieser Leukocytosen wird auf die oben (S. 36—45) gegebene Darstellung verwiesen.

Zu erwähnen ist hier für die besonderen Verhältnisse der Infektionskrankheiten, dass nach den experimentellen Untersuchungen von Loewy und Richter die Leukocytose und das Fieber als Schutzmassregeln des Organismus gegen bakterielle Infektionen anzusehen sind.

Die Alkalescenz des Blutes ist, wie man bisher ganz allgemein annahm, in fieberhaften Zuständen herabgesetzt. Zahlreiche Untersuchungen von Senator, v. Jaksch, Kraus, Peiper, Rumpf mit übereinstimmenden Resultaten liegen hierüber vor, und Kraus gab an, dass das Absinken des normalen CO_2-Gehaltes parallel gehe der Schwere des Infektionszustandes, und dass die Verminderung der Alkalescenz durch eine Säureintoxikation hervorgerufen sei. Diese abnorme Säurebildung wurde auf den im Fieber gesteigerten Eiweisszerfall zurückgeführt und auf Bildung von Schwefelsäure und Phosphorsäure, sowie von organischen Säuren bezogen, von welchen v. Jaksch flüchtige Fettsäuren im Blute Fiebernder nachweisen konnte.

Gegen diese anscheinend gesicherten Angaben über die Verminderung der Alkalescenz des Blutes im Fieber sind indes in neuester Zeit von zwei verschiedenen Seiten beachtenswerte Einwände erhoben worden, welche zunächst die schon mehrfach erwähnte Unvollkommenheit der bisher üblichen Untersuchungsmethoden betonen, infolge deren nicht die Gesamtmenge des vorhandenen Alkali im Blute zur Messung gelangte. Es wurde infolge dessen von Löwy (in Zuntz's Laboratorium) eine Methode der Titration des lackfarbenen Blutes gegen Lakmoid erprobt, bei welcher der Fehler der bisherigen Untersuchungen vermieden wurde, die deckfarbenes Blut betrafen, wobei nur ein unbestimmter Teil des vorhandenen Alkali bestimmt wurde.

Bei einer kleinen Zahl von fieberhaften Krankheiten konnte Löwy im Gegensatz zu den bisherigen Erfahrungen keine Herabsetzung der Alkalescenz konstatieren, und auch v. Limbeck und Steindler, welche das Blutserum in ähnlicher Weise titrierten, fanden bei einer grossen Anzahl von fiebernden Kranken Schwankungen der Alkalescenz sowohl im Serum, wie im defibrinierten Blute, welche durchaus innerhalb der normalen Grenzen lagen.

Diese interessanten Ergebnisse fordern dringend zu Nachuntersuchungen und Prüfungen bei anderen Krankheitszuständen auf.

Litteratur.

Beco. Étude sur la pénétration des microbes intestinaux dans la circulation générale pendant la vie. Annal. de l'inst. Pasteur. 1895. S. 199. Nr. 3.
Bianchi-Mariotti. Wirkung der löslichen Produkte der Mikroorganismen auf die Isotonie u. den Hb-Gehalt d. Blutes. Wien. med. Presse. 1894. Nr. 36.
Bouchard. Leçons sur les autointoxications dans les maladies. Paris 1887.
Ettlinger. Étude sur le passage des microbes pathogènes dans le sang.
Gärtner u. Roemer. Über die Einwirkung von Tuberkulin und anderen Bakterienextrakten auf den Lymphstrom. Wien. klin. Wochenschr. 1892. Nr. 2.
Gerhardt, D. Über Hydrobilirubin. Dissert. Berlin 1889.

Gley u. Charrin. Mitteilg. v. XI. internat. Kongr. in Rom. Centralbl. f. Bakt. 1894. I. S. 688.
Grawitz, E. Klinisch-experim. Blutunters. II. Zeitschr. f. klin. Med. Bd. 22. 1892. Heft 4/5.
Hoppe-Seyler, G. Virch. Arch. Bd. 124. 1891. S. 30.
v. Jaksch. Zeitschr. f. klin. Med. Bd. 13. 1887. S. 380.
Kraus. Zeitschr. f. Heilkunde. Bd. X. 1889.
v. Limbeck u. Steindler. Über die Alkalescenz-Abnahme des Blutes im Fieber. Centralbl. f. inn. Med. 1895. S. 649.
Löwy. Pflüg. Arch. Bd. 58 und Centralbl. f. d. med. Wiss. 1894. S. 785.
Loewy u. Richter. Über den Einfluss von Fieber u. Leukocytose auf den Verlauf v. Infektionskrankheiten. Deutsche med. Wochenschr. 1895. Nr. 15.
Maragliano. Zeitschr. f. klin. Med. Bd. 14 u. 17.
Nocard. Influence des repas sur la pénétration des microbes dans le sang. La sém. médic. 1895. Nr. 8.
Peiper. Virch. Arch. Bd. 116. S. 337.
Porcter u. Desoubry. Compt. rend. de la soc. de biolog. 1895. 10. Mai. Thèse. Paris 1893.
Reinert. Zählung der Blutkörperchen. Leipzig 1891. S. 174.
Scheurlen. Centralbl. f. Bakter. Bd. 8. Nr. 9.
Senator. Unters. über den fieberhaften Prozess. Berlin 1873.
Stein, H. Centralbl. f. klin. Med. 1892. Nr. 23.
Tietze. Dissert. Erlangen 1890.
Werhowsky s. Ziegler. Über die Wirkung der erhöhten Eigenwärme auf das Blut u. auf das Gewebe. XIII. Congr. f. inn. Md. 1895. S. 345.

B. Spezielles.

1. Typhus abdominalis.

Bakteriologisches. — Beim Abdominaltyphus hat man in Rücksicht auf die häufigen Schwierigkeiten, welche hier der sicheren Diagnose entgegenstehen, versucht, durch den Nachweis von Typhusbacillen im Blute in einfacher und sicherer Weise die Diagnose zu erhärten; und es lässt sich nicht bezweifeln, dass es sowohl für die sichere Erkennung einzelner ungewisser Krankheitsfälle wie auch für eine frühzeitig zu treffende Prophylaxe sehr erwünscht wäre, wenn man auf diese Weise zu einer zuverlässigen Diagnose gelangen könnte, zumal der Nachweis der Typhusbacillen aus den Faeces zeitraubend ist und auf Schwierigkeiten stösst.

Von vornherein müssen diese Untersuchungen recht aussichtsvoll erscheinen, da vielfache Erfahrungen über metastatische Verschleppungen der Typhusbacillen nach entfernten Organen vorliegen, und da besonders die Milz sich in der Mehrzahl aller Fälle als ein solches Depot eingewanderter Typhusbacillen erweist. Gerade aus der Milz haben zuerst Chantemesse und Vidal durch Punktion mit einer Pravaz'schen Spritze Gewebssaft entnommen, verimpft und zwar mit sieben positiven Resultaten unter zehn untersuchten Fällen. Auch spätere Untersucher wie Redtenbacher und Neisser haben bei Milzpunktionen in der Mehrzahl der Fälle Typhusbacillen gefunden. Weit weniger zuverlässig aber haben sich die Untersuchungen des Blutes Typhöser erwiesen, welche teils am Kapillarblute einer beliebigen Stelle der Haut, teils vom Blute der Roseolen oder am Venenblute angestellt wurden.

Während eine Reihe von Forschern wie Gaffky, Seitz, Lucatello zu gänzlich negativen Resultaten bei ihren Blutuntersuchungen gelangten, und andere wie Rütimeyer, Wiltschour, Fränkel und Simmonds, ich selbst und Menzer nur in vereinzelten Fällen im Roseolenblute positive Erfolge aufweisen konnten, gelang es Neuhaus in neun Fällen unter fünfzehn aus dem Roseolenblute Typhusbacillen zu kultivieren. Auch Sudakoff und Thiemich haben etwas bessere Resultate erhalten, und zwar fand der letztere bei sieben Typhösen dreimal die Typhusbacillen im Blute der Roseolen und einmal im Venenblute. Gänzlich negative Resultate bei Untersuchungen des Roseolenblutes hatten dagegen Chantemesse und C. Vidal, Janowski, Merkel und Goldschmidt.

Die Angaben von Meisels und Almquist über Befunde von Typhusbacillen in Deckglaspräparaten des Blutes können nicht in Betracht kommen, da sie keine Identificierung der Bakterien durch das Kulturverfahren enthalten. Für das Stadium der Defervescenz des typhösen Fiebers ist noch die Anschauung von Dunin zu erwähnen, welcher dieses Stadium der unregelmässigen Fieberbewegungen als Folge einer sekundären Infektion mit Eitererregern auffasst, die bald lokale Eiterungen, bald nur ein mit pyaemischem Charakter behaftetes Fieber hervorrufen. In der That konnte Sittmann bei zwei Kranken in diesem Stadium eine Infektion des Blutes mit Staphylokokken nachweisen, während zwei andere allerdings negativ blieben. Immerhin liegt hier eine interessante Hypothese vor, welche zu weiteren Blutuntersuchungen in diesem Stadium des Typhus unbedingt auffordert.

Kehren wir zu der anfänglichen Fragestellung zurück: in wie weit sich die bakteriologischen Blutuntersuchungen zur Sicherung der Diagnose dieser Krankheit verwenden lassen, so muss nach all den angeführten Litteraturangaben wohl ohne weiteres zugegeben werden, dass bisher eine wesentliche Stütze der Diagnose in diesen Untersuchungen nicht gesehen werden kann. Denn wenn schon in ausgesprochenen Typhusfällen — und um solche handelte es sich bei den meisten der erwähnten Angaben — die grösste Mehrzahl der Untersuchungen negativ ausfiel, so wird man bei zweifelhaften Fällen aus einem negativen Befunde erst recht keine Schlüsse ziehen dürfen. Wenn ich sage, dass bisher diese Untersuchungen unbefriedigend geblieben sind, so soll damit ausgedrückt sein, dass durch eine Vervollkommnung der Methode, besonders auch durch wiederholte reichliche Blutentnahmen, möglicherweise in Zukunft bessere Resultate erzielt werden können; denn man darf sich eben (s. S. 245) auf die Aussaat einiger weniger Blutströpfchen aus einer Incision der Haut nicht beschränken. Die Untersuchungen des Milzblutes und -Saftes dürften wohl wegen der unzweifelhaften Gefahren, welche die Punktion der Milz mit sich bringt, nicht zu allgemeiner Anwendung am Krankenbette kommen.

Rote Blutkörperchen. — Die Zusammensetzung des Blutes erleidet im Verlaufe des Abdominaltyphus, besonders bei den protrahierten Formen desselben, unzweifelhaft eine Verschlechterung. Die Kranken werden anämisch, je nach der Schwere der Erkrankung, erholen sich aber in der Regel mehr oder weniger schnell und vollständig wieder, sodass ein dauernder anämischer Zustand nicht zurückbleibt. Dementsprechend ergeben auch die Zählungsresultate der roten Blutkörperchen mässige Abnahme derselben, welche zumeist schon im Beginne der Erkrankung zu beobachten ist und bis zur Rekonvalescenz weiter fortschreitet, worauf dann wieder ein allmählicher Anstieg der Zahl der roten Blutkörperchen erfolgt. Die älteren Untersuchungen von Becquerel und Rodier, Lecanu, Simon, Popp und Otto[*]) ergaben im wesentlichen eine Verminderung der roten Blutkörperchen, welche um so stärker war, je mehr die Krankheit fortschritt. Zählungen von Sörensen, Zäslein, Halla, Arnheim, Tumas, Buchmann und Wilcocks finden sich in dem Werke von Reinert[**]) ausführlich erwähnt. Man muss indes m. E. an die Schwierigkeiten denken, welche der Verwertung von Zählungsresultaten bei einer Krankheit entgegenstehen, die in ihrem Verlaufe so wechselnde Temperaturen zeigt wie der Abdominaltyphus. Ich selbst habe bei Bestimmung des spezifischen Gewichts des Blutes Typhöser verschiedene Resultate vor und nach der Abkühlung des Körpers durch kalte Bäder erhalten, wobei die Reizungen des vasomotorischen Nervensystems mit ihrem Einflusse auf den Flüssigkeitsgehalt des Blutes in ganz besonders prägnanter Weise hervortreten derartig, dass unmittelbar nach der Einwirkung der kalten Bäder das spezifische Gewicht erheblich steigt, der Wassergehalt des Blutes sich also vermindert.

Am wichtigsten scheinen mir die Zählungsresultate zu sein, welche in der Rekonvalescenzperiode von Laache, Tumas und Halla angestellt sind, und Verminderung der roten Blutkörperchen um 17—18 °/$_0$ (Laache), um 50 °/$_0$ (Halla) ergaben. Auch Sadler

---

[*]) Cit. bei Leichtenstern, Unters. über den Hb-Gehalt d. Blutes. Leipzig 1878. S. 68.
[**]) Zählung der Blutkörperchen. Tübingen 1891.

fand in den späteren Stadien beträchtliche Herabsetzung der Zahlen für die roten Blutkörperchen.

Hämoglobin. — In Bezug auf den Hämoglobingehalt beobachteten die meisten der erwähnten Autoren ein im Verhältnis zur Verminderung der Zahl der roten Blutkörperchen noch stärkeres Absinken in der Rekonvalescenz, im fieberhaften Stadium dagegen, ebenso wie Quincke, geringe Veränderungen. Die Untersuchungen Leichtensterns ergaben während der ersten bis dritten Woche, solange überhaupt das Fieber dauerte, keine Veränderungen des Hb-Gehalts; dagegen sinkt nach Leichtenstern mit dem Aufhören des Fiebers der Hb-Gehalt beträchtlich; es stehen also diese Untersuchungen mit den Zählresultaten der roten Blutkörperchen in guter Übereinstimmung.

Leukocyten. — Das Verhalten der Leukocyten beim Abdominaltyphus ist insofern von besonderem Interesse, als hier, im Gegensatz zu den meisten fieberhaften Krankheiten in der Regel der Fälle eine Vermehrung der weissen Blutkörperchen nicht zu konstatieren ist, obwohl man gerade bei dieser Erkrankung, welche mit einer so starken Reizung der drüsigen Elemente einhergeht, nach der Theorie Virchow's eine ganz besonders stark ausgeprägte Leukocytose erwarten sollte.

Wenn sich in der That in der früheren Litteratur die Angabe findet, dass der Typhus Leukocytose hervorbringe, so haben doch die zum Teil sehr umfangreichen Zählungen von Halla, Tumas, v. Limbeck und Rieder in übereinstimmender Weise das Fehlen einer Leukocytose bei dieser Erkrankung als Regel, in einigen Fällen sogar erheblich subnormale Zahlen der weissen Blutkörperchen ergeben, Resultate, die ich durch eigene Beobachtungen bestätigen kann. Auf der anderen Seite muss ich mit v. Jaksch konstatieren, dass entzündliche Komplikationen des Typhus, besonders pneumonische Infiltrate, zumeist zum Auftreten von Leukocytose führen, während Halla und v. Limbeck selbst unter diesen Umständen keine Leukocytose beobachten konnten. Über die Ursachen dieses Fehlens der Leukocytose trotz des dauernd hohen Fiebers lassen sich zur Zeit keine bestimmten Erklärungen abgeben. Ich erwähne, dass v. Limbeck dasselbe auf die Inanition der Typhuskranken zurückführt, ohne dass diese Erklärung jedoch viel Wahrscheinlichkeit für sich hätte. Rieder giebt nach seinen Untersuchungen an, dass mit jeder Verschlimmerung im Allgemeinbefinden der Typhuskranken ein weiteres Absinken der Leukocytenzahl zu konstatieren sei, und hält die Verarmung des Blutes an Leukocyten im Verlaufe des Typhus für ein wichtiges differentialdiagnostisches Zeichen, besonders zur Unterscheidung von Pneumonie und Meningitis.

Diese weitgehende praktische Konsequenz der Leukocytenbefunde bei Typhus kann ich schon aus dem Grunde nicht teilen, weil gerade in schwierig zu diagnostizierenden Fällen sehr häufig Komplikationen durch Entzündungen verschiedener Organe vorliegen, welche an sich Leukocytose bedingen können; besonders lassen sich zentrale pneumonische Herde bei derartigen Fällen wohl selten mit Sicherheit ausschliessen. Ausserdem giebt es auch Pneumonien, welche ohne nennenswerte Leukocytose verlaufen. Erwähnenswert ist noch, dass Thayer bei Typhösen nach der Applikation von Bädern Vermehrung der Leukocyten konstatierte.

Bianchi-Mariotti kam bei den Untersuchungen über die Wirkung der löslichen Produkte der Mikroorganismen auf die Isotonie des Blutes zu dem Resultate, dass Kulturen von Typhusbacillen, im Gegensatz zu Milzbrand, Pyocyaneus und Streptococcus auch bei Injektionen mässiger Quantitäten das isotonische Vermögen des Blutes herabsetzen.

Zu erwähnen ist schliesslich noch, dass Livierato den Glykogengehalt des Blutes, welchen er mittels Behandlung von Deckgläschenpräparaten mit Jodgummilösungen nachwies, beim Typhus vom 12. und 20. Krankheitstage in mehr oder weniger grossen Mengen konstatierte, und dass sich derselbe bei komplizierenden Prozessen in den Lungen erheblich steigerte.

Litteratur.

Almquist. Ref. in Baumgarten's Jahresber. 1887. S. 145.
Bianchi-Mariotti. Wirkung der löslichen Produkte der Mikroorganismen auf die Isotonie des Blutes. Wien. med. Presse. 1894. Nr. 36.
Carbone. Un caso di colo-tifo. Gaz. med. di Torino. 1891. Nr. 23.
Chantemesse. De la repticémie typhoide. La sém. méd. 1890. Nr. 12.
Chantemesse et Vidal. Le bacille typhique. Gaz. hebd. de méd. et de chir. 1887. p. 146.
Dunin. Über die Ursachen eitriger Entzündungen u. Venenthrombosen im Verlaufe des Abd.-Typhus. Deutsches Arch. f. kl. Med. 1886. Bd. 39.
Fasching. Zur Kenntnis des Bac. typh. abdom. Wien. klin. Wochenschr. 1892. Nr. 18.
Fraenkel u. Simmonds. 1. Über Typh. abdom. Deutsche med. Wochenschr. 1886. Nr. 1. — 2. Die ätiolog. Bedeutung des Typhusbacillus. Hamb. 1886.
Gaffky. Zur Ätiologie des Abdominaltyphus. Mitteil. aus dem Kaiserl. Ges.-Amt. 1884. Bd. II.
Giglio. Über den Übergang der mikrosk. Organismen des Typhus von der Mutter zum Fötus. Centralbl. f. Gynäkol. 1890. Nr. 46.
Grawitz, E. Über die Bedeutung des Typhusbacillennachweises für die klinische Diagnose des Abdominaltyphus. Charité-Annalen. 1892. Bd. 17. S. 228.
Halla. Zeitschr. f. Heilk. Bd. IV. S. 198.
v. Jaksch. Über Diagnose und Therapie der Erkrankungen des Blutes. Prag. med. Wochenschr. 1890. Nr. 31—33.

Janowski. Zur diagnost. Verwertung der Untersuchung des Blutes bezüglich des Vorkommens von Typhusbacillen. Centralbl. f. Bact. u. Paras. Bd. V. 1889. Nr. 20.
Kelsch. Pleurésie déterminée par le bacille de la fièvre typhoide. La sem. méd. 1892. Nr. 10.
Laache. Die Anämie. Christiania 1883.
Livierato. Unters. über die Schwankungen des Glykogen-Gehaltes im Blute gesunder und kranker Individuen. Deutsches Arch. f. klin. Med. Bd. 53. 1894. S. 303.
v. Limbeck. Klinisches u. Experimentelles über die entzündl. Leukocytose. Zeitschr. f. Heilk. Bd. X. 1890. S. 392.
Lucatello. Sulla presenza del bacillo tifoso nel sangue splenico e suo possibile valore. Cit. in Baumgarten's Jahresber. 1886. S. 176.
Meisels. Über das Vorkommen von Typhusbacillen im Blute und dessen diagnost. Bedeutung. Wien. med. Wochenschr. 1886. Nr. 21—23.
Menzer. Verwertung des Typhusbacillennachweises für die klin. Diagnose des Abd.-Typhus. Dissert. Berlin 1892.
Merkel u. Goldschmidt. Centralbl. f. klin. Med. 1887. Nr. 22.
Neisser. Zeitschr. f. klin. Med. Bd. 23. S. 93.
Neuhaus. Nachweis der Typhusbacillen am Lebenden. Berl. klin. Wochenschr. 1886. Nr. 6 u. Nr. 24.
Redtenbacher. Über den diagnost. Wert der Milzpunktion bei Typhus abdom. Zeitschr. f. klin. Med. 1891. Bd. 19.
Rieder. Leukocytose. 1892.
Rütimeyer. Über den Befund von Typhusbacillen aus dem Blute bei Lebenden. Centralbl. f. klin. Med. 1887. Nr. 9.
Sadler. Fortschritte der Medizin. Bd. IX. 1891.
Seitz. Bakteriol. Studien zur Typhusätiologie. München 1886.
Sittmann. Deutsches Arch. f. klin. Med. Bd. 53. S. 323.
Thayer. Bullet. of John Hopkins Hosp. Baltimore. Vol. IV. p. 30.
Thiemich. Bakteriol. Blutunters. beim Abdominaltyphus. Deutsche med. Wochenschr. 1895. Nr. 34.
Tumas. Deutsches Arch. f. klin. Med. Bd. 41. 1887. S. 323.
Wiltschour. Ätiologie u. klin. Bakteriologie des Typh. abd. Centralbl. f. Bakt. 1890. S. 279. (Ref.)

2. Cholera.

Allgemeines. Die Veränderungen der Blutmischung im ganzen, wie sie unter dem Einflusse der Cholera-Diarrhöen eintreten, sind bei Besprechung der Darm-Sekretion S. 186—189 ausführlich erörtert.

Über die Wirkung frisch entzogenen Cholerablutes bei Übertragung auf gesunde Menschen und auf Tiere äussert sich C. Schmidt nach seinen Erfahrungen, dass gelegentliche Übertragungen von Cholerablut auf frische Wunden an den Händen von Experimentatoren und von Leichenblut bei Anatomen keinen schädlichen Einfluss ausgeübt haben. Auch Injektionen von Cholerablut in das Gefässsystem von Tieren (Katzen) brachten keinerlei krankhafte Erscheinungen hervor. Ähnliche Untersuchungen hat neuerdings Wlajew angestellt und gefunden, dass im Cholerablut weder Bacillen nachweisbar sind, noch eine Giftwirkung desselben auf Meerschweinchen, Tauben und Kaninchen besteht.

Rote Blutkörperchen. Die Zahl derselben nimmt nach Hayem im stadium algidum um $1-1^{1}/_{2}$ Millionen pro ccm zu, ebenso beobachteten Okladnych und Biernacki Vermehrung derselben und zwar letzterer in maximo auf 7,6625000 bei einer 30jährigen Frau im stadium algidum, 24 Stunden nach dem Ausbruch der Erkrankung.

Auf das Zustandekommen des Wasserverlustes im Cholerablute ist auf S. 187 näher eingegangen, es ist hierbei indessen nach den neuesten Untersuchungen von Biernacki zu erwähnen, dass in manchen Fällen das stadium algidum ohne eine erhebliche Eindickung des Blutes verläuft, sodass dieser Autor der Wasserverarmung des Blutes und der Gewebe bei der Cholera keine so hohe Bedeutung beimisst, wie dies im allgemeinen sonst geschieht.

Die Leukocyten sind bei Cholera, wie schon Virchow beobachtete, vermehrt, und neuerdings haben Okladnych und Biernacki konstant ziemlich starke Leukocytose beobachtet, welche insofern ein besonderes Interesse beansprucht, als nach Biernacki's Mitteilungen diejenigen Fälle von Cholera, welche mit hohen Leukocytenzahlen verliefen (40000 bis 60000 und darüber), bald lethal endigten, sodass nach diesem Autor stärkere Grade von Leukocytose im stadium algidum der Cholera prognostisch ungünstige Zeichen sind.

Die chemischen Veränderungen des Blutes sind ebenfalls bereits oben (S. 188) ausführlich besprochen worden. Es ist hier indes ein wichtiger Befund zu erwähnen, welcher die Alkalescenz des Blutes betrifft. Von Cantani wurde nach Untersuchungen seines Assistenten Manfredi berichtet, dass das Blut in den letzten Stadien der Cholera bedeutend an Alkalescenz abnehme, ja sogar intra vitam saure Reaktion zeigen könne. Auch Quincke bestätigt die Herabsetzung der Alkalescenz, und Biernacki hält die starke Verminderung des Natriumgehaltes im Blute für die Hauptursache dieser Alkalescenz-Verminderung. In Übereinstimmung hiermit stehen die Angaben von Hayem und Winter, welche den CO_2-Gehalt des Blutes zumeist tief gesunken fanden.

Litteratur.

Biernacki. Blutbefunde bei der asiatischen Cholera. Deutsche med. Wochenschrift. 1895. Nr. 48.

Cantani. Centralbl. f. d. med. Wissensch. 1884. S. 785.

Hayem. Cit. bei Lukjanow, Pathologie des Gefässsystems. Leipzig 1894. S. 220.

Okladnych. (Russisch.) Cit. bei Biernacki.

Schmidt, C. A. Zur Charakteristik der epid. Cholera. Leipzig u. Mitau 1850.

Virchow s. Rieder, Leukocytose S. 140.
Wlajew. Bakteriol. Unters. d. Blutes Cholerakranker und die schädlichen Wirkungen desselben auf Tiere. (Russisch.) Ref. in Petersb. med. Wochenschr. 1895. (7.)
Winter. Cit. bei Lukjanow. Allg. Pathol. d. Gefässsystems. 1894. S. 220.

3. Masern, Pocken, Scharlach.

Über Blutuntersuchungen bei Krankheiten dieser Gruppe sind in der Litteratur verhältnismässig spärliche Mitteilungen vorhanden. Unzweifelhaft ist gerade in den letzten Jahren das Blut dieser Kranken mit grösster Sorgfalt auf Bakterien und andere Parasiten untersucht worden, besonders in Rücksicht auf das Dunkel, welches trotz aller sonstigen Errungenschaften der Bakteriologie über der Ätiologie gerade dieser Gruppe von Infektionskrankheiten noch heute wie in den früheren Zeiten schwebt. Abgesehen von der Übertragbarkeit des Pockengiftes durch Blut und Lymphe der Kranken sei daran erinnert, dass auch bei Masern Inokulationsversuche schon von Home, ferner von Speranza mit Erfolg ausgeführt und später von Catona bei 1122 Individuen in Ungarn wiederholt worden sind.*) Letzterer ritzte ein Masernknötchen mit der Impfnadel und impfte mit der dabei erhaltenen, mit Blut vermischten Flüssigkeit, zuweilen auch mit den Thränen eines Kranken. Nur 7% der Impfungen zeigten keinen Erfolg; in den übrigen Fällen bildete sich zunächst an der Impfstelle ein roter Hof; um den siebenten Tag stellte sich Fieber ein mit den gewöhnlichen Prodromen der Masern. Zwei bis drei Tage darauf brach die Eruption aus, welche gleich den gewöhnlichen Masern, jedoch viel gelinder verlief. Auch bei Scharlach sind nach Wunderlich Inokulationsversuche mit Erfolg ausgeführt.

Trotzdem nun diese schon seit langer Zeit bekannten Thatsachen ebenso wie die Erfahrungen bei der Pockenimpfung für die Anwesenheit eines direkt vom Kranken mit dem Blut und anderen Säften übertragbaren Infektionsstoffes sprechen, ist es bis heute noch nicht gelungen, in irgend einer Körperflüssigkeit oder einem Exkret Mikroorganismen zu finden, welche als ätiologisches Moment bei denselben anzusehen wären.

Naturgemäss wird gerade bei Untersuchungen des Blutes solcher Kranken hin und wieder auch ein positiver Erfolg erzielt werden, da ja alle diese Krankheiten sich ungemein häufig mit entzündlichen Organveränderungen komplizieren. Wenn man demnach bei

*) Cit. nach Wunderlich, Handbuch der Pathologie u. Therapie Bd. IV. 1856. S. 215.

Scharlach einen Befund von Streptokokken im Blute erhebt, so wird es immerhin zunächst geboten sein, an eine Infektion von der begleitenden Angina aus zu denken. Aus solchen Befunden an Bakterien aber ein ätiologisches Verhältnis derselben zu einer dieser akuten exanthematischen Infektionskrankheiten zu konstruieren, hat sich bisher als unhaltbar erwiesen, und es kann daher hier von der Erwähnung solcher verfrühter Publikationen abgesehen werden.

Rote Blutkörperchen. Aber auch über die morphologischen Veränderungen des Blutes ist bei diesen Krankheiten verhältnismässig wenig bekannt. Speziell sind die Angaben über die Veränderungen der roten Blutkörperchen äusserst spärlich, und nur vereinzelte Beobachtungen von Arnheim, Pick, Reinert, Kotschetkoff sind hier anzuführen. Nach Arnheim kommen bei Masern fast gar keine Veränderungen der roten Blutkörperchen vor; bei Scharlach im Beginne der Erkrankung eine leichte Verringerung, und bei Pocken im Stadium der Rekonvalescenz ebenfalls eine leichte Herabsetzung derselben. Leichtenstern fand in einem mittelschweren Falle von Scharlach mit hohen Temperaturen weder im Verlaufe der Krankheit noch in der Rekonvalescenz bei einem kräftigen 17jährigen Individuum Verminderung des Hb-Gehaltes des Blutes. Dagegen giebt Kotschetkoff an, dass bei Kindern die roten Blutkörperchen allmählich bis etwa auf 3 Millionen absinken und die Regeneration nicht vor 6 Wochen vollendet ist. Baxter und Wilcocks fanden bei Scharlach und Masern keine Änderung der Blutzusammensetzung, und ebensowenig konnte Pick bei einem Pockenkranken Veränderungen der roten Blutkörperchen konstatieren.

Diese kurzen Mitteilungen, welche im wesentlichen darin übereinstimmen, dass besonders bei Masern keine nennenswerten Veränderungen der roten Blutkörperchen und auch bei Scharlach nur geringfügige Herabsetzungen derselben eintreten, stehen in Übereinstimmung mit der praktischen Erfahrung, dass diese unsere häufigsten Exantheme, wenn keine Komplikationen hinzutreten, in der Regel an und für sich keine besonderen anämischen Zustände hinterlassen. Namentlich bei Scharlach dürfte stärkere Herabsetzung der Blutmischung wohl am ehesten auf Rechnung komplicierender Nephritis zu setzen sein.

Leukocyten. Am meisten Sorgfalt hat man auf das Studium der Leukocyten bei diesen Krankheiten verwandt und ist dabei zu folgenden Resultaten gekommen.

1. Für Masern geben übereinstimmend alle Autoren, wie v. Limbeck und Pick, Rieder, Felsenthal das Fehlen einer Leukocytose bei unkomplicierten Fällen an, und Rieder glaubt

sogar, dass die von ihm in einigen Fällen beobachteten subnormalen Leukocytenzahlen zur differentiellen Diagnose zwischen Masern und Scharlach sich verwenden lassen.

2. Bei Scharlach nämlich fand Rieder in zahlreichen Fällen stets eine wenn auch manchmal nur mässig starke Leukocytose. Auch Felsenthal konstatierte dieselbe gegenüber den Masern und machte auf das relativ häufige Vorkommen von eosinophilen Zellen aufmerksam. v. Limbeck und Pick dagegen, wie Halla, konnten bei unkomplicierten Fällen keine Leukocytose nachweisen. Kotschetkoff endlich berichtet, dass eine mittelstarke Leukocytose am zweiten und dritten Tage vor dem Erscheinen des Exanthems beginnt, dann sehr lange, etwa 5—6 Wochen, bestehen bleibt unter vorwiegender Vermehrung der neutrophilen Zellen. Nach diesem Autor sollen die eosinophilen Zellen in schweren Fällen rasch sinken, verschwinden und ihr Nichtvorhandensein demgemäss für eine ungünstigere Prognose sprechen.

3. Für die Pocken ist das Verhalten der Leukocyten in mehreren Arbeiten eingehend studiert worden und schon im Jahre 1870 konstatierte Brouardel, dass am sechsten Krankheitstage die relativ höchsten Leukocytenzahlen vorkommen, dass sich dieselben im apyretischen Stadium vor dem Eintritt der Suppuration vermehren, und nach dem Eintritt derselben wieder vermindern. Spätere Vermehrungen der farblosen Blutzellen deuten nach Brouardel auf Entwickelung von Abscessen, Furunkeln oder andere Komplikationen. Halla und Pée fanden Leukocytose im Suppurationsstadium. Eine besonders eingehende Bearbeitung hat diese Frage durch Pick gefunden, welcher weder im initialen noch im Eruptionsstadium der Pocken Leukocytose beobachtete, dagegen im Suppurationsstadium eine mehr oder minder ausgeprägte Vermehrung der weissen Blutkörperchen fand, die sich indess nicht proportional den Ausbreitungen der Eiterung verhielt.

Litteratur.

Arnheim. Über den Hb-Gehalt des Blutes in einigen, vorzugsweise exanthematischen Krankheiten der Kinder. Jahresber. der Kinderheilk. N. F. XIII. S. 293.
Baxter u. Wilcocks. A contribution to clinical haemometry. Lancet. 1880.
Brouardel. Des variations de la quantité des globules blancs dans le sang des varioleux etc. Gaz. méd. de Paris. 1874. Nr. 11.
Felsenthal. Hämatol. Mitteilungen. Arch. f. Kinderheilk. XV. 1892. S. 78.
Halla. Zeitschr. f. Heilk. 1883. Bd. IV.
Kotschetkoff. Morphol. Veränder. des Blutes bei Scharlach. Wratsch. 1891 Nr. 41. (Ref. in Petersb. med. Wochenschr. 1892. 1.)
v. Limbeck. Zeitschr. f. Heilk. Bd. X. 1890. S. 392.
Reinert. Zählung der Blutkörperchen. 1891.
Rieder. Leukocytose. 1892.

Pick. Untersuchungen über das quantitative Verhalten der Blutkörperchen bei Variola und ihren Komplikationen. Arch. f. Dermat. u. Syph. 1893. Bd. 25. S. 63.

Pée. Untersuchungen über Leukocytose. Dissert. Berlin 1890.

4. Diphtherie.

Bakteriologisches. Die bakteriologischen Blutuntersuchungen spielen bei dieser Krankheit bisher keine klinisch wichtige Rolle. Zwar haben Canon und Frosch im Leichenblute bei einer Anzahl von Fällen Diphtheriebacillen, zumeist im Verein mit Staphylokokken und Streptokokken nachweisen können, doch scheinen die Diphtheriebacillen im cirkulierenden Blute des Lebenden zu den grossen Seltenheiten zu gehören.

Zusammensetzung des Blutes. Über die Veränderungen der Zahl der roten Blutkörperchen bei Diphtherie liegen verhältnismässig wenig Beobachtungen vor. Während Bouchut und Dubrisay bei einer grossen Reihe von Kindern (24) Zählungen nach der Hayem'schen Methode anstellten und hierbei im allgemeinen leichte Herabsetzungen gegen die Normalzahl während der Erkrankungen auf durchschnittlich 4,461 Millionen feststellten, berichtet Reinert über Zählungen bei einer Patientin, welche insofern von besonderem Interesse sind, als zufällig die Zahl ihrer roten Blutkörperchen schon vor der Diphtherie-Erkrankung ermittelt war. Es ergaben sich hierbei:

vor der Erkrankung . . . . 4,584 Mill. r. Blutk.
am 3. Krankheitstage . . . . 5,05 „ „ „
zwei Tage nach dem Aufhören des Fiebers 4,732 „ „ „

mithin eine deutliche Erhöhung der Zahl auf der Akme der Erkrankung.

Ich selbst habe bei einer Anzahl diphtheriekranker Kinder der Charité Untersuchungen über die Veränderungen des spezifischen Gewichts des Blutes angestellt und habe dabei nur solche Kinder ausgesucht, bei denen keine störenden Komplikationen die Blutmischung beeinflussen konnten, bei welchen also weder hohes Fieber noch Dyspnoe vorhanden war und habe in den meisten Fällen eine beträchtliche **Erhöhung des spezifischen Gewichtes des Blutes auf der Höhe der Erkrankung** konstatiert. Ferner habe ich in Tierexperimenten die Wirksamkeit von Diphtheriebacillen resp. deren Stoffwechselprodukten auf die Zusammensetzung des Blutes erprobt und zwar wurden zu diesem Zwecke Diphtheriebacillen in Bouillon kultiviert und in verschiedenen Stadien der Entwickelung die Kulturen teils unverändert, teils nach vorheriger Abtötung der Bakterien steril in die Blutbahn von Hunden und Kaninchen eingeführt. Hiernach liess sich regelmässig ein direkt messbares Steigen des spezifischen Gewichts des Blutes nachweisen, welches wohl auf lymphagoge Einwirkung der Stoffwechselprodukte der Bakterien zurückzuführen war. Es dürfte sich daher auch bei Diphtherie-Erkrankungen des Menschen, in welchen das Blut auf der Höhe der Erkrankung wesentlich konzentrierter erscheint, um derartige Einflüsse infolge von Resorption bakterieller Stoffwechselprodukte handeln. Erwähnt sei hierbei, dass gelegentlich dieser Experimente sich zeigte, dass blutverdünnende Stoffe, wie Kochsalzlösungen und auch z. B. Serum derselben oder einer fremden Thierspezies, diese toxische Einwirkung des Blutes aufzuheben imstande waren.

Beck und Stapa wiesen unter direkter Beobachtung am Manometer nach, dass Einführung von virulenten Diphtherie-Kulturen in den ersten Stunden keine Änderungen des Blutdruckes bedingt, nach 15 Stunden und darüber aber plötzliches Absinken mit nachfolgendem exitus lethalis durch Herzlähmung eintritt, ähnlich wie man es in der Praxis auch in den späteren Stadien der Erkrankung beobachtet.

Leukocyten. Eine Vermehrung der Leukocyten findet sich nach den Angaben von Bouchut und Dubrisay stets bei Diphtherie und nimmt mit der Schwere der Erkrankung zu, sodass sie nach diesen Autoren für die Prognose des einzelnen Falles von Wichtigkeit sein kann. Auch v. Limbeck, Pee und Rieder berichten über stetes Vorkommen von Leukocytose bei Diphtherie, ohne dass dieselbe jedoch für gewöhnlich höhere Grade zu erreichen pflegt.

Litteratur.

Beck, A. u. W. Stapa. Über den Einfluss des Diphtheriegiftes auf den Kreislauf. Wien. klin. Wochenschr. 1895. S. 323.
Bouchut u. Dubrisay. Note sur la numération des globules du sang dans la diphthérite. Compt. rend. Bd. 85. 1877. S. 158.
Canon. Bakteriol. Blutunters. bei Sepsis. Deutsche med. Wochenschr. 1893. Nr. 43.
Cuffer. Recherches sur les altérations du sang dans quelques maladies des enfants du premier âge. Rev. mens. 1878. S. 519.
Frosch. Zeitschr. f. Hygiene. 1893. Bd. XIII. Heft 3.
Grawitz, E. Zeitschr. f. klin. Med. Bd. XXII. Heft 4,5.
v. Limbeck. Klin. Pathologie des Blutes. 1892.
Pée. Dissert. Berlin 1890.
Reinert. Blutzählungen. 1891.
Rieder. Leukocytose. 1892.

5. Sepsis, Pyämie, Eiterungen, Osteomyelitis, Erysipelas.

Diagnostische Untersuchungen. Die in der Überschrift genannten Erkrankungen und andere, welche ebenfalls an die Ansiedelung und Wucherung eitererregender Mikroorganismen in den verschiedenen Organen gebunden sind, haben besonders in den letzten

Jahren nach der bakteriologisch-diagnostischen Seite hin zahlreiche Untersuchungen des Blutes veranlasst. Bekanntlich bieten gerade eiternde oder zur Eiterung führende Prozesse in inneren Organen sehr häufig der Diagnose erhebliche Schwierigkeiten, wobei ich besonders an die sogenannten kryptogenetischen Septiko-Pyaemien erinnere, und es muss daher als sehr wünschenswert erscheinen, diese diagnostischen Schwierigkeiten durch den Nachweis von eitererregenden Bakterien im Blute zu mindern, zumal auch die Prognose in allen diesen Fällen durch derartige Befunde beeinflusst wird.

Die Aussicht, bei Erkrankungen septischer und septikopyaemischer Natur, ulceröser Endokarditis, Phlegmonen, Abscedierungen, Osteomyelitis u. s. w. Bakterien im Blute zu finden, ist von vornherein eine grosse, wenn man die Massenhaftigkeit der Bakterienwucherungen in vielen dieser Prozesse und die engen Beziehungen berücksichtigt, in welchen alle diese Entzündungen zum Gefässsystem stehen, infolge deren die Bedingungen für den Übertritt von Bakterien in die Blutbahn hierbei jedenfalls besonders günstige sein müssen. Zumal bei Fällen von ulceröser Endokarditis sollte man von vornherein ein reichliches Kreisen von Bakterien im Blute als selbstverständlich annehmen.

Wenn trotzdem manche Untersucher über häufige negative Resultate ihrer bakteriologischen Forschungen bei diesen Erkrankungen berichten, so liegt das sicher in vielen Fällen an der Methode, welche die Entnahme reichlicher Quantitäten Blutes unter sicheren aseptischen Cautelen erfordert, wobei es für die Eiterkokken anscheinend gleichgiltig ist, ob das Blut aus dem venösen oder dem kapillaren Bezirk entnommen ist; denn die zahlreichen positiven Bakterienbefunde gerade derjenigen Untersucher, welche das Blut aus der Armvene entnommen haben, sprechen dagegen, dass, wie einige meinen, die Bakterien im kapillaren Bezirk zurückgehalten werden.

Die ersten Befunde von Eitererregern im Blute wurden bei Leichen erhoben, und zwar von Garré, Weichselbaum, Doyen, v. Winckel, Tilanus u. a. — Indes war bei der Entnahme des Blutes von Leichen, auch wenn erst kurze Zeit nach dem Tode verflossen war, der Einwurf naheliegend, dass es sich um postmortale Bakterieneinwanderungen handeln könne. Man ging infolge dessen bald zu Untersuchungen an Lebenden über, und es gelang zuerst Rosenbach in einem Falle von Sepsis Streptokokken und Staphylokokken im Blute nachzuweisen, ein Befund, der allerdings unter einer Reihe von negativen Untersuchungsresultaten vereinzelt dastand. Später konstatierte Garré in einem Falle von Osteomyelitis das Vorhandensein von Staphylokokkus pyogenes aureus im Blute des Lebenden, und v. Eiselsberg konnte kurz darauf über Befunde von Staphylokokken im Blute von zehn fiebernden Verletzten, später auch über einen solchen von Staphylokokkus aureus bei einem Falle von Osteomyelitis berichten, und konstatierte ferner bei vier Fällen von **Wundfieber und Septikaemie** teils Streptokokken, teils Staphylokokken im Blute intra vitam.

Czerniewsky fand bei fünf **Puerperalkranken** Streptokokken, **Stern** und **Hirschler** bei derselben Krankheit Streptokokken und Staphylokokken, **Saenger** bei **Osteomyelitis und Endokarditis** Staphylokokken im Blute.

Bei Pyaemie und Sepsis konnten **Brunner, Hoff** und **Blum** eitererregende Staphylokokken nachweisen, und **Huber** gelang es, dieselben Bakterien im Blute eines **Panaritiumkranken** zu konstatieren.

Weitere positive Befunde von Eitererregern im Blute wurden von **Jordan, Ross, Saenger, Roux** und **Lannois, Levy, Cantu, Bommers** in einzelnen Fällen erhoben.

Von den Arbeiten der letzten Zeit sind besonders die von **Canon** und ferner von **Sittmann** wegen der exakten Ausführung reichlicher Blutimpfungen bei grösseren Reihen von Kranken bemerkenswert. Eigene bakteriologische Blutuntersuchungen ergaben mir bei Sepsis und besonders bei Endocarditis ulcerosa relativ zahlreiche positive Befunde. Auch **Petruschky** konnte in der Mehrzahl seiner untersuchten Fälle bei puerperalen Infektionen, Phlegmonen und Endokarditis pyogene Kokken durch direkte Überimpfung des Blutes der Patienten auf Mäuse konstatieren. Derselbe Autor wies in einem Falle von Wund-Erysipel eine allgemeine Verbreitung der Streptokokken im Blute eines Kranken durch das gleiche Impfverfahren nach. Im Leichenblute wurden die Streptokokken in den verschiedensten Organen von **Hartmann, Hahn** und **Pfuhl** gefunden.

Ausser den eigentlichen eitererregenden Kokken, den Streptokokken und Staphylokokken, mit deren Auftreten im Blute sich die aufgeführten Autoren vorzugsweise beschäftigten, interessieren hier noch besonders zwei Arten von Bakterien, welchen unter Umständen eine eitererregende Wirkung zukommt, und welche auch im Blute der betroffenen Kranken konstatiert sind, nämlich der **Diplokokkus pneumoniae (Fränkel)** und das **Bacterium coli commune**, welches von **Sittmann** und **Barlow** bei einer von jauchiger Cystitis ausgehenden Sepsis im Blute elf Stunden vor dem Tode gefunden wurde.

Endlich kommen bei manchen Mischinfektionen gleichzeitig verschiedene Arten von Bakterien im Blute zur Beobachtung. Bezüglich der Pneumokokkenbefunde im Blute verweise ich auf das Kapitel

„Pneumonie" (S. 226) und betreffs des Bacterium coli commune auf S. 246.

Es sei hier in Bezug auf die Osteomyelitis darauf hingewiesen, dass diese Erkrankung der Knochen nach der Ansicht von Jordan nicht durch einen einzelnen spezifischen Mikroorganismus bedingt wird, sondern unter Umständen durch den Staphylokokkus und den Streptokokkus pyogenes, durch den Pneumokokkus oder das Bacterium coli.

Aus dem Studium der kurz angeführten reichlichen Litteratur und aus eigenen Beobachtungen ergeben sich für den diagnostischen und prognostischen Wert der bakteriologischen Blutbefunde bei dieser Krankheitsgruppe folgende Resultate: Bei aseptischer Entnahme reichlicher Mengen von Blut und Untersuchung von Kulturen auf verschiedenen Nährböden lassen sich in der Mehrzahl der Fälle von Septikopyaemie eitererregende Bakterien nachweisen; mithin kann die bakteriologische Blutuntersuchung für viele der Diagnose schwer zugängliche Fälle sogenannter kryptogenetischer Septikopyaemie in differentialdiagnostischer Beziehung den Ausschlag geben. Negative Resultate sprechen indes nicht direkt gegen das Vorhandensein eines derartigen Krankheitsprozesses. Denn nach den bisherigen Untersuchungsergebnissen muss man annehmen, dass nicht von jedem Eiterungsherde eine bakterielle Überschwemmung des Blutes stattfindet, selbst wenn die deutlichsten Zeichen allgemeiner septischer Infektion im vollsten Masse bei den Kranken ausgeprägt sind.

Nach den negativen Untersuchungsresultaten von Brieger und H. Neumann muss man annehmen, dass auch die Toxine, welche von den Entzündungsherden in die Cirkulation gelangen, ohne Anwesenheit von Bakterien für sich allein die Zeichen septischer Erkrankung hervorrufen können, und irgend ein sicheres Kriterium, ob wir es im gegebenen Falle mit einer derartigen Toxhaemie oder mit einer bakteriellen Septikaemie zu thun haben, lässt sich zur Zeit nicht aufstellen. Natürlich ist bei negativen Befunden auch an die Möglichkeit zu denken, dass nicht zu allen Zeiten im Verlaufe eines Eiterungsprozesses Bakterien im Blute zu kreisen brauchen, und die meisten Autoren geben an, dass die Chancen auf positive bakteriologische Befunde sich sub finem vitae mehren. Es ergiebt sich hieraus die Aufforderung, in wichtigen Fällen sich nicht mit einer einmaligen Blutentnahme zu begnügen, sondern dieselbe bei anfänglichem negativen Ergebnisse zu wiederholen.

Für die Diagnose der ulcerösen Endokarditis haben m. E. diese Blutuntersuchungen eine noch in erhöhtem Masse praktische Bedeutung, zumal gerade diese bösartigen Erkrankungen in der Regel der Fälle im Beginne dem sicheren Erkennen besondere

Schwierigkeiten zu bereiten pflegen. Wenn auch hier einzelne negative Untersuchungsresultate nicht direkt gegen die Diagnose sprechen können, so glaube ich doch nach eigenen Erfahrungen sagen zu dürfen, dass wiederholte negative Ergebnisse bei zweifelhaften Fällen mit grosser Wahrscheinlichkeit gegen eine derartige Affektion sprechen, während positive Befunde von Eitererregern die Diagnose bei Ausschluss anderweitiger Komplikationen in einer sehr sicheren Weise stützen. In einem meiner Fälle konnte ich intra vitam aus dem Befunde von Fränkel'schen Diplokokken im Blute mit grosser Sicherheit die Diagnose auf eine metastatische ulceröse Endokarditis nach Pneumonie stellen, ein Befund, der durch die Obduktion bestätigt wurde. Überschwemmungen des Blutes mit den Kokken des Erysipel scheinen nach den spärlichen positiven Angaben zu urteilen, selten zu sein.

Mit Recht verweist Sittmann darauf, dass die Bakterienbefunde im Blute bei manchen Fällen kryptogenetischer Septiko-Pyaemie geeignet sein können, einen Aufschluss über die Infektionspforte zu geben, z. B. bei dem Befunde von Pneumokokken, die auf die Lunge als Primärsitz, oder von Bacterium coli, das auf die Herkunft vom Verdauungstraktus hinweist. In prognostischer Beziehung ergiebt sich aus zahlreichen Mitteilungen, dass Befunde von Eitererregern im Blute nicht ohne weiteres eine schlechte Prognose bedingen, dass sich unter den einzelnen Bakterienarten gewisse graduelle Unterschiede in der Malignität konstatieren lassen derartig, dass die Streptokokken als die bösartigsten, Pneumokokken dagegen und Staphylokokken als etwas weniger bösartig anzusehen sind.

Zusammensetzung des Blutes. Über die Veränderungen, welche die roten Blutkörperchen bei septischen Prozessen erleiden, liegen einige ältere Untersuchungen vor von Braidwood, welcher dieselben in unregelmässigen Klumpen, zu Stechapfelform verändert und ohne Neigung zu Geldrollenbildung im frischen Blutpräparate beobachtete. Mannassëin konstatierte bei septikämischem Fieber an Säugetieren eine Verkleinerung des Hauptdurchmessers der Erythrocyten. Quincke fand in einem Falle von Pyämie eine sehr erhebliche Abnahme des Hb-Gehalts, und zu den gleichen Resultaten gelangte Patrigeon.

Die Schüler Alexander Schmidt's (Mobitz, v. Goetschel) wiesen bei der Septikämie von Schafen erhebliche quantitative und qualitative Änderungen in der Zusammensetzung der roten Blutkörperchen nach. Namentlich war der häufige Wechsel in dem Verhältnis zwischen Hb- und Stromagehalt der roten Blutkörperchen von Interesse. Es fand sich, dass dieselben sowohl hämoglobinärmer und zugleich stromareicher und umgekehrt werden können. Bond beobachtete im mikroskopischen Präparate bei Blutproben von septisch Inficierten eine Neigung des Hb zur Krystallisation, welche sich besonders am Rande des Deckgläschens in dem Auftreten von nadel- oder stäbchenförmigen Krystallen kundgab. Tumas gab an, dass sich unter dem Einflusse des septischen Fiebers die absolute Zahl der roten Blutkörperchen und die Hämoglobinmenge verringere, und zwar die erstere in viel höherem Masse. Auch die erhöhte Ausscheidung von Harnpigmenten, Kalisalzen und Phosphorsäure deutet auf erhöhten Zerfall von roten Blutkörperchen hin.

In der unter meiner Leitung gearbeiteten Dissertation von Roscher finden sich zahlreiche exakte Blutanalysen bei Septischen, deren Blut in allen Fällen eine erhebliche Herabsetzung der Konzentration zeigte, welche durchschnittlich viel stärker war, als bei anderen Infektionskrankheiten und auch in viel kürzerer Zeit deutlich in die Erscheinung trat. Diese Verdünnung des Blutes war bei schweren Erkrankungsfällen so ausgesprochen, dass sie schon wenige Stunden nach dem Ausbruch der Krankheit deutlich vorhanden war und sie nahm zu proportional der Dauer der Krankheit und der Schwere des ganzen Krankheitsbildes. Wenn die Verdünnung des Blutes in kurzer Zeit so stark wurde, dass der Wert für die Trockensubstanz des Blutes auf $15^0/_0$ und darunter sank, so trat in allen von uns beobachteten Fällen der Exitus lethalis im weiteren Verlaufe der Krankheit ein. Es bildet also dieser rapide Eiweissverlust des Blutes einen gewissen prognostischen Anhaltspunkt, wenn es auch natürlich nicht ausgeschlossen ist, dass auch bei derartigen schnellen Herabsetzungen der Blutmischung durch septische Prozesse noch eine Wiederherstellung möglich ist. Die Zahl der roten Blutkörperchen war in allen Fällen vermindert, die Form derselben zeigte zumeist keine erheblichen Veränderungen, und nur in den schwersten Fällen waren Poikilocytose, Mikrocytose und Makrocytose nachweisbar.

Ganz besonders stark zeigte sich in allen Fällen der Wassergehalt des Blutserum vermehrt, und zwar ging auch dieser Eiweissverlust des Blutserum parallel mit der Schwere des Erkrankungsfalles, sodass in den schwersten Fällen anstatt der normalen $10,5\ ^0/_0$ Trockenrückstand, bis zu $6,25\ ^0/_0$ beobachtet wurden.

Über die Gründe für das Zustandekommen dieser starken Herabsetzungen des Eiweissgehaltes des Blutes lässt sich folgendes anführen: Zunächst liegt es nahe, daran zu denken, dass bei septischen Prozessen ein Zugrundegehen von roten Blutkörperchen bewirkt wird, durch welches die Verdünnungen des Gesamtblutes sich erklären lassen. Ich führe hier eine Krankengeschichte an, welche in der That sehr deutlich für dies Ereignis im Blute spricht.

Eine 44 Jahre alte Frau wurde am 15. September morgens in die Klinik gebracht mit folgender Vorgeschichte, die wegen starker Benommenheit von den Angehörigen erhoben wurde.

Die Kranke war gravida, angeblich im 2.—3. Monat und war bis zum Abend des voraufgehenden Tages völlig gesund gewesen.

Abends gegen 11 Uhr waren profuse Uterinblutungen aufgetreten mit Abgang der Frucht. Nachträglich stellte sich heraus, dass eine Hebamme Manipulationen zur Abtreibung der Frucht vorgenommen hatte. Bereits in der Nacht bemerkte der Ehemann, dass die Frau blaue Flecke im Gesicht bekam, und führte sie zur Charité über.

Hier zeigte die Kranke ein ganz eigentümliches Bild.

Die Hautfarbe war im allgemeinen verwaschen gelblich, die Konjunktiven stärker gelb, das Gesicht war bronzefarben mit tief cyanotischer Färbung der Nase und Wangen; dabei war das ganze Gesicht stark verfallen, sodass man auf den ersten Blick an Cholera denken konnte; doch waren alle Teile von erhöhter Temperatur.

Das Sensorium war benommen, die Temperatur 40° C., der Puls 160 in der Minute, regelmässig.

An den Organen der Brust nichts Abweichendes.

Der mittels Katheter entleerte Urin zeigte tief dunkelrote Färbung und dicke Konsistenz, enthielt in Massen gelöstes Hämoglobin, keine roten Blutkörperchen.

Patientin erbrach blutige schleimige Massen, deren Untersuchung auf etwa genommene giftige Stoffe negativ war.

Gynäkologisch fand sich weiter Cervix, der zwei Finger bequem in den Uterus dringen liess, im letzteren, der etwa Hühnereigrösse hatte, fanden sich einzelne Coagula.

Die bakteriologische Untersuchung dieser blutigen Gerinnsel, die übrigens ganz geruchlos waren, war für die Klärung des eigenartigen Krankheitsbildes von ganz besonderer Wichtigkeit, denn im frischen Ausstrichpräparat fanden sich diese Gerinnsel mit einer ganz enormen Masse allerkleinster Kokken durchsetzt, die sich auf der Kultur später vorzugsweise als **pyogene Staphylokokken** erwiesen.

Es wurde hiernach **foudroyante Sepsis, vom inficierten Uterus ausgehend, diagnosticiert.**

Der Exitus letalis erfolgte bereits nach wenig Stunden, und die Obduktion, die gerichtsärztlicherseits ausgeführt wurde, bestätigte die Diagnosis.

Die Untersuchung des Blutes ergab bei dieser Kranken nur 300000 rote Blutkörperchen im cmm, weisse spärlich. Das Blut enthielt 14,5 % Trockensubstanz und das Serum 13,1 %, und zwar rührte diese letztere hohe Zahl von grossen Mengen Hämoglobin im Serum her.

Es zeigte sich hier also in einem Falle von akutester septischer Infektion eine ganz enorme Hämocytolyse, infolge deren in kürzester Frist über 90 % aller roten Blutkörperchen vernichtet waren.

Muss man also für die Herabsetzung in der Blutmischung bei

septischen Prozessen an ein direktes Zugrundegehen von roten Blutkörperchen denken, so liegen doch meiner Meinung nach noch andere Verhältnisse vor, welche bei septischen Erkrankungen eine schnelle Verdünnung des Blutes begünstigen, und zwar ist dieser Einfluss in der Einwirkung der Stoffwechselprodukte der eitererregenden Staphylokokken und Streptokokken zu suchen, welche nach meinen Untersuchungen eine Verdünnung des Blutes durch Anziehung von Gewebsflüssigkeit in die Blutgefässe bewirken. Man muss hier also ausser an hämatolytische, noch an lymphagoge Wirkungen denken, welche durch die Bakterienprodukte im Blute ausgelöst werden.

Interessant ist die experimentelle Beobachtung von Bianchi und Mariotti (s. S. 247), welche bei Injektion von Stoffwechselprodukten der Eitererreger Hyperisotonie des Blutes konstatierten.

Leukocyten. Die Leukocytose gehört bei allen septischen Erkrankungen zu den häufigsten Begleiterscheinungen. Schon im Jahre 1851 fiel Donders die Vermehrung der weissen Blutkörperchen auf, und alle folgenden Untersucher wie Schulten, Braidwood, Patrigeon, der eine Abnahme der weissen Blutkörperchen nach Eröffnung und Ableitung der Eiterungen beobachtete, ferner Halla und Maragliano, die einen Parallelismus zwischen Schwere der Erkrankung und Leukocytose in Abrede stellen, Kanthak, Rieder, Sadler, v. Limbeck, Krebs, Roscher konstatieren die Häufigkeit der Leukocytose bei allen in dies Kapitel gehörigen Erkrankungen. Während v. Limbeck bei Sepsis puerperalis keine Leukocytose nachweisen konnte und darin eine Bestätigung seiner Ansicht sah, dass nur die mit Exsudation in die Gewebe einhergehenden Infektionskrankheiten während der fieberhaften Periode eine beträchtliche Zunahme der weissen Blutkörperchen zeigen, ist Rieder der Meinung, dass man fast stets Leukocytose konstatieren könne, auch in den Fällen, wo die Sepsis ohne Exsudation einhergehe. Nach eigenen Untersuchungen möchte ich mich dieser letzteren Ansicht anschliessen.

Litteratur.

Blum. Münch. med. Wochenschr. 1893. Nr. 16.
Bommers. Staphylokokkenbefund im Blute eines Osteomyelitiskranken. Deutsche med. Wochenschr. 1893. Nr. 23.
Bond. A contribution to the pathology of the blood. Lancet. Sept. 1887.
Braidwood. On pyaemia or suppurative fever etc. London 1868.
Brieger. Über bakteriologische Unters. bei einigen Fällen von Puerperalfieber. Charité-Annalen. Bd. 13. S. 198.
Brunner. Beiträge zur Ätiologie akuter Zellgewebsentzündungen. Wien. klin. Wochenschr. 1891. Nr. 20 u. 21.

Canon. Zur Ätiologie der Sepsis, Pyämie u. Osteomyelitis. Deutsche Zeitschr. f. Chirurgie. 1893. Bd. 37. S. 571.
Cantu. Setticopiaemia criptogenetica. Rif. med. 1892. No. 96.
Czerniewsky. Zur Frage von den puerperalen Erkrankungen. Arch. f. Gynäkologie. Bd. 33. 1888.
Dennig. Über septische Erkrankungen mit besonderer Berücksichtigung der kryptogenetischen Septikopyämie. Leipzig 1891.
Donders. Nederl. Lanc. Juli 1851.
Doyen. Étude des suppurations etc. Progrès méd. 1886. T. III. p. 222.
v. Eiselsberg. 1. Beiträge zur Lehre von den Mikroorganismen im Blute fiebernder Kranker. Wien. med. Wochenschr. 1886. Nr. 5—8. — 2. Nachweis von Eiterkokken im Blute als diagn. Hilfsmittel. Wien. klin. Wochenschrift. 1890. Nr. 30.
Garré. Zur Ätiologie akut eitriger Entzündungen. Fortschr. der Medizin. 1885. Nr. 6.
v. Goetschel. Vergleichende Analyse d. Blutes gesunder u. septisch inficierter Schafe etc. Dissert. Dorpat 1883.
Grawitz, E. (1) Beiträge zur Bakteriologie d. Blutes etc. Charité-Annalen. 1894. Bd. 19.
Derselbe. (2) Klinisch-experimentelle Blutunters. Zeitschr. f. klin. Med. 1893. Bd. 22.
Derselbe. (3) Haematological researches on the blood by Sepsis. Internat. Clinics. Philadelphia 1894.
Hahn, Martin. Virch. Arch. Bd. 123. 1891.
Halla. Über den Hb-Gehalt des Blutes und die quantitativen Verhältnisse der roten u. weissen Blutk. bei akuten fieberhaften Krankheiten. Zeitschr. f. Heilk. 1883.
Hartmann. Arch. f. Hygiene. 1887.
Hoff. Zur Ätiologie der septischen u. pyämischen Krankheitsprozesse. Dissert. Strassburg 1890.
Huber. Correspondenzbl. f. Schweizer Ärzte. Bd. 22. 1892.
Jordan. Die akute Osteomyelitis. Beitr. z. klin. Chir. 1893. X. 3.
Kanthak. Akute leucocytosis produced by bacterial products. Brit. med. Journ. 1892. Juni.
Krebs. Beitrag zur entzündlichen Leukocytose. Dissert. Berlin 1893.
v. Limbeck. Klin. Pathol. des Blutes. 1892.
Manassëin. Über die Veränderungen in den Dimensionen der roten Blutk. Tübingen 1872.
Maragliano. Beitrag zur Pathologie des Blutes. 11. Kongr. f. inn. Med. 1892.
Mobitz. Experiment. Studien über die quantitativen Veränderungen des Hämoglobin im Blute bei septischem Fieber. Dissert. Dorpat 1883.
Patrigeon. Recherches sur le nombre des globules rouges etc. Paris 1877.
Petruschky. Unters. über Infektion mit pyogenen Kokken. Zeitschr. f. Hygiene. Bd. 17 S. 59 u. Bd. 18 S. 413. 1894.
Pfuhl. Zeitschr. f. Hygiene. 1892. Bd. XII.
Quincke. Über den Hb-Gehalt des Blutes in Krankheiten. Arch. f. path. Anat. u. Physiol. Bd. 54.
Rieder. Leukocytose. 1892.
Roscher. Blutunters. bei septischem Fieber. Dissert. Berlin 1894.
Rosenbach. Mikroorganismen bei den Wundinfektionskrankheiten des Menschen. Wiesbaden 1884.
Ross. Cit. in Baumgarten's Jahresber. 1889. S. 15.
Roux et Lannois. Sur un cas d'adénie infectieuse due au staphyl. pyog. aur. Revue de méd. 1890. Nr. 12.

Sadler. Fortschritte d. Medizin. 1892.
Sänger. Deutsche med. Wochenschr. 1889. Nr. 8.
Schulten. Ergebnisse einiger Untersuchungen in Puerperalkrankheiten. Virch. Arch. Bd. 14.
Sittmann. Bakterioskopische Blutuntersuchungen. Deutsches Arch. f. klin. Med. 1894. Bd. 53. S. 523.
 Hier besonders reiche Litteraturzusammenstellung, auf welche bezüglich kasuistischer Mitteilungen über Befunde von Bakterien im Blute verwiesen wird. Bezüglich der Befunde im Leichenblute sind hier erwähnt: Arbeiten von Karlinsky, Kischensky, Babes, Bonome u. Bordoni-Uffreduzzi, v. Noorden, Guarnieri, Pfuhl, Lenhartz, Campbell, Fischer u. Levy, Gilbert u. Girode.
Sittmann u. Barlow. Über einen Befund von Bact. coli commune im lebenden Blute. Deutsches Arch. f. klin. Med. Bd. 52. 1894.
Stern u. Hirschler. Beitrag zur Lehre der Mischinfektion. Wien. med. Presse. 1888. Nr. 28.
Tilanus. Unters. über Mikroorganismen in einigen chirurgischen Krankheiten. Centralbl. f. Chirurgie. 1886. Nr. 13.
Tumas. Über die Schwankungen der Blutk.-Zahl und des Hb-Gehaltes des Blutes im Verlaufe einiger Infektionskrankheiten. Deutsches Arch. f. klin. Med. 1887.
Weichselbaum. Zur Lehre der akuten Endokarditis. Wien. med. Wochenschr. 1885. Nr. 41.
v. Winkel. Erysipelkokken als Erreger von Puerperalfieber. I. Kongr. f. Gynäkologie. 1886.

6. Tuberkulose.

 Es giebt wohl nur wenig Krankheitsgruppen, bei welchen sich die Zeichen der Anämie in der äusseren Erscheinung der Kranken so deutlich ausprägen, wie bei der Tuberkulose. Indessen fiel schon den älteren Ärzten ein gewisses Missverhältnis auf, welches sich häufig bei Tuberkulösen in einer frisch roten Färbung der sichtbaren Schleimhäute, besonders der Lippen, gegenüber der starken allgemeinen Blässe der äusseren Haut ausprägt.

 Die Zusammensetzung des Blutes ist bei Tuberkulösen, entsprechend der Häufigkeit der Krankheit, von sehr zahlreichen Untersuchern studiert worden, und bei der Durchsicht dieser Litteratur ergiebt sich eine geradezu auffallende Verschiedenheit der Angaben, deren Deutung dadurch erschwert wird, dass auch bei dieser Krankheit von den meisten früheren Untersuchern eine genauere Beschreibung der individuellen Verhältnisse der einzelnen untersuchten Fälle unterlassen worden ist.

 Becquerel und Rodier fanden als Durchschnittszahlen für das spezifische Gewicht des aus Aderlässen gewonnenen Blutes bei vorgeschrittener Tuberkulose sowohl bei Männern wie bei Frauen normale Werte. Malassez konstatierte regelmässig eine Abnahme der Zahl der roten Blutkörperchen, dagegen ermittelte Laache für rote Blutkörperchen und Hämoglobin durchschnittlich in der normalen Grenze sich haltende Werte, sodass Laache zu dem bemerkenswerten Ausspruche kam: dass „Phthise an und für sich in den meisten Fällen keinen Anlass zu bedeutender Anämie giebt."

Ebenfalls innerhalb des Normalen sich haltende Zahlen für rote Blutkörperchen und Hämoglobin fand Oppenheimer und für den Hämoglobingehalt allein Gnezda und Bartazzi, während Leichtenstern und Fenoglio zumeist eine Verminderung desselben fanden. Neubert konstatierte bei der Hälfte seiner untersuchten Phthisiker mehr oder weniger herabgesetzte Zahl der roten Blutkörperchen, in drei Fällen Vermehrung derselben, welche sich nach Dehio durch Wasserverlust infolge Schwitzens erklärt.

Reinert gelangt zu dem Resultat, dass selbst bei hochgradig abgemagerten und heruntergekommenen Schwindsüchtigen eine annähernd normale Menge von Hämoglobin und roten Blutkörperchen vorgefunden wird.

Nach v. Noorden pflegt bei Lungentuberkulose die Blutkonzentration in der Regel nicht wesentlich abzunehmen; eine Abnahme der Blutscheiben und des Hämoglobins um $20^0/_0$ wird selten überschritten, wenn nicht Komplikationen wie starke Blutverluste, Eiterungen, amyloide Degeneration sich hinzugesellen.

Über die Trockensubstanz des Blutes Tuberkulöser finden sich Angaben bei Stintzing, welcher erhebliche Herabsetzungen derselben konstatierte.

Das spezifische Gewicht fand Devoto in acht Fällen zwischen 1050 und 1054, Schmaltz in einem Falle von Lungenphthise 1036, und ebenfalls stark herabgesetzt Peiper, während Sophie Scholkoff verschiedene Werte und Hammerschlag nur dann Herabsetzung des spezifischen Gewichts konstatierte, wenn die Krankheit zu Kachexie höheren Grades geführt hatte.

Über tuberkulöse Knochenerkrankungen sind Untersuchungen von Laker vorhanden, welcher hierbei mit dem Hämometer erhebliche Herabsetzungen des Hämoglobingehaltes feststellte.

Leukocyten. Über das Verhalten der Leukocyten liegen ältere Beobachtungen von Nasse und Samuel vor, welche Vermehrung der weissen Blutkörperchen bei Tuberkulose konstatierten. Ebenso fanden Sörensen und Halla Leukocytose, und zwar stellte letzterer fest, dass sich die Leukocytose nur bei fortschreitender Tuberkulose entwickele, ohne dass sie in bestimmter Weise durch die Temperatur beeinflusst würde. Auch Reinert fand Leukocytose bei Schwindsüchtigen, und Rieder konnte bei vorgeschrittener, besonders fieberhafter Tuberkulose durchschnittlich leichte Leukocytose konstatieren, im Gegensatz zu frischer Tuberkulose, bei welcher keine Vermehrung der weissen Blutkörperchen vorhanden war.

Um mir bei diesen widerspruchsvollen Ergebnissen der Untersuchungen ein eigenes Urteil zu verschaffen, habe ich (1) zahlreiche Untersuchungen in Gemeinschaft mit O. Strauer ausgeführt, welche, kurz zusammengefasst, folgendes ergeben haben.

Auch bei unseren Untersuchungen differierten die Zahlen bei den einzelnen Patienten sehr erheblich, sodass sich sogleich ergab, dass man nicht schlechthin von dem Blute von Tuberkulösen sprechen kann, sondern suchen muss, die Blutbeschaffenheit in den verschiedenen Stadien dieser so überaus wechselvollen Krankheit gesondert zu ermitteln.

Wenn wir zunächst alle Komplikationen der chronischen Lungentuberkulose ausser acht lassen, so treten **drei Phasen der Blutbeschaffenheit** hervor, welche sich deutlich voneinander scheiden lassen.

In der ersten Phase findet man in der Regel im Blute die ausgesprochenen Zeichen der Anämie, nämlich eine Herabsetzung der Zahl der Blutkörperchen, die der weissen Blutkörperchen unregelmässig, die Trockensubstanz des Blutes und des Serum herabgesetzt, ebenso das spezifische Gewicht des Blutes.

Diese Phase findet sich als Regel bei beginnender Spitzenaffektion, wenn noch keine Cavernensymptome vorhanden sind, und steht meist durchaus in Übereinstimmung mit der schon an der äusseren Haut wahrnehmbaren Blässe, ohne dass dabei eine nennenswerte Abmagerung zu bestehen braucht.

Ein mittelwertiges Beispiel liefert die 24jährige W., die vor zwei Jahren einmal Bluthusten, später trocknen Husten gehabt. Dieselbe ist blass, zeigt eine Schallabschwächung über der einen Lungenspitze mit vereinzelten Rasselgeräuschen. Sputum nicht produziert, kein Fieber, keine Schweisse.

Das Blut enthält:

rote Blutkörperchen	4,2 Mill.
weisse Blutkörperchen	6000
Gesamttrockensubstanz des Blutes	18,66 %
Gesamttrockensubstanz des Serum	9,70 %
spezifisches Gewicht	1050,0.

Bei kräftigen Personen ohne äussere Blässe findet man in diesem Stadium der Lungentuberkulose normale Werte.

Die zweite Gruppe bilden sodann alle die Schwindsüchtigen, deren Krankheit chronisch ohne besondere Komplikationen mit der Bildung von Cavernen verläuft, und bei denen Fieber gar nicht oder nur in geringem Grade besteht.

Alle diese Kranken, welche fast ausnahmslos hochgradige Blässe der Haut und mehr oder weniger starke Abmagerung zeigen, bieten nun den **auffälligsten Befund** dar, indem ihre Blutbeschaffenheit nur wenig, oft überhaupt gar nicht von der **normalen Zusammensetzung abweicht.**

Die Zahl der roten Blutkörperchen ist mit geringen Schwankungen annähernd normal, manchmal sogar in der Raumeinheit vermehrt, die der weissen meist zwischen 5- und 10000 im cmm. Die Trockensubstanz des Blutes, wie auch des Serum kann bei völlig normalen Zahlen der Blutkörperchen etwas vermindert sein, häufig zeigt aber auch sie die normalen Durchschnittswerte, ja noch darüber hinaus. Das spezifische Gewicht ist meist etwas höher, als es dem Gehalt an Trockensubstanz entspricht. Ein Beispiel aus dieser Gruppe zeigt folgende Zahlen:

S., 20jähriger, kräftig gebauter Mann mit Cavernensymptomen über der linken Lungenspitze, Tuberkelbacillen im Auswurf, sehr blass, fieberfrei, ohne Schweisse.

Zahl der roten Blutkörperchen	5,5 Mill.
Zahl der weissen Blutkörperchen	10000
Trockensubstanz des Blutes	21,09 %
Trockensubstanz des Serum	9,40 %
Spezifisches Gewicht	1053,0.

Als dritte Phase sind sodann die Stadien zu bezeichnen, in welchen sich zu der Lungentuberkulose stärkere remittierende oder intermittierende Fieber hinzugesellen, und zwar besonders jene Fieber, die man seit alters als hektische bezeichnet, und von denen man neuerdings annehmen zu müssen glaubt, dass sie unabhängig von den eigentlichen tuberkulösen Zerstörungen durch die Fiebererreger in den Cavernen hervorgerufen werden, wohingegen leichte Fieberbewegungen, wie sie auch bei Kranken der zweiten Gruppe zum Teil vorhanden waren, nach Strümpell's Auffassung, der ich mich durchaus anschliesse, durch den tuberkulösen Prozess allein ohne Sekundärinfektion hervorgerufen werden können.

In diesen Stadien trifft man stets eine allgemeine Verschlechterung der Blutmischung an, die roten Blutkörperchen sind stark vermindert, die weissen häufig vermehrt, die Trockensubstanz des Blutes und des Serum sind herabgesetzt, und dementsprechend ist das spezifische Gewicht gesunken. Alle diese Werte gehen meist progressiv mit der Dauer des Fiebers herunter und können sub finem vitae öfters sehr geringe Zahlen aufweisen, falls nicht besondere Komplikationen eine Eindickung des Blutes bewirken.

Es zeigte Th., 20jähriges Mädchen, mit Infiltration beider Lungenspitzen, Tuberkelbacillen im Sputum und starker Blässe, anfänglich fast ganz fieberfrei:

Zahl der roten Blutkörperchen	4,25 Mill.
Zahl der weissen Blutkörperchen	2500
Trockensubstanz des Blutes	20,80 %
Trockensubstanz des Serum	10,28 %

und nach achttägigem hohem Fieber:

Zahl der roten Blutkörperchen	3,00 Mill.
Zahl der weissen Blutkörperchen	6000
Trockensubstanz des Blutes	19,70 %
Trockensubstanz des Serum	10,07 %

Noch stärkere Veränderungen als diese letzte Phase im Verlaufe der chronischen Lungentuberkulose bietet das Blut bei den akuten Formen, die mit hohem Fieber und schnellem Zerfall des Lungengewebes einhergehen und eine Herabsetzung aller der erwähnten Zahlen und Werte, manchmal bis zu ganz abnorm niedrigen Ziffern aufweisen.

So zeigte z. B. die 34jährige Patientin D., an florider Lungentuberkulose mit hohem Fieber bei starken Remissionen leidend:

Zahl der roten Blutkörperchen	0,7 Mill.
Zahl der weissen Blutkörperchen	6000
Trockensubstanz des Blutes	14,43 %
Trockensubstanz des Serum	6,84 %
Specifisches Gewicht	1032,0.

Gesondert von allen diesen Gruppen müssen endlich die Blutbefunde bei den Schwindsüchtigen mit Komplikationen behandelt werden, von denen ich hier folgende erwähnen will.

Hämoptoë bedingt je nach dem Grade ihrer Stärke eine Herabsetzung der Zahl der roten Blutkörperchen und Verminderung der Trockensubstanz des Blutes und des Serum. Kehlkopftuberkulose kann bei Stenosenbildung zur Eindickung des Blutes infolge von Stauung im venösen Gebiete führen und daher die erwähnten Werte erhöhen.

Bei amyloider Degeneration innerer Organe scheint immer Verschlechterung der Blutmischung einzutreten.

Bei Komplikation mit Diabetes mellitus konstatierten wir Eindickung des Blutes.

Kurz zusammengefasst zeigt sich also bei chronischer Lungentuberkulose im ersten Beginn der Erkrankung im Blute eine Verminderung der roten Blutkörperchen und der Trockensubstanz, im zweiten Stadium dagegen, trotz bestehender hochgradiger Blässe und Abmagerung, trotz nachweisbarer Cavernen annähernd normale, manchmal übernormale Zahlen der roten Blutkörperchen mit normalen, in einigen Fällen mässig herabgesetzten Werten für die Trockensubstanz. Bei vorgeschrittener Phthise, zu der sich Fieber stärkeren Grades hinzugesellt, hat, ganz besonders bei den akuten Formen entzündlicher Lungentuberkulose, finden sich für alle erwähnten Bestandteile des Blutes niedrige Werte.

Diese Verhältnisse der Blutmischung, welche in Hinsicht auf die normalen Werte im zweiten Stadium paradox erscheinen, glaube ich in folgender Weise erklären zu dürfen. Zunächst kann wohl kein Zweifel darüber sein, dass Phthisiker im allgemeinen, und besonders solche in vorgeschrittenen Stadien, hochgradig anämisch

sind. Zeigt uns doch jede Sektion die Verarmung der Organe an
Blut in deutlichster Weise. Wenn trotzdem in gewissen Stadien
der Erkrankung der einzelne Blutstropfen eine durchaus normale
Zusammensetzung zeigt, so geht hieraus hervor, dass das Blut in
seinem Gesamtvolumen reduziert und eingeengt sein muss,
eine Thatsache, die auch durch die ungemein enge Beschaffenheit
der oberflächlichen Blutgefässe, besonders der Venen, deren Kapazität dadurch beträchtlich herabgesetzt ist, bewiesen wird.

Wir haben somit im vorgeschrittenen Stadium der Phthise
häufig ohne Zweifel einen Zustand von Oligaemia vera, Verminderung der Gesamtblutmenge, vor uns, wobei die Zusammensetzung des Blutes in der Raumeinheit durchaus normal sein
kann. Durch diese Zusammensetzung erklärt es sich, dass, wo
die Färbekraft des Blutes in den oberflächlichen Gefässen der durchsichtigen Schleimhäute zur Wirkung kommt, man häufig eine frischrote Färbung, gegenüber der allgemeinen Hautblässe konstatiert.

Die nächstliegende Erklärung für diese Einengung der ganzen
Blutmenge ist die, dass durch profuse Sekretionen, ganz besonders des Schweisses, in manchen Fällen des Bronchialsekrets
oder diarrhoische Entleerungen, das Blut eine Eindickung erfahren
hat; und diese Erklärung wird in der That von manchen Autoren
als vollständig ausreichend angesehen.

Ohne nun zu bestreiten, dass diese Verhältnisse in der That
bei manchen Phthisikern die Blutmischung beeinflussen, glaube ich
doch gezeigt zu haben, dass dieselben keineswegs für die grosse
Menge der Phthisiker in der erwähnten zweiten Phase dieser Krankheit eintreffen, dass sich vielmehr die normale Blutbeschaffenheit
auch bei solchen Phthisikern nachweisen lässt, die nicht im geringsten schwitzen und auch sonst keinerlei abnorme Sekretionen
aufweisen. Ja, man kann sogar sagen, dass besonders stark
schwitzende Phthisiker infolge des meist dabei bestehenden hohen Fiebers immer eine Herabsetzung der Bestandteile des Blutes zeigen. Ich glaube vielmehr, dass die Blutmischung der Phthisiker in einer eigentümlichen Weise beeinflusst
wird, für welche die Wirkungsweise des Tuberkulin ein Analogon
bietet. Für dieses Extrakt aus den Stoffwechselprodukten der Tuberkelbacillen ist zuerst von Gärtner und Römer und später von
mir (2) nachgewiesen worden, dass es einen lymphtreibenden Einfluss im Blute ausübt, wie es Heidenhain in seiner bekannten
Arbeit über lymphtreibende Mittel vom Krebsmuskelextrakt u. a.
gezeigt hat, dass nämlich durch das Tuberkulin ein Übertritt von
Flüssigkeit aus dem Blute in die Gewebe hervorgerufen wird.

Im Anschluss an diese Beobachtungen habe ich Extrakte
aus käsig-pneumonischen und käsig-peribronchitischen

Massen tuberkulöser Lungen gehörig zerkleinert, nach der Methode von Heidenhain extrahiert und bei Injektionen deutliche gleichartige lymphtreibende Wirkungen konstatiert wie bei Injektionen von Tuberkulin. Es zeigt sich bei allen diesen Versuchen, dass das Extrakt aus tuberkulösen Massen menschlicher Lungen eine deutliche bluteindickende Wirkung besitzt, infolge deren das spezifische Gewicht des Blutes steigt und die Trockensubstanz sowohl des ganzen Blutes wie auch des Serum allein zunimmt. Diese Verhältnisse erklären m. E. in der natürlichsten Weise die auffälligen Blutbefunde bei Kranken mit vorgeschrittener Lungenphthise; denn in diesem Stadium sind die Bedingungen für die Resorption tuberkulöser Zerfallsprodukte besonders günstig, während im Beginne der Erkrankung dieser Einfluss auf das Blut fortfällt und die Zeichen der Anämie daher auch im einzelnen Blutströpfchen deutlich ausgesprochen sind.

Die starke Herabsetzung der Blutmischung bei hektischen Fieberzuständen erklärt sich aus der Einwirkung der Stoffwechselprodukte der eitererregenden Bakterien, welche nach der heute gültigen Anschauung bei der Entstehung dieser Fieberverhältnisse die wichtigste Rolle spielen. (Vergl. hierüber S. 268.)

Bakteriologische Befunde. Von einzelnen Autoren, wie Weichselbaum, Meisels, Lustig, Sticker, Rütimeyer u. a. sind in Deckgläschenpräparaten vom Blute Tuberkulöser mit einer der gewöhnlichen Färbemethoden Tuberkelbacillen nachgewiesen worden, doch stehen diese Befunde sehr vereinzelt da und müssen in Rücksicht auf die bekannten Schwierigkeiten derartiger Blutfärbungen mit Vorsicht aufgenommen werden.

Wie leicht hier Irrtümer vorkommen können, z. B. durch die Anwendung bereits gebrauchter und nicht vollkommen gereinigter Deckgläschen, zeigen die bekannten Angaben von Liebmann über den vermeintlichen Befund von Tuberkelbacillen im Blute bei der Tuberkulinbehandlung.

Eitererregende Streptokokken, welche bei kavernöser Phthise aus den infizierten Höhlen stammten, konnten von Pasquale und Petruschky relativ häufig im Blute der Leiche, beim Lebenden jedoch von letzterem Autor nur einmal unter acht Fällen nachgewiesen werden.

Irgend eine wesentliche Bedeutung kommt diesen bakteriologischen Blutbefunden bei Tuberkulösen für klinisch-diagnostische Zwecke bisher noch nicht zu. Ob sich das von Krönig empfohlene Verfahren, das Blut zu centrifugieren und das Sediment auf Tuberkelbacillen zu untersuchen, bei zweifelhaften Fällen von Miliartuberkulose als brauchbar erweisen wird, müssen weitere Untersuchungen lehren.

Litteratur.

Barbazzi. Centralbl. f. d. med. Wissensch. 1887. Nr. 35.
Becquerel u. Rodier. Erlangen 1845. S. 104.
Dehio. Petersb. med. Wochenschr. 1891. Nr. 1.
Devoto. Prager Zeitschr. Bd. XI. S. 176.
Fenoglio, J. Über die Wirkungen einiger Arzeneien auf den Hb-Gehalt des Blutes. Österreich. med. Jahrb. Heft. 4. S. 635. 1882.
Gärtner u. Roemer. Wien. klin. Wochenschr. 1892. Nr. 2.
Gnezda. Über Hämoglobinometrie. Dissert. Berlin 1886.
Grawitz, E. 1. Über die Anämien bei Lungentuberkulose und Carcinose. Deutsche med. Wochenschr. 1893. Nr. 51. — 2. Klinisch-experimentelle Blutunters. Zeitschr. f. klin. Med. Bd. 21. Heft 5/6.
Halla. Cit. bei Rieder.
Hammerschlag. Zeitschr. f. klin. Med. Bd. 21. 1892. Heft 5/6. S. 475.
Jakowski. Beitrag zur Frage über die sog. Mischinfektionen der Phthisiker. Blutuntersuchungen etc. Centralbl. f. Bakt. u. Parasit. Bd. 14. 1893 Nr. 23. S. 762.
Krönig. Verhandl. d. Vereins f. inn. Med. 1894. (Deutsche med. Wochenschr.)
Laache. Die Anämie. 1883. S. 63.
Laker, O. Bestimmungen üb. den Hb-Gehalt d. Blutes mittels des v. Fleischl'schen Hämometers. Wien. med. Wochenschr. 1886. Nr. 18. 19. 25—28.
Liebmann. Berl. klin. Woch. 1891. S. 393. (Vgl. Kossel. Ibid. S. 302.)
Lustig. Wien. med. Wochenschr. 1884.
Malassez. Recherches sur la richesse du sang en globules rouges chez les tuberculeux. Progrès méd. 1874. S. 38.
Meisels. Wien. med. Wochenschr. 1884.
Nasse. Cit. bei Rieder.
Neubert, G. Unters. des Blutes bei der, die Phthisis pulm. und das Carcinom begleitenden Anämie. Dissert. Dorpat 1889.
v. Noorden. Lehrb. d. Pathol. d. Stoffwechsels. S. 200.
Oppenheimer. Deutsche med. Wochenschr. 1889. Nr. 42—44.
Pasquale. Ziegler's Beiträge. Bd. XII. 1893. Heft 3.
Peiper. Cnntralbl. f. klin. Med. 1891. S. 217.
Petruschky. 1. Tuberkulose u. Septikämie. Deutsche med. Wochenschr. 1893. Nr. 14. — 2. Unters. über Infektion mit pyogenen Kokken. Zeitschr. f. Hygiene. Bd. XVII. 1894. S. 59.
Reinert. Zählung der Blutkörperchen. 1891.
Rieder. Leukocytose. S. 153.
Rütimeyer. Centralbl. f. klin. Med. Bd. VI. 1885.
Samuel. Cit. bei Rieder.
Schmaltz. Deutsches Arch. f. klin. Med. Bd. 47. S. 145.
Scholkoff, S. Zur Kenntnis des spez. Gew. des Blutes unter physiol. u. pathol. Verhältnissen. Dissert. Bern 1892.
Sticker. Centralbl. f. klin. Med. Bd. VI. 1885.
Stintzing. Verhandl. des Kongr. f. i. Med. 1893.
Strauer. Systematische Blutuntersuchungen bei Schwindsüchtigen und Krebskranken. Dissert. Greifswald 1893. — Zeitschr. f. klin. Med. 1893.
Strümpell. Münch. med. Wochenschr. 1892. S. 50.
Weichselbaum. Wien. med. Wochenschr. 1884.

7. Syphilis (Hautkrankheiten).

Rote Blutkörperchen. Der Einfluss, welchen das syphilitische Virus bei seiner Ausbreitung im menschlichen Körper auf das Blut ausübt, ist in vielen Fällen schon in dem Äusseren der Kranken ausgeprägt, welche — besonders wenn es sich um Frauen handelt — eine allgemeine Blässe und auch sonstige anämische Zeichen darbieten, sodass man geradezu von einer „syphilitischen Chlorose" spricht. Man findet aber andererseits, besonders unter Männern, nicht wenige, welche in ihrem Äusseren nichts von anämisierenden Einflüssen der syphilitischen Infektion verraten, vielmehr ihre habituelle Hautfärbung in unveränderter Weise bewahren.

Diese Verhältnisse haben naturgemäss zahlreiche Ärzte, welche über ein grösseres Krankenmaterial von Syphilitischen geboten, veranlasst, durch Untersuchungen des Blutes einen tieferen Einblick in die Wirkungsweise des syphilitischen Giftes auf die Körpersäfte zu versuchen, indess begegnen wir bei den teilweise sich direkt widersprechenden Ansichten der einzelnen Autoren einem Umstande, welchen ich schon mehrfach erwähnt habe, dass nämlich die Zahlen der Blutanalysen ohne jede individuelle Berücksichtigung des einzelnen Falles zumeist summarisch veröffentlicht sind, sodass man höchstens aus eingestreuten Bemerkungen einen unsicheren Anhaltspunkt über die allgemeine Konstitution der untersuchten Kranken gewinnt. Nimmt man an, dass die syphilitische Infektion einen gewissen schädigenden Einfluss auf die Zusammensetzung des Blutes ausübe, so ist von vornherein klar, dass sich diese Schädigung bei einem in schlechter Wohnung und Verpflegung lebenden Mädchen in viel stärkerem Masse ausprägen wird, als bei einem jungen, robusten, gut genährten Arbeiter.

Über das Verhalten der roten Blutkörperchen unter dem Einflusse der syphilitischen Erkrankung rühren die ersten exakten Untersuchungen von Grassi und Wilbuszewicz her, von welchen der letztere im Beginne des syphilitischen Prozesses eine Verminderung der Zahl der roten Blutkörperchen konstatierte, welche von einer Vermehrung unter dem Einflusse der Quecksilberbehandlung gefolgt war, ein Resultat, welches mit einigen Modifikationen von den meisten Autoren bestätigt wurde. Auch Keyes, Laache, Malassez, Gaillard, Anz und Lezius fanden Abnahme der Zahl der roten Blutkörperchen unter dem Einflusse der syphilitischen Erkrankung, während Sörensen dieselbe nicht konstatieren konnte.

Von den Untersuchern der jüngsten Zeit fand Biegański, dass sich die Zahl der roten Blutkörperchen unter der Wirkung des Syphilisgiftes lange Zeit hindurch nicht verändert, indes muss hierbei bemerkt werden, dass es sich bei diesem Autor fast durchweg um Fälle mit frischer Infektion handelte, welche auch äusserlich keine Zeichen von Anämie darboten. Neumann und Konried geben an, dass sich zur Zeit des Primäraffektes keine Abnahme der Zahl der roten Blutkörperchen nachweisen lässt, dass sich dieselben dagegen bei der konstitutionellen Syphilis bis um ein Drittel der Normalzahl vermindern. Im sekundären Stadium waren konstant Verminderungen der Zahl der roten Blutkörperchen vorhanden, die im tertiären Stadium weniger deutlich ausgeprägt waren. Unter dem Einflusse der Quecksilberbehandlung sahen auch diese Autoren die Zahlen der Erythrocyten wieder bis zur Norm steigen.

Stonkowenkoff beobachtete, dass schon im **Inkubationsstadium**, oft ziemlich lange vor dem Ausbruch des Exanthems eine Abnahme der Zahl der roten Blutkörperchen eintrat, besonders in den Fällen, bei welchen fieberhafte Temperatursteigerungen vorhanden waren. Diese Verschlechterung der Blutmischung steigerte sich beim Ausbruch des Exanthems, ebenso bei jedem Recidiv, während sie unter dem Einflusse der Quecksilberbehandlung schnell rückgängig wurde.

Loos konstatierte bei **hereditär syphilitischen Kindern** eine starke Abnahme der Zahl der roten Blutkörperchen, Schiff fand bei Säuglingen erst nach dem Schwinden syphilitischer Erscheinungen Herabsetzung dieser Zahlen. Bemerkenswert sind bei den Untersuchungen von Loos die zahlreichen Befunde von Megalo- und Mikrocyten und auch von kernhaltigen roten Blutkörperchen, welche bisweilen in ganz ausserordentlicher Menge auftraten. Unzweifelhaft handelte es sich bei diesen Kindern um Formen schwerster Anämie, und Loos giebt selbst an, dass dieselbe mitunter zur unmittelbaren Todesursache für die Kinder wurden.

Hämoglobin. Fast alle bisher aufgeführten Autoren haben auch Messungen mit dem Fleischl'schen Hämometer ausgeführt und konstatieren dabei zum Teil ein relativ schnelles Sinken des Hb-Gehaltes im Vergleich zur Abnahme der Zahl der roten Blutkörperchen. Besonders Neumann und Konried geben an, dass der Hb-Gehalt schon im Stadium des Primäraffektes um $15-30\%$ verringert sei, dass diese Abnahme sich bei älteren unbehandelt gebliebenen Fällen sekundärer Syphilis bis auf 45 und 75% steigere, und dass für die Spätformen der tertiären Lues der niedrige Hb-Gehalt geradezu charakteristisch sei.

Auch Justus fand bei Fällen von nicht behandelter Syphilis im Beginne sekundärer Erscheinungen starken Abfall des Hämoglobin, welches mit der Rückbildung des Krankheitsprozesses wieder zunahm.

Bieganski fand ebenfalls, dass die Färbekraft des Blutes unter der Wirkung des Syphilisgiftes erheblich abnehme und unter dem Einfluss der Quecksilberbehandlung stetig zunehme.

Auch die anderen Autoren und besonders Gaillard und Lezius machen auf eine hervorragend starke Abnahme des Hb-Gehaltes infolge der syphilitischen Erkrankung aufmerksam.

Alle diese Beobachtungen über den Hb-Gehalt sind wegen der angewandten Untersuchungsmethode mit Vorsicht zu verwerten, und besonders trifft das für die angeblich schnellen Steigerungen des Hb-Gehaltes infolge von Quecksilberkuren zu, auf die hier nicht näher eingegangen werden soll (vgl. Schlesinger). Leichtenstern ermittelte mit seiner exakten Methode durch Bestimmung des Extinktionskoeffizienten im Verlaufe einer energischen Quecksilberkur oft beträchtliche Farbstoffverminderung des Blutes.

Leukocyten. Eine Vermehrung der Leukocyten wird bei den meisten Fällen von Lues beobachtet. Sie zog bereits die Aufmerksamkeit von Virchow auf sich, welcher annahm, dass die Leukocytose gerade in jenen Fällen von Syphilis ausgebildet sei, in welchen die Lymphdrüsen in grosser Ausdehnung erkrankt seien. Virchow war der Ansicht, dass, sobald infolge von fettiger Metamorphose in den Drüsen die Zufuhr von Leukocyten zum Blute aufhöre, sich jene Form von Oligämie entwickele, welche man syphilitische Chlorose nennt.

Wilbuscewicz fand, dass unter dem Einflusse des Syphilisgiftes mit der Abnahme der Erythrocyten eine Zunahme der Leukocyten eintrat, und ähnlich äusserte sich Bieganski, welcher besonders eine Zunahme der Lymphocyten fand, ferner Stonkowenkoff, welcher eine Steigerung der Leukocytenzahl auch bei jedem Recidiv beobachtete und Neumann und Konried, welche ein Ansteigen der Leukocyten parallel mit dem Absinken der roten Blutkörperchen und umgekehrt konstatierten.

Loos fand bei hereditär syphilitischen Kindern fast konstant sehr hohe Zahlen für die Leukocyten und unter diesen auch Myeloplaxen, welche ebenso wie die oben erwähnten Megaloblasten und kernhaltigen roten Blutkörperchen mit grosser Wahrscheinlichkeit auf ein starkes Ergriffensein der Knochen hindeuten, die ja bei den syphilitischen Erkrankungen Neugeborener eine wichtige Rolle spielen.

Während Rille ebensowohl eine Vermehrung der Lymphocyten, wie der eosinophilen Zellen und in einigen Fällen schwerer syphilitischer Anämie auch bei Erwachsenen Myeloplaxen (Markzellen Cornils) fand, ermittelte Lezius ein normales relatives Verhältnis zwischen weissen und roten Blutzellen und konnte speziell auch keine Vermehrung der Lymphocyten beobachten, welche man nach

Virchow's Anschauungen über Drüsenreizungen doch vorzugsweise im Blute erwarten müsse.

Auch Sörensen fand die relative Leukocytenzahl normal.

Von **Hautkrankheiten** sei hier anhangsweise kurz erwähnt, dass **Schlesinger bei Pemphigus** die Blutdichte normal und bei Lupus vermindert fand.

Bei einem Falle akuter Dermatose einer an malignem Lymphom leidenden Kranken stellte Wassermann die Diagnose aus der starken Vermehrung der Lymphocyten, da Ehrlich eine einseitige absolute Vermehrung der Lymphocyten bei Pseudoleukämie (im Gegensatz zu Reinert S. 140) annimmt.

Litteratur.

Anz. Über die morphol. Veränderungen des Blutes bei Syphilis. (Russisch.) Ref. in Virch.-Hirsch's Arch. 1892. II. S. 537.
Biegański. Über die Veränderungen des Blutes unter dem Einfluss von Syphilis u. pharmakol. Gaben von Quecksilber-Präparaten. Arch. f. Dermatol. u. Syphilis. 1892. S. 43.
Gaillard. De l'action du mercure sur le sang chez les syphilitiques et les anémiques. Gaz. des hôp. 1885. Nr. 74.
Grassi. L'union médic. 1857.
Justus. Über durch Syphilis verursachte Blutveränderungen. Gesellsch. d. Ärzte in Budapest. Ref. in Allg. med. Central-Zeitg. 1894. S. 140.
Keyes. The effect of small doses of Mercury in modifying the number of the red corpusc. in Syphilis. The Amer. journ. of the med. sc. 1876.
Laache. Die Anämie. 1883.
Leichtenstern. Über den Hb-Gehalt etc. 1878.
Lezius. Blutveränderungen bei der Anämie der Syphilitischen. Dissert. Dorpat 1889.
Liégeois. Gaz. des hôpitaux. 1869.
Loos. Die Anämie bei hereditärer Syphilis. Wien. klin. Wochenschr. 1892 Nr. 291.
Malassez. Arch. de phys. norm. et pathol. 1886.
Neumann u. Konried. Eine Studie über die Veränderungen des Blutes infolge des syphil. Prozesses. Wien. klin. Wochenschr. 1893. Nr. 19.
Rille. Über morphol. Veränderungen des Blutes bei Syphilis und einigen Dermatosen. Wien. klin. Wochenschr. 1893. Nr. 9.
Schiff. Ein Beitrag zur Hämatologie der an Lues hered. u. Rachitis leidenden Säuglinge. Pesth. med.-chir. Presse. 1892. Nr. 3.
Schlesinger. 1. Experimentelle Unters. über die Wirkung lange Zeit fortgegebener kleiner Dosen Quecksilber auf Tiere. Arch. f. exper. Path. u. Pharm. 1880. Bd. 13. — Über die Beeinflussung der Blut- u. Serumdichte durch Veränderungen der Haut etc. Virch. Arch. Bd. 130. S. 145.
Sörensen. Cit bei Reinert, Zählung d. Blutkörp. 1891.
Stonkowenkoff. Über die syphilitische u. merkurielle Chloranämie. Annal. de dermatol. 1892. August.
Virchow. Die krankh. Geschwülste. Bd. II. S. 419.
Wassermann. Lymphämie u. Hauterkrankungen. Dermatol. Zeitschr. Bd. I.
Wilbuscewicz. De l'influence des préparations mercurielles sur le sang. Arch. de phys. norm. et pathol. 1874.

8. Typhus recurrens.

Bakteriologisches. Im Jahre 1873 erschien eine kurze Mitteilung von Obermeier (1), worin derselbe über Befunde von feinsten, spiraligen Fäden im Blute bei Rekurrenskranken berichtete, welche er schon 1868 gelegentlich gesehen, im erstgenannten Jahre jedoch bei einer grösseren Anzahl von Rekurrenskranken lediglich zur Zeit der Fieberperiode gefunden hatte, während sie in der Apyrexie nicht im Blute zu sehen waren. Er beschrieb diese Spirillen oder Spirochäten als feinste Fäden, dünnen Fibrinfäden an Dicke vergleichbar, mit einer drehenden Eigenbewegung um die Längsachse und einer vorschreitenden spiraligen Bewegung. Diese Bewegungen dauerten noch 2—8 Stunden ausserhalb des Organismus fort. Durch mehrere kurz darauf folgende Mitteilungen vervollständigte Obermeier (2) diese Entdeckung noch nach mehreren Richtungen und berichtete speziell über Versuche mit Einspritzung von Rekurrensblut bei Hunden, Kaninchen und Meerschweinchen, wobei sich negative Resultate ergaben.

Sehr schnell folgte auf diese Entdeckung die Bestätigung von anderen Seiten. Bliesener beobachtete, dass die Fäden gewöhnlich am zweiten oder dritten Tage des Anfalls auftraten. Engel fand dieselben ebenfalls bei 18 Kranken während des Fiebers und untersuchte auch das Blut bei anderen Krankheiten — mit negativem Erfolge — auf das Vorkommen derselben.

Weitere Bestätigungen folgten schon im Jahre 1874 durch Birch-Hirschfeld, Weigert, Lebert, Naunyn, Litten und bald darauf von russischer Seite durch Laptschinski, Mannassëin, Djatschenko und besonders Moczutkowsky. Aus dem Jahre 1877 ist besonders noch eine eingehende Monographie von Heydenreich zu erwähnen.

In den letzten Jahren sind wenig neue Mitteilungen über diesen Parasiten erschienen, jedenfalls weil derselbe, mit Ausnahme von Russland, aus Europa verschwunden ist, nachdem gegen Ende der sechziger und im Anfang der siebziger Jahre Epidemien in grosser Ausbreitung besonders in den östlichen Provinzen und Staaten auftraten.

Aus den Erfahrungen der verschiedenen Untersucher gelegentlich dieser grossen Epidemien lässt sich folgendes über die Eigenschaften dieser interessanten Mikroorganismen berichten. Die Spirochäten (spirillum Obermeieri) treten zur Zeit des Fieberanfalles bei Rekurrenskranken zunächst in spärlicher Anzahl im Blute auf, doch sind auch kurz vor dem Beginne des Fiebers geringe Mengen derselben gesehen worden (Heydenreich).

Nach Ansicht der meisten Autoren nehmen dieselben im weiteren Verlaufe des Fiebers zu; indessen giebt es auch zu verschiedenen Tageszeiten Schwankungen in der Zahl derselben. Mit dem Absinken des Fiebers verschwinden die Spirillen aus dem Blute; doch sind sie nach Bliesener noch in geringer Zahl einige Stunden nach Abfall der Temperatur auf ca. 36 $^0/_0$ zu finden. In der Zeit der Apyrexie sind sie in der Regel der Fälle vollständig aus dem Blute verschwunden, und nur vereinzelte Befunde spärlicher Spirillen in dieser Periode werden von Naunyn, Birch-Hirschfeld, Litten, Unterberger erwähnt.

Das Auffinden der Spirillen ist in der Regel nicht schwierig und die Gebilde sind sehr gut schon mit mittelstarken Trockensystemen ohne jede Färbung sichtbar. Die Untersuchung am

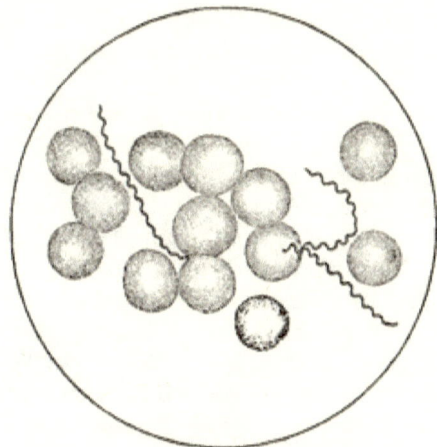

Rekurrens-Spirillen im Blute.

frischen Blutströpfchen empfiehlt sich besonders, weil sich die Spirillen durch ihre lebhaften Bewegungen am sichersten verraten. Man sieht bei Anwesenheit derselben die roten Blutkörperchen plötzlich anscheinend ohne jeden Grund an einer bestimmten Stelle des Präparates in Bewegung geraten und entdeckt dann als Agens dieser Störung die sich lebhaft bewegenden Spirillen.

Man hat hier einen ähnlichen Eindruck wie beim Malariablute, wenn Geisselfäden der Amöben durch ihre lebhaften Bewegungen die roten Blutkörperchen peitschen. Manchmal sind die Spirillen zu mehreren in Knäuelform zusammengeballt. In Trockenpräparaten nehmen die Spirillen die gewöhnlichen Anilin-Bakterienfarben sehr gut an. Karlinski gelang es, Geisseln an einzelnen Spirillen zu färben. Sehr merkwürdig ist die von allen Seiten bestätigte

Thatsache, dass diese Spirillen auf unseren bekannten Bakterien-Nährböden nicht zum Wachstum gelangen. Ausserhalb des Körpers gelang es Heydenreich, die Spirillen 130 Tage lebensfähig zu erhalten.

Die Übertragung des Rekurrensblutes auf Tiere hat sich auch bei späteren Versuchen ebenso fruchtlos erwiesen, wie im Beginne bei Obermeier, und nur bei Übertragungen auf Affen gelingt es, wie Carter zuerst und später Koch gezeigt haben, dieselben zur Entwickelung zu bringen und Fieberanfälle hervorzurufen. Impfungen von Rekurrensblut auf gesunde Menschen sind bekanntlich von Moczutkowsky in Odessa in grösserer Anzahl ausgeführt worden, und zwar mit positivem Erfolge. Im Darmtractus des Blutegels halten sich die Spirillen nach Karlinski längere Zeit lebensfähig.

Über die Fortpflanzung dieser Gebilde herrscht vorläufig noch keine Gewissheit; zwar haben Sarnow und v. Jaksch sporenartige Gebilde im Blute gesehen, aus welchen sich die Spirillen entwickeln sollen, doch bedürfen diese Angaben wohl noch weiterer Bestätigung.

Der Untergang der Spirillen wird nach manchen (Wernich) auf giftige Stoffwechselprodukte der Bakterien zurückgeführt. Metschnikoff dagegen beobachtete eine lebhafte Phagocytose in der Milz, deren fressende Zellen sich ausgestopft fanden mit zusammengeballten Spirillen, und diese Angaben sind durch interessante Versuche von Sudakewitsch bestätigt worden, welcher Rekurrensblut auf Affen übertrug, von denen ein Teil gesund war, während zwei anderen vorher die Milz exstirpiert war. Während die gesunden Affen nach der Periode des Fiebers in die regelmässige Apyrexie übergingen, gingen die entmilzten Affen nach 8—9 Tagen zu Grunde und zeigten massenhaft verfilzte Spirillen im Blute, womit der genannte Autor die Ansicht Metschnikoffs bestätigt, dass die Spirillen vorwiegend in der Milz getötet werden.

Biliöses Typhoid. Von besonderer Wichtigkeit hat sich die Entdeckung dieser Bakterien für die Auffassung einer eigentümlichen Krankheitsform ergeben, welche in ihrem Verlaufe viel Ähnliches mit dem Rückfallfieber hat, indessen sich durch einen besonders schweren Verlauf und das Auftreten von Ikterus auszeichnet, eine Form, die man als Typhus icterodes, biliöses Typhoid, bezeichnet, und welche auch heute noch in Smyrna herrscht. Schon bei einer der grossen Epidemien in der Mitte dieses Jahrhunderts sprach sich Griesinger, welcher diese Krankheitsform in Kairo in grösserem Umfange beobachtete, und für sie den Namen „biliöses Typhoid" vorschlug, entschieden dafür aus, dass dieselbe eine schwerere und im Durchschnitt mehr anhaltende Form des Rekurrensfiebers sei, und diese Auffassung wurde nach der Entdeckung der Spirillen in glänzender Weise dadurch bestätigt, dass es gelang (Moczutkowsky, Meschede, Heydenreich u. a.), im Blute dieser Kranken stets ebenfalls die Spirillen zu konstatieren, ja der Beweis wurde sogar noch stringenter dadurch geführt, dass Moczutkowsky das Blut eines an biliösem Typhoid leidenden Kranken Gesunden einimpfte und dadurch gewöhnliche Rekurrens hervorrief.

Rote Blutkörperchen. Über die Veränderung der Zahl der roten Blutkörperchen liegt bei dieser Krankheit wenig Zuverlässiges vor, da z. B. in der sonst vortrefflichen Abhandlung von Heydenreich die Zählungen lediglich nach dem Verhältnis der roten und weissen Blutkörperchen in einem Gesichtsfelde gemacht sind. Halla und Boeckmann berichten über Verminderungen der roten Blutkörperchen, welche nach Boeckmann schon in der Fieberperiode beginnen und unmittelbar nach der Krise ihren Höhepunkt erreichen sollen.

Leukocyten. — Bei der Untersuchung der farblosen Blutzellen ist besonders das häufige Auftreten von pigmenthaltigen Zellen bemerkt worden, und zwar handelt es sich um Melanin, über dessen Herkunft nichts Sicheres auszusagen ist. Eine derartige Melanämie findet sich ebenfalls bei Malariakranken (s. u.). Die Zahl der Leukocyten ist nach der Angabe von Laptschinsky und der zuletzt genannten Autoren während der Fieberanfälle beträchtlich gesteigert und sinkt zur Zeit der Apyrexie.

Sonstige Befunde. — Schliesslich sei noch eines eigentümlichen Befundes erwähnt, den schon Obermeier, Ponfick, Bliesener, Litten u. a. bei ihren Studien des Blutes dieser Kranken machten, welcher protoplasmatische Bildungen betrifft, die von den genannten Autoren, und besonders Heydenreich genauer beschrieben sind. Diese protoplasmatischen Gebilde werden als kompakte, zumeist aber mit Vacuolen versehene, vielfach zerklüftete Formen beschrieben, farblos, von wechselnder Grösse und zum Teil mit Körnchen und Fetttröpfchen besetzt, manchmal auch rote Blutkörperchen enthaltend.

Über die Bedeutung dieser Gebilde herrschen verschiedene Ansichten, man hat dieselben für Zellen der Milz und des Knochenmarks gehalten, welche während des Fiebers in die Blutbahn geschwemmt würden; man hat sie ferner als verfettete Leukocyten oder Endothelzellen angesprochen, ohne dass jedoch, wie gesagt, bisher eine Klärung hierüber vorhanden wäre. Sacharoff hält diese Protoplasmaklumpen für die spezifischen Hämatozoen der febris recurrens; aus Fragmenten des Protoplasma sollen sich junge Hämatozoenformen entwickeln, welche in die roten Blutkörperchen eindringen und darin heranwachsen; aus Fragmenten ihres Kernes sollen spirochätenähnliche Formen entstehen und dadurch möglicherweise die Obermeier'schen Spirillen. In Rücksicht auf manche Eigentümlichkeiten der Spirillen, welche mit ihrer Klassifizierung unter die Bakterien nicht übereinstimmen (Versagen künstlicher Züchtung) wären weitere Untersuchungen mit den modernen Hilfsmitteln, besonders am erwärmten Objekttisch, bezüglich dieser eigentümlichen Gebilde sehr erwünscht.

Litteratur.

Birch-Hirschfeld. Mitteil. Deutsches Arch. f. klin. Med. Bd. XIII. Heft 3. — Schmidt's Jahrb. 106. Heft 2.
Bliesener. Über febris recurrens. Dissert. Berlin 1873.
Böckmann. Deutsches Arch. f. klin. Med. Bd. XXIX. S. 481.
Carter. Aspect of the blood-spirillum in relapsing fever. Brit. med. Journ. 1881. 1. Oct.
Djatschenko. Das rückkehrende Fieber. Med. Westnik. (russ.). 1875. (Cit. bei Heydenreich.)
Engel. Berl. klin. Wochenschr. 1873. Nr. 35.
Heydenreich. Klin. u. mikroskop. Unters. über den Parasiten des Rückfalltyphus. Berlin 1877.
v. Jaksch. Klinische Diagnostik. 1892.
Karlinski. Weitere Beiträge zur Kenntnis des fieberhaften Ikterus. Fortschr. d. Med. 1891. Nr. 11.
Laptschinsky. Blutkörperchenzählungen bei einem Rekurrenskranken. Diss. (Russ.) 1875. — Centralbl. f. d. med. Wiss. 1875. S. 36.
Lebert. Biliöses Typhoid. Ziemss. Handb. d. spec. Path. u. Ther. Bd. 2. T. 1.
Litten. Die Rekurrensepidemie in Breslau 1872—73. Deutsches Arch. f. klin. Med. 1874. Bd. XIII. S. 155.
Manassëin. Zur Lehre von dem Spirochät. Obermeieri. Petersb. med. Wochenschrift. 1876. Nr. 18.
Moschede. Die Rekurrensepidemie zu Königsberg i. Pr. 1879/80. Virch. Arch. 1887. S. 392.
Metschnikoff. Über den Phagocytenkampf bei Rückfalltyphus. Virch. Arch. Bd. 109. 1887. S. 177.
Moczutkowsky. 1. Experimentaluntersuchung üb. die Inokulationsfähigkeit des Typhus. Vorl. Mitteil. (Russ.) Moskowsky Wratschebny Westnik. 1876. Nr. 4. — 2. Materialien zur Pathologie u. Therapie des Rückfalltyphus. Deutsches Arch. f. klin. Med. Bd. 24. 1879. S. 80.
Naunyn. 1. Über die Obermeier'schen Körperchen im Blute Rekurrenskranker. Berl. klin. Wochenschr. 1874. Nr. 7. S. 81. — 2. Ein Fall von Febr. recurr. mit konstantem Spirochätengehalt. Mitteil. a. d. med. Klinik zu Königsberg. Leipzig 1888. S. 300.
Obermeier. 1. Centralbl. f. d. med. Wissenschaften. 1873. Nr. 10. — 2. Berl. klin. Wochenschr. 1873. S. 391.
Ponfick. 1. Über das Vorkommen abnormer Zellen im Blute von Rekurrenskranken. Centralbl. f. d. med. Wissensch. 1874. Nr. 25. — 2. Virch. Arch. Bd. 60.
Sacharoff. Über die Ähnlichkeit der Malaria-Parasiten mit denjenigen des Febr. recurrens. (Ref.) Centralbl. f. Bakter. u. Paras. Bd. V. 1889. S. 420.

Sudakewitsch. Recherches sur la fièvre récurrente. Annal. de l'Inst. Pasteur. 1891. p. 338.
Unterberger. Febr. recurrens im Kindesalter. Jahrb. f. Kinderheilk. Bd. X. Heft 1/2.
Weigert. Erfahrungen in Betreff der Obermeier'schen Rekurrensfäden. Berl. klin. Wochenschr. 1873. Nr. 49.
Wernich. Berl. klin. Wochenschr. 1880. Nr. 4.

9. Malaria-Erkrankungen.

Parasitologie. — Das Hauptinteresse bei den Blutuntersuchungen Malariakranker hat sich seit der Entdeckung der Malariaparasiten durch Laveran im Jahre 1880 vornehmlich auf das Studium dieser Mikroorganismen konzentriert. Und mit Recht, denn die biologischen Verhältnisse dieser kleinsten Lebewesen, ihre ätiologische Stellung zu den Malariaerkrankungen und die hohe praktische Bedeutung, welche positiven wie negativen Befunden bei Blutuntersuchungen an zweifelhaften Fällen in Rücksicht auf Diagnose und Prognose innewohnt, verdienen vollauf das rege Studium, welches auf diese Organismen verwendet ist, und welches trotz der kurzen, seit der Entdeckung verflossenen Zeit zu einer ganz gewaltigen Litteratur geführt hat.

Die Geschichte dieser Parasiten des Wechselfiebers ist an und für sich zu interessant, als dass sie hier ganz übergangen werden könnte, wenn auch naturgemäss — um den Rahmen des Buches nicht zu überschreiten — nur die wichtigsten Momente derselben angeführt werden können.

Die Malariaparasiten beziehungsweise ihre Produkte hatten das Schicksal, schon seit Jahren von mehreren Beobachtern gesehen zu sein, welche die abnormen Gebilde im Blute beschrieben, ohne jedoch die richtige Deutung derselben zu geben. Schon im Jahre 1847 berichtete Meckel über kleine glashelle Körperchen im Blute einer Geisteskranken, welche ein, zwei, vier und mehr Pigmentkörnchen führten, und besonders reichlich in den feinen Gefässen der grauen Hirnsubstanz steckten. Er unterschied dieselben scharf von den Lymphzellen, und es kann keinem Zweifel unterliegen, dass diese klar gezeichneten Gebilde identisch waren mit unseren heutigen Malariaparasiten. Später erregten diese pigmentierten Gebilde die Aufmerksamkeit von Virchow, in dessen Werken sich mehrfach Bemerkungen über pigmentierte Zellen im Blute finden, und von Rokitanski, auf dessen Veranlassung Heschl dieselben studierte. Planer unterschied ebenfalls die hyalinen pigmenthaltigen Körperchen von den Lymphzellen und hielt dafür, dass das Pigment im kreisenden Blute entstehen könne. Ganz besonders klar beschrieb Frerichs die Veränderungen, welche bei der sogenannten Melanaemie in der Leber, Milz, Lungen, Nieren, und besonders im Gehirn stattfinden, in welchem er neben dem Pigment farblose hyaline Konkretionen fand, welche gewisse Hirnkapillaren vollständig verstopften.

Von diesen wichtigen Befunden wurde die Aufmerksamkeit nach einer ganz anderen Richtung gelenkt, als im Beginne der bakteriologischen Ära auch für diese Krankheiten Spaltpilze als Erreger gesucht, gefunden und beschrieben wurden. Am meisten Aufsehen machten die Mitteilungen von Klebs und Tommasi Crudeli, welche einen Bacillus als Agens der Krankheit aus der Luft, dem Wasser und Boden sumpfiger Gegenden züchteten und in Tierversuchen Erscheinungen durch Injektionen desselben hervorriefen, die analog dem menschlichen Sumpffieber sein sollten. Eine grosse Reihe italienischer Forscher bestätigte im wesentlichen diese Resultate, und die bakteriologische Grundlage der Malariaätiologie schien gesichert.

Da erschienen im Jahre 1880 die ersten Mitteilungen von Laveran an die Académie de Médecine in Paris, in welchen er die hyalinen, kugeligen, kernlosen, zumeist pigmentierten Gebilde im Blute, zu welchen auch gewisse halbmondförmige Abarten hinzukamen, für die Parasiten der Malaria erklärte; und zwar waren seine letzten Zweifel beseitigt worden, nachdem er am 6. November 1880 am Rande mehrerer der erwähnten kugeligen Gebilde bewegliche Geisselfäden bemerkt hatte, deren lebhafte Bewegungen keinen Zweifel über die belebte Natur dieser Elemente liess. Schon 1881 folgte eine genauere Beschreibung seiner Befunde, in welcher Laveran vier Formen der Hämatozoen unterschied: 1. corps sphériques, kugelige Gebilde, 2. flagella, Geisselform, 3. corps en croissant, Halbmond- oder Sichelform, 4. corps segmentés ou en rosace, Rosettenform.

Während die erste Bestätigung dieser Angaben im Jahre 1883 von Reichardt gebracht wurde, welcher den neuen Parasiten vollständig anerkannte, vergingen Jahre, bis diejenigen Untersucher, welchen das grösste Material an Intermittenskranken zu Gebote stand — die italienischen Ärzte — sich zu den Anschauungen Laveran's bekehrten, trotzdem letzterer persönlich im Jahre 1882 Gelegenheit hatte, in Rom die neuen Parasiten zu demonstrieren. Noch im Jahre 1884 bestritten Marchiafava und Celli auf das energischste die parasitäre Natur dieser Gebilde, hielten dieselben vielmehr ebenso wie die Geisselfäden für Degenerationsprodukte der roten Blutkörperchen, und sahen Mikrokokken als die eigentlichen Erreger der Malaria an, während Thommasi Crudeli an der ätiologischen Bedeutung des Bacillus festhielt. Erst zwei Jahre später beschrieben Marchiafava und Celli ähnliche Gebilde wie

Laveran, unter den Namen von Plasmodien, und im weiteren Verlaufe haben dann, nachdem die Theorie der bakteriellen Ätiologie von den meisten — wenn auch nicht allen — verlassen war, gerade italienische Forscher, und zwar ausser den genannten besonders Golgi, Canalis, Bignami, Celli, Guarnieri, Grassi, Feletti u. a. der Biologie dieser Parasiten ein eingehendes Studium gewidmet. Von fremdländischen Forschern sind ferner besonders Councilman, Abbot, Osler, Sternberg, James, sowie Metschnikoff und Chenzinski zu nennen; und in Deutschland resp. Oesterreich, wo diese Studien erst verhältnismässig spät aufgenommen wurden, haben sich besonders Paltauf, Plehn, Quincke, v. Jaksch und Mannaberg um die Erforschung der parasitären einheimischen Malariaerkrankungen verdient gemacht.

Biologisches. Die Parasiten der Malaria stellen kleine Organismen mit einem Plasmaleib dar, welcher anscheinend nur bei gewissen Halbmondformen von einer Cuticula umgeben ist; ihre Grösse ist sehr verschieden und schwankt zwischen 1 und 10 Mikromm. (s. Taf. III). Dieses Plasmagebilde zeigt amöboide Bewegungen, streckt Pseudopodien aus und enthält in seinem Inneren Pigmenteinschlüsse von schwärzlicher Farbe (Melanin), über deren Entstehung man heute wohl ganz allgemein mit Laveran annimmt, dass es Verdauungsprodukte der Parasiten und Überbleibsel der roten Blutkörperchen sind, welche von den Parasiten allmählich gefressen werden. Das Pigment ist entweder punktförmig oder mehr stäbchenförmig angeordnet, und aus Bewegungen dieses öfter sehr zahlreich in einem Parasiten aufgehäuften Pigments kann man auf plasmatische Bewegungen im Innern des Parasiten selbst schliessen.

Die Vermehrung der Parasiten geschieht auf dem Wege der Sporulation, wobei sich in verschiedener Anordnung die Sporen in dem gereiften Leibe des Parasiten ansammeln und einen stärker tingiblen Kern zeigen, der mit zunehmender Reifung der Sporen einen stärkeren Chromatingehalt aufweist. Nach vollendeter Sporulation treten die Sporen aus dem platzenden Parasiten aus und überschwemmen als selbständige kleine Gebilde zuerst extracellulär das Blut, dringen später in die roten Blutkörperchen ein und machen wiederum denselben Entwickelungsgang durch.

Klassifizierung. Über die Stellung dieser Parasiten im zoologischen System ist bis heute noch keine völlige Übereinstimmung unter den einzelnen Autoren erzielt worden. Laveran rechnete dieselben anfänglich zur Familie der Oscillarien, besonders in Rücksicht auf die Geisselform, später wandte er die sehr zweckmässige Bezeichnung als „Hämatozoen" an. Die Bezeichnung als „Plasmodium", welche von den Italienern eingeführt wurde, ist eine unglückliche, da diese Gebilde keinerlei Übereinstimmung mit den Organismen zeigen, welche man sonst in der Zoologie als Plasmodien bezeichnet. Auch die Einreihung als „Hämosporidia" in die Klasse der Sporozoa ist vorgeschlagen worden. Am meisten gebräuchlich ist ihre Bezeichnung als „Haemamoeba", in Rücksicht auf ihre Struktur und amöboide Beweglichkeit; für die schon kurz erwähnte sogenannte Halbmondform hat man als Ehrung für den Entdecker kurzweg die Bezeichnung als „Laverania malariae" vorgeschlagen und acceptiert.

Verschiedene Arten. Über die Einteilung der verschiedenen Formen der Parasiten existiert ebenfalls noch keine Übereinstimmung. Laveran nimmt eine einheitliche Spezies an, welche in verschiedenen Formen auftreten kann und der Polymorphismus wird durch gewisse Dispositionen des befallenen Organismus bedingt. Indes pflichtet ihm nach dieser Richtung hin die Mehrzahl der sonstigen Forscher nicht zu. Man hat vielmehr eine Einteilung im Grundprinzip als richtig angenommen, welche zuerst von Golgi in einleuchtender Weise dadurch festgestellt wurde, dass es ihm gelang, durch fortgesetzt wiederholte Blutuntersuchungen bei Intermittenskranken in verschiedensten Stadien der Erkrankung gewisse Typen des Parasiten für die einzelnen Phasen dieser Krankheit zu ermitteln und hiernach den Entwickelungsgang der Parasiten in Übereinstimmung mit den klinisch zu unterscheidenden Formen des Wechselfiebers klarzulegen. Auf dieser Grundlage soll im folgenden, ohne auf die vielen noch strittigen Hypothesen allzu sehr einzugehen, das Wesentliche über den Entwickelungsgang der verschiedenen Parasitenarten kurz skizziert werden.

1. Der Parasit des Tertianfiebers (Taf. III, No. 3) braucht zu seiner Entwickelung, d. h. zur Reifung durch Sporulation vom Beginne des Auftretens im Blute an, 48 Stunden. Beobachtet man bei einem von diesem Fiebertypus befallenen Kranken Blutproben in steter Reihenfolge, so sieht man im Fieberanfall sowie noch eine kurze Zeit hinterher zahlreiche kleinste, farblose, rundliche oder ovoide Körperchen, sehr ähnlich den gewöhnlich im Blute zu treffenden Zerfallskörperchen, aber von diesen unterschieden durch eine überaus lebhafte Eigenbewegung, welche sie nach verschiedensten Richtungen im Gesichtsfelde hin- und herschwirren lässt. Bald gewahrt man dann, wie diese Körperchen den roten Blutkörperchen adhärieren, wie sie denselben manchmal in grösserer Anzahl an der ganzen Peripherie gleichsam ankleben und dabei lebhaft pendelnde Bewegungen ausführen. Einige Stunden später trifft man weiterhin in mehr oder weniger zahlreichen roten Butkörperchen helle Punkte oder Flecke, die amöboide Bewegungen zeigen und nun anscheinend im Innern der roten Blutkörperchen allmählich wachsen. Dass jedes

dieser kleinsten Körperchen von einem roten Blutkörperchen Besitz ergreife, halte ich für sehr unwahrscheinlich, glaube vielmehr, dass eine grosse Anzahl dieser Sporen zu Grunde geht, da sonst bei der grossen Menge derselben zur Zeit des Fieberanfalles eine noch viel grössere Menge von roten Blutkörperchen zerstört werden müsste, als es in der That geschieht. Das rote Blutkörperchen selbst wird allmählich farbstoffärmer, vergrössert sich häufig, und im fixierten Präparate zeigen die grösser gewordenen Parasiten alle möglichen Formen, die zum Teil durch den Zug und Druck beim Akte der Präparation entstanden sind. Gleichzeitig fällt nunmehr als besonders charakteristisch die Pigmentbildung in Form feinster Stäbchen und Pünktchen auf, die neben der erwähnten amöboiden Bewegung des ganzen Mikroorganismus noch Plasmaströmungen im Innern des Parasiten erkennen lassen.

Im weiteren Verlaufe wächst sodann der Parasit weiter, sodass das rote Blutkörperchen, in welchem er sich entwickelt hat, schliesslich kaum noch an einem zarten Reifen seiner Kontur zu erkennen ist; es tritt endlich in dem Gebilde eine eigentümliche Anordnung ein derart, dass das Pigment sich zu einem Klumpen in der Mitte zusammenballt und eine grössere Anzahl von runden kleinsten Kügelchen sich ziemlich regellos um dies Centrum ansammelt. Diese letzterwähnte Formation stellt die Sporulationsstufe dieser Parasitenart dar, und zwar ist besonderes Gewicht auf die runde Form der kleinen Kügelchen (Sporen) und auf ihre regellose Gruppierung zu legen, die man mit Traubenform verglichen hat.

Diese Sporulationsformen nun finden sich schon kurz vor, ganz besonders zahlreich auf der Höhe des Fieberparoxysmus. Am Ende desselben aber cirkuliert schon ein Teil der frei gewordenen Sporen als kleinste runde Körperchen (s. oben) im Blute, und kurze Zeit nach dem Fieberanfall sind die Sporulationsformen geschwunden und ihre Produkte in der Blutbahn verstreut. Bis zum Auftreten dieser Form vergehen, wie gesagt, 48 Stunden; doch kann auch etwas kürzere oder längere Zeit verlaufen, wodurch sich die seit Alters bekannten Formen der sogenannten „ante-" oder „postponierenden Intermittens tertiana" erklären.

Man hat sich nun aber keineswegs schematisch den Blutbefund bei einer regulären Intermittens tertiana derartig vorzustellen, als ob z. B. 1—10 Stunden nach dem Anfall nur kleinste Formen, und kurz vor dem Anfall nur Sporulationsformen im Blute anzutreffen wären. Vielmehr findet man stets, wenn mehrere Fieberanfälle bereits vorausgegangen sind, in jedem Abschnitte des Krankheitsverlaufes grössere pigmentierte Formen, welche nicht zur Sporulation gereift sind und anscheinend als sterile Körper lediglich dem Zerfall entgegengeben. Es entwickelt sich mithin ebenso wenig aus jeder Amoebe eine Sporulationsform, wie aus jeder freien Spore sich ein fertiger Parasit entwickelt. Je länger die Krankheit ohne Beeinflussung durch Medikamente besteht, um so zahlreicher sind die Befunde an allen möglichen Entwickelungsformen des Parasiten.

2. Die Entwickelung des **Parasiten der quartanen Intermittens** (Taf. II, No. 2) erfolgt in einer ganz ähnlichen Weise wie beim Tertiantypus, und der hauptsächlichste Unterschied ist der, dass hier die Zeit bis zur Reifung 72 Stunden dauert, mithin alle Phasen der Entwickelung langsamer ablaufen, als bei der ersten Form. Morphologisch findet sich bei dieser Form ein wichtiger Unterschied in dem Aussehen der Sporulationsform, welche auch hier mit dem Fieberanfall auftritt und in der Regel unter zentraler Anordnung des Pigments einen Kranz regelmässig gestellter ovaler Körperchen aufweist, welche ihr den passenden Namen der „Gänseblümchenform" eingetragen haben. Andere morphologische Unterscheidungen, wie z. B. eine plumpere Form des Pigments, eine geringere Plasmabewegung und eine geringere Entfärbung des roten Blutkörperchens, werden von manchen angegeben, dürften jedoch, wenn sie wirklich für alle Fälle zutreffen sollten, kein praktisches diagnostisches Interesse haben.

3. Die Febris quotidiana hat nach allen bisherigen Mitteilungen, besonders in unserm gemässigten Klima und in denjenigen Fällen, welche regulär verlaufen, **keine eigentümlichen Parasitenformen** aufzuweisen, vielmehr muss man mit Golgi annehmen, dass diese Quotidiantypen dadurch entstehen, dass gleichzeitig im Blute **zwei Generationen des Tertian-Parasiten** existieren, von welchen die eine am ersten Tage, die andere am zweiten Tage zur Reife gelangt und den Fieberanfall auslöst, dann wieder die erste am dritten Tage, die zweite am vierten Tage und so fort, sodass diese Fälle demnach als eine **Tertiana duplex** anzusehen sind, oder — wenn es sich um den Quartantypus handelt — als eine **Quartana triplex**.

4. Während die meisten Autoren über die bisher erwähnten Formen der Parasiten im allgemeinen übereinstimmen, sind von einzelnen Forschern noch verschiedene Varietäten aufgestellt worden, welche als charakteristisch für die irregulären, kontinuierlichen und remittierenden Formen der Intermittens gelten sollen, zur Zeit aber noch keineswegs anerkannt sind, und die ich deswegen nur kurz erwähne.

Marchiafava und Celli (4) beschreiben einen Parasiten, welcher bei den zur Sommer- und Herbstzeit in Italien vorkommenden Intermittenten von vorwiegend quotidianem Typus regelmässig zu beobachten sein soll, und zwar sind nach den genannten

Autoren die Sporulationsformen desselben selten im kreisenden Blute, vorzugsweise in den Organen (Milzpunktion) nachzuweisen. Man bezeichnet denselben als Parasiten der quotidianen italienischen Sommer-Herbstfieber.

Eine weitere Parasitenart ist von Marchiafava und Bignami als charakteristisch für gewisse maligne Tertianformen beschrieben worden, indessen haben diese Publikationen zahlreiche Widersprüche erfahren.

5. **Halbmondformen.** Nicht minder umstritten ist die Stellung, welche dasjenige Gebilde einnimmt, das zuerst von Laveran beschrieben und nach ihm benannt ist, die sogenannte Laveran'sche Halbmondform. Diese Gebilde treten teils als Halbmonde, teils als Spindeln auf (s. Taf. III Nr. 1), zeigen eine Cuticula und enthalten Pigment, welches zumeist in Sternform im Centrum oder mehr nach einem Pole zu zierlich angeordnet ist, in selteneren Fällen mehr zerstreut liegt, was nach Mannaberg auf ein jugendliches Alter der Formen deuten soll. Amöboide Beweglichkeit zeigen diese Halbmonde nicht, sondern nur selten geringe Änderungen ihrer Gestalt. Ihre Entwickelung vollzieht sich innerhalb der roten Blutkörperchen, von denen man bei den älteren Formen noch feine Reste der Konturen häufig wahrnehmen kann. Über ihre Stellung im System lässt sich folgendes mit Sicherheit sagen. Die Halbmonde können nicht für charakteristische Formen irgend einer Art der Malaria-Erkrankungen gelten, sie finden sich vielmehr in südlichen und tropischen Gegenden stets als Zeichen irregulärer Formen, welche zumeist schwer verlaufen. Bei unseren einheimischen Fiebern in Deutschland sind sie bisher niemals beobachtet worden, ihre Tenacität ist augenscheinlich eine sehr grosse, und man findet die Halbmonde bei chronischen irregulären Formen tropischer Malaria noch lange Zeit nach Ablauf des letzten Fieberanfalles. Der Nachweis derselben ist gerade aus diesem Grunde wichtig, weil sie unter allen Umständen ein Zeichen dafür sind, dass das Malariagift noch im Körper des betreffenden Individuum steckt.

Geisselfäden kommen als zarte und leicht zerfallende Gebilde sowohl an den Halbmondformen, wie an den grossen, reifen Formen der vorher beschriebenen Parasiten vor und fallen im frischen Präparat durch ihre lebhafte Beweglichkeit auf. Nach Laveran stellen ihre Träger ausgereifte Entwicklungstypen, nach Marchiafava, Celli u. a. dagegen agonale Formen der Parasiten dar.

6. **Einheimische Formen.** Über die Formen unserer in Deutschland einheimischen Malariaparasiten lässt sich so viel sagen, dass dieselben sowohl dem quartanen wie tertianen Typus angehören, wenn auch manche Beobachtungen, z. B. die von Plehn und

Bein, Zweifel über die völlige Identität dieser Typen mit den oben geschilderten der italienischen Autoren erwecken. Auch bei den einheimischen Intermittenten finden sich die Parasiten in allen Fällen im Blute; dagegen kommen hier, wie schon bemerkt, die Halbmondformen nicht zur Beobachtung.

7. **Perniciöse Malaria-Formen.** Zu erwähnen ist endlich noch eine Abart der Malaria-Erkrankungen, welche seit langem in einem besonders schlechten Rufe steht und in neuester Zeit, seitdem sich das Interesse weiterer Kreise den Akklimatisationsbedingungen in tropischen Gegenden zugewandt hat, gerade von deutschen Ärzten im Gebiete unserer Kolonien in Afrika und im Grossen Ocean des genaueren erforscht ist. Es handelt sich um die schwerste Form tropischer Malaria, welche kurzweg als „perniciöses Fieber" oder als „Gallenfieber", von den Engländern nach der dunklen Farbe des Urins als „Blackwater fever" und daher von den Deutschen als „Schwarzwasser-Fieber", von den Franzosen als „fièvre bilieuse haematurique" bezeichnet wird, und dessen vornehmlichste Symptome schwerer initialer Schüttelfrost mit nachfolgendem unregelmässigen Fieber, Benommenheit, Delirien, schweres Ergriffensein und starke Dissolution roter Blutkörperchen mit erheblicher Hämoglobinurie bilden.

Diese Fieber, welche keineswegs immer tötlich enden, kommen besonders in gewissen tropischen Fiebergegenden wie West- und Ostafrika häufig vor und sind von Schellong, Kohlstock, Steudel und Plehn näher studiert und beschrieben worden; auch in unserer gemässigten Zone hatte ich selbst Gelegenheit, einen derartigen Krankheitsfall bei einem aus Ostafrika zurückgekehrten Soldaten hier in Berlin zu beobachten.

Während nun die Mehrzahl der bisherigen Untersucher bei diesen schweren Formen der Malaria-Erkrankung keine Parasiten im Blute konstatieren konnte, gelang es Plehn (2) in Kamerun eine sehr kleine pigmentlose Form von Amöben im Blute derartiger Kranken zu finden, welche in maximo die Grösse des vierten Teils eines roten Blutkörperchens erreicht und von welchen er in der Berliner Medicinischen Gesellschaft auch Sporulationsformen, die an Rosettenform erinnerten, sowie freie Sporen demonstrierte. Über die Stellung dieser durch ihre Kleinheit, schwere Färbbarkeit, ovale Form und Bösartigkeit charakterisierte Form gegenüber den anderen erwähnten ist zunächst nichts Sicheres zu sagen. Es bleibt abzuwarten, ob sich auch anderen Untersuchern dieselben Formen bei genaueren Untersuchungen dieser schwereren Art der Malaria zeigen werden.

Ebenso bleibt abzuwarten, ob auch für andere schwere Formen der Intermittens, von welchen Baccelli kürzlich über völlig negative Befunde von Parasiten in den ersten Tagen und spärliches Auftreten in der späteren Zeit berichtet, dieser anscheinend schwierig zu entdeckende Parasit von Plehn sich wird nachweisen lassen oder ob sich auch bei genauester Durchforschung des Blutes nach dieser Richtung die Ansicht Baccelli's bestätigen wird, dass manche Menschen an schwerem, deutlich als Malaria charakterisierten Fieber sterben, ohne Parasiten im Blute aufzuweisen.

Aus eigener Erfahrung kann ich berichten, dass bei chronischen, irregulären Intermittensformen von Kranken, welche aus den Tropen zurückkehren, oft eine mehrstündige sorgfältige Durchmusterung der Blutpräparate nötig ist, um ein einziges Exemplar des Parasiten zu finden.

Künstliche Infektion. Im Anschluss an diese allgemein biologischen Eigenschaften der Parasiten seien kurz die Impfversuche erwähnt, welche zuerst von Gerhardt im Jahre 1884 mit dem Blute von Intermittenskranken ausgeführt wurden, wonach die geimpften Personen an demselben Fiebertypus erkrankten. Diese Beobachtungen wurden später von Baccelli, Bein, Gualdi und Antolisei bestätigt, und es fanden sich bei den Geimpften, mit ganz geringen Ausnahmen (Bein) dieselben Fiebertypen und Parasiten im Blute, wie bei den Kranken, denen das Blut entnommen war. Auch diese Impfresultate sprechen sehr für die Richtigkeit der oben erwähnten Einteilung der Parasitenformen, besonders des Tertian- und Quartantypus.

Über den Untergang der Parasiten ist so viel mit Sicherheit zu sagen, dass die meisten sterilen älteren Formen von selbst zerfallen und zu Grunde gehen und die lebensfähigen durch die Einwirkung des Chinin getötet werden. Ausserdem aber hat Metschnikoff auf die dem Körper eigentümlichen Schutzmittel gegen diese Parasiten aufmerksam gemacht und gezeigt, dass die Phagocyten der Milz und des Knochenmarkes eine sehr energische Verteidigungsthätigkeit den Parasiten gegenüber entwickeln, Angaben, welche von Bignami im wesentlichen bestätigt sind. Eine Vernichtung der Parasiten durch die Leukocyten des cirkulierenden Blutes ist bisher nicht beobachtet worden.

Bei Sektionen findet man nach schweren Malaria-Infektionen häufig Verstopfungen der Kapillaren im Gehirn, der Leber, Milz etc. durch die schwarzpigmenten Parasiten und schollige Zerfallsprodukte derselben.

Modus der Infektion. Die rätselhafte Art und Weise der Übertragung dieser Parasiten in den sumpfigen Fiebergegenden auf den Menschen, welche man auch heute noch als eine miasmatische bezeichnen muss, hat zu vielfachen Untersuchungen darüber geführt, wo sich diese Parasiten ausserhalb des Menschenkörpers im Naturreiche vorfinden, und man hat naturgemäss besonders dem Vorkommen derselben im Tierreiche nachgeforscht. Als erster wies Gaule im Froschblut Würmchen nach, und besonders Danilewski hat Hämamöben bei Eidechsen, Schildkröten und manchen Vögeln, Celli und San Felice dieselben ebenfalls im Vogelblute nachgewiesen. Doch bestehen trotz dieser interessanten Ergebnisse über den Modus der Infektion bei Menschen nur erst Vermutungen.

Diagnostische Bedeutung. Die klinische Bedeutung dieser Parasitenbefunde ist für die Diagnose und für die Therapie eine erhebliche. Positive Befunde besonders bei unregelmässigen und verschleppten Formen von Intermittens, ferner positive Befunde bei solchen Individuen, welche Malaria vor längerer Zeit in südlichen Gegenden überstanden haben, besitzen, wie ohne weiteres verständlich ist, eine hohe Bedeutung. Auch die Dignität des einzelnen Falles wird durch den Befund z. B. von Halbmondformen in erheblicher Weise beeinflusst. Und endlich lässt sich für den gegebenen Fall aus dem Auftreten von Sporulationsformen auf den bevorstehenden Ausbruch des Fieberanfalles, und aus dem Befunde von zahlreichen grossen Formen auf die Dauer und Schwere des Falles ein Rückschluss ziehen. Aber auch der negative Befund kann unter Umständen von erheblicher Bedeutung sein, besonders wenn er von einem geübten Untersucher bei mehrmaliger Wiederholung erhoben wird, und kann z. B. die Differentialdiagnose gegenüber intermittierenden Fiebern Tuberkulöser oder Septischer erleichtern. Praktische Belege für die Wichtigkeit dieser Untersuchungen finden sich u. a. in den Mitteilungen von Hertel und v. Noorden u. a.

Technische Schwierigkeiten der Untersuchung. Um indes ein sicheres Urteil bei der klinischen Untersuchung abgeben zu können, bedarf es sicherer Untersuchungsmethoden; denn wenn auch bei ausgesprochenen Fällen die Parasiten in reichlicher Zahl im Blute kreisen und relativ leicht zu finden sind, so bedarf es doch bei frischeren oder unregelmässigen Fällen, welche gerade der Sicherung der Diagnose am notwendigsten bedürfen, häufig eines sehr sorgfältigen und stundenlangen Durchmusterns der mikroskopischen Präparate. Ich gebe deshalb nach eigenen Erfahrungen einige kurze Ratschläge über das zweckmässigste Verfahren bei derartigen klinischen Untersuchungen, verweise jedoch in Bezug auf die Details, besonders der Färbetechnik, auf die diagnostischen Lehrbücher.

Die Hauptsache bei diesen Untersuchungen ist ohne Zweifel, vom frischen Blutströpfchen ein möglichst dünnes Präparat anzufertigen und dasselbe bei Vergrösserungen von mindestens 5—700 genau zu durchmustern. Zu Beobachtungen von Bewegungen ist ein erwärmter Objekttisch notwendig. Beim Durchforschen dieser Präparate stellen sich nun jedem Untersucher differentialdiagnostische Schwierigkeiten dar, welche sehr häufig durch die sogenannten Vakuolenbildungen in den roten Blutkörperchen hervorgerufen werden, d. h. eigentümliche farblose, kugelige oder unregelmässige Bildungen, welche besonders bei verschiedener Schraubendrehung eine deutliche Bewegung zeigen und daher sehr leicht amöboide Bewegungen vortäuschen können.

Diese eigentümlichen Veränderungen an den roten Blutkörperchen, welche übrigens durch einen gewissen Glanz ihrer Konturen auffallen, enthalten natürlich kein Pigment, sind auch bei beliebigen anderen Kranken zu entdecken und beruhen meines Erachtens auf Kontraktilitätsvorgängen im Stroma der roten Blutkörperchen. Mit völliger Sicherheit kann man die Diagnose auf Hämatozoen stellen, wenn man in den endoglobulären Gebilden das Pigment deutlich erkennt oder bei scharfen Vergrösserungen, womöglich auf erwärmtem Objekttisch sich mit Sicherheit von den amöboiden Bewegungen überzeugen kann. Durchaus abzuraten ist, in schwierigen Fällen die Diagnose lediglich aus dem gefärbten Präparate stellen zu wollen, denn es kommen hier auch andere Partikelchen in Betracht, welche die Farbstoffe gut annehmen und Parasiten vortäuschen können.

Zur Färbung selbst möchte ich, um diesen Punkt hier nur kurz zu erwähnen, keine von den zusammengesetzten Farbmischungen empfehlen, sondern lieber derartig vorzugehen, dass man das frisch abgezogene Präparat in konzentriertem Alkohol fixiert, abspült, sodann mit einer Eosinlösung intensiv färbt und nach Abspülen für kurze Zeit konzentrierte wässerige Methylenblau-Lösung auf das Deckglas thut, bis das Präparat statt der ersten intensiv roten Färbung einen leicht violetten Schein angenommen hat. Man bekommt alsdann eine klare blaue Färbung der Parasiten, Rotfärbung der roten Blutkörperchen und vermeidet die sich unausbleiblich bildenden Farbstoffniederschläge, welche sich beim Zusammenbringen des sauren Eosin und alkalischen Methylenblau bilden.

Rote Blutkörperchen. Die Veränderungen, welche die roten Blutkörperchen bei allen Formen von Malariaerkrankungen erleiden, sind leicht verständlich, wenn man die im Vorhergehenden beschriebene Invasion der zahlreichen Mikroparasiten in die roten Blutzellen mit dem Ausgange in völlige Zerstörung berücksichtigt. Dass sich die Zahl der roten Blutkörperchen infolge dessen erheblich verringert, ist eine allgemein anerkannte Thatsache, und wie stark diese Verminderungen sein können, ergeben z. B. die älteren Beobachtungen von Kelsch, welcher nach 20—30tägiger

Dauer einer Intermittens die roten Blutkörperchen auf den fünften, ja auf den zehnten Teil des normalen Bestandes herabgesetzt fand. Auch andere Autoren, wie Boeckmann, Halla, Hayem, Dionisi, Schellong geben durchweg niedrige Zahlen im Verlaufe von Intermittens an, welche nicht selten bis auf 1 Million und noch weniger im cmm heruntergehen. Besonders schnell ist anscheinend die Abnahme in der ersten Zeit der Erkrankung, während später die Abnahme in langsamerem Tempo erfolgt.

Dauert die Erkrankung längere Zeit, so finden sich auch morphologische Veränderungen an den roten Blutkörperchen; es treten zunächst Poikilocyten, dann Mikrocyten und Makrocyten auf und in sehr chronischen Fällen von Malariaerkrankungen, welche zur Entwickelung einer ausgesprochenen Malaria-Kachexie führen, findet man Blutbefunde, welche durchaus analog denjenigen bei schwerster sogenannter primärer Anämie sind, d. h. neben einer Verringerung der roten Blutkörperchen auf minimale Zahlen die charakteristischen Krüppelformen, untermischt mit grossen, teilweise kernhaltigen Megaloblasten, Mikrocyten und Herabsetzung des Hb- und Eiweissgehaltes auf sehr niedrige Werte darbieten. Es können also diese schwersten chronischen Formen durchaus unter dem Bilde der perniciösen Anämie zum Tode führen.

In akuter Weise tritt eine besonders starke Degeneration der roten Blutkörperchen bei den erwähnten „perniciösen Formen" der Malaria auf und es werden hier im Verlauf von wenigen Tagen derartig grosse Massen der roten Blutkörperchen zerstört, dass, wie geschildert, schwerste Formen von Hämoglobinurie als Folgezustände auftreten. Mannaberg beobachtete bei einem derartigen Falle am vierten Tage der Erkrankung 3,131 Millionen rote Blutkörperchen und 60 % Hb; am siebenten Tage 2,112 Millionen rote Blutkörperchen und 45 % Hb. Ich selbst habe bei einem derartigen Kranken eine Abnahme der roten Blutkörperchen um vier Millionen in sechs Tagen beobachtet, und ebenso berichten Steudel und Plehn über starke Herabminderungen der Zahl der roten Blutkörperchen und des Hb-Gehalts bei diesen bösartigen Formen. Im frischen Blutpräparate sieht man bei einem derartigen Kranken, ähnlich wie bei Zuständen von akuter (paroxysmaler) Hämoglobinurie, zahlreiche blasse, schattenartige Scheiben, welche lebhafte Gestaltsveränderungen zeigen, sich falten, kontrahieren, und als ausgelaugte, d. h. des Hb beraubte rote Blutscheiben zu erkennen sind (vgl. S. 153).

Muss es schon bei den gewöhnlichen Formen von Intermittens zweifelhaft sein, ob die Degeneration der roten Blutkörperchen lediglich durch die Invasion von Parasiten in dieselben hervorgerufen wird, so ist es bei diesen letztgenannten Formen schwerer Malaria sehr wahrscheinlich, dass die bei weitem grösste Menge der roten Blutkörperchen durch ein anderes schädigendes Agens toxischer Natur, dessen Wesen uns noch völlig unbekannt ist, zu Grunde gehen, dass es sich also hierbei um Intoxikationszustände im Blute handelt, welche explosionsartig zur Wirkung gelangen und ihren deletären Einfluss in Zerstörung der roten Blutkörperchen äussern. Auch bei diesen Formen rapider Degeneration des Blutes lassen sich — und zwar schon nach relativ kurzer Zeit — Krüppelformen, Megalo- und Mikrocyten im Blute wahrnehmen. Sehr bald gesellen sich dazu kernhaltige rote Blutkörperchen, welche auch hier auf regenerative Vorgänge hindeuten. Die Regeneration selbst tritt, falls die Erkrankung nach nicht zu langer Zeit zum Stillstande kommt, relativ schnell ein, und zwar soll nach Kelsch und Kiener die Zahl der roten Blutkörperchen sich schneller ersetzen, als das Hb, sodass in der ersten Zeit der Regeneration eine Art chlorotischer Blutbeschaffenheit vorhanden sein soll.

Leukocyten. Beim Studium der Leukocyten fällt im Verlaufe dieser Erkrankungen auf, dass sich häufig melaninhaltige derartige Zellen antreffen lassen, welche, wie erwähnt, schon in früherer Zeit als Bestandteile des Blutes bei sogenannter Melanämie gesehen wurden, und welche auch heute noch unzweifelhaft eine wichtige diagnostische Bedeutung haben, da sie nur bei wenigen Krankheitszuständen gefunden werden. Die Zahl der Leukocyten ist nach Ansicht der meisten Autoren während der Fieberanfälle nicht vermehrt, ja es werden sogar Herabsetzungen der Zahl unter die Norm von Kelsch und Pée angegeben, und auch Halla und v. Limbeck fanden keine Vermehrung während des Fiebers. Andere Autoren jedoch, wie Fuhrmann und Boeckmann berichten über das Auftreten mässiger Leukocytose. Eigene Beobachtungen, z. B. bei dem erwähnten Falle perniciöser Malaria, ergaben ein Heruntergehen der Zahl der Leukocyten während der fieberhaften Periode bis unter die Norm und ein schnelles Ansteigen mit dem Beginne der Regeneration des Blutes.

Bei chronischen Formen von Malaria-Erkrankungen fand ich zu Zeiten fieberlosen Verhaltens leichte Vermehrungen der Zahl der Leukocyten. Kelsch hat dagegen bei den perniciösen Malariafiebern beträchtliche Vermehrungen gefunden, eine Angabe, die von Fuhrmann bestätigt wird. Bei den einfachen Formen von Intermittens besteht nach Kelsch eine gewisse Beziehung zwischen Milztumor und Leukocytenzahl, insofern die Zahl der Leukocyten um so geringer ist, je grösser der Milztumor ist.

Auf eine besondere morphologische Beobachtung an den Leukocyten möchte ich die Aufmerksamkeit lenken, nämlich auf die Vermehrung der eosinophilen Formen derselben, welche von Dolega, Aldehoff und mir selbst konstatiert wurde, und welchen ich eine gewisse diagnostische Bedeutung bei zweifelhaften Fällen vindizieren möchte.

Schliesslich sei erwähnt, dass sich nicht selten im Anschluss an chronische Intermittenserkrankungen, und zwar besonders solche, welche zur Bildung eines grösseren Milztumors geführt haben, eine Leukämie entwickelt, ein Vorgang, auf welchen zuerst Mosler in seiner bekannten Monographie aufmerksam gemacht hat.

Litteratur.

Aldehoff. Prag. med. Wochenschr. 1891.
Baccelli. Über das Wesen der Malaria-Infektion. Deutsche med. Wochenschr. 1892. Nr. 32.
Bastianelli u. Bignami. Osservazioni sulle febbri malariche estivo-autunnali. Rif. med. 1890. Nr. 251. (Ref. v. III. inn. Kongr. in Rom. 1890.)
Bein. Ätiol. u. experim. Beiträge zur Malaria. Charité-Annalen. Bd. XVI. 1891.
Bignami. Atti della R. Accad. di Roma. XVI. T. V.
Boeckmann. Über die quantitativen Veränderungen der Blutkörperchen im Fieber. Deutsches Arch. f. klin. Med. Bd. 29. 1881. S. 481.
Canalis. 1. Sopra il ciclo evolutivo delle forme semilunari. Rif. med. 1889. No. 241. — 2. Studien über die Malaria-Infektion. Fortschr. d. Med. 1890. Nr. 8.
Celli e Guarnieri. Sulla etiologia dell' infezione malarica. Arch. per le scienze med. 1889. Vol. XIII.
Chenzinsky. Centralbl. f. Bakteriol. 1887.
Councilman. Americ. Journ. of the med. sciences. 1885. April.
Danilewsky. 1. Die Hämatozoën der Kaltblüter. Arch. f. mikroskop. Anat. 1885. Bd. 24. — 2. Annales de l'inst. Pasteur. 1890/91.
Dionisi. Variazioni numeriche dei globuli rossi etc. Rif. med. 1890. Nr. 258. (Ref. vom III. Kongr. f. inn. Med. Rom 1890.)
Dolega. Blutbefunde bei Malaria. Fortschr. d. Med. VIII. 1890.
Frerichs. Klinik der Leberkrankheiten. 1858.
Fuhrmann. Deutsche militärärztliche Zeitschr. 1874. Nr. 12.
Gaule. Über Würmchen, welche aus den Froschblutkörpern auswandern. Arch. f. Anat. u. Physiol. 1880.
Gerhardt. Über Intermittens-Impfungen. Zeitschr. f. klin. Med. Bd. VII. 1884.
Golgi, C. 1. Sur l'infection malarique. Arch. italiennes de biologie. 1887. T. 8. — 2. Fortschr. d. Med. 1889. 3. — 3. Sul ciclo evolutivo dei parasiti malarici nella febbre terzana. Arch. per le scienze mediche. 1889. Vol. XIII. — 4. Intern. Kongr. Berlin 1890.
Grassi u. Feletti. 1. Weiteres zur Malariafrage. Centralbl. f. Bakt. 1891. Nr. 14. — 2. Malariaparasiten in den Vögeln. Centralbl. f. Bakt. 1891. Nr. 12—14.
Grawitz, E. Über Blutunters. bei ostafrikanischen Malaria-Erkrankungen. Berl. klin. Wochenschr. 1892. Nr. 7.
Gualdi e Antolisei. 1. Due casi di febbre malarica sperimentale. Rif. med. 1889. No. 225. — 2. Inoculazione delle forme semilunari di Laveran. Ibid. 1889. No. 274. — 3. Una quartana sperimentale. Ibid. 1889. No. 264.
Hertel u. v. Noorden. Zur diagnostischen Verwertung der Malaria-Plasmodien. Berl. klin. Wochenschr. 1891. Nr. 12.

Heschl. Cit. bei Mannaberg.
v. Jaksch. Prag. med. Wochenschr. 1890.
James. Medical record. 1887.
Kelsch. 1. Contribution à l'anatom. path. des maladies palustres endémiques. Arch. de phys. 1875. II. Sér. T. II. — Ibidem. 1876. II. Sér. T. III. p. 490.
Klebs u. Tommasi Crudeli. Studien über die Ursache des Wechselfiebers und über die Natur der Malaria. Arch. f. exper. Pathol. u. Pharmakol. Bd. XIII.
Kohlstock. Ein Fall von tropischer, biliöser Malaria-Erkrankung mit Hämoglobinurie. Berl. klin. Wochenschr. 1892. Nr. 19.
Laveran. 1. Note sur un nouveau parasite trouvé dans le sang de plusieurs malades atteints de fièvre palustre. Note communiquée à l'acad. de méd. 23. Nov. 1880. — 2. Du paludisme et de son hématozoaire. Paris 1891.
Mannaberg. Die Malaria-Parasiten. Wien 1893.
In dieser erschöpfenden und sehr klaren Arbeit findet sich eine vorzüglich reiche Litteraturangabe.
Maragliano. 1. Über die Pathologie des Blutes. Kongr. der ital. Gesellsch. f. inn. Med. Rom 1890. — 2. Arch. ital. de biologie. 1891. S. 200.
Marchiafava u. Bignami. Über die Varietäten der Malaria-Parasiten und über das Wesen der Malaria-Infektion. Deutsche med. Wochenschr. 1892. Nr. 51/52.
Marchiafava u. Celli. 1. Sulle alterazioni dei globuli rossi nella infezione da malaria etc. Reale accademia dei Lincei. Roma 1883. — 2. Fortschr. d. Med. 1885. Nr. 11 u. 24. — 3. Archivio per le scienze mediche. 1886. — 4. Internat. Beitr. zur Rud. Virchow-Festschrift. Bd. III. 1891.
Meckel. Über schwarzes Pigment in der Milz und im Blute eines Geisteskranken. Zeitschr. f. Psychiatr. 1847.
Metschnikoff. Centralbl. f. Bakteriol. 1887. Nr. 21.
Mosler. Die Pathologie u. Therapie d. Leukämie. 1872. S. 119.
Osler. Brit. med. Journ. 1887. S. 556.
Paltauf. Ätiologie des Intermittens-Fiebers. Wien. med. Wochenschr. 1890.
Planer. Über das Vorkommen von Pigment im Blute. Zeitschr. der k. k. Ges. d. Ärzte in Wien. 1854.
Plehn. 1. Ätiolog. u. klinische Malaria-Studien. Berlin 1890. — 2. Über das Schwarzwasserfieber an der afrik. Westküste. Deutsche med. Wochenschr. 1895. Nr. 25—27.
Quincke. Forschr. d. Medizin. 1890. S. 296. — 2. Über Blutunters. bei Malariakranken. Kieler Mitteil. d. Vereins Schlesw.-Holst. Ärzte. Nr. 4. 1890.
Richard. Sur le parasite de la malaria. Compt. rend. 1882. 20 févr.
Rockitansky. Cit. bei Mannaberg.
Rosenbach. Berl. klin. Wochenschr. 1891. S. 839.
Rosin. Deutsche med. Wochenschr. 1890. Nr. 16.
Schellong. Die Malaria-Krankheiten. Berlin 1890.
Sternberg. Medical record. 1886.
Steudel. Die perniciöse Malaria in Deutsch-Ostafrika. Leipzig 1874.
Tommasi Crudeli. Die Veränderungen der roten Blutkörperchen bei der Malaria-Infektion. Kopenhagener Kongr. 1884.

XI. Kapitel.

Tierische Parasiten.

Von den beim Menschen vorkommenden Schmarotzern beanspruchen von hämatologischen Gesichtspunkten aus zwei Gruppen eine besondere Besprechung, weil die eine derselben eine direkte Schädigung des Blutes durch das Eindringen der Parasiten in das Blut selbst bedingt, während bei der zweiten Gruppe das Blut indirekt durch das Schmarotzertum der Würmer im Darmkanal geschädigt wird.

I. Gruppe.

1. **Distomum haematobium** (Ord. Trematodes), ein weisser fadenförmiger Wurm, dessen männliche Exemplare dicker und kürzer, 12—14 mm lang gegenüber den weiblichen schlankeren mit 16—18 mm sind. Die Männchen zeigen am Hinterkörper eine Abplattung mit eingerollten Seitenrändern, wodurch eine Rinne, der Canalis gynaecophorus entsteht, in welchem das Weibchen ruht. Die Eier sind 0,12 mm lang mit einem polaren und einem seitlichen Sporn versehen.

Der Wurm ist zuerst von Bilharz beschrieben und wird nach demselben auch Bilharzia haematobia genannt.

Schon Griesinger machte im Jahre 1851 auf die enorme Häufigkeit des Vorkommens dieses Wurmes in Ägypten aufmerksam, woselbst sich unter 363 Sektionen 117 Mal die Bilharzia nachweisen liess (s. Rütimeyer). Auch sonst ist der Wurm im nördlichen Afrika weit verbreitet.

Die Infektion geschieht wahrscheinlich durch Trinkwasser, und der in den Darm eingeführte Embryo perforiert den Darm, gelangt in die Venen und siedelt sich beim Menschen in der Vena portarum, den Venen der Milz, des Mesenterium, und in dem

Plexus des Rektum und der Blase an. Nach Sonsino sind teils Krustaceen, teils Insekten als Zwischenwirte des Wurmes bei der Übertragung auf den Menschen anzusehen.

Die Symptome bestehen in Blasenkatarrh, intermittierender und anhaltender Hämaturie, später entwickelt sich allgemeine Anämie, und unter Steigerung der lokalen Symptome am Harnapparate, besonders durch Auftreten von Pyelitis, Nephritis, Steinkonkretionen, ferner auch durch Hinzutreten von Dysenterie entwickelt sich ein allgemeiner Marasmus. Die Diagnose wird durch das Auffinden von Eiern des Wurmes im Urin sichergestellt, der Wurm selbst ist infolge der lokalen Einnistung in den Unterleibsvenen der Untersuchung intra vitam unzugänglich.

2. **Filaria sanguinis hominis** (Ord. Nematodes) von Wucherer 1866 in Bahia entdeckt, ist ein ca. 0,35 mm langer Wurm und lebt in embryonaler Form in grossen Mengen im Blute, während das Muttertier, welches eine Länge von 3—4 cm besitzt von Lewis im Lymphscrotum eines Filaria-Kranken entdeckt wurde.

Die Embryonen dieses Wurmes treten in merkwürdiger Regelmässigkeit zur Nachtzeit, anscheinend aus den grossen Lymphstämmen in das Blut des Menschen, wo sie in grossen Mengen kreisen, während sie tagsüber vollständig aus demselben verschwinden. Diese Filarien geben zu verschiedensten Krankheitszuständen Veranlassung und bewirken als auffälligste Symptome Hämaturie und Chylurie, wobei der Urin eine völlig milchige Beschaffenheit annehmen kann. Ferner sieht man dieselben als Ursache von Elephantiasis, Lymphscrotum und gewisser Formen von chylösem Ascites an.

Modus der Infektion. Die zur Nachtzeit im Blute kreisenden Filaria-Embryonen werden nach Manson's Untersuchungen von den zur selben Zeit schwärmenden und den Menschen angreifenden Mosquitos aufgenommen, wachsen im Innern dieser Insekten und kommen aus dem toten Mosquitokörper in das Wasser der Brunnen und Cisternen, durch dessen Genuss die Embryonen in den Magen und Darmkanal des Menschen gelangen, von wo sie anscheinend in die Lymph- und Gefässbahnen auswandern.

Es ist also bei dieser nach vielen Richtungen hin noch sehr dunklen Krankheit mit grosser Wahrscheinlichkeit der Mosquito als Zwischenwirth des Parasiten anzusehen, von welchem aus derselbe auf den Menschen übertragen wird.

II. Gruppe.

Von den im Darme hausenden Parasiten üben folgende einen nachweisbaren Einfluss auf die Blutmischung aus:

1. **Anchylostomum duodenale, Dochmius duodenalis** (Ord. Nematodes) ein fadenförmiger weisser Wurm, dem gewöhnlichen Madenwurm (Oxyuris vermicularis) ähnelnd, zeigt einen runden Leib, an dessen Kopfende sich eine mit leistenartigen Zahnfortsätzen (Chitinzähnen) versehene Mundkapsel befindet, an welche sich der Schlund und Darmtraktus unmittelbar anschliessen. Die Länge des Wurmes beträgt bei den Männchen 6—10 mm, bei den Weibchen 10—18 mm. Die Eier des Wurmes sind oval, ca. 0,05 mm lang, mit einer dünnen Schale versehen. Sie zeigen zumeist in ihrem Innern Furchungsprozesse, und bei Untersuchung in der Wärme kann man die Entwickelung des Embryo unschwer verfolgen, welcher unter lebhaften Bewegungen die Eischale verlässt und als geschlechtslose (Rhabditis-) Form sich ausserhalb des Organismus eucystieren und lange Zeit lebensfähig bleiben kann.

Dieser für die menschliche Pathologie sehr bedeutungsvolle Parasit, dessen Krankheitssymptome nach Sandwith schon vor 3450 Jahren im Papyros Ebers deutlich beschrieben sind, wurde im Jahre 1838 von Angelo Dubini in Mailand entdeckt, von Th. v. Siebold näher beschrieben, und von Griesinger im Jahre 1851 in Ägypten als die eigentliche Ursache der sogenannten „ägyptischen Chlorose" erkannt. Später veranlassten die zahlreichen und exakten Untersuchungen Wucherer's über das Vorkommen und die krankmachende Wirkung der Anchylostomen in Brasilien vielfache Nachforschungen über die Verbreitung dieses Parasiten, und es fand sich durch zahlreiche Beobachtungen, die in kurzem von verschiedenen Autoren in verschiedenen Ländern gemacht wurden, dass das Anchylostomum in warmen Ländern eine weite Verbreitung hat, so z. B. in den Nilländern, Algier, Senegambien, Italien, Vorder- und Hinterindien, Japan, Peru, Bolivia etc. vorkommt, so dass es scheint, als ob der Parasit im warmen Klima seine eigentliche Heimat hat.

Die Nomenklatur des Krankheitszustandes, welcher sich infolge von Anchylostomen-Invasion entwickelt, ist in den einzelnen Ländern verschieden, und richtet sich nach gewissen, besonders hervorstechenden Symptomen der Krankheit, sodass man von Kachexia montana, Kachexia africana, Mal d'estomac und Geophagie, Maladie de terre (wegen der hervortretenden Sucht des Erdeessens bei solchen Kranken) spricht.

Ganz besonders zahlreich sind die Beobachtungen, welche über den Wurm in Italien gemacht worden sind, und wir verdanken denselben, und zwar vornehmlich den durch Perroncito (1), ferner Grassi, Parona, Sonzino, Ciniselli u. a. mitgeteilten, die weitere Kenntnis, dass Anchylostomiasis eine Berufskrankheit darstellt, welche vorzugsweise Bergleute, Tunnelarbeiter und Arbeiter in Ziegeleien befällt.

Ganz besonders bekannt wurde die Epidemie unter den Arbeitern des St. Gotthardt-Tunnels.

Bald nach diesen Befunden in Italien zeigte es sich sodann, dass der Parasit auch weiter nördlich zu finden war zunächst in Südfrankreich in den Bergwerken von St. Etienne und in Ungarn in den Bergwerken von Schemnitz und Kremnitz, und zwar wurden an beiden Stellen diese Befunde auf Anregung von Perroncito erhoben, da sich die Aufmerksamkeit infolge früherer Beobachtungen gerade auf diese Gruben lenkte.

Schon lange waren nämlich gerade in den genannten Bergwerken schwere Erkrankungen an Anämien beobachtet und beschrieben worden, ohne dass man die eigentliche Ursache derselben gekannt hätte, und ganz ähnlich verhielt es sich mit Beobachtungen über Anämie bei Ziegelbrennern, über welche noch im Jahre 1878 Rühle in Bonn eingehende Beschreibungen lieferte, ohne die Anwesenheit von Anchylostomen zu kennen. Schon im Jahre 1860 waren von Heise in Rathenow die Erkrankungen der Arbeiter in den Ziegeleien längs der Havel sehr ausführlich beschrieben und dabei auch die Anämie der Former und Streicher besonders erwähnt worden.

Im Jahre 1881 wurden dann durch Menche bei Arbeitern auf den Ziegelfeldern bei Köln Anchylostomen gefunden und darauf von Leichtenstern diese Epidemien, sowie die Entwickelungsgeschichte des Parasiten mit allen Details aufs ausführlichste studiert.

Diese Ziegelfelder in der Umgebung von Köln waren durch wallonische Arbeiter aus der Umgebung von Lüttich infiziert worden, und nach Firket ist es sehr wahrscheinlich, dass die Lüttcher Bergwerke ihrerseits durch italienische Arbeiter infiziert worden waren.

Da nun gerade Gruben- und Ziegelarbeiter anscheinend einen starken Wandertrieb haben und ihre Arbeitsstelle häufig wechseln, so ist es sehr erklärlich, dass an den verschiedensten Stellen in Deutschland und Oesterreich-Ungarn das Vorkommen des Anchylostomum beobachtet worden ist, wie von Seifert in Ziegeleien bei Würzburg, von Völckers in Gruben bei Aachen, von v. Schopf in den Kohlengruben zu Reschitza und Anina im Banat, von Zappert bei den Bergleuten zu Brennberg bei Oedenburg, von mir selbst bei italienischen Ziegeleiarbeitern in der Nähe von Berlin.

Modus der Infektion. Diese verstreuten Epidemien von Anchylostomiasis sind erklärlich, da wir besonders durch die Untersuchungen von Leichtenstern wissen, dass die mit den Fäces entleerten und in der nächsten Nähe der Ziegelfelder deponierten Eier des Wurmes sich zu Larven entwickeln und durch allerhand Bedingungen, besonders durch lehmbeschmutzte Hände in Mund und Darm anderer Arbeiter gelangen und dieselben infizieren können.

Auf einen zweiten, sehr wichtigen Modus der Infektion hat v. Schopf hingewiesen und denselben experimentell bestätigt, nämlich die Übertragung der encystierten Larven im aufgewirbelten, trockenen Staube, welcher durch Luftzug besonders in Bergwerken den Arbeitern ins Gesicht, Bart und äussere Respirationswege getrieben wird und somit durch Verschlucken zur Infektion führen kann.

Die weitere Entwickelung der Larve erfolgt nach Leichtenstern derartig, dass die Chitinhülle derselben im alkalischen Duodenalsaft aufgelöst wird und die Larve sich zum geschlechtsreifen Wurme ausbildet. Der Wohnsitz desselben ist vorzugsweise im Jejunum und Duodenum, seltener weiter abwärts im Darme, wo die Würmer sehr fest anhaften und die oberflächliche Schicht der Darmschleimhaut in die Mundkapsel einsaugen und durch die hakenförmigen Zähne festhalten. Durch Saugbewegungen wird das Blut der Darmschleimhaut entzogen, und die roten Blutkörperchen aus der Analöffnung ausgestossen, sodass anscheinend lediglich die Blutflüssigkeit zur Ernährung des Wurmes dient.

Die Zahl der im Darme vorhandenen Würmer kann sehr verschieden sein und unter Umständen Hunderte betragen. Die Weibchen prävalieren dabei meist beträchtlich an Zahl.

Krankheitssymptome. Die Anwesenheit einer kleinen Anzahl von Dochmien braucht bei sonst gesunden Menschen keinerlei Krankheitserscheinungen hervorzurufen, sobald dieselben jedoch in grösserer Menge im Darme hausen, stellen sich die Zeichen einer progredienten Anämie ein, welche unter dem Bilde der progressiven, perniciösen Anämie unaufhaltsam zum Exitus lethalis führen kann. Die Farbe der äusseren Haut hat meist einen ins Graue spielenden Ton, im übrigen finden sich die auf S. 85 erwähnten Zeichen schwerer Anämie und Kachexie.

Im Blute treten dieselben Veränderungen auf, wie wir sie auf S. 98 kennen gelernt haben, doch wird von Zappert u. a. angegeben, dass bei Anchylostomiasis der Hb-Gehalt besonders stark im Verhältnis zur Zahl der roten Blutkörperchen herabgesetzt sei.

Entstehung der Anämie. Dass die schwere Anämie und Kachexie der Tunnel- und Ziegeleiarbeiter thatsächlich durch die Anchylostomen-Ansiedelung im Darme hervorgerufen wird, lässt sich aus dem Erfolge von Abtreibungskuren mit völliger Sicherheit schliessen, da nach der Beseitigung der Würmer in noch nicht zu weit vorgeschrittenen Fällen die Heilung eintritt.

Es ist indes noch keineswegs klar, in welcher Weise man sich das Zustandekommen der schweren Anämie infolge dieses Schmarotzertums denken soll.

Am einfachsten wäre es, wenn man annähme, dass durch die zwar kleinen, aber täglich fortgesetzten Blutentziehungen aus der Darmschleimhaut eine chronische, posthämorrhagische Anämie entstände, und zweifellos spielen auch die perpetuellen kleinen Blutverluste beim Zustandekommen der Anämie eine gewisse Rolle. Indes hat man andererseits hervorgehoben, dass die Blutverluste allein nicht wohl die schwere Kachexie hervorrufen können, und Runeberg nahm infolge dessen an, dass die direkte Reizung des Darmes durch die Würmer besonders schädlich sei und auf reflektorischem Wege zur Anämie führe.

Auch Lussana hält die Blutentziehung nicht für das wesentliche Moment bei der Entstehung der Anämie und glaubt, dass die Würmer ausserdem auch noch auf chemischem Wege durch Absonderung toxischer Substanzen Degeneration im Blute bewirken können. Durch Injektion von Urin eines an Anchylostomen Leidenden vermochte er bei Kaninchen schnelle Zerstörung des Hb zu bewirken, welche bei Anwendung anderer Urine nicht auftrat, doch sind diese Experimente sehr mit Vorbehalt aufzunehmen.

Bohland fand in Stoffwechseluntersuchungen bei Anchylostomiasis eine pathologische Steigerung des Eiweisszerfalles, eine Steigerung des Sauerstoffverbrauches und der Kohlensäureproduktion und führt aus, dass der gesteigerte Stoffzerfall sich nicht aus den Blutverlusten allein erklären lässt, sondern wahrscheinlich durch ein von den Parasiten produziertes Protoplasmagift hervorgerufen wird.

Es dürfte sich also bei der Anchylostomen-Anämie um Autointoxikation vom Darme handeln, wie dies auch für manche andere Formen schwerster Anämie (S. 93) wahrscheinlich ist.

2. **Anguillula stercoralis und intestinalis** (Ord. Nematodes), ein häufig mit dem Anchylostomum gemeinsam im Darm hausender Wurm von 2,2 mm Länge wurde zuerst von dem französischen Militärarzt Normand bei den sog. Cochinchinadiarrhöen in den Stühlen von Soldaten gefunden, welche aus Cochinchina in die Heimat zurückkehrten. Diese Diarrhöen herrschen in Cochinchina endemisch und führen zu fortschreitender Anämie und Kachexie, manchmal sogar zum exitus lethalis.

Von Davaine wurden diese Befunde bestätigt und durch Sektionen dahin erweitert, dass die Anguillula im ganzen Verdauungstraktus von der Cardia bis zum Rektum vorhanden sein kann. Davaine war der Ansicht, dass diese in grossen Massen vorhandenen Würmer thatsächlich im stande sein könnten, die Diarrhöen mit konsekutiver Anämie und Kachexie hervorzurufen.

Weitere Untersuchungen über diese Würmer wurden von Bavay und Perroncito (3) veröffentlicht, welcher dieselben auch in den Dejektionen der Gotthardt-Tunnel-Arbeiter fand.

Über das gemeinsame Vorkommen von Anguillula und Anchylostomum bei einem aus Niederländisch-Indien zurückgekehrten Manne, welcher auf der Gerhardt'schen Klinik zur Behandlung kam, berichten Ilberg und Seige.

Neuerdings giebt Teissier an, bei einem Patienten in Guyana, welcher an Diarrhöe litt und zahlreiche Exemplare von Anguillula stercoralis im Stuhle aufwies, auch im Blute Embryonen dieses Wurmes gefunden zu haben, welche vom Darm aus in die Blutbahn gelangen und nach dem Abtreiben der Würmer wieder daraus verschwinden sollen.

3. **Bothriocephalus latus** (Cestode), der längste unter den beim Menschen vorkommenden Bandwürmern, dessen Finnen durch Genuss von Fischen, besonders Hechten und Quappen, auf den Menschen übertragen werden, kommt demgemäss vornehmlich an den Küsten des Meeres (Ostseeprovinzen) und der grossen Binnenseen vor.

Dass der Bothriocephalus latus unter Umständen schwere anämische Zustände beim Menschen hervorrufen kann, ist heute als sichere Thatsache anzusehen. Die ersten Angaben über einen derartigen Einfluss des Wurmes auf die Blutbeschaffenheit verdanken wir Hoffmann (1885), Botkin, Reyher und Runeberg, welche in den russischen Ostseeprovinzen und in Schweden reichliche Gelegenheit hatten, diese Einwirkung des Parasiten auf den Organismus zu studieren.

Die thatsächlichen Beobachtungen, auf welche sich die genannten Autoren stützten, bestanden darin, dass verhältnismässig zahlreiche Fälle schwerer, oft unter dem Bilde der progressiven, perniciösen Anämie verlaufender Blutarmut zur Beobachtung kamen, bei welchen Bothriocephalen angetroffen wurden, und dass die Erscheinungen der schweren Anämie nach Abtreibung der Würmer wieder schwanden.

Auch die später veröffentlichten Beobachtungen von Schapiro, Holst, Fr. Müller, Dehio u. a. ergaben die auffällige Häufigkeit des Zusammentreffens von Bothriocephalus und perniciöser Anämie, sowie den therapeutischen Erfolg von eingeleiteten Abtreibungskuren in einer grossen Reihe von Fällen, sodass die deletäre Wirkung dieses Schmarotzers auf das Blut wohl ausser Frage steht. Etwaige Zweifel dürften schliesslich wohl endgültig beseitigt sein, seitdem durch O. Schaumann das grosse Material an Krankenbeobachtungen aus der medizinischen Klinik Runeberg's zu Helsingfors, welches 72 Krankengeschichten umfasst, in sorgfältigster Weise durchgearbeitet und veröffentlicht ist. Es geht aus diesen zahlreichen Beobachtungen der Kausalnexus zwischen Bothriocephalus und schwerer Anämie besonders auch dadurch evident hervor, dass bei mehreren Fällen die Blutmischung eine gewisse Zeit vor der Anwendung des Wurmmittels beobachtet wurde, wobei sich eine progrediente Verschlechterung derselben konstatieren liess, während nach der erfolgten Abtreibung des Parasiten eine prompte Wendung zum Besseren und zur Genesung eintrat.

Das Verhältnis der Bothriocephalus-Anämie zur sog. essentiellen (progressiven, perniciösen) Anämie wurde besonders gelegentlich des Vortrages von Runeberg auf der Versammlung deutscher Naturforscher und Ärzte 1886 von verschiedenen Seiten diskutiert, und es ist ein Verdienst von Fr. Müller, Schaumann, Askanazy u. a., durch genaue Blutuntersuchungen erwiesen zu haben, dass die Blutveränderungen bei diesen schweren Anämien sich ganz gleichartig gestalten, wie bei den oben (S. 85) beschriebenen, ätiologisch noch dunklen Formen perniciöser Anämie. Speziell wurden die hochgradigen Degenerationserscheinungen an den roten Blutkörperchen, die Polychromatophilie, die kernhaltigen Megaloblasten und starke Poikilocytose hervorgehoben, die sich mit den oben (l. c.) beschriebenen Veränderungen durchaus decken. Wünschenswert wären Angaben über das Verhalten des Blutserum.

Entstehung der Anämie. Da wir gesehen haben, dass die Fälle perniciöser Anämie unbekannter Herkunft sehr wahrscheinlich auf verschiedenartige Entstehungsursachen zurückzuführen sind, so ist es nicht unwahrscheinlich, dass bei der Anwesenheit des Bothriocephalus latus, ebenso wie des Anchylostomum duodenale schädigende Einflüsse einwirken, welche durchaus das allgemeine Symptomenbild und speziell auch dieselben Blutveränderungen hervorrufen, wie sie bei den perniciösen Anämien enterogenen und anderen Ursprungs zur Beobachtung kommen.

Dass es sich thatsächlich bei dem Schmarotzertum des Bothriocephalus, wie auch des Anchylostomum duodenale, um ganz ähnliche Einwirkung auf das Blut handelt, wie sie auf S. 93 für progressive perniciöse Anämie geschildert sind, geht aus den neueren Angaben von Schapiro, Dehio, Wiltschur u. a. mit grosser Wahrscheinlichkeit hervor.

Schapiro hat darauf hingewiesen, dass die Anämie dadurch entstehe, dass der Bothriocephalus latus unter gewissen Bedingungen Giftstoffe absondere, welche einen deletären Einfluss auf das Blut ausüben, und dass diese Stoffe sich vornehmlich infolge von Erkrankung und Absterben des Wurmes im

Darmtraktus entwickeln. Derselben Ansicht ist auch Wiltschur, und Dehio nimmt an, dass es vornehmlich die Darmfäulnis ist, welcher der abgestorbene Wurm unterliegt und welche die toxischen Substanzen produziert. Thatsächlich scheinen bei Bothriocephalus häufiger Proglottiden im Darme abzugehen und zu faulen, wie ich bei zwei Fällen eigener Beobachtung konstatieren konnte, während dieses Ereignis bei den äusserst zahlreichen Fällen von Tänien-Erkrankung, die hier zur Untersuchung gelangen, fast nie beobachtet wurde.

Es würde sich nach diesen Annahmen der zuletzt erwähnten Autoren demnach bei der Bothriocephalus-Anämie ebenso um Autointoxikation vom Intestinaltraktus handeln, wie wahrscheinlich auch der bei der Anchylostomiasis und manchen primären perniciösen Anämien.

Andere Untersucher, wie Wlajew, nehmen einen solchen Ursprung nicht an, sondern messen der langen Dauer des Schmarotzertums bei jugendlichem Körper eine wichtige Rolle bei der Entstehung der Anämie bei.

4. **Ascaris lumbricoides.** Demme berichtet, in zwei Fällen schwerer, mit dem Tode endender Anämie bei Kindern ganze Nester von Ascariden im Darm gefunden zu haben, und dass das eine dieser Kinder 1,65 Mill. rote Blutkörperchen und Blutungen an der Retina aufgewiesen habe.

Litteratur.

Askanazy. Zeitschr. f. klin. Med. Bd. 27. 1895. S. 492.
Bavay. Compt. rend. de l'ac. d. scienc. 1876. p. 694.
Bilharz. Wien. med. Wochenschr. 1856. Nr. 4/5.
Botkin. Cit. bei Schaumann.
Bohland. Über die Eiweisszersetzung bei der Anchylostomiasis. Münch. med. Wochenschr. 1894. Nr. 46.
Ciniselli. Annali univers. di Med. 1878.
Davaine. Traité des entozoaires. 1877.
Dehio. Verhandl. d. XI. Kongr. f. inn. Med. S. 62.
Demme. 28. Bericht über die Thätigkeit des Jenner'schen Kinderspitals in Bern. 1890. S. 31.
Firket. Un cas d'anémie mortelle par anchylostomasie intestinale. Annal. de la Soc. men. de Liège. 1884.
Grassi. Arch. per le scienze med. 1879. Nr. 20.
Grassi e Parona. Annali univers. di med. 1878.
Grawitz, E. Beobachtungen über das Vorkommen von Anchylostomum duodenale bei Ziegelarbeitern in der Nähe von Berlin. Berl. klin. Wochenschr. 1893. Nr. 39.
Griesinger. Klin. u. anatom. Beobachtungen über die Krankheiten von Ägypten. Arch. f. phys. Heilk. 1854. S. 554.
Heise. Die Krankheiten der Arbeiter in den Ziegelsteinfabriken. Casper's Vierteljahrsschrift VII. Bd. 1.

Hoffmann. Vorlesungen über allg. Therapie. 1886. S. 14.
v. Holst. Petersb. med. Wochenschr. 1886. Nr. 41/42.
Ilberg. Deutsche med. Wochenschr. 1892. Nr. 12.
Leichtenstern. Deutsche med. Wochenschr. 1887. Nr. 26—32 u. 1888. Nr. 42.
Lewis. Centralbl. f. d. med. Wiss. 1877. S. 770.
Lussana. Rivista clinica. 1889. Nr. 4.
Manson. Lancet. 1891. Januar.
Menche. Centralbl. f. klin. Med. 1881 Nr. 36. 1885 Nr. 28—30. 1886 Nr. 11—14.
Müller, Fr. Zur Ätiologie der pernic. Anämie. Charité-Annalen. 1889. S. 255.
Normand. Cit. bei Davaine.
Perroncito. 1. Annal. della R. Accad. d'agricolt. di Torino. 1881. — 2. Les ankylostomes en France et la maladie des mineurs. Compt. rend. de l'ac. d. scienc. 1882. No. 1. — 3. Sullo sviluppo della cosi detta anguillula stercoralis. Arch. p. le scienze med. Vol. V. 1881. No. 2.
Reyher. Deutsches Arch. f. klin. Med. Bd. 39. 1886. S. 31.
Rühle. Über essentielle Anämien. Deutsche med. Wochenschr. 1878. Nr. 46.
Runeberg. 1. Deutsches Arch. f. klin. Med. Bd. 41. 1887. S. 304. — 2. Verhandlg. der Naturf.-Versamml. Berlin 1886.
Rütimeyer. Zur Pathol. der Bilharziakrankheit. XI. Kongr. f. inn. Med. 1892. S. 144.
Sandwith. Observat. on four hundred cases of anchylostomiasis. Lancet. 1894. S. 1362.
Schaumann, O. Zur Kenntnis der sog. Bothriocephalus-Anämie. Helsingfors 1894. Hier zusammenfassende Litteraturangabe.
v. Schopf. 1. Wien. med. Ztg. 1888. Nr. 46—48. — 2. Pester med. chir. Presse. 1889. Nr. 34.
Seifert. Verhandl. d. phys. med. Gesellsch. in Würzburg. 1884.
Seige. Über einen Fall von Anchylostomiasis. Berlin 1892. Dissert.
Sonsino. Discovery of the life history of bilharzia haemat. Lancet. 1893. Sept.
Sonzino. L'imparziale. Maggio 1878.
Teissier. De la pénétration dans le sang de l'homme des embryons de l'anguillule stercorale etc. Compt. rend. de l'acad. d. scienc. 1895. Nr. 3.
Wiltschur, A. Zur Pathogenese der progr. pern. Anämie. Deutsche med. Wochenschr. 1893. Nr. 30/31.
Völckers. Berl. klin. Wochenschr. 1885.
Wlajew. (Russ.) Ref. im Centralbl. f. inn. Med. 1895. S. 347.
Wucherer. 1. Gaz. med. da Bahia. 1868 u. 1869. — 2. Deutsches Arch. f. klin. Med. 1872.
Zappert. Wien. klin. Wochenschr. 1892. Nr. 24.

XII. Kapitel.

Carcinom und andere maligne Neubildungen.

Über die Veränderungen, welche die Blutmischung bei Carcinose erfährt, herrscht im allgemeinen eine gute Übereinstimmung unter den Angaben der einzelnen Autoren, die sich im ganzen kurz dahin zusammenfassen lassen, dass die fortschreitende Krebskrankheit eine zumeist deutlich mit dem Allgemeinbefinden parallel verlaufende Verschlechterung der Blutzusammensetzung mit sich bringt.

Die Zahl der roten Blutkörperchen wird übereinstimmend bei unkomplizierten Fällen von allen Autoren erheblich vermindert angegeben; so von Malassez, Sörensen, Laache, Fr. Müller, G. Schneider, Daland und Sadler, Mouisset, Osterspey. Alle Untersucher fanden bei frischen Fällen zumeist geringe, manchmal noch in der Norm sich haltende Werte, während bei vorgeschrittener Krebskachexie bedeutende Herabsetzungen der Zahl, bis zu 1 Million gelegentlich, beobachtet wurden. Laache macht darauf aufmerksam, dass augenscheinlich erhebliche individuelle Verschiedenheiten bei der Einwirkung des carcinomatösen Prozesses auf die Blutbeschaffenheit walten können, insofern als — wie er ausführt — ein Carcinom uteri mit sanguinolentem Ausfluss bei der einen Patientin nach $1^1/_2$ jährigem Bestehen gar keine Einwirkung auf das Blut zeigte, während eine andere, jüngere Frau eine bedeutende Herabsetzung sowohl der Zahl der roten Blutkörperchen wie des Hämoglobingehaltes darbot.

Den Hämoglobingehalt fand Laker bei Carcinom des Magens und Uterus auf $40-30^0/_0$ herabgesetzt; Haeberlein bei Magenkrebs sogar bis zu $17-9^0/_0$ des Normalen vermindert. Ähnliche Verhältnisse ermittelten Leichtenstern, Eichhorst und Laache. Engelsen fand, dass die Hämoglobinmenge durchschnittlich doppelt so stark abgenommen hatte als die Zahl der roten Blutkörperchen.

Die Trockenrückstände des Blutes sowie den Hämoglobingehalt und die Zahl der roten Blutkörperchen fanden Stintzing und Gumprecht erheblich herabgesetzt.

v. Jaksch fand, unter Ermittelung des Stickstoffgehaltes nach Kjeldahl, geringe Werte für den Eiweissgehalt bei sekundären Anämien nach Magencarcinom, die bis 8,46 g heruntergingen, und eine erhebliche Vermehrung des Wassergehaltes des Blutes von 90,01 g auf 100 g Blut.

Das spezifische Gewicht des Blutes fanden Devoto, Schmaltz, Peiper, Scholkoff bei Carcinom herabgesetzt.

Eingehende Untersuchungen, die ich mit Strauer zusammen ausgeführt habe, ergaben, dass mit zunehmender Kachexie die Zahl der roten Blutkörperchen, die Trockenrückstände des Blutes (im Vakuum über Schwefelsäure bestimmt) und das spezifische Gewicht desselben abnahmen. Ferner haben wir in jedem Falle das Serum isoliert absetzen lassen und eine beträchtliche Verminderung der Trockenrückstände konstatiert. Das Serum erwies sich somit wesentlich wasserreicher als in der Norm, im Gegensatz zu den Befunden von Hammerschlag, welcher bei vielen schweren Krebskachexien normales spezifisches Gewicht des Serum konstatierte.

Ein Beispiel bietet eine Frau mit Carcinoma oesophagi, mässiger Striktur der Speiseröhre und relativ guter Nahrungsaufnahme.

Das Venenblut zeigte:
    3,0 Mill. rote Blutkörperchen,
    18,5 % Trockenrückstände des Blutes,
    8,96 % Trockenrückstände des Serum,
    1046,1 spez. Gewicht.

Dieselbe Frau, nach vier Wochen wiederum untersucht, nachdem sie zwei Kilo an Körpergewicht eingebüsst, zeigte:
    2,5 Mill. rote Blutkörperchen,
    17,98 % Trockenrückstände des Blutes,
    7,45 % Trockenrückstände des Serum,
    1040 spez. Gewicht.

Alle diese Werte können besonders sub finem vitae erheblich in die Höhe gehen, d. h. das Blut stark konzentriert werden, wenn durch den Sitz des Carcinoms, besonders an der Kardia und im Ösophagus die Flüssigkeitsaufnahme bedeutend erschwert ist. Es tritt dann, worauf Leichtenstern und v. Noorden aufmerksam gemacht haben, eine Eindickung des Blutes ein, die lediglich eine Folge der Wasserverarmung der Gewebe ist und mit der Kachexie an sich nichts zu thun hat. In solchen Fällen hat man wohl in unzweifelhafter Weise einen Zustand von Oligaemia vera vor sich, da die Gesamtmasse des anämischen und hydrämischen Blutes durch den Wasserverlust in einer sehr leicht verständlichen Weise in seinem Volumen eingeengt ist. Nach der älteren Nomenklatur würde man eine solche Oligämie, da keine Hydrämie besteht, vielmehr die Zusammensetzung des einzelnen Blutströpfchens eher eine Wasserverarmung zeigt, als Oligaemia sicca bezeichnen.

Morphologisch zeigen die roten Blutkörperchen bei der Krebskachexie zumeist bedeutende Veränderungen, im Gegensatz z. B. zur Kachexie der Tuberkulösen, bei welchen diese Veränderungen in der Regel nicht auftreten. Man findet in vorgeschrittenen Graden der sekundären Anämie bei Krebskranken Mikrocyten, Makrocyten und Poikilocyten; auch kernhaltige rote Blutkörperchen kommen bei den weitest vorgeschrittenen Fällen zur Beobachtung. In einem Falle tötlich verlaufender Carcinose des Magens fand ich bei einer Zahl von 500000 roten Blutkörperchen auch kernhaltige Megalocyten, deren Bedeutung wir oben bei der Besprechung der schwersten primären Anämien erwähnt haben.

Leukocyten. Die farblosen Blutkörperchen sind in vielen Fällen von Carcinose und Sarkomatose vermehrt, eine Thatsache, die seit Virchow's Untersuchungen bekannt ist und seitdem von allen Autoren, die sich mit diesen Ermittelungen beschäftigt haben, bestätigt ist, wobei im allgemeinen zu bemerken ist, dass die ermittelten Zahlenwerte durchschnittlich nicht sehr hoch sind, mithin für gewöhnlich nur Leukocytosen leichteren Grades vorzukommen pflegen. Nur bei Carcinoma oesophagi mit Stenose konnten Escherich und Pée fast niemals Leukocytose nachweisen, ein Ergebnis, das von Rieder bestätigt wird. Wertvolle Angaben über Leukocytenbefunde rühren ausserdem von Eisenlohr, Sörensen, Potain, Schaper, Reinert, Muir, Alexander, Osterspey her.

Virchow führte bekanntlich die leukocytotischen Zustände bei Carcinose auf Drüsenreizung zurück und lehrte, dass die Leukocytose aufhöre, sobald die Drüse abgestorben oder zerstört sei, eine Anschauung, die auch Halla, Ehrlich und Einhorn vertreten. Dem gegenüber nehmen andere, wie Escherich und Rieder an, dass in derartigen Fällen die Leukocytose durch eine abnorme Verstärkung und Beschleunigung des Lymphstroms hervorgerufen werde, welche nach Cohnheim und Lichtheim bei Verdünnung des Blutes zu stande kommt. Im übrigen kann hier auf das im Kapitel „Leukocytose" Gesagte hingewiesen werden (s. S. 36).

Interessant ist die Beobachtung von Reinbach, welcher in einem Falle von Sarkom am Halse mit Erweichung und ulceröser Endokarditis eine Zunahme der eosinophilen Zellen bis zu 50 $^0/_0$ der gesamten Leukocyten, und ferner das Auftreten von Myelocyten konstatierte, ohne dass es sich um Leukämie handelte. Reinbach konstatierte ferner bei Sarkomen häufig eine Verminderung der Lymphocyten, im Gegensatz zu Carcinom, bei welchem keine Änderung in der Zahl derselben zu finden war, und glaubt, dass sich diese Verhältnisse gelegentlich differentialdiagnostisch verwerten lassen.

Über die Verwertung von Befunden einer Leukocytose bei manchen Magenerkrankungen zur Sicherung der Diagnose ist bereits ausführlich auf S. 179 berichtet. Es sei hier nur kurz rekapituliert, dass neuerdings besonders das Fehlen der Verdauungsleukocytose für das Bestehen eines Magencarcinoms sprechen soll.

Der Alkalescenz des Blutes Krebskranker ist von verschiedenen Seiten besondere Aufmerksamkeit geschenkt worden, als deren Ergebnis übereinstimmend Herabsetzung der Alkalescenz bei vorgeschrittenen Fällen in erheblichen Graden konstatiert worden ist. v. Jaksch ermittelte, dass bei drei Krebskranken 100 ccm Blut 80—32 mgr Na OH entsprachen, während man als Mittelwert 280—260 mgr annimmt. Ebenso fanden Peiper und Rumpf eine Herabsetzung der Alkalescenz. Klemperer ermittelte im venösen Blute von Krebskranken stark herabgesetzte Werte für CO_2, welche eine Abnahme des für CO_2 verfügbaren Alkalis bezw. eine Zunahme fixer Säuren, welche das Alkali beanspruchen, bedeuten. Diese Angaben wurden von v. Limbeck bestätigt, welcher die Ursache dieser Erscheinung in einem abnorm starken Zufluss saurer Produkte aus dem Neoplasma vermutet. v. Noorden nimmt an, dass hier sicher anorganische Säuren (H_2SO_4, H_3PO_4) in Betracht kommen, die beim gesteigerten Körpereiweisszerfall frei werden, ausserdem auch Acetessigsäure und Oxybuttersäure.

Gegenüber den Angaben von Freund und Trinkler, dass im Blute von Krebskranken verhältnismässig höherer Zuckergehalt (bis 0,33 %) gefunden werde, führt Matrai aus, dass dieser Befund weder konstant noch für Carcinose bezeichnend sei.

Überblickt man die grosse Summe der einzelnen Beobachtungen, welche, wie schon erwähnt, bei diesem Kapitel eine gute Übereinstimmung unter einander geben, so ergiebt sich, dass bei einer unkomplizierten Krebskachexie regelmässig und stark ausgesprochen eine Verdünnung des Blutes zu konstatieren ist, welche sich in einer Verwässerung des Serum und des Gesamtblutes, in einer Degeneration der roten Blutkörperchen mit Abnahme des gesamten Eiweissgehaltes und speziell des Hämoglobins äussert. Auf Grund zahlreicher Stoffwechseluntersuchungen, welche an Krebskranken vorgenommen sind, und zwar in erster Linie infolge der von Fr. Müller (2) veröffentlichten, nimmt man an, dass in den Säften der Krebskranken toxische Stoffe kreisen, welche einen Zerfall des Protoplasma und somit auch eine Verarmung des

Blutes an festen Bestandteilen bewirken, während gleichzeitig durch diesen gesteigerten Protoplasmazerfall die Alkalescenz, wie soeben erwähnt, herabgesetzt wird.

Ausser diesem Moment des Protoplasma zerstörenden Einflusses auf die Konzentration des Blutes glaube ich aber nach gewissen Versuchen noch eine andere Ursache der Verdünnung des Blutes Carcinomatöser annehmen zu sollen, welche in einem gewissen Gegensatz zu den im Kapitel der Tuberkulose mitgeteilten stehen und folgendes ergeben haben.

Es wurden krebsige Wucherungen, und zwar vorwiegend frisch exstirpierte Uterus-Carcinome, unmittelbar nach der Operation unter sorgfältiger Vermeidung normalen Gewebes ausgeschnitten, zerkleinert, mit Alkohol behandelt, getrocknet, gepulvert und durch Kochen im Wasserbade extrahiert. Das filtrierte, klare gelbliche Extrakt wurde verschiedenen Kaninchen intravenös injiciert, und gab eine Einwirkung auf die Blutmischung, welche das folgende mittelwertige Beispiel erläutert.

Sehr kräftiges Kaninchen, 2,5 Kilo schwer, zeigt:

	Spez. Gewicht	Trockensubstanz des Blutes	Trockensubstanz des Serum
um 1 Uhr — Min.	1056,0	19,67 %	8,29 %
„ 1 „ 10 „	1056,4	—	—
„ 1 „ 22 „	erhält es intravenös 1 ccm Carcinom-Extrakt		
„ 1 „ 25 „	1055,5	18,60 %	6,83 %
„ 1 „ 30 „	1054,8	—	—
„ 1 „ 40 „	1055,5	19,03	8,45
„ 1 „ 53 „	nochmalige Injektion von 1 ccm Extrakt		
„ 1 „ 58 „	1054,0	18,52 %	7,21 %
„ 2 „ 05 „	1054,0	—	—

Dieser Versuch zeigt mit seinen Zahlen, dass das Extrakt aus krebsigen Wucherungen in der Blutbahn eine ähnliche lymphtreibende Wirkung äussert, wie z. B. Salz und Zucker, nämlich eine Flüssigkeit anziehende und Blut verdünnende, mithin eine Wirkung, welche derjenigen entgegengesetzt ist, welche wir oben für das Extrakt aus tuberkulösen Massen beschrieben haben. Dass eine Auflösung der roten Blutkörperchen bei diesen Injektionen keine Rolle spielte, war daran zu ersehen, dass sich in dem klar abgesetzten Serum des Blutes nach Einführung des Extraktes Hämoglobin, auch in kleinsten Spuren, spektroskopisch nicht nachweisen liess. Auch die starke Erniedrigung der Trockenrückstände des Serum nach der Injektion spricht gegen den Übertritt von gelöstem Hämoglobin in dasselbe und gleichzeitig beweist dieselbe, dass eine Flüssigkeit von geringerem Trockengehalt als Serum in das Blut übergetreten ist und die Verdünnung bewirkt hat.

Ich halte auf Grund dieser Versuche dafür, dass bei Krebskranken ausser dem Protoplasma zerstörenden Einflusse des Krebsgiftes Lymphstörungen vom Blute her hervorgerufen werden, welche zu einer Anziehung von Flüssigkeit in dasselbe und somit zur Verdünnung führen, resp. mit beitragen. Wenn Stintzing und Gumprecht meinen, dass diese Versuche mit Krebsextrakt doch nur eine vorübergehende Verdünnung des Blutes hervorgerufen haben, so muss ich dem entgegnen, dass das Krebsextrakt beim Versuchstier naturgemäss in kürzerer oder längerer Zeit definitiv aus dem Körper ausgeschieden wird, während, im Gegensatz dazu bei der stetigen Entwickelung einer carcinomatösen Wucherung in irgend einem Organe die Giftabsonderung und demgemäss auch die Giftwirkung eine konstante und zumeist sich steigernde sein muss. Haben wir also im Tierexperiment naturgemäss nur ein vorübergehendes Phänomen vor uns, so bringt die chronische Krebskachexie des Menschen einen analogen Dauerzustand hervor, womit auch die Beobachtung übereinstimmt, dass nach Exstirpation zum Beispiel eines Magenkrebses die Blutbeschaffenheit sich häufig in rapider Weise mit dem Allgemeinbefinden bessert.

Es ist schliesslich hierbei noch auf die eigentümliche Erscheinung hinzuweisen, dass Sektionen von manchen Kranken, welche das vollständige Bild der schwersten (perniciösen) primären Anämie darboten, neben sekundären Organveränderungen nur die Anwesenheit eines häufig verhältnismässig kleinen Carcinoms in diesem oder jenem Organe, besonders im Magen, ergaben. Wenn man bei diesen Befunden an chronische, lang dauernde, wenn auch vielleicht nur geringfügige Hämorrhagien aus der Tumoroberfläche als veranlassende Momente für die Anämie denken kann, wie dies z. B. v. Noorden (1) und Israel gelegentlich eines Falles thun, so liegt auf der andern Seite doch der Gedanke nahe, dass von einem lang bestehenden Carcinom eine chronische Intoxikation mit progredienter Verschlechterung der Blutmischung ausgehen kann, und dass somit diese Fälle schwerster Anämie in ähnlicher Weise auf Resorption toxischer Substanzen beruhen, wie man es heute für die meisten der ätiologisch noch dunklen Fälle perniciöser Anämie annimmt.

Litteratur.

Alexander. De la leucocytose dans les cancères. Paris 1887.
Daland u. Sadler. Über das Vorkommen der r. u. w. Blutk. im Blute des gesunden u. kranken Menschen. Fortschr. d. Med. 1891. Nr. 20.
Dehio. Blutunters. bei der durch Phthisis pulmonum, Carcinom etc. bedingten Anämie. St. Petersb. med. Wochenschr. 1891. Nr. 1.

Devoto. Über die Dichte des Blutes etc. Prag. Zeitschr. Bd. XI. S. 176.
Eichhorst. Spez. Pathol. u. Therapie. Bd. II.
Einhorn. Über das Verhalten der Lymphocyten zu den weissen Blutkörperchen. Dissert. Berlin 1884.
Eisenlohr. Blut u. Knochenmark bei progr. pern. Anämie u. bei Magencarcinom. Deutsches Arch. f. klin. Med. 1877. Bd. 20.
Engelsen. Afhandl. for Doctorgraden in Medicin. Kopenhagen.
Escherich. Hydrämische Leukocytose. Berl. klin. Wochenschr. 1884. S. 145.
Freund. Zur Diagnose des Carcinoms. Wien. med. Blätter. 1885. Nr. 9 u. 36. — Kongr. f. inn. Med. 1889. Bd. VIII.
Grawitz, E. Über die Anämien bei Lungentuberkulose u. Carcinose. Deutsche med. Wochenschr. 1893. Nr. 51.
Haeberlein. Über den Hämoglobingehalt des Blutes bei Magenkrebs. Münch. med. Wochenschr. 1888. Nr. 22.
Halla. Über den Hämoglobingehalt des Blutes etc. Prag. Zeitschr. f. Heilk. Bd. IV. 1883. S. 198.
Hammerschlag. Über Hydrämie. Zeitschr. f. klin. Med. 1892. Bd. XXI.
v. Jaksch. 1. Über die Alkalescenz des Blutes in Krankheiten. Zeitschr. f. klin. Med. 1888. XIII. — 2. Ein Beitrag zur Chemie des Blutes. Verhandl. d. Kongr. f. inn. Med. 1893.
Klemperer. CO_2-Gehalt des Blutes bei Krebskranken. Charité-Annalen. Bd. XV. 1890.
Laache. Die Anämie. 1883.
Laker. Die Bestimmung des Hämoglobingehaltes im Blute mittels des v. Fleischlschen Hämometers. Wien. med. Wochenschr. 1886. Nr. 18—20.
Leichtenstern. Untersuchungen über den Hämoglobingehalt des Blutes in gesunden u. kranken Zuständen. 1878. Leipzig.
v. Limbeck. Grundriss einer klin. Pathol. des Blutes. 1892.
Malassez. Sur la richesse du sang en globules rouges chez les cancéreux. Progrès méd. Paris. 1884. Nr. 28.
Matrai. Chem. Unters. des Blutes bei Krebskranken. Pest. med. chir. Pr. 1885. Nr. 36.
Muir. The physiol. and pathol. of the blood. Journ. of anat. and phys. XXV. 1891.
Mouisset. Étude sur le carcinome de l'estomac. Rév. de méd. 1891.
Müller, Fr. (1) Verhandl. d. Ver. f. inn. Med. 1888. S. 378. — (2) Stoffwechseluntersuch. bei Krebskranken. Zeitschr. f. klin. Med. Bd. XVI 1889.
Neubert. Stoffwechseluntersuch. bei Krebskranken. Diss. Dorpat 1889.
v. Noorden. 1. Unters. über schwere Anämien. Charité-Annalen. Bd. XVI. 1891. S. 217. — 2. Lehrbuch der Pathol. d. Stoffwechsels. S. 461.
Oppenheimer. Über die prakt. Bedeutung der Blutunters. etc. Deutsche med. Wochenschr. 1889. Nr, 42—44.
Osterspey. Die Blutunters. u. deren Bedeutung bei Magenkrankheiten. Diss. Berlin 1892.
Pée. Untersuchungen über Leukocytose. Diss. Berlin 1890.
Peiper. 1. Alkalimetrische Untersuchungen des Blutes. Virch. Arch. Bd. 116. 1889. S. 337. — 2. Das spez. Gew. des menschl. Blutes. Centralbl. f. klin. Med. 1891. S. 217.
Potain. Un cas de leucocythémie. Gaz. de hôp. 1888. No. 57.
Reinbach. Über das Verhalten der Leukocyten bei malignen Tumoren. Langenbeck's Arch. 1893. Bd. 46.
Reinert. Zählung der roten Blutkörperchen. 1891.
Rieder. Leukocytose. 1892.

Rumpf. Alkalimetrische Unters. des Blutes. Centralbl. f. klin. Med. 1891. S. 441.
Schaper. Blutuntersuchungen etc. Diss. Göttingen 1891.
Schmaltz. Die Unters. des spez. Gew. des menschl. Blutes. Deutsches Arch. f. klin. Med. Bd. 47. S. 145.
Schneider, Gottlieb. Die morpholog. Verhältnisse des Blutes bei Herzkrankheiten u. bei Carcinom. Diss. Berlin 1888.
Scholkoff, Sophie. Zur Kenntnis des spez. Gew. des Blutes etc. Diss. Bern 1892.
Sörensen. Undersøgelser om Antallet af røde og hvide Blodlegemer under forskjellige physiologiske og pathologiske Tilstande. Kjøbenhavn 1876.
Stintzing u. Gumprecht. Wassergehalt und Trockensubstanz des Blutes. Deutsches Arch. f. klin. Med. 1894. Bd. 53. S. 265.
Strauer, O. Systematische Blutunters. bei Schwindsüchtigen u. Krebskranken. Diss. Greifswald 1893.
Trinkler. Über die diagnost. Verwertung des Gehaltes an Zucker im Blute. Centralbl. f. d. med. Wiss. 1890. S. 498.
Virchow. Cellular-Pathologie. 1872.

Autorenregister.

Abbot 289.
Addison 85. 169.
Afanasiew 45. 144. 192.
Ajello 165.
Albertoni 165. 166.
Albu 175.
Aldehoff 300.
Alexander 314.
Almquist 251.
Alt 140.
Andral 203. 235.
Antolisei 295.
Anz 278.
Arnheim 252. 258.
Arnold 31. 32.
Arronet 12.
Askanazy 21. 24. 87. 100. 101. 137. 309.
Astaschewsky 241.
Aubert 184.

Babes 165. 200. 226.
Baccelli 295.
Bacchiochi 226.
Badt 200.
Baginsky 92. 102.
Bamberger 205. 208.
Banholzer 207.
Banti 197. 226.
Barbacci 138.
Baclray 85.
Bard 119.
Barker 33.
Barlow 166. 263.
Bartazzi 271.
Bartels 241.
Bauer 63.
Bavay 306.
Baxter 258.
Beck 260.
Becquerel 64. 80. 196. 203. 230. 235. 236. 252. 270.
Behring 247.
Bein 293. 295.
Belfanti 226.

Benczur 207. 239.
Bennet 118.
Berggrün 227. 229.
Bernard, Cl. 56. 184.
Bernhard 237.
Bernheim 102.
Bert, Paul 216. 218.
Betz, Fr. 175.
Bianchi-Mariotti 247. 254. 268.
Biegansky 44. 229. 278. 280.
Biermer 85. 86. 87. 98. 136.
Biernacki 13. 22. 55. 64. 79. 80. 166. 188. 189. 217. 256.
Bignami 289. 293. 295.
Bilharz 302.
Billroth 134. 135.
Biondi 119.
Birch-Hirschfeldt 88. 282. 283.
Bischoff 68.
Bisiadecky 118. 119. 122.
Bizzozzero 11. 15. 17. 18. 19. 20. 45. 118.
Bleibtreu, M. u. L. 13. 26.
Bliesener 282. 283. 285.
Blindemann 178.
Blum 263.
Boas 153. 154.
Bockendahl 125.
Boeckmann 227. 285. 298. 299.
Bogdanow-Beresowsky 237.
Bohland 97. 217. 307.
Böhm 146.
Bollinger 114. 228.
Bommers 263.
Bonardi 114.
Bond 266.
Bonfils 134.
Bordet 40.
Bordoni-Uffreduzzi 226.
Bostock 235.
Bostroem 146.
Botkin 44. 308.
Böttcher 121.
Bouchard 76. 163. 175. 241. 246.
Bouchardat 157.

Bouchut 37. 165. 260. 261.
Bouisson 193.
Bouley 226.
Bozzolo 226.
Bradbury 86.
Braidwood 265. 268.
Brandenburg 98. 124. 148.
Brasol 157.
Brauell 243.
Brentano 138.
Brieger 94. 247. 264.
Bristowe 152. 153.
Brouardel 184. 259.
Browicz 102.
Brücke 55.
de Bruin 194.
Brunner 263.
Buchmann 252.
Buchner 39.
Buhl 189.
Bunge 70.
Buntzen 55. 57. 66. 181. 182.

Cahn 148.
Canalis 289.
Canon 102. 199. 260. 263.
Canstatt 85.
Cantani 166. 256.
Cantu 263.
Carter 241. 284.
Castellino 23.
Catona 257.
Cazenave 85.
Celli 289. 292. 293. 296.
Chalot 85.
Chalvet 165.
Chantemesse 250. 251.
Charrin 246.
Chenzinski 289.
Christison 235.
Chvostek 151. 152. 153. 155. 217. 224.
Ciniselli 304.
Clark 76.
Cohnheim 29. 34. 54. 86. 134. 135. 136. 209. 314.
Cohnstein 5. 210. 215.
Collard de Martigny 65.
Conbemale 138.
Copeman 152. 153. 207.
Cornil 117. 122. 280.
Councilman 199. 289. 293.
Covin 225.
Crudeli 288.
Cuffer 237.
Curling 175.
Czatary 207. 239.
Czerniewsky 263.
Czerny 224.

Daland 13. 178. 312.
Damon 23.

Danilewski 296.
Dapper 155.
Dastre 51. 222.
Dättwyler 173.
Davaine 307. 308.
Davy 65.
Dehio 94. 271. 308. 309. 310.
Delbet 139.
Demme 310.
Denys 31. 165.
Desoubry 245.
Detoma 37.
Devoto 271. 313.
Dickinson 151.
Dieffenbach 186.
Dionisi 298.
Djatschenko 282.
Dolega 300.
Dmochowski 96.
Donders 268.
Doyen 262.
Dressler 151.
Drouin 162.
Dubini 304.
Dubrisay 37. 260. 261.
Duclos 76.
Dumas 25.
Duncan 79.
Dunin 48. 251.
v. Düring 36.
v. Dusch 193.
Dutrochet 84.
Dyrenfurth 136.

Eberth 45.
Ebstein 113. 114. 115. 137.
Egger 219.
Ehrlich 11. 21. 23. 24. 28. 29. 30. 31. 32. 40. 44. 57. 79. 87. 90. 100. 101. 117. 118. 121. 122. 154. 281. 314.
Eichhorst 22. 86. 87. 91. 97. 312.
Eikenbusch 114. 115.
Einhorn 30. 31. 40. 314.
v. Eiselsberg 263.
Eisenlohr 22. 90. 93. 127. 179. 314.
Eliasberg 19.
Emminghaus 175.
Engel 282.
Engelsen 312.
Erb 31. 57. 121.
Escherich 173. 314.
Ettlinger 245.
Ewald 93. 106. 174. 176. 197.
Ewing 41.

Feletti 289.
Fellner 19.
Felsenthal 237. 258. 259.
Feltz 193. 241.
Fenoglio 271.
Fenwick 93.

Fermi 114.
Fick 195.
Fink 231.
Firket 305.
Fleischer 129. 130. 136. 153. 154.
v. Fleischl 11. 58. 66. 67.
Flemming 118. 119.
Flint 195.
Foa 19. 226.
Forchheimer 77.
Fraenkel, A. 113. 123. 127. 216.
Fraenkel, E. 76. 251.
Frankenhäuser 102.
Frerichs 193. 236. 240. 287.
Freund 35. 64. 126. 315.
Friedreich 23.
Frosch 260.
Fuhrmann 299.
Fusari 45.

Gabbi 138.
Gabritschewski 23. 24. 34. 40. 101. 126. 160. 231.
Gaffky 251.
Gaillard 278. 280.
Gardner 86.
Garré 262.
Garrod 161. 162. 166.
Gärtner 4. 13. 246. 275.
Gast 91.
Gastère 226.
Gaule 296.
Gavarret 203. 235.
Geigel 139.
Georgi 77. 197.
Geppert 150. 216. 225.
Gerhardt, C. 130. 195. 196. 295.
Gerhardt, D. 248.
Gilbert 122. 199.
Gillavry, Mac 114.
Girode 199.
Gley 246.
Gnezda 271.
Gobuleff 20.
Goldscheider 30. 40. 41. 226.
Goldschmidt 251.
Golgi 289. 290. 292.
Gollasch 126. 231. 232.
Gorup-Besanez 70. 236.
v. Gütschel 12. 265.
Götze 153.
Gowers 11.
Grüber 30. 64. 77. 78. 79. 80. 81.
Graciani 113.
Grancher 37.
Grandidier 167.
Grassi 278. 289. 304.
Grawitz, E. 14. 69. 94. 126. 185. 190. 207. 212. 220. 226. 247. 251. 260. 265. 266. 272. 275. 294. 305. 313.

Grawitz, P. 43. 86. 95. 96.
Greene 113.
Gregory 235.
Greiwe 114.
Griesinger 118. 284. 302. 304.
Grohé 85.
Groll 66.
Gualdi 295.
Guarnieri 289.
Gumprecht 77. 160. 207. 239. 313. 317.
Gundobin 31.
Gusserow 86.

Haeberlein 176. 312.
Hahn 263.
Halla 37. 227. 228. 229. 252. 253. 259. 268. 271. 285. 298. 299. 314.
Hales White 165.
Hamburger 4. 13. 25. 26. 216.
Hammerschlag 10. 49. 77. 79. 103. 124. 196. 206. 238. 271. 313.
Hammerschmidt 215.
Hanot 165.
Harley 151.
Hartmann 263.
Hartung 179.
Hauser 137.
Hausse, de la 140.
Hay, Matthew 184. 185.
Hayem 17. 19. 20. 22. 37. 38. 45. 78. 79. 87. 102. 153. 165. 166. 256. 298.
Hedin 13.
Heidenhain 4. 31. 66. 194. 246. 247. 275. 276.
Heise 305.
Henle 57. 193.
Hennige 94.
Henry 157.
Henrot 102.
Hermann 66. 188. 194.
Hertel 296.
Heschl 287.
Heubner 147.
Heuck 120. 122. 127.
Heydenreich 282. 284. 285.
Hinterberger 113. 114. 236.
Hirschler 263.
Hirt 37. 39.
Hodgkin 133. 134.
van t'Hoff 25.
Hoff 263.
Hoffmann 76. 92. 166. 167. 308.
Hofmeister 37. 38. 43.
Hoffsten 115.
Hofmeier 196.
Holst 308.
Holt 226.
Home 257.
Hoppe-Seyler 11. 146. 184. 241. 248.
Horbaczewski 33. 34. 39. 40. 115.

v. Hössliu 51. 68. 69.
Howel 17. 18.
Huber 263.
Hughes 241.
Hünerfauth 56. 57.
Hünefeld 193.
Hunter, W. 87. 93. 94. 192.
Huppert 193.

Ilberg 308.
Immermann 50. 86. 87. 91. 93. 147. 164. 165. 167.
Israel 317.

v. **J**aksch 12. 15. 64. 77. 80. 87. 101. 125. 140. 141. 157. 159. 162. 227. 229. 237. 238. 239. 240. 241. 249. 253. 284. 289. 313. 315.
Jacob 30. 40. 41. 127.
Jacobi 148.
Jahn 207.
James 94. 289.
Janowski 96. 251.
v. Jaruntowsky 220.
Jeffries 162.
Joas 40.
Jones, Ll. 79.
Jordan 263. 264.
Jürgensen 177. 182.
Justus 279.

Kanthak 268.
Karcher 219.
Karlinsky 283. 284.
Kelsch 114. 297. 299.
Keyes 278.
Kiener 299.
Kikodse 229.
Kisch 163. 205.
Kjeldahl 10. 313.
Klebs 102. 114. 121. 288.
Klein 44. 137. 138.
Klemperer 15. 162. 315.
Kobert 144. 145. 146. 150. 151.
Kobler 152. 153.
Koch, R. 284.
Koch, W. 167.
Köhler 36. 97.
Kohlstock 294.
Kolb 165.
Kölliker 17. 18.
Konried 279. 280.
Koeppe 55. 219.
Koppel 146.
Körner 125.
Kossel 33. 126.
Kotschetkoff 258. 259.
Kottmann 119.
Köttnitz 115.
Kovacz 127.

Kraus 10. 64. 80. 159. 217. 224. 249.
Krebs 268.
Krönig 276.
Krüger 76. 91. 215.
Kruse 199.
Kühne 126.
Külz 146. 159.
Kundrat 135.
Kupffer, F. 12.
Kussmaul 180.
Küssner 153.

Laache 21. 53. 55. 56. 57. 78. 79. 81. 87. 99. 136. 139. 140. 164. 165. 176. 178. 237. 240. 252. 270. 271. 278. 312.
Laehr 229.
Labadie-Lagrave 71. 125.
Lackschewitz 13. 25.
Lafleur 199.
Laker 58. 271. 179. 312.
Landois 5. 10. 35. 36. 80. 145. 193. 211. 240. 241.
Landsteiner 70.
Landwehr 125.
Lannois 138. 263.
Laptschinsky 282. 285.
Laubenburg 115.
Lauth 85.
Laveran 287. 288. 289. 290. 293.
Lazarus 96.
Leber 40. 282.
Lebert 85. 87. 282.
Lebreton 165.
Lecanu 157. 252.
Legendre 165.
Lehmann 216.
Leichtenstern 2. 11. 68. 69. 79. 157. 163. 176. 180. 181. 182. 183. 204. 227. 230. 231. 237. 240. 251. 253. 258. 271. 280. 305. 306. 312. 313.
Lenhartz 15.
Lépine 86. 87. 159.
v. Lesser 145.
Letzerich 165.
Leube 63. 120.
Levy 226. 263.
Lewin, G. 169.
Lewin, L. 145.
Lewis 303.
Lewy 93.
Leyden 43. 126. 193. 200. 231. 232.
Lezius 278. 280.
Lichtheim 154. 205. 314.
Liebmann 276.
Lilienfeld 33. 35. 45.
v. Limbeck 15. 25. 26. 39. 41. 64. 77. 80. 117. 136. 139. 194. 196. 197. 216. 229. 249. 253. 258. 259. 261. 268. 299. 315.
Lipman-Wulf 77.

21*

Litten 20. 22. 86. 87. 90. 95. 96. 115. 130. 282. 283. 285.
Livierato 34. 160. 230. 254.
Lloyd-Jones 6.
Löffler 102.
Loewy 248.
Loos 124. 140. 279. 280.
Lossen 167.
Löwit 4. 17. 19. 29. 31. 39. 40. 41. 45. 119. 120. 122.
Löwy 10. 162. 216. 249.
Lucatello 251.
Luciani 67.
Lukjanow 3. 216.
Ludwig, E. 5. 125.
Lussana 307.
Lustig 276.
Luzet 100. 140. 165.
Lyon 57.

Mackenzie 154.
Mafucci 138.
Magendie 65.
Majocchi 138.
Malassez 37. 91. 178. 204. 270. 278. 312.
Manasseïn 21. 265. 282.
Manfredi 256.
Mannaberg 289. 293. 298.
Manson 303.
Manz 86.
Maragliano 23. 24. 97. 101. 229. 248. 268.
Marchand 148.
Marchiafava 226. 288. 292. 293.
Marfan 165.
Marie 211.
Marshall Hall 85.
Martha 199.
Martigny de 65.
Masius 21. 22.
Massart 40.
Mathes 125. 126.
Matrai 315.
Mayer 80. 113.
Mayet 118. 119. 122.
Maxon 207.
Meckel 287.
Meier, G. 174.
Meinert 76.
Meisels 251. 276.
Meissen 221.
Menche 305.
Mendelsohn 152.
Menicanti 207.
Menzer 251.
Mercier 220.
v. Mering 56. 148. 158. 180.
Merkel 169. 251.
Meschede 285.
Mesnet 152.

Metschnikoff 31. 34. 42. 284. 289. 295.
Meyer, H. 39.
Miescher 219.
Mikulicz 58.
Minkowski 159.
Mobitz 265.
Moczutkowsky 282. 284. 285.
Moleschott 30. 37. 57.
Möller 225.
Monti 227. 229.
Morat 51.
Mosler 23. 91. 113. 114. 117. 121. 122. 125. 136. 300.
Mouisset 178. 312.
Mühsam 215.
Muir 314.
Müller 157.
Müller, Koloman 195.
Müller, Fr. 15. 67. 69. 87. 95. 109. 126. 149. 176. 179. 206. 231. 232. 308. 309. 312. 315.
Müller, H. 86. 87. 91. 115.
Müller, H. F. 19. 21. 87. 115. 117. 118. 122. 127.
Munk 69.
Müntz 219.
Murri 76. 154.
Mya 159. 241.

Nasse 37. 57. 64. 65. 66. 67. 68. 69. 157. 182. 204. 228. 271.
Naumann 170.
Naunyn 144. 182. 204. 282. 283.
Neisser 250.
Nencki 247.
Nette 114.
Netter 199. 226.
Neubert 271.
Neuhaus 251.
Neumann, E. 17. 18. 19. 20. 86. 90. 91. 116. 117. 121. 122. 126. 129.
Neumann, H. 170. 264.
Neusser 32. 44. 101. 161.
Niebergall 13.
Nikiforoff 31.
Nocard 245. 246.
Nolle 93.
v. Noorden 44. 69. 77. 87. 88. 94. 97. 101. 102. 109. 125. 159. 160. 162. 172. 196. 200. 207. 231. 271. 296. 313. 315. 317.
Normand 307.
Nothnagel 76. 93. 174.

Obermeier 126. 152. 153. 244. 282. 284. 285. 286.
Obet 136.
Obrastzow 18. 114.
Oertel 163. 204. 205. 206. 207. 209. 210. 211.

Okintschitz 70.
Okladnych 256.
Olivier 136.
Omeliansky 212.
Opitz 166.
Oppenheimer 51. 176. 177. 207. 271.
Ortenberger 226.
Orth 20. 86. 95. 113.
Osler 17. 19. 86. 93. 289.
Osterspey 176. 178. 312. 314.
Osterwald 114.
Otto 21. 55. 56. 252.
Ottolenghi 225.

Paltauf 289.
Panum 65. 66.
Parona 304.
Pasquale 199. 276.
Patrigeon 179. 265. 268.
Pavy 151. 154. 158.
Pawlowsky 114. 119.
Pée 173. 229. 259. 261. 299. 314.
Peiper 64. 80. 125. 207. 230. 237. 241. 249. 271. 313. 315.
Pel 137.
Penzoldt 129. 130. 136. 166. 204. 210.
Pepper 86. 87.
Perles 102.
Perls 240. 241.
Perroncito 304. 305. 308.
Perroud 85.
Petrone 102.
Petruschky 263. 276.
Pfeffer 40.
Pfeiffer 162. 247.
Pfuhl 263.
Picard 91. 241.
Picchini 138.
Pick 64. 229. 258. 259.
Planer 287.
Plehn 289. 293. 294. 295. 298.
Poehl 126.
Pohl 37. 38. 39. 42.
Poisseuil 183. 184.
Poletaew 67. 70.
Pollender 243.
Ponfick 86. 96. 130. 143. 144. 145. 146. 153. 285.
Popp 252.
Popper 151. 154.
Porcter 245.
Posner 33.
Potain 179. 314.
Pouchet 20.
Prevost 25.
Preyer 79.
Prudden 226.
Pruss 45.
Pye-Smith 86.

Quincke 22. 23. 24. 59. 79. 86. 87. 91. 92. 93. 96. 99. 127. 157. 173. 253. 256. 265. 289.

Radziejewsky 184.
Ralfe 166.
Ranvier 31.
Rauschenbach 97.
v. Recklinghausen 20. 121.
Redtenbacher 250.
Regnard 237.
Reichardt 288.
Reinbach 314.
Reinert 2. 3. 15. 78. 136. 139. 140. 157. 166. 176. 178. 179. 180. 207. 211. 229. 237. 239. 240. 248. 252. 258. 260. 271. 281. 314.
Reinicke 37.
Remak 57.
Rénaut 119. 122.
Renvers 137.
Renzi, de 64. 197.
Rethers 77.
Reyher 308.
Richter 40. 127. 248.
Rieder 29. 30. 31. 38. 39. 40. 41. 42. 44. 57. 117. 122. 173. 179. 229. 253. 258. 259. 261. 268. 271. 314.
Rille 280.
Rindfleisch 18. 90. 100.
Ritter 193. 241.
Robin 20. 166.
Rodet 154.
Rodier 64. 80. 196. 203. 230. 235. 236. 252. 270.
Röhmann 215.
Röhrig 193.
Rokitansky 287.
Römer 4. 39. 41. 246. 275.
Roscher 266. 268.
Rosenbach 154. 262.
Rosenheim 174.
Rosenstein 96. 198. 237.
Ross 263.
Rossel 94.
Rothe 137.
Roux 114. 138. 263.
Rubinstein 77.
Rühle 305.
Rumpf 80. 241. 249. 315.
Runeberg 307. 308. 309.
Russel 94.
Rütimeyer 251. 276. 302.
Rywosch 193. 194.

Sacharoff 33. 285.
Sachsendahl 36. 97.
Sadler 178. 227. 228. 229. 252. 268. 312.
Saenger 263.

Sahli 15. 51.
Salander 115.
Salkowski 125. 126. 161.
Salle 153.
Salomon, G. 34. 126. 161. 162.
Salvioli 19.
Samuel 54. 271.
Sanarelli 146.
Sandoz 94.
Sandwith 304.
San Felice 296.
Sarnow 284.
Sasaki 93.
Schack 193.
Schaper 314.
Schapiro 308. 309.
Schaumann 24. 99. 308. 309.
Scheby-Buch 86.
Schellong 294. 298.
Schenk 56.
Scherer 125. 126. 236.
Scheurlen 245.
Schiff 279.
Schimmelbusch 45.
Schklarewski 20.
Schlesinger 124. 280. 281.
Schmaltz 10. 182. 207. 271. 313.
Schmidt, Adolf 31. 33. 43. 126. 231. 232.
Schmidt, Alexander 12. 29. 35. 36. 97. 168. 225. 265.
Schmidt, C. A. 14. 25. 64. 184. 187. 188. 189. 235. 236. 238. 255.
Schmidt, M. B. 120.
Schneider, Gottlieb 176. 179. 206. 312.
Schmeyer 179.
Scholkoff, Sophie 77. 271. 313.
Schönbein 150.
Schönlein 85.
v. Schopf 305. 306.
Schottin 240. 241.
Schröder 220.
Schroth 182. 183.
Schubert 77.
Schulten 268.
Schultze, Max 28. 34. 45. 145.
Schultz-Schultzenstein 10.
Schulz 30. 136. 182.
Schulz, G. 41.
Schumburg 40.
Schwab 165.
Schwarze 29. 82.
Schwenter 205.
Seifert 15. 232. 305.
Seige 308.
Seitz 251.
Senator 67. 94. 102. 113. 136. 140. 141. 175. 249.
Setschenow 214.
Siebold, Th. v. 304.

Siegl 207.
Silbermann 36. 87. 97. 173. 196.
Simon 65. 157. 252.
Simmonds 251.
Sittmann 199. 226. 251. 263. 265.
Sommer 12.
Sonnenburg 146.
Sonsino 303. 304.
Sörensen 37. 78. 179. 181. 227. 237. 252. 271. 278. 281. 312. 314.
Soubeiran 157.
Speranza 257.
Spiegelberg 241.
Spietschka 165.
Spilling 29.
Spitzer 159.
Spiro 40. 127.
Stadelmann 144. 146. 159. 191. 192. 200.
Stapa 261.
Stein, H. 5. 227. 248.
Steinbrügge 113.
Steinlen 249.
Stern 263.
Sternberg 289.
Steudel 294. 298.
Stewart 151.
Sticker 149. 276.
Stierlin 71.
Stintzing 10. 77. 127. 207. 239. 271. 313. 317.
Stockman 87. 96. 174.
Stockvis 148.
Stonkowenkoff 279. 280.
Storch 146.
Strauer, O. 178. 272. 313.
Strecker 126.
Stricker 31.
Strübing 154.
Strümpell 88. 134. 273.
Stühlen 92.
Subbotin 68. 79. 157.
Sudakoff 251.
Sudakewitsch 284.
Suter 219.
Swerschinsky 231.

Tangl 138.
Tassinari 159. 241.
Taussig 200.
Teissier 308.
Thakrah 65.
Thayer 254.
Thérèse 165.
Thiemich 251.
Thompson 188.
Thudichum 241.
Tietze 248.
Tilanus 262.
Tizzoni 165.
Toenissen 78. 204.

Tolmatscheff 63.
Tommasi Crudeli 288.
Traube 193. 241.
Tricoui 115.
Trinkler 315.
Troje 100. 117. 122.
Trousseau 85. 134. 136.
Tschirkoff 169. 170.
Tschistowisch 229.
Tumas 227. 228. 252. 253. 266.

Uffreduzzi 226.
Unterberger 283.
Uskow 165. 166.
Uthemann 117. 122.

Valentin 65.
Vanlair 21. 22.
Vehsemeier 115.
Veillard 114.
Veillon 219.
Velpean 118
Verdeil 68. 70.
Verdelli, Camillo 114. 138.
Viault 218. 219. 220.
Vidal 136. 250. 251.
Vierordt 53. 55. 67. 181. 182. 225.
Virchow 28. 31. 37. 40. 57. 75. 112. 116. 117. 118. 129. 134. 135. 136. 228. 253. 256. 280. 287. 314.
Voit 66. 68. 241.
Völckers 137. 305.
de Vries H. 25.

Wachsmuth 167.
Waetzoldt 137.
Wagner 53. 54.
Waller 34.
Wassermann 281.
Weber, O. 58.
Weichselbaum 262. 276.
Weigert 91. 282.
Weintraud 34. 124. 162. 190.
Weishaupt 138.
Weiss 43. 140.
Welch 226.
Welcker 30.
Werhowsky 248.
Werigo 41.
Wernich 284.
Wertheim 19. 118. 145.
Wesener 15.
Westphal 29. 113. 126. 139. 140.
Wharton-Jones 34.
Widal 165.
Wienogradow 20.
Wjeruschki 165.
Wilbuszewicz 278. 280.
Wilcocks 252. 258.
Wilks 85. 134.
Wiltschour 94. 251. 309. 310.
v. Winckel 262.
Winiwarter 139.
Winogradow 20.
Winternitz 6.
Wittstock 188.
Wlajew 198. 255. 310.
Wolff 219.
Wright 168.
Wucherer 303. 304.
Wunderlich 85. 134. 257.
Wyss 147.

Zancarol 199.
Zander 76.
Zappert 30. 44. 102. 305. 306.
Zäslein 252.
Zenker 85.
Zimmermann 20. 57.
Zoege von Manteuffel 168.
Zuntz 5. 10. 40. 56. 209. 215. 216. 223.

Sachregister.

Abdominaltyphus s. Typhus.
Abführmittel 183.
Abscedierung 262.
Absorptionsspektra, Tabelle derselben 147.
Acetessigsäure 159.
Achromatophilie der roten Blutkörperchen 24.
Adenie 134. 138.
Aderlass 19. 55. 56.
Agrostemma Githago 146.
Albuminurie 235.
— intermittierende 151.
Albumosen im Blute 42.
— bei Leukämie 125. 126.
Alkalescenz des Blutes, Bestimmung 10.
Alkapton 175.
Alloxurbasen-Ausscheidung 98.
Ameisensäure im Blute 125.
Ammoniak, Ausscheidung 175.
— kohlensaures, bei Urämie 240.
Amöboide Bewegungen der Leukocyten 34.
— — der Malariaparasiten 289.
Amylnitrit 6, 149.
Amyloidentartung 274.
Anadenia ventriculi 93. 174.
Anaematosis 87.
Anaemia infolge von Anchylostomen 306.
— infolge von Bothriocephalus latus 309.
— dyspeptische 94.
— essentielle 85.
— infantum pseudoleucaemica 140.
— lymphatica 134.
— posthaemorrhagica 53. 79.
— primäre 74.
— progressive perniciöse 85. 289.
— sekundäre 53. 79.
— splenica 134.
Anämische Zustände 48.
— — Einteilung derselben 52. 53.
Anchylostomum duodenale 58. 59. 304.
Angina 258.

Anguillula stercoralis s. intestinalis 307.
Anilin 149.
Anoxyhämie 218.
Antifebrin 39. 149. 229.
Antipyrin 39. 229.
Antitoxin 247.
Arosa 219.
Arsenwasserstoff 146.
Arterielles Blut 215.
Ascaris lumbricoides 310.
Asparaginsäure 175.
Asthma bronchiale 32. 43. 44. 230.
Atrophie des Darmes 93. 94.
Atropin 39.
Autointoxikation vom Intestinaltraktus 76. 88. 93. 97. 115. 175. 307. 310.

Bacillus icterogenes capsulatus 197.
— pyocyaneus 4. 246.
Bacterium coli commune 246.
Bakterien im Blute 102. 114. 199. 251. 263. 276.
— Nachweis derselben 244.
— bei Malaria 288.
Bakterien-Proteïne 39. 41. 42. 189. 247.
Barlow'sche Krankheit 166.
Benzol 175.
Bergwerke von Schemnitz, Kremnitz, St. Etienne, Reschitza und Anina 305.
Bernsteinsäure 125.
Bilharzia haematobia 302.
Biliöses Typhoid 284.
Bilirubin-Bildung 144.
Bismuthum subnitricum 39.
Bittersalz 185.
Blackwater-fever 294.
Blässe, äussere 50.
Blausäure 150.
Blutbildung 17.
Blutdruck, Einfluss auf die Blutmischung 5.
Blutdruck bei Klappenfehlern 208.
Blutegel-Extrakt 4.

Blutentnahme, Art, Ort und Zeit derselben 7. 8. 9.
Blutgerinnung, Rolle der Leukocyten bei derselben 35. 36.
— Rolle der Blutplättchen 45.
Blutgifte 145. 191.
Blutkapillaren, sekretorische Vorgänge in denselben 4.
Blutkörperchen, rothe, Bildung derselben 17.
— weisse s. Leukocyten.
Blutkrise 101.
Blutplättchen 19. 20. 45. 80.
Blutschatten 143.
Blutstauungen 209.
Blutverluste 20.
— akute 53.
— chronische 58.
Bothriocephalus latus 94. 308.
Bronchialdrüsen 228.
Bronchitis 225.
Brotfütterung 68.

Cadaverin 93.
Carcinoma 104. 312.
— oesophagi 172. 313.
— ventriculi 178. 312.
Cellules médullaires (Robin) 117.
Chemotaxis 35. 40.
Chenocholsaures Natron 193.
Chinin 39.
Chlor 64.
Chlorose 74.
— ägyptische 304.
— syphilitische 278.
Chlorsaures Kali 148.
Cholämie 200.
Cholelithiasis 197. 199.
Cholera 255.
Cholera-Bacillen 189. 256.
Cholera-Diarrhöen 186.
Cholesterämie 195.
Choloidinsaures Natron 193.
Cholsäure 193.
Cholsaures Natron 193.
Chromaturie 151.
Chromsäure 149.
Chylurie 303.
Cirkulationsapparat, Störungen desselben 203.
Cirrhose der Leber 198.
— des Magens 93. 174.
Cochinchina-Diarrhöe 307.
Coffeïn 39.
Coma diabeticum 159.
Corps sphériques 288.
Cyclamen europaeum 146.
Cystin 175.
Cystitis 263.
Cytoglobin 225.

Darm 181.
Darmfäulnis bei Chlorose 77.
— bei perniciöser Anämie 94.
Darmkatarrh 113.
Darm-Resorption 181.
Darmschleimhaut, Zellinfiltration 38. 43.
Darm-Sekretion 185.
Dermatose 281.
Deshydratation des Blutes 222.
Desmoidcarcinom 136.
Diabetes mellitus 157. 274.
Diarrhöe 183.
Digitalis 211.
Diphtherie 260.
Diphtherie-Bacillen 260.
Distomum haematobium 302.
Dochmius duodenalis s. Anchylostomum.
Drüsenhypertrophie, progressive 134.
Drüsenschwellungen 133. 134.
Dysenterie 189.
Dyspnoë 209.

Eisen im Blute 64. 76. 217.
— in Leukocyten 33.
— Ablagerungen in den Geweben (s. auch Hämosiderin) 91.
Eisenoxyd 39.
Eiterungen 261.
Eiterzellen bei Leukämie 129.
Eiweis-Fäulnis 94. 174.
Eiweiss-Gehalt des Blutes 11.
Elementarkörperchen 19.
Elephantiasis 304.
Embryonale Blutzellen 18.
Emphysem 225. 230.
Endocarditis 203.
— ulcerosa 226. 262. 264. 265.
Entfettungskur 163.
Eosinophile Zellen 29. 30. 32. 33.
— — — im Sputum 231. 232.
Eosinophilie 44.
Ernährung, ungenügende 65.
Erstickung 149.
Erstickungsblut 224.
Erysipelas 261.
Erythroblasten 19.
Essigsäure im Blute 125.
Exspirationsluft 225.

Ferienkolonie 71.
Fermentintoxikation 36. 97. 144.
Fettherz 86. 91. 205.
Fettsucht 163.
Fibrinbildung 35. 45.
Fibrinferment 35. 168.
Fibrinogene Substanz 35.
Fibrinoplastische Substanz 35.
Fieber 247. 273. 276.
— anämisches 97.
Fièvre bilieuse haematurique 294.
Filaria sanguinis hominis 11. 303.

Flagella 288.
Fleischfütterung 68.
Früchte, Einwirkg. auf Leukocyten 39.

Galle, Wirkung auf das Blut 192.
Gallenfarbstoff 194.
Gallenfieber 294.
Gallensäure im Blute 147. 193.
Gastrectasie 179.
Gaswechsel, respiratorischer 71. 217.
Gefässinnervation s. Vasomotoren.
Gefässsystem, Hypoplasie desselben 75.
Geisselfäden bei Malariaparasiten 288.
Genitalapparat 76.
Geophagie 304.
Gerinnungsfähigkeit des Blutes 55. 80. 98. 121. 167.
Gesamtmenge des Blutes 3. 98.
Gewürze, Wirkung auf Leukocyten 39.
Gicht 161.
Githagin 146.
Glaubersalz 184.
Globularplasma 23.
Glycerinphosphorsäure 144.
Glykocholsaures Natron 193. 194.
Glykogen im Blute 34.
— bei Diabetes 160.
— bei Pneumonie 230.
— bei Typhus 254.
Glykolytisches Ferment 159.
Görbersdorf 220.
Gotthard-Tunnel-Arbeiter 87.
Granulationen der Leukocyten 29.
— Differenzierung derselben 32.
Guajakolvergiftung 147.

Haemamoeba malariae 290.
Hämatoblasten 18. 19. 45.
Hämatokrit 13.
Hämatozoën bei Rekurrensfieber 285.
— bei Malaria 289.
Hämaturie 144. 151. 304.
Hämocytolyse 36. 143.
— bei Sepsis 267.
Hämoglobin, Bestimmung d. Gehaltes 11.
— Bildung desselben 20. 71.
Hämoglobinämie 97. 143. 191.
Hämoglobinometer 11.
Hämoglobinurie 144. 294.
— paroxysmale 151.
Hämophilie 166.
Hämoptöe 58. 274.
Hämorrhagien, akute 53.
— chronische 58.
— kapilläre 97. 174.
Hämorrhagische Diathesen 164.
Hämorrhoiden 58.
Hämosiderin 24. 144.
Hämosporidia 290.
Halbmondformen bei Malaria 288. 293.

Harnsäure, Ausscheidung und Verhältnis zu Leukocyten 33. 34. 39.
— und Leukocytose 39. 42.
— im Blute bei Gicht 161. 162.
Harnstoff und Leukocyten 39.
Harnstoff im Blute bei Urämie 240. 241.
Hautkrankheiten 281.
Helvellasäure 146.
Hemiplegie 204.
Herzkollaps 228.
Herzkraft 211.
Herzkrankheiten s. Cirkulation.
Herzschwäche 231.
Hirnkapillaren 288.
Histon 33.
Hodgkin's Krankheit 133 (s. Pseudoleukämie).
Höhenklima 211. 218.
Hungerkünstler 67.
Hungern 65. 66. 67.
Hydrämie 50. 55. 77. 207. 239.
Hydratation des Blutes 222.
Hydrobilirubin 248.
Hydrothionämie 175.
Hygienische Verhältnisse 70. 74. 75.
Hyocholsaures Natron 193.
Hyperglobulie 211.
Hyperisotonie 26.
— nach Bakterienwirkung 247. 265.
Hypisotonie 26.
Hysterie 223.

Icterus 192. 195. 212.
— gravis 200.
— hämatogener und Resorptionsicterus 144.
Inanition 65. 67. 70.
Indol 175.
Infektionskrankheiten 243.
— mit Hämocytolyse 147.
— bei Leukämie 127.
Influenza 113.
Intermittens 113. 292.
— quartana 292.
— quotidiana 292.
— tertiana 290.
Isotonie 25. 26. 216. 247. 265.

Kachexia africana s. montana 304.
— diabeticorum 158.
Kältewirkung auf das Blut 152.
Kalium 64.
Kartoffel 146.
Karyokinesen s. Kernteilung.
Kehlkopftuberkulose 274.
Kernhaltige rote Blutkörperchen 18. 21. 23.
Kernteilung der roten Blutkörperchen 18. 100. 122.
— der Leukocyten 31.

Klappenfehler des Herzens 231.
Knochenmark als Blutbildungsstätte 17.
— als Untergangsstätte der roten Blutkörperchen 24.
— lymphoides 20. 90.
Knochentuberkulose 271.
Kochsalz-Gehalt des Blutes 97.
— physiologische Lösung 25.
— Wirkung auf das Blut 185.
Kohlendunst 149.
Kohlenoxyd 149.
Kohlensäure im Blute 214.
— in der Luft 71.
— Überladung des Blutes 224.
Kokken s. Bakterien im Blute.
Kompensationsstörung des Herzens 205.
— bei Nierenkrankheiten 240.
Konstitutionskrankheiten 157.
Konsumierende Krankheiten 50.
Kordilleren 218.
Kreatinin bei Urämie 240.
Krebskachexie 315.
Krebsmuskel-Extrakt 4. 275. 316.
Kresol 175.
Kristalle, Charcot-Leyden-Robin'sche 126.
— bei Asthma 232.
Krüppelform d. roten Blutkörperchen 23.

Lammbluttransfusion 36. 145.
Laverania malariae 290.
Leber als Blutbildungsstätte 17. 20.
— Erkrankungen 197.
— als Untergangsstätte der roten Blutkörperchen 24.
Leberabscess 199.
Leberatrophie, akute gelbe 197. 199.
Lebercarcinom 198.
Lebercirrhose 198.
Leuchtgas 149.
Leucin 175.
Leukämie 44. 112. 136.
— akute 123.
Leukoblasten 19.
Leukocyten 28.
— Formen derselben 30.
— Herkunft 31. 42. 43.
— Zerfall 36.
— Zusammensetzung 33.
Leukocythämie 112.
Leukocytose 36.
Leukolyse 41.
Leukonukleïn 33. 35.
Lipämie 159. 164.
Lorchel 146.
Lues s. Syphilis.
Luft im Blute 177.
Luftverdünnung 216.
Lunge, Erkrankungen 214.
Lungenkreislauf 210. 222.

Lymphagoge Stoffe 4. 268. 276.
Lymphbildung 3.
Lymphdrüsen bei perniciöser Anämie 91.
— als Blutbildungsstätten 19. 20. 40.
— bei Leukämie 116.
— bei Pseudoleukämie 133. 137.
Lymphocyten 28. 44.
— bei Leukämie 123.
Lymphom, Lymphosarkom 134.
Lymphskrotum 304.

Magen, Erkrankungen 173.
Magenblutung 61. 62.
Mal d'estomac 304.
Maladie de terre 304.
Malaria-Erkrankungen 11. 44. 88. 113. 147. 152. 287.
Markzellen 18. 31. 117. 122. 124. 280.
Marschanstrengung 40. 154.
Masern 257.
Megaloblasten, Megalocyten 21. 22. 100.
Melanämie 285. 288. 299.
Melanin 170. 289.
Meningitis 226.
Methämoglobinurie 144.
Methodik der Blutuntersuchungen 10.
Mikrocyten 21.
Mikrokokken s. Bakterien.
Mikroorganismen bei pernic. Anämie 102. 103.
Milchsäure im Blute 125. 159.
— im Magen 106.
Miliartuberkulose 127. 137. 276.
Milz bei perniciöser Anämie 91.
— als Blutbildungsstätte 17. 19. 20. 116.
— als Untergangsstättte von roten Blutkörperchen 24.
Milzbrand 243. 244.
Milzextrakt 127.
Mitralfehler 206.
Mittelsalze 183.
Monaden im Blute 102. 114.
Monochromatophilie der roten Blutkörperchen 24.
Morbus Addisonii 169.
— Brightii 237.
— maculosus Werlhofi 164.
Morchel 146.
Morphin 21.
Morphologie des Blutes 17.
Mosquito 303.
Myelämie 122.
Myelocyten, Myeloplaxen s. Markzellen.
Myelogener Ursprung der perniciösen Anämie 95.

Nachtschatten 146.
Nahrungsaufnahme 181. 182.

Nasenbluten 58.
Natrium 64.
Nephritis 162.
— chronic. interstitialis 239.
— parenchymatöse 236.
Nervus depressor 51.
Neugeborene, Blut derselben 38.
— Ikterus 196.
Neurosen 44.
Nierenkrankheiten 235.
Nitrobenzol 149.
Nitroglycerin 149.
Normalwerte der Blutbestandteile 15.
Normoblasten 21.
Nukleïn 4. 33. 34. 39. 40. 115. 229.
Nukleoalbumin 33. 126.
Nukleohiston 33.

Ödem 207. 239.
Ösophagus 172.
Oligaemia 50. 173. 275. 313.
Oligochromämie 49. 79.
Oligocythämie 49.
Osmotische Spannkraft 25.
Osteomyelitis 95. 261.
Oxybuttersäure 159. 315.
Oxyhämoglobin 214.

Panaritium 263.
Paranukleïn 33.
Paroxysmale Hämoglobinurie 151.
Pemphigus 281.
Pentamethylendiamin 93. 175.
Pepton 42. 115. 125.
Perniciöse Anämie 87.
— Malaria 294.
Pfortader 192.
Pfortader-Stauung 198.
Phagocytose 33. 34. 295.
Phenol 175.
Phenylessigsäure 175.
Phlegmone 262.
Phosphor 64.
Phosphorsäure 144. 249.
Phosphorvergiftung 197. 199.
Phthisis pulmonum 127. 225.
— ventriculi 174.
Pilocarpin 229.
Plasma, Verhältnis zu den roten Blutkörperchen 13. 25.
Plasmodium malariae 289.
Pleiochromie der Galle 192.
Plethora serosa 204. 207.
Pleuritis 225.
— bei Leukämie 127.
Pneumobacillus 4.
Pneumokokken 225.
Pneumonie 225.
Pocken 257.
Poikilocyten 23.

Polychromatophilie der roten Blutkörperchen 24. 60. 100.
Proteïne 39.
Prothrombin 35.
Pseudoleukämie 133.
Purpura hämorrhagica 164.
Pyrogallol 149.
Pyrogallussäure 149.

Quartanfieber 292.
Quecksilber 280.
Quillaja Saponaria 146.
Quillajasäure 146.
Quotient, respiratorischer 215.

Rachendiphtherie 113.
Regeneration der r. Blutkörperchen 20.
Reiboldsgrün 219.
Rekurrensfieber 244. 282.
Rekurrens-Spirillen 283.
Resistenz der r. Blutkörperchen 143.
Respiration, Beschleunigung der 222.
Respirationsapparat 214.
Retinalapoplexie 86.
Retinalgefässe 246.
Rückfallsfieber, chronisches 137.

Salze des Blutes bei Cholera 188.
— bei verschiedener Ernährung 70.
Saponinsubstanzen 146.
Sapotoxin 146.
Sarkom 96. 314.
Sauerstoff 71. 214. 216.
Scharlach 147. 257.
Schistocyten 23. 55.
Schlangengift 146.
Schroth'sche Kur 182. 223.
Schrumpfniere 239.
Schwangerschaft, Leukocytose 37. 38.
— perniciöse Anämie 88
Schwarzwasserfieber 294.
Schwefelmethämoglobin 150.
Schwefelsäure 249.
Schwefelwasserstoff 150. 175.
Sepsis 96. 104. 127. 147. 261. 267.
Septikopyämie 262.
Serum-Bestimmung 13. 14.
Skatol 175.
Skorbut 165.
Skorpiongift 146.
Skrophulose 133.
Solanum, Solanin 146.
Spermin 126. 127.
Sperminphosphat 126.
Spez. Gewicht des Blutes 10. 12.
— des Serum 11.
Spirillum Obermeieri 282.
Spodogener Milztumor 144.
Sputa, Färbung 33.
Staphylokokken s. Bakterien.

Stauungen des Blutes 209.
Stickoxyd 149.
Stickstoffgehalt des Blutes 10. 12.
— des Serum 11.
Stoffwechselprodukte der Bakterien 246.
Stoffzerfall bei pernic. Anämie 97.
Stuhlverstopfung 94. 95.
Sulfomethämoglobin 150.
Sympathikus 32. 76 (s. Vasomotoren).
Syphilis 88. 95. 113. 152. 278.
— congenita 279.

Tachypnoë 223.
Taurocholsäure 193. 194.
Tertianfieber 290.
Tetanie 180.
Tetramethylendiamin 93. 175.
Thermische Einflüsse 5. 6. 224.
Thrombin 35.
Tierische Parasiten 302.
Tinctura amara 39.
— Chinae 39.
— myrrhae 39.
Toleranz gegen Blutverluste 53.
Toxalbumin 175.
Toxbämie 264.
Toxine 40. 264.
Transfusion 36. 145.
Trockensubstanz des Blutes, Bestimmung 10.
— des Serum 11.
Tuberkel 185.
Tuberkulin 246. 275.
Tuberkulose 58. 270.
— und Pseudoleukämie 137. 138.
Tunnelarbeiter 305.
Typhoid, biliöses 284.
Typhus abdominalis 147. 230. 250.
Typhusbacillen 250.
Typhus icterodes 284.

Typhus recurrens 282.
Tyrosin 175.

Ulcus ventriculi 61. 62. 173. 174. 176.
Unreife Formen der Leukocyten 123.
Urämie 32. 240.
Urobilin 93.
Urochrom 241.
Urotoxin 241.
Uterinleiden 58.

Vasomotoren, Einfluss auf die Blutmischung 5. 76. 153. 154. 155. 177. 211. 227. 246. 248.
Venenblut 9. 209. 215.
Venenkapillaren im Knochenmark 18.
Venenpunktion 8. 14. 245.
Verbrennung 145. 175.
Verbrühung 145.
Verdauungsleukocytose 37.
— bei Ulcus und Carc. ventric. 179.
Volumen der r. Blutkörperchen 13. 14.

Wärmewirkung auf das Blut 6. 51. 224.
— auf die r. Blutkörperchen 21.
Wasserabgabe in der Respirationsluft 222.
Wassergleichgewicht des Blutes 26.
Wechselfieber s. Malaria-Erkrankungen.
Weisses Blut 112.
Wundfieber 263.

Xanthinbasen 33. 34. 39. 126.

Zählapparat für die r. Blutk. 11.
Ziegelarbeiter 87. 305.
Zimmetsäure 40. 127.
Zucker im Blute 56. 157. 315.
Zymoplastische Substanz 35. 168.

Druck von Oscar Brandstetter in Leipzig.

No. 1.

Frisches Blutpräparat von einem Falle perniciöser Anämie (Vergr. 500).
(Zahlreiche Mikrocyten, Poikilocyten, Krüppelformen, spärliche Makrocyten und kernhaltige rote Blutkörperchen.) (s. S. 23 u. 99.)

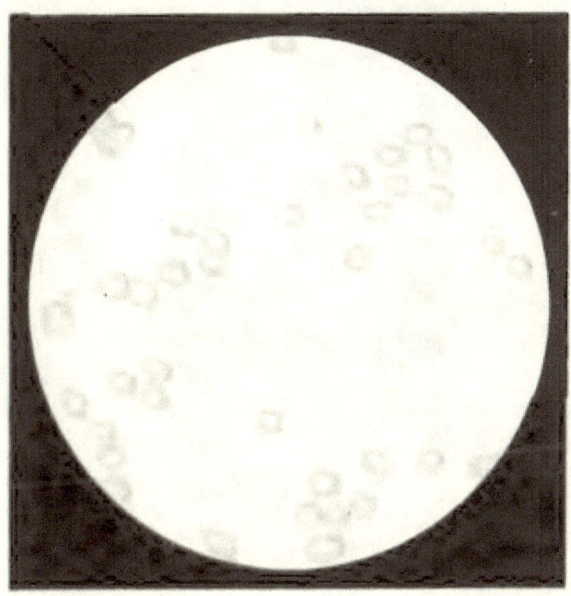

No. 2.

Frisches Blutpräparat eines Falles von Leukämie (Vergr. 550). Grosse einkernige, zarte Leucocyten unreifer Form (s. S. 123).

G. Haase, del.   Verlag von Otto Enslin, Berlin.   Lith. v. C. Kirst, Leipzig.

Tafel II.

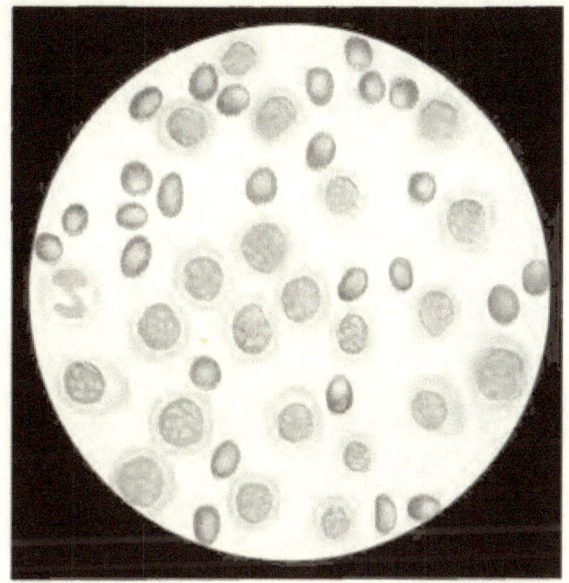

No. 1.

Leukämie. Blutpräparat von demselben Kranken, wie Taf. I No. 2. (Färbung mit Hämatoxylin — Eosin).

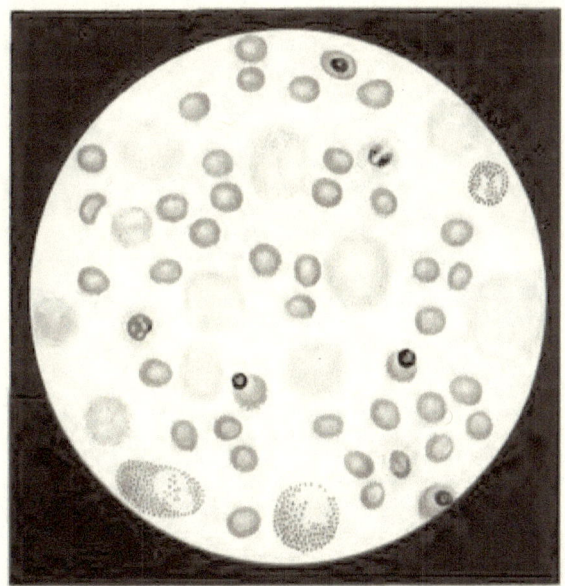

No. 2.

Leukämie. Präparat von einem Falle gleichzeitiger Erkrankung der Milz und des Knochenmarks. (Färbung mit Ehrlich'scher Triacidmischung.) Zahlreiche reife und unreife Leucocyten, Markzellen und kernhaltige rote Blutkörperchen.

Tafel III.

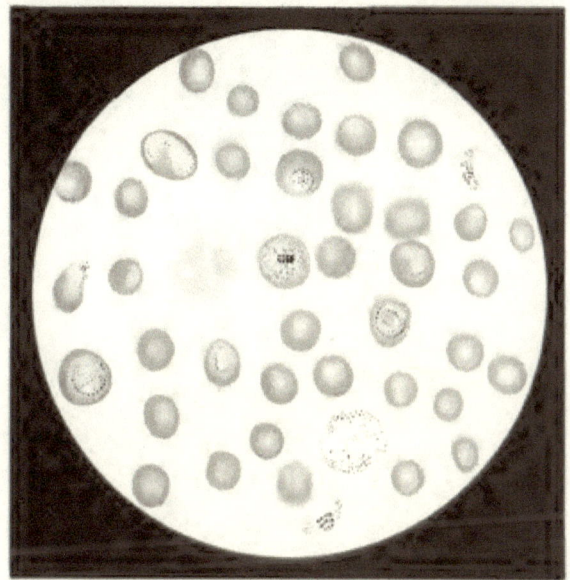

No. 1.
Malaria-Parasiten im Blute eines aus den Tropen kommenden Patienten.
(Zahlreiche verschieden grosse endoglobuläre, pigmentirte Parasiten, eine
Sporulationsform des Tertiantypus, zwei Laveran'sche Halbmonde.)
Färbung: Eosin — Methylenblau. Vergr. 600. (s. S. 289.)

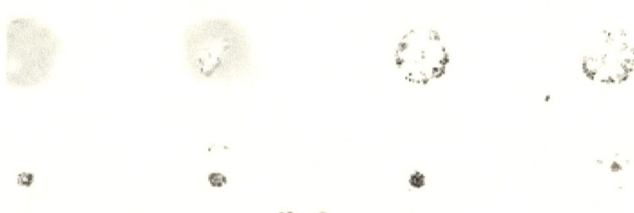

No. 2.
Entwickelungsgang der Malaria-Parasiten des Quartantypus. (s. S. 292.)

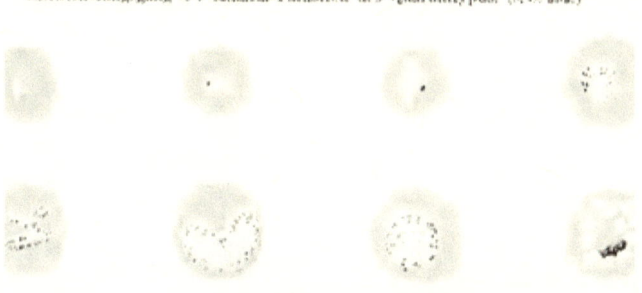

No. 3.
Entwickelungsgang der Malaria-Parasiten des Tertiantypus nach Golgi.
(s. S. 290.)